高等学校规划教材

冶金过程数值模拟基础

陈建斌　编著

北　京
冶 金 工 业 出 版 社
2008

内 容 提 要

本书是关于冶金过程数值模拟的教材。全书主要内容包括数学模型方法基础、冶金过程热力学与动力学的数学模拟及冶金传输过程数值模拟三大部分。其中,冶金过程热力学部分主要介绍化学反应化学计量的矩阵表示、化学反应自由能和平衡常数的计算、平衡体系组成的计算等;动力学部分主要介绍气-固、气-液及液-液三大类型反应的过程动力学模拟方法,还介绍了反应体系耦合反应动力学模型;冶金传输过程数值模拟部分主要介绍传输过程数值模拟方法基础、导热问题的数值方法、对流与扩散问题的数值方法,以及流场计算简介。附录中列出了9个有关冶金过程中几个常见数学问题的数值方法计算程序、5个有关热力学和导热问题数值方法的计算程序和3个实用的VB小程序。

本书不仅注重冶金过程模拟方法的贯彻,而且对于较难理解的算法部分,给出较多例题,并力求通过"笔算"让读者了解有关算法的真正含义、方法和步骤,以便于读者读懂附录给出的相应的计算程序,并有助于读者在此基础上自行编写其他的计算程序。

本书可作为冶金工程专业本科生教材,也可供从事冶金工程的研究生和科技、工程技术人员参考。

图书在版编目(CIP)数据

冶金过程数值模拟基础/陈建斌编著. —北京:冶金工业出版社,2008.3

高等学校规划教材

ISBN 978-7-5024-4463-1

Ⅰ.冶… Ⅱ.陈… Ⅲ.冶金-过程-数值模拟-高等学校-教材 Ⅳ.TF01

中国版本图书馆CIP数据核字(2008)第017557号

出 版 人 曹胜利
地　　址 北京北河沿大街嵩祝院北巷39号,邮编100009
电　　话 (010)64027926 电子信箱 postmaster@cnmip.com.cn
责任编辑 宋 良 李枝梅 美术编辑 李 心 版式设计 张 青
责任校对 王永欣 责任印制 丁小晶
ISBN 978-7-5024-4463-1
北京兴华印刷厂印刷;冶金工业出版社发行;各地新华书店经销
2008年3月第1版,2008年3月第1次印刷
787mm×1092mm 1/16; 14印张;372千字;213页;1-3000册
28.00元
冶金工业出版社发行部 电话:(010)64044283 传真:(010)64027893
冶金书店 地址:北京东四西大街46号(100711) 电话:(010)65289081
(本书如有印装质量问题,本社发行部负责退换)

前　言

随着以电子技术尤其是微电子技术为基础、计算机技术为核心、通信技术为支柱、信息应用技术为目标的现代信息技术的迅速发展，用现代信息技术改造传统行业已成为近三十年来各工业部门进行行业改造的一个重要课题之一。应用电子计算机技术已成为现代冶金生产技术的一个重要特征，冶金设备、冶金工艺、冶金生产、冶金企业管理中应用计算机的水平已成为衡量当代冶金企业现代化水平的重要标志。应用电子计算机的能力已成为当前冶金工作者的一项十分重要的、必不可少的技能。因此，这些都必须在高等学校专业教育中给予充分的体现。

我国冶金行业各生产企业经过从 20 世纪 80 年代末陆续开始的十几年"技术改造及结构调整、产品升级换代"之后，"钢铁生产工艺、产品和技术装备由于计算机技术的广泛应用，生产技术装备向大型化、现代化、连续化迈进；检测和执行设备取代了传统的人工操作；计算机技术的应用已深入各个领域……"[1]，在这样的形势下，从 90 年代中期开始，我们在专业教学中摸索增设"计算机在冶金过程中的应用"课程。经过几年的探索，初步形成了在本科生教学中设置"热工仪表及自动化"、"冶金过程数学数值计算"和"冶金过程计算机模拟"必修课程及相配套的独立设置的"冶金过程数学实验"和"冶金过程计算机模拟实践"等大型实验课程的模式。经过几年的实践，取得了较好的效果。

严格地说，计算机在冶金工业中的应用只是现代信息技术应用的一个方面。但由于无论是检测仪表、过程控制、电力传动，还是数据通信等都离不开计算机技术；同时从我国信息技术在冶金工业中的应用发展来看，信息技术的应用首先是从计算机的应用开始的。因此，通常所说的计算机在冶金工业中的应用，往往就是指现代信息技术在冶金工业中的应用。计算机在冶金工业中的应用范围包括自动化检测及仪表、计算机控制、计算机过程控制和计算机管理系统等方面。而计算机在冶金理论研究方面的应用，目前主要包括冶金过程数值模拟、冶金过

[1] 参见：2000 年冶金行业信息化发展概况. 中国信息年鉴-2001，应用推广篇。

程的优化、实验数据的处理等方面。为此,本书选择“冶金过程数值模拟”为主要内容来体现计算机在冶金理论研究方面的应用。选材包括数学模型方法基础、冶金过程热力学与动力学的数学模拟及冶金传输过程数值模拟三大部分。其中,冶金过程热力学部分主要介绍化学反应化学计量的矩阵表示、化学反应自由能和平衡常数的计算、平衡体系组成的计算等;动力学部分主要介绍气-固、气-液及液-液三大类型反应的过程动力学模拟方法,还介绍了反应体系耦合反应动力学模型;冶金传输过程数值模拟部分主要介绍传输过程数值模拟方法基础、导热问题的数值方法、对流与扩散问题的数值方法,以及流场计算简介。附录中列出了9个有关冶金过程中几个常见数学问题的数值方法计算程序、5个有关热力学和导热问题数值方法的计算程序和3个实用的VB小程序。这些程序均已在Windows 98～XP及Visual Basic 5.0～6.0环境下测试通过。

本书可作为冶金工程专业本科生教材,也可供研究生和从事冶金工程专业的科技、工程技术人员参考。本书特点不仅注重冶金过程模拟方法的贯彻,而且对于较难理解的算法部分,给出较多例题,并力求通过“笔算”让读者了解有关算法的真正含义、方法和步骤,以便于读者读懂附录给出的相应的计算程序,并有助于读者在此基础上自行编写其他的计算程序。作者认为,通过这样的编排,读者能够真正理解和掌握有关知识的内涵,达到“易懂、易学、易用”的目标。

在编写过程中,得到了冶金工业出版社的鼓励和帮助,同时一直以来,也得到了家人的全力支持,在此一并表示诚挚的谢意。

本书初稿曾作为讲义在为本科生开设的“冶金过程数值模拟”必修课及“冶金过程数值模拟实践”实践课程中使用,而且在使用过程中根据学生的意见不断地进行修改补充,但由于作者的学识及水平有限,书中仍难免有不妥之处,恳请同行与读者不吝赐教,并提出宝贵的批评意见。作者的E-mail地址是jianbin_chen63@163.com。

陈建斌

2007年10月

目　　录

1　数学模型方法基础 …… 1
1.1　数学模型的分类 …… 1
1.1.1　按对现象认识程度的数学模型分类 …… 1
1.1.2　按其他特征的数学模型分类 …… 2
1.2　建立数学模型的方法和步骤 …… 3
1.2.1　初步研究 …… 3
1.2.2　建立数学模型 …… 3
1.2.3　模型参数的估算 …… 4
1.2.4　编制程序和计算 …… 4
1.2.5　模型适用性检验 …… 5
1.2.6　模型的应用 …… 5
1.3　数学模型的选择 …… 5
1.4　数学物理模拟研究方法的作用 …… 6
2　冶金热力学和动力学的数学模拟 …… 8
2.1　化学反应化学计量的矩阵表示 …… 8
2.1.1　反应体系内物种的表示——原子矩阵 …… 8
2.1.2　化学反应的表示——化学计量数矩阵 …… 10
2.1.3　体系独立反应数和独立反应方程的确定 …… 11
2.1.4　由原子系数矩阵确定化学计量数矩阵 …… 12
2.1.5　反应过程中物质的量的变化 …… 15
2.2　化学反应的自由能和平衡常数 …… 16
2.2.1　化学反应的吉布斯自由能和平衡常数的矩阵表示 …… 16
2.2.2　由物质的热性质计算反应物质的标准生成吉布斯自由能 …… 18
2.2.3　化学反应的吉布斯自由能和平衡常数的计算 …… 19
2.3　平衡体系组成的计算 …… 20
2.3.1　单一反应的平衡体系 …… 20
2.3.2　同时平衡体系组成的计算 …… 23
2.4　组分活度的计算 …… 26
2.4.1　铁液中组分活度的计算 …… 26
2.4.2　熔渣中组分活度的计算 …… 26
2.5　冶金过程动力学的数学模拟 …… 27

2.5.1 冶金气-固反应过程数学模拟 …… 28
2.5.2 冶金气-液反应过程数学模拟 …… 32
2.5.3 冶金液-液反应过程数学模拟 …… 37
2.5.4 冶金同时反应体系的耦合反应动力学模型 …… 40

3 传输过程数值模拟方法基础 …… 45

3.1 传输过程的基本方程 …… 45
3.1.1 流体力学的基本方程 …… 45
3.1.2 能量守恒方程 …… 47
3.1.3 质量传递方程 …… 48
3.1.4 传输过程的通用方程 …… 49
3.1.5 湍流的控制方程 …… 50
3.1.6 控制方程的守恒性 …… 50
3.1.7 传输过程数值方法的计算过程 …… 51
3.2 偏微分方程的数学分类及其特性 …… 51
3.2.1 椭圆型偏微分方程 …… 52
3.2.2 抛物型偏微分方程 …… 52
3.2.3 双曲型偏微分方程 …… 53
3.2.4 通用标量传输方程的特征 …… 54
3.3 离散化方法 …… 54
3.3.1 求解区域的离散化 …… 55
3.3.2 微分方程的离散化和差分格式 …… 57
3.4 离散化方程的求解 …… 65
3.4.1 直接方法 …… 65
3.4.2 迭代法 …… 65
3.5 差分方程的精度、相容性、稳定性和收敛性 …… 66
3.5.1 精度 …… 66
3.5.2 相容性 …… 66
3.5.3 稳定性 …… 67
3.5.4 收敛性 …… 67
3.6 差分方程的四个基本准则 …… 68

4 导热问题的数值方法 …… 70

4.1 一维稳态导热问题的数值方法 …… 72
4.1.1 用有限差分法求解 …… 72
4.1.2 用元体平衡法求解 …… 78
4.1.3 用有限体积法求解 …… 79
4.1.4 几个重要问题 …… 84
4.2 一维非稳态导热问题的数值方法 …… 92

4.2.1 区域离散化 …… 92
4.2.2 有限差分法建立差分方程 …… 92
4.2.3 有限体积法建立差分方程 …… 96
4.2.4 一维非稳态问题的求解 …… 98
4.2.5 差分格式的稳定性条件 …… 99
4.3 二维导热问题的数值方法 …… 108
4.3.1 求解区域离散化 …… 109
4.3.2 有限差分法建立节点差分方程 …… 110
4.3.3 有限体积法建立节点差分方程 …… 113
4.3.4 边界条件和附加源项 …… 114
4.3.5 不规则形状边界的处理 …… 120
4.3.6 二维导热离散化方程组的求解 …… 121
4.3.7 元体平衡法推导导热离散化方程 …… 127
4.4 极坐标系下的导热问题 …… 131
4.5 柱坐标系下的导热问题 …… 132
4.6 三维导热的离散化方程 …… 134

5 对流与扩散问题的数值方法 …… 136

5.1 一维稳态对流与扩散 …… 137
5.1.1 区域离散化 …… 137
5.1.2 控制方程离散化 …… 137
5.2 对流项的其他离散格式 …… 138
5.2.1 对流扩散问题的严格解 …… 138
5.2.2 上风格式 …… 139
5.2.3 指数格式 …… 140
5.2.4 混合格式 …… 141
5.2.5 几种格式的比较 …… 142
5.3 多维对流和扩散问题 …… 148
5.3.1 二维对流和扩散问题 …… 148
5.3.2 三维对流和扩散问题 …… 150
5.4 虚假扩散 …… 150
5.4.1 虚假扩散的含义 …… 150
5.4.2 QUICK 格式 …… 151

6 流场计算简介 …… 155

6.1 交错网格的原始变量法 …… 155
6.1.1 交错网格的提出 …… 155
6.1.2 动量方程的离散化 …… 157
6.1.3 连续方程的离散 …… 161

6.2 SIMPLE算法 …… 161
6.2.1 速度修正方程 …… 162
6.2.2 压力修正方程 …… 163
6.2.3 SIMPLE算法的计算步骤 …… 165
6.2.4 关于SIMPLE算法的讨论 …… 166
6.2.5 SIMPLE算法的改进 …… 167
6.3 湍流流动与换热的数值模拟 …… 170
6.3.1 湍流流动的数学描述 …… 170
6.3.2 湍流模型 …… 172
6.3.3 标准 k-ε 方程的解法及其适用性 …… 175

附　录 …… 176

附录A 线性方程组数值方法计算程序 …… 176
A1 高斯-赛德尔迭代法和逐次超松弛迭代(SOR)法 …… 176
A2 解三对角线性方程组的追赶(TDMA)法 …… 180
附录B 牛顿迭代法求非线性方程的根 …… 182
附录C 解非线性方程组的牛顿-拉弗森迭代法 …… 183
附录D 数值积分——用定步长辛普森(Simpson)求积公式计算积分 …… 186
附录E 线性回归分析程序 …… 187
E1 一元线性回归分析程序 …… 187
E2 多元线性回归(VB调用Matlab程序) …… 188
E3 多元线性回归 …… 190
附录F 四阶龙格-库塔法求解常微分方程程序 …… 193
附录G 一维非稳态导热问题显式和隐式方法计算程序 …… 197
附录H 例4-7一维非稳态导热问题计算程序 …… 202
附录I 二维稳态导热问题计算程序 …… 204
附录J 计算铁液中组元活度的通用程序 …… 206
附录K 用完全离子溶液热力学模型计算渣中FeO的活度程序 …… 208
附录L VB的几个实用程序 …… 210
L1 窗体、图片框居中显示及写文件操作程序 …… 210
L2 画坐标轴及作函数曲线图 …… 211
L3 坐标不从零开始的画图程序 …… 211

参考文献 …… 213

1　数学模型方法基础

数学是研究现实世界数量关系和空间、时间形式的科学。它具有概念抽象，逻辑严密，结论明确，体系完整，应用广泛的特点。随着科学技术的迅速发展，特别是电子计算机的日益普及，使得数学的应用越来越广泛和深入。应用数学去解决各类问题是科技工作者追求的目标，如今，已成为现代科技工作者的重要能力之一。

数学模型(mathematical model)可简单地定义为用数学语言描述的实际现象，是用数学语言描述现象特征的数学关系式(包括完整的方程组及全部单值条件)，是实际现象的一种数学简化。数学模拟(mathematical modeling)是利用数学方法解决实际问题的一种实践活动，即通过抽象、简化、假设、引进变量等处理过程后将实际问题用数学方式表达，建立起数学模型，然后用先进的数学方法及计算机技术进行求解。数值模拟(numerical modeling，numerical simulation)的含义与数学模拟基本相同，只是要求数学模型的求解必须采用数值计算方法，而计算过程往往要在电子计算机上进行。冶金过程数学模型往往都需要用数值方法进行求解。因此，狭义地说，数学模拟主要指数值模拟，即不仅把所研究的现象用数学方程式表示出来，而且要在计算机上进行数值解析。

过程是指实际生产中的一个相对独立的物质处理单元。过程模拟是对某一过程的全部或部分现象以某种方式所作的再现。再现的目的是为了研究其原理、规律性及控制该过程的方法等。冶金过程数学模拟就是以数学模型方法来再现钢铁冶金过程中的各种现象，反映冶金过程的真实特征和本质。数学模拟和数学模型的开发已成为当前冶金工程学科的重要研究领域之一。

物理模拟是指在不同尺寸规模的某种实物及介质上以物理方法再现所研究过程的某些特性。对某一冶金过程进行的水模型实验研究就是冶金过程中应用物理模拟的一个典型的例子。建立数学模型必须以足够的物理知识为基础，对过程参数间的相互作用关系要有明确的定性(概念)和定量(数据)的理解，而且数学模型要靠物理模型来验证其适用性。而物理模型也需要数学模型对其结果进行规律化和系统化。数学模拟和物理模拟是过程模拟的两大类别，两者可以相互补充。将两种方法结合使用，称为数学物理模拟。

1.1　数学模型的分类

由于对现实现象的观察方法或认识程度不同，数学模型的数学特征和应用范围也不同，从而产生对数学模型的不同分类方式。

1.1.1　按对现象认识程度的数学模型分类

如果将建立和求解数学模型的过程看成是由已知现象(输入)求出另一现象(输出)的过程，那么可以把控制对象看作是输入和输出之间的一个“箱子”。若箱子内机理完全清楚就称为“白箱”模型。若箱子内的机理全然不清则称为“黑箱”模型。介于二者之间的，称为“灰箱”模型。

“白箱”模型又称机理模型，是根据物理的和(或)化学的基本原理直接建立的模型。这类模型往往是以冶金过程的传输机理和反应机理等为基础，依据冶金热力学和动力学，传热、传质、流体流动、应变等的基本原理建立起来的。描述现象的数学关系多为常微分或偏微分方程(组),与相应的边界或(和)初始条件一起用数值法求解。模型中的某些参数或系数可能是未知的,但可从系统的数据中计算出来,或通过实测,或通过物理模拟获得。例如,热传导问题、电磁场的计算及层流流动问题等属于这个范畴。

“灰箱”模型是以物理和化学的定律为基础,同时包含一定的经验假定或参数的模型,故又称半经验模型。由于冶金体系复杂,过程涉及因素多,又多为高温体系,求解所建立的方程时,形状复杂的边界条件和变化不定的某些物性参数难以确定,为此不得不提出简化假定或使用一些经验测定参数。因此,多数冶金过程问题模型都属于这种类型。

“黑箱”模型是在分析一些复杂的体系时,如果缺乏有关的过程性质和内部构造的信息,不了解过程的机理,则可把体系看成一个“黑箱”,并设法用数学公式描述体系的输入和输出参数之间的关系,这就是“黑箱”模型。由于这类模型不是以基本的物理或化学定律为基础,而是过程的关键参数之间的经验表达,故又称经验模型。经验模型通常采用统计回归的方式得到,因此缺乏模型应用的可移植性。由于它不能揭示过程的机理和本质,因此只适用于在过程本质不详的情况下作为一种变通的研究手段。这类模型又可分为回归方程和以行为分析为基础的两类,如统计模型,基于人工神经网络模型、专家系统、遗传算法、模糊控制等智能信息处理系统的人工智能等,主要用于过程的控制和调节技术中。

前两类模型都是考虑了被模拟对象的主要规律而建立的,即使有时在模型的定量关系方面不够精确,在定性方面还是正确表示了对象,因此,模拟的规律和结果具有典型性,应用它们可以研究一定类型的模拟对象的共性。而经验模型,其数学表达简单,计算迅速,但不能反映被模拟对象的实质,参数变化范围窄,通常不能外推使用。

1.1.2　按其他特征的数学模型分类

按过程的状态分,可分为静态模型、动态模型。静态模型不考虑参数在冶金过程进行中的情况,而只考虑过程的初值与终值之间的关系。由于冶金过程的复杂,静态模型的误差较大。动态模型则考虑参数在冶金过程中的变化,能够比较准确地确定初始、终了和冶金过程任一时刻的过程状态参数值。

按空间变量随时间的变化与否分,可分为稳态和非稳态模型。稳定(定常)状态是指过程参数在空间上的分布不随时间而发生变化;而非稳定状态下各点的变量值则是时间的函数。工程中绝对稳态是不存在的,但为了简化问题,对于分布相对于时间变化较小时,可以忽略时间的变化而作为稳态来处理;而对于一般连续作用的过程,即使参数有某些波动,也可以采用对变量做时间平均的方法,将过程近似为一个稳态来处理。

按变量随机变化的属性分,可分为确定性和非确定性模型。确定性模型是指在数学描述中没有变量和参量的随机性变化,模型解是确切的值。非确定性模型中的变量随机变化,其解是不确定的,因此它给出的只是一个概率。非确定性模型还可分为时间不是变量的统计模型和时间作为自变量的随机模型两类。

按变量在空间分布均匀与否又可将模型分为集中参数模型和分布参数模型。集中参数模型忽略参数的空间变化,即系统中的性质和状态都是均匀的,仅随时间变化,因而模型的基本方程是常微分方程。分布参数模型同时考虑性质和状态的空间差异,模型的基本方程通常是偏微分方程。

还可从其他角度对数学模型进行分类,如可分为线性和非线性模型,连续变量和离散变量模型等。

1.2 建立数学模型的方法和步骤

数学建模指建立所研究对象的数学模型的全过程,它没有一般的固定法则可循。即使同一现象或过程,若观察的方法或角度不同,也可能得到不同的模型。当实际问题需要对所研究的现实对象提供分析、预报、决策、控制等方面的定量结果时,往往都离不开建立数学模型。"分析"系指定量研究现实对象的某种现象,或定量描述某种特性。"预报"是根据对象的固有特性预测当时间或环境变化时对象的发展规律。"决策"的含义很广,譬如根据对象满足的规律做出使某个数量指标达到最优的决策,使经济效益最大的价格策略,使总费用最少的设备维修方案都是这类决策。"控制"系指根据对象的特征和某些指标给出尽可能满意的控制方案。

建立一个实际问题的数学模型的方法大致有两种:一种是实验归纳的方法,也称为测试分析方法,所研究的对象为一个"黑箱"系统,内部机理无法直接获得,但可根据测试系统的输入输出数据,按照一定的数学方法,归纳出一个与所研究问题的数据拟合得最好的数学模型,这种方法称为系统识别(system identification)。另一种是理论分析的方法,也称为机理分析方法,即根据客观事物本身的性质,分析因果关系,找出反映内部机理的规律,在适当的假设下用数学工具去描述其数量特征。这种方法所建立的模型往往有明确的物理或现实意义。实际应用中,常将这两种方法结合起来使用,即用机理分析方法建立模型的结构,用系统识别来确定模型的参数。

建立数学模型的全过程一般可分为表述、求解、解释、验证几个阶段,并通过这些阶段完成从现实对象到数学模型,再从数学模型回到现实对象的循环。"表述"(formulation)是指根据建模的目的和掌握的信息(如数据、现象)将实际问题翻译成数学问题,用数学语言确切地表述出来。"求解"(solution)即选择适当的数学方法求得数学模型的解。"解释"(interpretation)是指把数学语言表述的解翻译回现实对象,给出实际问题的解析。"验证"(verification)是指用现实对象的信息检验得到的解,以确认结果的正确性。具体地讲,对冶金过程建立数学模型一般包括初步研究、建立数学模型、模型参数的估算、编制程序和计算、模型的适用性验证、模型的应用等步骤。

1.2.1 初步研究

初步研究阶段也称为模型准备阶段。根据实际生产过程中需要提出的问题,在初步研究阶段,首先要了解问题的实际背景,弄清问题的主次,抓住问题的本质,明确已知和要达到的目标,明确建模的目的和模型类型及可能的建模方法。作为目标,可以是开发一个新的过程,或设计一个反应器,或针对现有生产操作的解析和优化等。

确定了目标,也就限定了所要描述的过程现象,据此可以进行参量分析、确定问题的有关变量和参数、搜集各种必要的信息,明确已知量和未知量、自变量和因变量、主要量和次要量,弄清这些量之间的关系和所属的基础理论范畴。为了便于建立模型,求得结果,只要误差在允许的范围内,通常还要合理地舍弃一些次要的量,以使模型简化和便于求解。

对一些基本过程的描述,要选择合适的理论依据,同时要收集文献资料,对已有的类似过程数学模型进行仔细分析比较。然后,通过实验测定或利用从文献得到的可靠数据,结合对过程规律的了解,提出一个初级数学模型,以便做一些必要的估算。

如果初步研究范围内所得结果已能满足要求,则可不必建立更详细的数学模型。否则,就必须对过程现象做进一步分析,对初级数学模型进行补充修改或重新建立数学模型。

1.2.2 建立数学模型

建立或选取数学模型是数学模拟的核心,数学模型的正确性及边界条件的合理性是模拟成功的关键。当然，对于冶金高温体系，有关物性系数或反应动力学常数等的确定常常成为模拟成功的关键。

为了建立数学模型，首先可把冶金反应器内发生的复杂过程分解为流体流动、传热、传质和化学反应等基本单元过程，并正确选择描述这些单元过程现象的合适的理论依据，建立相应的数学表达式。值得注意的是，由于对所有单元现象还不能完全了解，同时它们对反应器内的过程并不一定有决定性影响，再加上计算方法上的限制以及计算精度上的原因，在列出描述这些现象的方程时，把一切因素都考虑进去是难以做到的。因此，在建立具体的数学模型之前，往往先要进行模型的假设，对所研究的问题进行一些合理的简化：分辨各个因素的主次，忽略那些对过程影响甚小的因素；尽量将问题线性化、均匀化、稳态化。根据对象的特征和建模的目的，对问题进行必要的、合理的简化，用精确的语言做出假设，有时是建模的关键。模型“合理简化”的原则是：简化仍能抓住过程的主要矛盾而不失其真实性；简化必须满足应用的精度要求；简化能适应当前的实验条件，以便进行模型识别和参数估算；简化能适应现有计算机能力。

可见，建立复杂过程的数学模型，最基本的做法就是对过程进行分解和简化，提出合理的模型假设。这二者是密切相关，互为基础，互为前提的。分解是把复杂的实际过程变为几个单纯的问题，便于用相应的学科理论研究其规律性，为简化创造条件。简化才能使数学描述成为可能。从某种意义上说，没有简化，就没有数学模型，过程分解也就失去了意义。

经过模型假设后，就可以根据所作的假设分析对象的因果关系，利用对象的内在规律（如冶金热力学和动力学原理，冶金传输原理）和适当的数学工具，构造各个量（常量和变量）之间的数学表达式。所建立的数学关系，可以是一个方程，也可以是多个方程所组成的联立的方程组；可以是非线性方程或线性方程；可以是常微分方程或偏微分方程等。有些情况下，按对过程机理认识的不同，对同一过程可能有一个以上的模型。例如，在反应动力学研究中，事先并不知道模型的形式，由不同的反应机理和速度控制步骤可以导出多个速度方程。因此，一般是在实验研究基础上，把模型识别和参数估算结合在一起进行研究。但在达到预期目的的前提下，通常要求所用数学工具越简单越好。

1.2.3 模型参数的估算

在大多数冶金过程数学模型中，都包含至少一个可调性模型参数，其数值不同，将对计算结果产生很大影响。因此，数学模型建立之后，模型参数的估算也是重要环节。

模型参数的估算主要有两种方法。一种是实验测定，如反应速度常数、流动模型参数及有效导热系数等可通过实验测定。另一种是对那些难以直接测定的参数，如在反应器的两相模型中，气泡相和乳化相间的物质交换系数，各种搅拌钢包内钢水的循环流量等，其数值通常是通过对实际过程的拟合计算确定的。

1.2.4 编制程序和计算

数学模型及其初始、边界条件确定之后，就可以对数学模型进行求解。反应工程研究中，大多数问题都需采用计算机数值法求解。在采用数值方法求解时，要根据所建立的数学模型的数学类型，合理地选用一种有效的数值计算方法进行求解。求解时，往往要根据所选用的数值算法用计算机进行计算。而采用计算机进行计算，可以采用 Fortran、Turbo C、Visual C++、Visual Basic 等目前流行的编程软件自行编制程序，然后在计算机上运行来求解的方法；也可以采用现成的数值计算软件如 Mathematica、Matlab 等进行简单的编程计算的方法；还可以采用专用软件进行求解的方法，如进行流场计算可采用流场计算的专用软件如 Fluent、CFX 等进行计算，进行结构分析时采用专用的有限元分析软件如 Ansys 等进行计算。

因此，当确定了适当算法并编制出计算程序后，数学模型就成了实际被研究的对象，改变参数和变量的输入值，通过数值计算就可达到对实际过程研究的目的。这种研究又称"计算机实验"。它能排除实际操作中的各种外界干扰因素，更能反应过程的本质和规律性。它又能方便地研究设备尺寸和操作参数对过程结果的影响。因此，无论在新型反应器和新工艺的开发中实现最优化设计，还是对现有反应器和工艺，寻找其中的薄弱环节，挖掘潜力或优化操作条件，这种"计算机实验"都发挥了越来越重要的作用。由于这些实验均在计算机上进行，可以节省人力、物力、财力，加快研究进程，因此，其优越性是显而易见的。

在许多情况下，还需根据建模的目的要求，对模型求得的结果进行数学上的分析，利用相关知识结合研究对象的特点进行合理分析；根据问题的性质分析变量间的依赖关系或稳定状况，有时是根据所得结果给出数学上的预报，有时则可能要给出数学上的最优决策或控制。不论哪种情况，常常都需要进行误差分析、模型对数据的稳定性或灵敏性分析等。

1.2.5 模型适用性检验

模型适用性检验是指把模型计算的结果与实际反应器或模拟实验的实际现象的操作结果数据进行比较，检验模型的合理性和适用性，也称为模型的验证。这一步骤对建模的成败非常重要，它是考验所建立模型的合理性和适用性的重要步骤。

如果两者的偏差在要求的精度范围内，就说明计算结果和实际数据是吻合的，数学模型能用来描述所研究的过程，模型能反映实际过程的规律，检验结果是正确的或基本正确的。这样，所建立的模型就可以用来指导实际。

在模型计算中可以排除实际操作中难以避免的各种外界干扰因素。因此，模型计算结果与实际反应器或模拟实验的实测值间存在一定误差是正常的。但是，如果存在规律性偏差或较大误差，则必须详细分析其原因。它们可能来自程序错误、参数估算不准确或模型本身的问题，也可能是由于测定结果有问题。可根据原因，进行修改程序，重新估算参数或审查和修改模型，甚至有必要重新进行实验。总之，这是一个使数学模型符合实际情况的"理论、实践，再理论、再实践"的循环往复的过程，一般要经过多次反复，直至达到要求的误差范围，才能证明模型是适用的。

1.2.6 模型的应用

数学建模的目的就是为了应用。一方面，通过应用可以对模型进行进一步的客观公正的检验，从而使模型在实践的检验中不断改进、发展和完善；另一方面，可以充分体现建模的目的，充分挖掘模型用于分析、研究和解决实际问题的作用。

在模型正确的基础上，就可以做进一步的实验，如改变原料条件、设备参数、工艺参数或一些操作参数，然后在计算机上进行各种对比实验，通过对比实验的结果实现对所研究的设备或工艺提出相应的优化建议、措施和方案。

应该指出的是，并非所有建模过程都要经过上述这些步骤，有时各个步骤之间的界限也不那么明显。因此，在建模过程中不要局限于形式上的按部就班，重要的是根据对象的特点和建模的目的，去粗取精，去伪存真，从简到繁，不断完善。

1.3 数学模型的选择

对于同一现象和过程可能提出不同的模型。事实上，随着冶金过程理论的发展及计算机的普及，对于一些典型的冶金反应器已经建立了各种复杂程度不同的数学模型。因此，不仅要学会建立模型，而且要能够按问题的要求合理地选择模型。

对于任何有物体流动的过程，其数学模型结构首先是由流动特性所决定的。因此，选择模型时必须考虑下列情况：

(1) 模型应充分反映物流和能流的性质，而且数学描述应尽可能简化。

(2) 模型参数应能由实验或其他方法确定。

(3) 对于非均相体系，应对每个相选择模型。

在过程分析中，最多可遇到 4 个自变量，即 1 个时间变量和 3 个空间变量。因此，自变量的合理选取是一个重要问题。随着对过程分析的详细程度增加，数学处理的难度也增大，建立和选择数学模型的"艺术"取决于以正确的方法来观察问题的能力，同时在精度要求、有关经验参数的有效性、数学工具的固有限制及所需要的计算时间等因素间做出适当的妥协。

1.4　数学物理模拟研究方法的作用

数学物理模拟研究方法被引入冶金过程的研究以前，冶金工艺和速率过程的研究主要依靠实验室研究和现场观测，这些方法至今仍具有重要的意义。但由于高温过程实验研究的困难和研究结果的准确性等原因，实验研究方法的可靠性受到很大的考验。随着冶金工艺技术和相关科技的发展，对工艺优化要求的日益提高，以及计算机技术的迅速发展及其应用的日益普及，数学模拟方法已成为冶金过程研究的重要手段之一，已逐渐成为工程装置优化、仿真设计和实现过程最佳控制的有力工具。

数学模拟的作用主要表现在以下几方面：

(1) 对现有工艺，可起到加深对过程的基本现象、反应机理的认识，为改善工艺过程和操作提供依据；探索设备、工艺过程和操作参数的变化对冶金效果的影响和变化规律及它们之间的定量关系，为优化工艺、改进设备、改善操作提供必要的数据和依据；实现对工艺过程的诊断和过程的自动控制；指导中间厂和现场实物试验的设计和规划，以节省开支等。

(2) 对开发新工艺，可起到对新设计工艺的可行性和灵活性做出准确的估计；对规划和设计实验室、中间厂或实物规模的实验提供指导；帮助评估中间厂或实物试验结果和进行比例放大；在一定条件下，可替代中间厂或现场实物进行开发性实验，以节省费用等。

图 1-1 概要说明了数学模拟在工程中的作用。但在对冶金过程进行数学模拟时，往往要结合物理模拟来获得过程数学模拟所需的合理的边界条件，或获得一些重要的物理参数，或用来验证数学模拟的适用性，这种模拟称为数学物理模拟研究，或数理模拟。

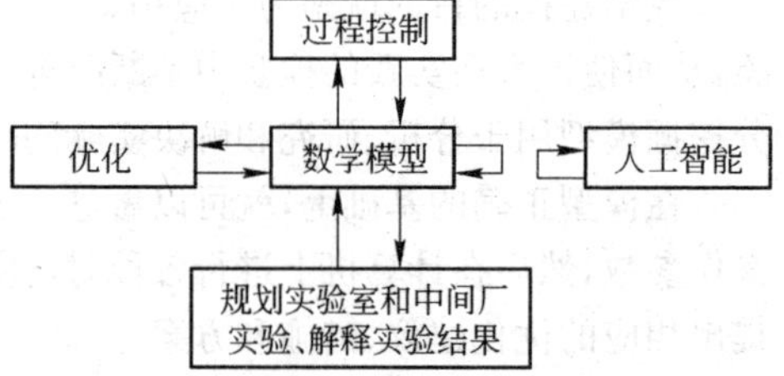

图 1-1　数学模拟在工程中的作用

采用物理模拟可以对冶金中气泡的行为、循环流和熔池的混合等过程，甚至对升温过程的传热规律进行观测，从而获得从现场无法获取的信息。在连铸中间包、结晶器等反应器的研究中，还可借助物理模型进行相关参数和现象的研究。物理模拟中，由于可缩小装置的比例，实验费用可以大大降低。物理模拟还可以起到下列重要作用：物理模型中定量测定的结果可按一定关系用于真实体系的描述，直接为优化工艺过程或为开发新流程提供依据；帮助数学模拟研究人员正确了解所研究过程的物理特征，以正确处理数学模拟中的简化及源项和边界等条件的设定；验证数学模拟的结果，使数学模型不断完善，使之尽可能逼真地描述真实体系。

冶金过程往往是一个同时包含有流体流动、传热和传质的高温、多相化学反应的复杂过程，尚存在大量机理未知的现象。近二三十年来，数学物理模拟的研究不仅较好地揭示了许多冶金过程的基本现象及内在规律，而且在冶金生产的系统优化、新工艺的开发中起着越来越重要的，甚至是不可替代的作用。可以预计，掌握和利用数学物理模拟研究方法必将是今后冶金学科的重要技能之一。

2 冶金热力学和动力学的数学模拟

在用计算机进行冶金过程模拟时,为了在计算机内将冶金过程中的所有物理化学特征简洁而统一地表示出来,就要求将所有的物理化学特征进行数字化。最简洁的办法就是用一个个数表——矩阵来表示。

2.1 化学反应化学计量的矩阵表示

2.1.1 反应体系内物种的表示——原子矩阵

把所研究的化学物质的总和看作是一种集合或一类集合,其中的原子、分子、离子、络合物及其生成物,以及电荷等都可看作是该集合中的元素。基于这种概念,物质的所有可能的物理化学特性都可看成是这些集合在数字向量、张量等集合上的反映,就可以实现物质的物理化学特征的数字化。

现假定每种单个化合物的分子(原子、离子等)都由其化学分子式决定,如 CO、CO_2、H_2O 等。每种化学分子式按其本质来说,又都看成是按照某种方式排列的数的总和。假设在第一个位置上表示氢原子的个数,在第二个位置上表示碳原子的个数,在第三个位置上表示氧原子的个数,则 CO 可表示为(0,1,1),CO_2 表示为(0,1,2),H_2O 表示为(2,0,1)。在这种数字序列中可以指定每一个位置,使得元素周期表中的每个元素和它的原子序号在这个位置上相对应,并可以用符号标明正的或负的离子电荷。因此,所有物质或分子都可用一种完全确定的数字序列——数字向量来表征。这种化合物的序列化表示方法,非常便于利用线性代数作为解决问题的工具,也十分方便地用计算机作为工具来处理各种物理化学问题。

设某封闭体系由 E 种元素、S 种物质(物种)构成。用 A_i 表示其中第 i 种物种($i=1,2,\cdots,S$),B_j 表示第 j 种元素的原子($j=1,2,\cdots,E$),η_{ij} 表示第 i 种物种分子中的第 j 种原子的个数,则第 i 种物种可表示为

$$A_i = \sum_{j=1}^{E} \eta_{ij} B_j \quad (i = 1,2,\cdots,S;j = 1,2,\cdots,E) \tag{2-1}$$

式中,η_{ij} 称为原子系数或物种系数,表示物种 A_i 的分子中元素 B_j 的原子的个数(如 CO_2 中氧原子的个数为 2,则 CO_2 中 $\eta_{ij}=2$)。物种系数或原子系数 η_{ij} 必是非负的整数。式(2-1)可写成矩阵形式

$$\begin{pmatrix} A_1 \\ A_2 \\ \vdots \\ A_S \end{pmatrix} = \begin{pmatrix} \eta_{11} & \eta_{12} & \cdots & \eta_{1E} \\ \eta_{21} & \eta_{22} & \cdots & \eta_{2E} \\ \vdots & \vdots & \ddots & \vdots \\ \eta_{S1} & \eta_{S2} & \cdots & \eta_{SE} \end{pmatrix} \begin{pmatrix} B_1 \\ B_2 \\ \vdots \\ B_E \end{pmatrix} \tag{2-2}$$

若用列向量 $\boldsymbol{B}$ 代表元素 B_j 的集合,称为元素向量。用列向量 $\boldsymbol{A}$ 代表物种 A_i 的集合,称为物种向量。即

$$\boldsymbol{B}=\begin{pmatrix}B_1\\B_2\\\vdots\\B_E\end{pmatrix},\ \boldsymbol{A}=\begin{pmatrix}A_1\\A_2\\\vdots\\A_S\end{pmatrix} \tag{2-3}$$

则式(2-2)可写为

$$\boldsymbol{A}=\boldsymbol{HB} \tag{2-4}$$

式中

$$\boldsymbol{H}=\begin{pmatrix}\eta_{11} & \eta_{12} & \cdots & \eta_{1E}\\ \eta_{21} & \eta_{22} & \cdots & \eta_{2E}\\ \vdots & \vdots & \ddots & \vdots\\ \eta_{S1} & \eta_{S2} & \cdots & \eta_{SE}\end{pmatrix} \tag{2-5}$$

表示由原子系数 η_{ij} 组成的 $S\times E$ 阶矩阵，称为体系的原子矩阵或物种系数矩阵，其数值可由各反应物种的分子式来确定。这样每一种物质都可用一个 E 列的行向量来表示。体系中共有 S 种物种，原子矩阵就有 S 行。因此，原子矩阵是一个 S 行 E 列的 $S\times E$ 阶矩阵。在原子矩阵中每一行代表一种物种，每一列代表一种元素。因此用一个原子矩阵 $\boldsymbol{H}$，结合式(2-4)即可定义一个反应体系的物质体系。

例 2-1 试写出 C-O 体系的原子矩阵及所有物种的集合。

C-O 体系有两个元素 C 和 O，在冶金的高温下可能稳定存在的物质共有四种，C、O_2、CO 和 CO_2。体系中各物种的矩阵表示见表 2-1。

表 2-1 C-O 体系中各物种的矩阵表示

物　种	物种序号 i	C(j=1)	O(j=2)	原子系数 η_{ij}	物种的矩阵表示 A_i
C	1	1	0	$\eta_{11}=1,\eta_{12}=0$	(1,0)
O_2	2	0	2	$\eta_{21}=0,\eta_{22}=2$	(0,2)
CO	3	1	1	$\eta_{31}=1,\eta_{32}=1$	(1,1)
CO_2	4	1	2	$\eta_{41}=1,\eta_{42}=2$	(1,2)

则 C-O 体系的原子矩阵为

$$\begin{pmatrix}1 & 0\\0 & 2\\1 & 1\\1 & 2\end{pmatrix}\begin{matrix}\cdots & C\\\cdots & O_2\\\cdots & CO\\\cdots & CO_2\end{matrix}$$

故体系中所有的物种的集合 **A** 可表示为

$$\boldsymbol{A}=\begin{pmatrix}A_1\\A_2\\A_3\\A_4\end{pmatrix}=\begin{pmatrix}C\\O_2\\CO\\CO_2\end{pmatrix}=\begin{pmatrix}1 & 0\\0 & 2\\1 & 1\\1 & 2\end{pmatrix}\begin{pmatrix}C\\O\end{pmatrix}=\begin{pmatrix}C\\2O\\C+O\\C+2O\end{pmatrix}$$

例 2-2　由 H_2,O_2 和 H_2O 三种分子(物种)构成的 H-O 体系,可以同它们的组成原子 H 和 O 联系起来。用下列方式联系(式中化学符号表示相应的行向量):

$$\begin{pmatrix} H_2 \\ O_2 \\ H_2O \end{pmatrix} = \begin{pmatrix} 2 & 0 \\ 0 & 2 \\ 2 & 1 \end{pmatrix} \begin{pmatrix} H \\ O \end{pmatrix}$$

由矩阵相乘原理可得:$H_2 = 2H$,$O_2 = 2O$,$H_2O = 2H + O$。

实际上,体系中的物质之间发生化学反应时,其原子之间要进行重新组合,这相当于在原子矩阵的行与行之间进行初等变换。例如,将例 2-1 中的原子矩阵的(第 1 行)+(第 2 行)将得到第 4 行,则对应于化学反应:

$$C + O_2 = CO_2$$

(第 1 行)+(第 4 行)将得到第 3 行的两倍,对应的化学反应为

$$C + CO_2 = 2CO$$

如果行与行之间进行初等变换后,能使某一行的矩阵元素全变为零,则此行所对应的物质就不是独立的物质。如将(第 2 行)×0.5+(第 3 行)−(第 4 行),则可将第 2 行的元素全变成零。同理,(第 1 行)+(第 4 行)−(第 3 行)×2,则可使第 1 行全变为零。此时,剩下的第 3 行和第 4 行线性无关。因此就得到该原子矩阵的秩为 2。

从物理意义上说,第 3 行和第 4 行对应的两个物种(CO 和 CO_2)就构成了此平衡体系的最少的独立物种。可见,体系原子矩阵的秩就相当于体系的独立组分数。而根据原子矩阵的构成原理可知,原子矩阵的列数即为体系的元素数。

2.1.2　化学反应的表示——化学计量数矩阵

对于 S 个反应物种(物质)所构成的反应体系,若体系中可能存在的反应的个数为 r。用 ν_{ki} 表示第 k 个反应中第 i 种物质的化学计量数。产物的化学计量数取正值,反应物的化学计量数取负值,不参加反应的物质的化学计量数取为零。则体系中各化学反应可表示为:

$$0 = \sum_{i=1}^{S} \nu_{ki} A_i \quad (k = 1,2,\cdots,r) \tag{2-6}$$

同时约定,在同一个化学反应中各化学计量数之间写成互不可约的整数形式。则式(2-6)可写为矩阵形式

$$\begin{pmatrix} \nu_{11} & \nu_{12} & \cdots & \nu_{1S} \\ \nu_{21} & \nu_{22} & \cdots & \nu_{2S} \\ \vdots & \vdots & \ddots & \vdots \\ \nu_{r1} & \nu_{r2} & \cdots & \nu_{rS} \end{pmatrix} \begin{pmatrix} A_1 \\ A_2 \\ \vdots \\ A_S \end{pmatrix} = \begin{pmatrix} 0 \\ 0 \\ \vdots \\ 0 \end{pmatrix} \tag{2-7}$$

方程右边为 $r \times 1$ 阶零向量。简记为

$$\boldsymbol{NA} = \boldsymbol{0} \tag{2-8}$$

其中

$$N=\begin{pmatrix} \nu_{11} & \nu_{12} & \cdots & \nu_{1S} \\ \nu_{21} & \nu_{22} & \cdots & \nu_{2S} \\ \vdots & \vdots & \ddots & \vdots \\ \nu_{r1} & \nu_{r2} & \cdots & \nu_{rS} \end{pmatrix} \tag{2-9}$$

式中，$\boldsymbol{N}$ 表示由 ν_{ki} 组成的 $(r\times S)$ 阶矩阵，称为化学计量数矩阵。显然，化学计量数矩阵中的每一行都对应着一个化学反应式，所得的该行向量 $\boldsymbol{N}_i$ 称为第 i 个反应的反应向量。即化学计量数矩阵 $\boldsymbol{N}$ 的每一行对应于一个反应向量。当第 k 行的所有 i，$\nu_{ki}=0$ 时，则有零反应向量，或称为零反应。因而，用一个 $(r\times S)$ 阶的化学计量数矩阵，并结合式(2-7)或式(2-8)即可定义体系中可能存在的 r 个化学反应。

原子矩阵和化学计量数矩阵从不同的角度定义了含有 S 个反应物种(物质)的体系。其中原子矩阵是基本的，因为它表征了体系的本质，而化学计量数矩阵可由它推导出来。

例 2-3 冶金条件下，C-O 体系内可能的反应有

$$C+O_2 = CO_2$$

$$2C+O_2 = 2CO$$

$$2CO+O_2 = 2CO_2$$

$$C+CO_2 = 2CO$$

则有化学计量系数矩阵 $\boldsymbol{N}$ 和物种向量 $\boldsymbol{A}$

$$\begin{matrix} C & O_2 & CO & CO_2 \\ \vdots & \vdots & \vdots & \vdots \end{matrix}$$

$$\boldsymbol{N}=\begin{pmatrix} -1 & -1 & 0 & 1 \\ -2 & -1 & 2 & 0 \\ 0 & -1 & -2 & 2 \\ -1 & 0 & 2 & -1 \end{pmatrix} \quad \boldsymbol{A}=\begin{pmatrix} C \\ O_2 \\ CO \\ CO_2 \end{pmatrix}$$

故对于 C-O 体系有

$$\boldsymbol{NA}=\boldsymbol{0} \quad 或 \quad \boldsymbol{0}=\boldsymbol{NA}$$

2.1.3 体系独立反应数和独立反应方程的确定

对于复杂体系，根据其参加反应的物种，往往可写出很多个同时并存的化学反应式。但它们之间并不一定是独立的。在这些反应中，只有一部分是相互线性独立的。这些线性独立的反应之间不能通过线性组合得到，而体系中其余的反应则可由这些线性独立的反应方程式通过线性组合得到。对于所选的一组线性独立的反应集合，这些反应方程式之间是线性无关的，把线性独立的反应的个数称为体系的独立反应数，用 R 表示。因此，为了正确地表达复杂体系内的化学反应，就需要确定线性独立反应数。并从描述该体系的所有可能的反应方程式中，选定 R 个独立反应方程式即独立反应方程组，并以该独立反应方程组作为该体系的最简单的可能反应组合形式。

根据化学计量数矩阵式(2-9)，体系中的 r 个可能的反应对应着矩阵中的 r 个行向量。而在这 r 个可能的反应中(r 个行向量)只能选出 R 个独立反应即 R 个线性无关的行向量。从线性代数原理可知，该独立反应的个数 R 应等于体系的化学计量数矩阵 $\boldsymbol{N}$ 的秩数。而所得的一组由 R

个线性独立无关的行向量(对应于 R 个独立反应)所组成的化学计量数向量空间 $\boldsymbol{R}$(空间 $\boldsymbol{R}^{R\times S}$)应为体系的化学计量数向量空间 $\boldsymbol{N}$(空间 $\boldsymbol{N}^{r\times S}$)的一个基底。因此,可利用线性代数作为工具,通过求解化学计量数矩阵的秩及其线性独立的行向量,就能确定线性独立反应数 R 与线性独立反应方程组。

根据上述讨论可得:反应体系的独立反应数 R 为体系化学计量数矩阵 $\boldsymbol{N}$ 的秩,而所确定的独立反应的化学计量数向量空间 $\boldsymbol{R}$ 为反应体系化学计量数向量空间 $\boldsymbol{N}$ 的基底。因此,把所选的独立反应所组成的体系称为基底反应体系。由于独立反应的选择是任意的,因此独立反应体系是任意的。任意一个独立反应体系都是反应体系中的一个基底反应体系。当基底反应被选定后,就可确定按基底反应展开的非独立反应的具体形式。

如何求得化学计量数矩阵 $\boldsymbol{N}$ 的秩数?根据线性代数知识,只要将矩阵 $\boldsymbol{N}$ 施以一系列的初等行变换,变成行阶梯矩阵,则所得的行阶梯矩阵中非零行的数目即为该矩阵的秩数。为便于编程计算,可将这一方法进一步地拓展为:对原化学计量数矩阵 $\boldsymbol{N}$ 施以一系列的初等行变换,化成如下以分块形式表示的矩阵

$$\begin{pmatrix} \boldsymbol{I} & \boldsymbol{X} \\ \boldsymbol{0} & \boldsymbol{0} \end{pmatrix}$$

式中,$\boldsymbol{I}$ 为 $R\times R$ 阶单位矩阵;$\boldsymbol{0}$、$\boldsymbol{0}$ 均为零向量;$\boldsymbol{X}$ 为 $R\times(S-R)$ 阶矩阵。由于初等行变换不改变矩阵的秩数,因此化学计量数矩阵的秩即为体系的独立反应数,等于 R。而所得到的矩阵的前 R 行对应着 R 个独立反应方程组的化学计量数,记为

$$\boldsymbol{N}_R = (\boldsymbol{I}\boldsymbol{X}) \tag{2-10}$$

则 $\boldsymbol{N}_R$ 即为线性独立反应的化学计量数矩阵,为 $R\times S$ 阶矩阵。则线性独立反应方程式可表示为

$$\boldsymbol{N}_R\boldsymbol{A} = 0 \tag{2-11}$$

根据化学计量数应取互不可约的整数的约定,化学计量数矩阵中的元素都应是整数。因此,当矩阵中出现非整数元素时,应对该元素所在行的全部元素乘以某一最小的倍数,使该元素化为整数,最终就得到所求的体系的独立反应方程式的常规形式。

2.1.4 由原子系数矩阵确定化学计量数矩阵

一个反应体系可用原子矩阵或化学计量数矩阵来表达,其中原子矩阵是基本的,化学计量数矩阵可由它推导出来。如何由反应体系的原子系数矩阵来确定独立反应数与线性独立反应的化学计量数矩阵?

首先,假定在一个指定的反应体系中至少有一个反应发生,对于其中的每一个反应

$$\underset{1\times S}{\boldsymbol{N}}\ \underset{S\times 1}{\boldsymbol{A}} = \boldsymbol{0} \tag{2-12}$$

将式(2-4)代入得

$$\underset{1\times S}{\boldsymbol{N}}\ \underset{S\times E}{\boldsymbol{H}}\ \underset{E\times 1}{\boldsymbol{B}} = \boldsymbol{0} \tag{2-13}$$

由于 $\boldsymbol{B}$ 是元素向量,向量中的每一个元素都不为零。因此,只能是

$$\underset{1\times S}{\boldsymbol{N}}\ \underset{S\times E}{\boldsymbol{H}} = \underset{1\times E}{\boldsymbol{0}} \tag{2-14a}$$

经转置后可表示为

$$\underset{E\times S}{\boldsymbol{H}^{\mathrm{T}}}\ \underset{S\times 1}{\boldsymbol{N}^{\mathrm{T}}}=\underset{E\times 1}{\boldsymbol{0}} \tag{2-14b}$$

在原子矩阵 $\boldsymbol{H}$ 已知的条件下，式(2-14b)是一个关于 $\boldsymbol{N}^{\mathrm{T}}$ 的齐次线性方程组。方程组中共有 E 个方程、S 个未知数，其系数矩阵为 $\boldsymbol{H}^{\mathrm{T}}$，解向量 $\boldsymbol{N}^{\mathrm{T}}$ 即为某一个反应的化学计量数向量。

现假定原子矩阵的秩为 H。根据线性代数中关于齐次线性方程组有关理论，若原子矩阵的秩为 H，则方程组必有$(S-H)$个线性无关的解。令

$$R=S-H \tag{2-15}$$

显然，R 就是反应体系的独立反应数，也就是化学计量数矩阵的秩。因此，化学计量数矩阵的秩 R 与反应物种数 S 以及原子矩阵的秩 H 有直接的关系。一般情况下，参加反应的物质以及构成反应物质的元素种类都是已知的，所以反应物种数 S 和原子矩阵 $\boldsymbol{H}$ 都是已知的。因此，寻找独立反应数 R 的问题就转化为确定原子矩阵 $\boldsymbol{H}$ 的秩数 H 的问题。

对于每一个线性独立反应，式(2-14a)都成立，综合 R 个线性独立反应，可以写出下列矩阵形式

$$\underset{R\times S}{\boldsymbol{N}}\ \underset{S\times E}{\boldsymbol{H}}=\underset{R\times E}{\boldsymbol{0}} \tag{2-16a}$$

此式的物理意义是：每一个化学反应中反应物的某个元素的原子数之和等于产物中该元素的原子数之和，它反映了化学反应前后原子的守恒。式(2-16a)可改写为

$$\underset{E\times S}{\boldsymbol{H}^{\mathrm{T}}}\ \underset{S\times R}{\boldsymbol{N}^{\mathrm{T}}}=\underset{E\times R}{\boldsymbol{0}} \tag{2-16b}$$

利用以上关系式，可由原子矩阵 $\boldsymbol{H}$ 导出线性独立反应的化学计量数矩阵 $\boldsymbol{N}_R$，从而确定线性独立反应方程组。

综上所述，由原子矩阵确定化学计量数矩阵的具体做法是：

(1) 首先写出体系的原子矩阵 $\boldsymbol{H}$。

(2) 求原子矩阵 $\boldsymbol{H}$ 的秩数 H。

(3) 根据物种数 S 和原子矩阵的秩数 H，由关系 $R=S-H$ 求独立反应数。

(4) 将原子矩阵转置 $\boldsymbol{H}^{\mathrm{T}}$。

(5) 求以原子矩阵的转置矩阵为系数矩阵所组成的齐次线性方程组 $\boldsymbol{H}^{\mathrm{T}}\boldsymbol{X}=\boldsymbol{0}$ 的 R 组基本解，从而得到一组共 R 行的独立反应方程式的化学计量数矩阵 $\boldsymbol{N}_R$。由于化学计量数一般应为整数，因此当化学计量数矩阵出现非整数时，应对该元素所在行乘以某一最小的倍数以化整。

(6) 由 $\boldsymbol{N}_R\boldsymbol{A}=\boldsymbol{0}$ 得到体系的一组独立反应方程。

例 2-4　对于 C-O 体系，第一步：写出其原子矩阵

$$\boldsymbol{H}=\begin{pmatrix}1 & 0\\ 0 & 2\\ 1 & 1\\ 1 & 2\end{pmatrix}\begin{matrix}\cdots\ \mathrm{C}\\ \cdots\ \mathrm{O_2}\\ \cdots\ \mathrm{CO}\\ \cdots\ \mathrm{CO_2}\end{matrix}$$

第二步：求原子矩阵 $\boldsymbol{H}$ 的秩数 H

对原子矩阵 $\boldsymbol{H}$ 进行行变换，变为$\begin{pmatrix}\boldsymbol{I} & \boldsymbol{X}\\ \boldsymbol{0} & \boldsymbol{0}\end{pmatrix}$，即

$$\begin{pmatrix}1&0\\0&2\\1&1\\1&2\end{pmatrix}\xrightarrow{r_2/2}\begin{pmatrix}1&0\\0&1\\1&1\\1&2\end{pmatrix}\xrightarrow[r_4-r_1-2r_2]{r_3-r_1-r_2}\begin{pmatrix}1&0\\0&1\\0&0\\0&0\end{pmatrix}$$

因此,原子矩阵 $\boldsymbol{H}$ 的秩数为 $H=2$。

第三步:求独立反应数

体系的物种数 $S=4(C,O_2,CO,CO_2)$,因此体系的独立反应数 $R=S-H=4-2=2$。

第四步:将原子矩阵转置,$\boldsymbol{H}^{\mathrm{T}}=\begin{pmatrix}1&0&1&1\\0&2&1&2\end{pmatrix}$

第五步:求由 $\boldsymbol{H}^{\mathrm{T}}$ 为系数矩阵所组成的齐次线性方程组 $\boldsymbol{H}^{\mathrm{T}}\boldsymbol{X}=0$ 的基本解。

齐次线性方程组 $\boldsymbol{H}^{\mathrm{T}}\boldsymbol{X}=0$ 为

$$\begin{cases}x_1+x_3+x_4=0\\x_2+0.5x_3+x_4=0\end{cases}$$

或

$$\begin{cases}x_1=-x_3-x_4\\x_2=-0.5x_3-x_4\end{cases}$$

由于体系的独立反应数为 2,因此只需根据该齐次线性方程组求出两组基本解即可。现对 x_3、x_4 分别取 1、0 和 0、1,代入上式得:$x_1=-1,x_2=-1/2$ 和 $x_1=-1,x_2=-1$。从而得齐次线性方程组 $\boldsymbol{H}^{\mathrm{T}}\boldsymbol{X}=0$ 的两组基本解为

$$\begin{cases}x_1=-1,x_2=-0.5,x_3=1,x_4=0\\x_1=-1,x_2=-1,x_3=0,x_4=1\end{cases}$$

即

$$\boldsymbol{X}^{\mathrm{T}}=\begin{pmatrix}-1&-0.5&1&0\\-1&-1&0&1\end{pmatrix}$$

将第一行化整,从而得到

$$\boldsymbol{X}^{\mathrm{T}}=\begin{pmatrix}-2&-1&2&0\\-1&-1&0&1\end{pmatrix}$$

第六步:求独立反应的化学计量数矩阵和独立反应方程式。

由 $\boldsymbol{X}=\boldsymbol{N}^{\mathrm{T}}$ 可得 $\boldsymbol{X}^{\mathrm{T}}=\boldsymbol{N}$。因此,体系独立反应的化学计量数矩阵 $\boldsymbol{N}_R$ 为

$$\boldsymbol{N}_R=\begin{pmatrix}-2&-1&2&0\\-1&-1&0&1\end{pmatrix}$$

由 $\boldsymbol{N}_R\boldsymbol{A}=\boldsymbol{0}$ 可得相应的独立反应方程组为

$$\begin{bmatrix}-2&-1&2&0\\-1&-1&0&1\end{bmatrix}\begin{pmatrix}C\\O_2\\CO\\CO_2\end{pmatrix}=0$$

即

$$\begin{cases}2C+O_2=2CO\\C+O_2=CO_2\end{cases}$$

在通常情况下，特别对于较为复杂的物系($S\gg E$)，原子矩阵的秩数 H 等于物系中元素的个数 E。当组分系数矩阵的列之间有 P 个线性关系时，原子矩阵的秩

$$H=E-P \tag{2-17}$$

原子矩阵的秩 H 将把体系中反应物种分成基本的和推导的两组。基本的反应物种的个数由原子矩阵的秩 H 决定，又称为独立元素数。化学计量数矩阵的前 H 列就对应着 H 个基本反应物种的化学计量数。对于确定的反应来说，基本反应物种不止一组，可供选择的最大数目是组合 C_S^H 组。

因此，改变基本反应物种的组合可以得到不同的线性独立反应的化学计量数矩阵的表达式，就可以得到线性独立反应方程组的其他组合形式。具体计算时，仍需采用对化学计量数矩阵进行初等变换的方法。

2.1.5 反应过程中物质的量的变化

在一个封闭体系中，假设只发生一个化学反应，该化学反应方程可写为

$$0=\sum_B \nu_B B \tag{2-18}$$

式中，B 代表反应物或产物，ν_B 是相应的化学计量数。反应中各物质数量变化的绝对值与相应计量数之比应相等。如发生下列反应

$$\nu_A A+\nu_B B=\nu_C C+\nu_D D \tag{2-19}$$

则必满足

$$-\frac{dn_A}{\nu_A}=-\frac{dn_B}{\nu_B}=\frac{dn_C}{\nu_C}=\frac{dn_D}{\nu_D}=d\xi \tag{2-20}$$

把该比值称为反应进度 ξ，用它来表征反应进行的程度，其定义为

$$\xi=\frac{n_B-n_B^0}{\nu_B}\quad (B=1,2,\cdots,S) \tag{2-21}$$

式中，n_B^0 为反应开始时各物质的量；n_B 为某时刻 B 的物质的量。ξ 与所选择的物质无关，并与物质的量具有相同的量纲。由式(2-21)，反应的质量(物料)平衡方程为

$$n_B=n_B^0+\nu_B\xi\quad (B=1,2,\cdots,S) \tag{2-22}$$

于是

$$dn_B=\nu_B d\xi \tag{2-23}$$

若系统中有 R 个独立反应，反应的化学计量方程可表示为

$$0=\sum_B \nu_{kB} B\quad (k=1,2,\cdots,R) \tag{2-24}$$

当这些反应同时进行时，每一个反应都有各自的反应进度 ξ_k。在整个反应体系中就存在着 R 个反应进度，且它们彼此间是独立的。这时，用化学计量数矩阵表示的物料平衡方程为

$$n_B=n_B^0+\sum_{k=1}^{R}\nu_{kB}\xi_k\quad (B=1,2,\cdots,S) \tag{2-25}$$

则

$$dn_B = \sum_{k=1}^{R} \nu_{kB} d\xi_k \quad (k = 1,2,\cdots,R; B = 1,2,\cdots,S) \tag{2-26}$$

由质量衡算方程式(2-25)可知，反应体系中 S 个反应物种的摩尔数 n_B 可用 R 个反应进度 ξ_k 表示。

由于可用化学计量数矩阵 $\boldsymbol{N}$ 或原子矩阵 $\boldsymbol{H}$ 来定义一个反应体系。但这两种矩阵分别从不同的角度描述反应体系，因此质量平衡方程式也是不同的。上面使用化学计量数矩阵来表示质量衡算方程，同样也可用原子矩阵来表示质量衡算方程，但其形式是不同的。

在一个封闭的反应系统内，反应过程中分子虽不能守恒，但每个元素的总原子数是不变的。当反应体系处于初始状态时，反应物种与元素之间的物料衡算为

$$\sum_B \eta_{Bj} n_B^0 = b_j \quad (B=1,2,\cdots,S; \quad j=1,2,\cdots,E) \tag{2-27}$$

式中，b_j 是反应体系中 j 元素的原子的量。在化学反应过程中，各原子的量是守恒的，始终有

$$\sum_B \eta_{Bj} n_B = b_j \quad (B=1,2,\cdots,S; j=1,2,\cdots,E) \tag{2-28}$$

这就是用原子矩阵表示的质量平衡方程式。

2.2 化学反应的自由能和平衡常数

根据热力学原理，在恒温恒压和只做膨胀功的条件下，可用吉布斯自由能的变化来表达不可逆程度，有

$$dG_{T,p,W'=0} \leqslant 0 \tag{2-29}$$

在恒温恒压和只做膨胀功的条件下，化学反应过程将朝着吉布斯自由能减小的方向进行。“＜”表示反应正向进行，“＞”表示反应逆向进行，“＝”表示反应体系达到平衡。

对于均相体系，吉布斯自由能可表示为

$$G=G(T,p,n_1,n_2,\cdots,n_S)=\sum_B \mu_B n_B \tag{2-30}$$

式中，n 为 $S\times1$ 阶的列向量，是组分的量的总表述。设过程在恒温恒压和不做非膨胀功的条件下，吉布斯自由能随着物种的量的变化

$$dG_{T,p,W'=0}=\sum_B \mu_B dn_B \tag{2-31}$$

这是物种的量发生变化的过程的平衡判据，也是适用于化学反应过程的平衡判据。

当一个封闭体系发生化学变化时，系统的吉布斯自由能 G 与各物种的量 n_i 都随着反应过程的进行而发生变化。但各反应物种的量不是完全独立的变数，而是由物料平衡方程式关联起来的。

2.2.1 化学反应的吉布斯自由能和平衡常数的矩阵表示

在给定温度和压力下，体系的吉布斯自由能 G 是反应进度的函数

$$G = G(\xi) \tag{2-32}$$

式中，ξ 是 R 个反应进度的总表述，为 $R\times1$ 阶的列向量。当化学反应达到平衡时，式(2-32)的函数值达到极小，此时

$$(\partial G/\partial \xi_k)_{T,p,W'=0} = 0 \quad (k = 1,2,\cdots,R) \tag{2-33}$$

将式(2-26)代入(2-31)得

$$dG_{T,p,W'=0}=\sum_B \mu_B \left(\sum_{k=1}^{R} \nu_{kB} d\xi_k\right)= \sum_{k=1}^{R} \left(\sum_B \nu_{kB} \mu_B\right) d\xi_k \tag{2-34}$$

故

$$(\partial G/\partial \xi_k)_{T,p,\xi,W'=0}=\sum_B \nu_{kB} \mu_B \quad (k=1,2,\cdots,R; B=1,2,\cdots,S) \tag{2-35}$$

式中的偏导数为反应的摩尔吉布斯自由能，记为

$$\Delta_r G_{m,k} = (\partial G/\partial \xi_k)_{T,p,\xi,W'=0} \quad (k=1,2,\cdots,R) \tag{2-36}$$

它表示了吉布斯自由能随反应进度的变化率。因此，反应 k 的摩尔吉布斯自由能可表示为

$$\Delta_r G_{m,k} = \sum_B \nu_{kB}\mu_B \quad (k=1,2,\cdots,R;\quad B=1,2,\cdots,S) \tag{2-37}$$

体系中气相各物质的化学势为

$$\mu_B = \mu_B^{\ominus} + RT\ln(\tilde{p}_B/p^{\ominus}) \tag{2-38}$$

式中，$\mu_B^{\ominus}$ 为气态物质 B 的标准化学势；$\tilde{p}_B$ 为气态物质 B 的逸度；$p^{\ominus}=101325$ Pa。代入式(2-37)可得

$$\Delta_r G_{m,k} = \sum_B \nu_{kB}\mu_B^{\ominus} + RT\ln[\prod_B(\tilde{p}_B/p^{\ominus})^{\nu_{kB}}] \tag{2-39}$$

令

$$\Delta_r G_{m,k}^{\ominus} = \sum_B \nu_{kB}\mu_B^{\ominus} \quad (k=1,2,\cdots,R;B=1,2,\cdots,S) \tag{2-40}$$

称为化学反应 k 的标准摩尔吉布斯自由能。则化学反应的等温方程式可写为

$$\Delta_r G_{m,k} = \Delta_r G_{m,k}^{\ominus} + RT\ln[\prod_B(\tilde{p}_B/p^{\ominus})^{\nu_{kB}}] \tag{2-41}$$

化学反应 k 的标准平衡常数为

$$K_k^{\ominus} = \exp\left(-\frac{\Delta_r G_{m,k}^{\ominus}}{RT}\right) \tag{2-42}$$

或

$$\Delta_r G_{m,k}^{\ominus} = -RT\ln K_k^{\ominus} \tag{2-43}$$

当体系中化学反应达到平衡时，$\Delta_r G_{m,k}=0$，由式(2-41)和式(2-42)有

$$K_k^{\ominus} = \prod_B(\tilde{p}_B/p^{\ominus})^{\nu_{kB}} \quad (k=1,2,\cdots,R;B=1,2,\cdots,S) \tag{2-44}$$

溶液中发生反应时，组分的化学势为

$$\mu_B = \mu_B^{\ominus} + RT\ln a_B \tag{2-45}$$

式中，$\mu_B^{\ominus}$为溶液中组分 B 的标准化学势；a_B 为组分 B 的活度。此时，化学反应 k 的等温方程式可写为

$$\Delta_r G_{m,k} = \Delta_r G_{m,k}^{\ominus} + RT\ln[\prod_B a_B^{\nu_{kB}}] \quad (k=1,2,\cdots,R) \tag{2-46}$$

其中

$$\Delta_r G_{m,k}^{\ominus} = \sum_B \nu_{kB}\mu_B^{\ominus} \quad (k=1,2,\cdots,R;B=1,2,\cdots,S) \tag{2-47}$$

为溶液中的化学反应 k 的标准摩尔吉布斯自由能变化。化学反应 k 的标准平衡常数为

$$K_k^{\ominus} = \exp\left(-\frac{\Delta_r G_{m,k}^{\ominus}}{RT}\right) \tag{2-48}$$

或

$$\Delta_r G_{m,k}^{\ominus} = -RT\ln K_k^{\ominus} \tag{2-49}$$

及

$$K_k^{\ominus} = \prod_B a_B^{\nu_{kB}} \quad (k=1,2,\cdots,R;B=1,2,\cdots,S) \tag{2-50}$$

当体系中线性独立反应方程组确定后，R 个独立反应的平衡常数 $K_k^{\ominus}$ 仅与体系温度有关，而与各物质的组成无关。物种的逸度 $\tilde{p}_B$ 和活度 a_B 是组成的函数，应用物料平衡方程式(2-25)可将式(2-44)和式(2-50)表示为 R 个反应进度 ξ_k 的函数。因而，式(2-44)和式(2-50)是一个含有 R

个未知数 ξ_B 的一个由 R 个方程组成的非线性方程组。求解方程式(2-44)或式(2-50)，再利用质量平衡(物料平衡)方程式即可得到化学平衡时各反应组分物质的量 n_B。

用上述方法计算反应体系的化学平衡的方法，通常称为平衡常数法。

在恒温恒压和不做非膨胀功的条件下，吉布斯自由能随着组分的量的变化，可由式(2-31)给出。用原子矩阵表示的体系中各种原子的量的质量平衡方程可由式(2-28)表示。这样，计算体系化学平衡的问题就转化为求式(2-31)的函数极小值的问题。它是在物料平衡方程式(2-28)的约束条件下，对于给定的 T、p，求出使式(2-31)的函数 G 最小时的一组 n_i 值。这种求解化学平衡的方法称为最小 G 值法。具体计算时通常采用拉格朗日待定系数法求解。

2.2.2　由物质的热性质计算反应物质的标准生成吉布斯自由能

由吉布斯自由能的定义式 $G=H-TS$，可得 B 物质的标准摩尔生成自由能

$$\Delta_f G^{\ominus}_{m,B}(T)=\Delta_f H^{\ominus}_{m,B}(T)-TS^{\ominus}_{m,B}(T) \tag{2-51}$$

式中，$\Delta_f H^{\ominus}_{m,B}(T)$ 为 B 物质的标准摩尔生成焓；$S^{\ominus}_{m,B}(T)$ 为 B 物质的标准摩尔熵。

参加反应物质的标准摩尔生成焓及标准摩尔熵可从有关的热力学手册中查到。但通常查到的数据都是某一温度时(如 298.15 K)的值。对于任意温度 T 下的数据，可根据 $(\partial H_m/\partial T)_p = C_{p,m}$ 和 $(\partial S_m/\partial T)_p = C_{p,m}/T$，由下面的式子计算

$$\Delta_f H^{\ominus}_{m,B}(T)=\Delta_f H^{\ominus}_{m,B}(298\text{ K})+\int_{298}^{T} C^{\ominus}_{p,m}(B)\mathrm{d}T \tag{2-52}$$

$$S^{\ominus}_{m,B}(T)=S^{\ominus}_{m,B}(298\text{ K})+\int_{298}^{T}\frac{C^{\ominus}_{p,m}(B)}{T}\mathrm{d}T \tag{2-53}$$

而所查得的物质的标准摩尔定压热容值，一般表示为温度的多项式，如

$$C^{\ominus}_{p,m}(B)=a_B+b_B T+c_B T^2+d_B T^{-2} \tag{2-54}$$

引入函数 $F_{HS}(T_0, T_1, f(T))$ 表示式(2-52)和式(2-53)中的有关定积分项，令

$$F_{HS}(T_0, T_1, f(T))=\int_{T_0}^{T_1} f(T)\mathrm{d}T \tag{2-55}$$

式中，T 为积分变量，T_1、T_0 分别为积分的上下限，$f(T)$ 为被积函数。则

$$\begin{aligned}
&F_{HS}(T_0, T_1, C^{\ominus}_{p,m}(B))\\
&=\int_{T_0}^{T_1} C^{\ominus}_{p,m}(B)\mathrm{d}T\\
&=\int_{T_0}^{T_1}(a_B+b_B T+c_B T^2+d_B T^{-2})\mathrm{d}T\\
&=a_B(T_1-T_0)+\frac{b_B}{2}(T_1^2-T_0^2)+\frac{c_B}{3}(T_1^3-T_0^3)-d_B(T_1^{-1}-T_0^{-1})
\end{aligned} \tag{2-56}$$

$$\begin{aligned}
&F_{HS}\left(T_0, T_1, \frac{C^{\ominus}_{p,m}(B)}{T}\right)\\
&=\int_{T_0}^{T_1}\frac{C^{\ominus}_{p,m}(B)}{T}\mathrm{d}T=\int_{T_0}^{T_1}\left(\frac{a_B+b_B T+c_B T^2+d_B T^{-2}}{T}\right)\mathrm{d}T\\
&=a_B\ln\left(\frac{T_1}{T_0}\right)+b_B(T_1-T_0)+\frac{c_B}{2}(T_1^2-T_0^2)-\frac{d_B}{2}(T_1^{-2}-T_0^{-2})
\end{aligned} \tag{2-57}$$

故 B 物质的标准摩尔生成焓和标准摩尔熵分别可由下列关系式计算

$$\Delta_f H_m^{\ominus}(B,T) = \Delta_f H_m^{\ominus}(B,T_0) + F_{HS}(T_0,T_1,C_{p,m}^{\ominus}(B)) \tag{2-58}$$

$$S_m^{\ominus}(B,T) = S_m^{\ominus}(B,T_0) + F_{HS}\left(T_0,T_1,\frac{C_{p,m}^{\ominus}(B)}{T}\right) \tag{2-59}$$

则 B 物质的标准生成摩尔自由能

$$\begin{aligned}\Delta_f G_m^{\ominus}(B,T) &= \Delta_f H_m^{\ominus}(B,T) - TS_m^{\ominus}(B,T)\\ &= \Delta_f H_m^{\ominus}(B,T_0) + \int_{T_0}^{T} C_{p,m}^{\ominus}(B)\mathrm{d}T - TS_m^{\ominus}(B,T_0) - T\int_{T_0}^{T}\frac{C_{p,m}^{\ominus}(B)}{T}\mathrm{d}T\\ &= \Delta_f H_m^{\ominus}(B,T_0) + F_{HS}(T_0,T,C_{p,m}^{\ominus}(B)) - TS_m^{\ominus}(B,T_0) - TF_{HS}\left(T_0,T,\frac{C_{p,m}^{\ominus}(B)}{T}\right)\end{aligned} \tag{2-60}$$

值得注意的是，当从 T_0（如 298.15 K）到计算温度 T 之间，如果物质有相变发生时，则应考虑物质的相变热，并需要进行分段积分。

2.2.3 化学反应的吉布斯自由能和平衡常数的计算

在 2.2.1 小节中已提及了计算化学平衡的两种方法。这两种方法都涉及标准状态时某些热力学函数的计算。平衡常数法需计算每个反应的标准摩尔吉布斯自由能的变化或平衡常数；最小 G 值法则需计算各反应物质的标准化学势。这些标准热力学函数的数值只决定于反应物质或反应的本性，以及系统温度。因此，当反应体系及系统温度已知时，可利用反应物质的基础热力学数据计算得到这些数值。

对于恒温下的化学反应，化学反应的标准摩尔吉布斯自由能

$$\Delta_r G_m^{\ominus}(T) = \Delta_r H_m^{\ominus}(T) - T\Delta_r S_m^{\ominus}(T) \tag{2-61}$$

式中，$\Delta_r H_m^{\ominus}(T)$ 为化学反应的标准摩尔反应焓；$\Delta_r S_m^{\ominus}(T)$ 为化学反应的标准摩尔反应熵。

化学反应的标准摩尔反应焓变可由参加反应各物质的标准摩尔生成焓计算：

$$\Delta_r H_m^{\ominus} = \sum_B[\nu_B \Delta_f H_m^{\ominus}(B)] \quad (B=1,2,\cdots,S) \tag{2-62}$$

反应的标准摩尔反应熵变可由参加反应各物质的标准熵计算：

$$\Delta_r S_m^{\ominus} = \sum_B[\nu_B S_m^{\ominus}(B)] \quad (B=1,2,\cdots,S) \tag{2-63}$$

式中，$\Delta_f H_m^{\ominus}(B)$ 为 B 物质的标准摩尔生成焓；$S_m^{\ominus}(B)$ 为 B 物质的标准摩尔熵。由 2.2.1 小节所述，物质的标准摩尔生成焓及标准摩尔熵可从有关的热力学手册中查到。而查到的数据通常都是某一温度时（如 298.15 K）的值。对于任意温度 T 下的化学反应的标准摩尔反应焓变和标准摩尔反应熵变的数据，可由下列关系式计算：

$$\Delta_r H_m^{\ominus}(T) = \Delta_r H_m^{\ominus}(T_0) + \int_{T_0}^{T}\Delta_r C_{p,m}^{\ominus}\mathrm{d}T \tag{2-64}$$

$$\Delta_r S_m^{\ominus}(T) = \Delta_r S_m^{\ominus}(T_0) + \int_{T_0}^{T}\frac{\Delta_r C_{p,m}^{\ominus}}{T}\mathrm{d}T \tag{2-65}$$

而

$$\Delta_r C_{p,m}^{\ominus} = \Delta_r a + \Delta_r bT + \Delta_r c(T)^2 + \Delta_r d(T)^{-2} \tag{2-66}$$

式中

$$\Delta_r a = \sum_B \nu_B a_B,\ \Delta_r b = \sum_B \nu_B b_B,\ \Delta_r c = \sum_B \nu_B c_B,\ \Delta_r d = \sum_B \nu_B d_B$$

同样，根据函数 $F_{HS}(T_0, T_1, f(T))$ 的定义，对于化学反应也同样适用，有

$$F_{HS}(T_0, T_1, \Delta_r C^{\ominus}_{p,m}) = \int_{T_0}^{T_1} \Delta_r C^{\ominus}_{p,m} dT = \int_{T_0}^{T_1} (\Delta_r a + \Delta_r bT + \Delta_r cT^2 + \Delta_r dT^{-2}) dT$$

$$= \Delta_r a(T_1 - T_0) + \frac{\Delta_r b}{2}(T_1^2 - T_0^2) + \frac{\Delta_r c}{3}(T_1^3 - T_0^3) - \Delta_r d(T_1^{-1} - T_0^{-1}) \tag{2-67}$$

同理

$$F_{HS}\left(T_0, T_1, \frac{\Delta_r C^{\ominus}_{p,m}}{T}\right) = \int_{T_0}^{T_1} \frac{\Delta_r C^{\ominus}_{p,m}}{T} dT = \int_{T_0}^{T_1} \left(\frac{\Delta_r a + \Delta_r bT + \Delta_r cT^2 + \Delta_r dT^{-2}}{T}\right) dT$$

$$= \Delta_r a \ln\left(\frac{T_1}{T_0}\right) + \Delta_r b(T_1 - T_0) + \frac{\Delta_r c}{2}(T_1^2 - T_0^2) - \frac{\Delta_r d}{2}(T_1^{-2} - T_0^{-2}) \tag{2-68}$$

故任意温度 T 时，标准摩尔反应焓和标准摩尔反应熵可分别由下列关系式计算：

$$\Delta_r H^{\ominus}_m(T) = \Delta_r H^{\ominus}_m(T_0) + F_{HS}(T_0, T_1, \Delta_r C^{\ominus}_{p,m}) \tag{2-69}$$

$$\Delta_r S^{\ominus}_m(T) = \Delta_r S^{\ominus}_m(T_0) + F_{HS}\left(T_0, T_1, \frac{\Delta_r C^{\ominus}_{p,m}}{T}\right) \tag{2-70}$$

因此

$$\begin{aligned}\Delta_r G^{\ominus}_m(T) &= \Delta_r H^{\ominus}_m(T) - T\Delta_r S^{\ominus}_m(T) \\ &= \Delta_r H^{\ominus}_m(T_0) + \int_{T_0}^{T} \Delta_r C^{\ominus}_{p,m} dT - T\Delta_r S^{\ominus}_m(T_0) - T\int_{T_0}^{T} \frac{\Delta_r C^{\ominus}_{p,m}}{T} dT \\ &= \Delta_r H^{\ominus}_m(T_0) + F_{HS}(T_0, T, \Delta_r C^{\ominus}_{p,m}) + T\Delta_r S^{\ominus}_m(T_0) + \\ &\quad TF_{HS}\left(T_0; T, \frac{\Delta_r C^{\ominus}_{p,m}}{T}\right)\end{aligned} \tag{2-71}$$

同样，当从 298.15 K 到计算温度 T 之间，物质有相变时，也应考虑物质的相变热，并且需要进行分段积分。

2.3 平衡体系组成的计算

2.3.1 单一反应的平衡体系

2.3.1.1 均相反应体系

当反应物系中只有一个化学反应时，该反应涉及的物质的平衡组成可采用平衡常数法进行计算。对于反应体系为气体混合物时，根据式(2-44)，有

$$K^{\ominus} = \prod_B (\tilde{p}_B / p^{\ominus})^{\nu_B} \quad (B = 1, 2, \cdots, S) \tag{2-72}$$

若气体按理想气体近似处理，组分的逸度可表示为

$$\tilde{p}_B = p x_B = p \frac{n_B}{n} \tag{2-73}$$

则式(2-72)可写为

$$K^{\ominus} = \left(\frac{p}{p^{\ominus}}\right)^{\nu} \left(\frac{1}{n}\right)^{\nu} \prod_B n_B^{\nu_B} \tag{2-74}$$

$$\nu = \sum_B \nu_B \quad (B = 1, 2, \cdots, S) \tag{2-75}$$

式中，ν 称为反应的量的变化。

根据物料平衡方程式，反应物质的量 n_B 及体系中物质的量 n 可表示为

$$\begin{cases} n_B = n_B^0 + \nu_B \xi \\ n = n^0 + \nu \xi \end{cases} \tag{2-76}$$

式中

$$n^0=\sum_B n_B^0 \quad (B=1,2,\cdots,S) \tag{2-77}$$

将式(2-76)代入式(2-74)，可得

$$\left(\frac{p}{p^{\ominus}}\right)^{\nu}\left(\frac{1}{n^0+\nu\xi}\right)^{\nu}\prod_B(n_B^0+\nu_B\xi)^{\nu_B}-K^{\ominus}=0 \tag{2-78}$$

此式即为理想气体反应体系的化学平衡方程式。当反应的温度、压力以及反应物质的初始量确定后，方程左端是反应进度 ξ 的函数，记为 $f(\xi)$。由此式求得平衡反应进度 ξ 后，再利用物料平衡方程式(2-76)计算平衡时的 n_i、n。最后由 $x_i=n_i/n$ 计算平衡时各反应物质的摩尔分数。再由 $p_B=px_B$ 可求出各反应物质的分压。

2.3.1.2 渣-金反应体系

冶金中的反应多数发生在渣-金界面上。则上述平衡常数方程中的组成必须用活度表示，而平衡常数必须用活度计算。

金属液中的组分，一般选择符合亨利定律的质量分数为1%的标准态作为活度的标准态，此时 B 物质的活度可写为

$$a_B=f_Bw_B$$

式中，f_B 为金属液中组分 B 的活度系数（或活度因子）；w_B 为组分 B 的质量分数。值得注意的是，式中 w_B 的值为质量百分符号前面的数值，如质量分数为0.5%，则应代入0.5进行计算。

组分 B 的物质的量

$$n_B=\frac{w_Bm_{\mathrm{m}}}{100M_B} \tag{2-79}$$

式中，m_{m} 为金属液的质量，M_B 为组分 B 的摩尔质量。因此由反应进度的定义式(2-21)得金属液中的组分 B 的反应进度为

$$\xi_B=\frac{n_B-n_B^0}{\nu_B}=\frac{m_{\mathrm{m}}}{100\nu_BM_B}(w_B-w_B^0) \tag{2-80}$$

以及

$$w_B=\frac{100\nu_BM_B}{m_{\mathrm{m}}}\xi_B+w_B^0 \tag{2-81}$$

因此，用反应进度表示的金属中组分的活度可写为

$$a_B=f_B\left(\frac{100\nu_BM_B}{m_{\mathrm{m}}}\xi_B+w_B^0\right) \tag{2-82}$$

对于熔渣中的组分，一般选择纯物质为活度的标准态。此时渣中组分 B 的活度

$$a_B=\gamma_Bx_B \tag{2-83}$$

式中，γ_B 为渣中组分 B 的活度因子；x_B 为渣中组分 B 的摩尔分数。

对于渣中组分 B 的物质的量

$$n_B=\frac{w_Bm_{\mathrm{s}}}{100M_B} \tag{2-84}$$

式中，m_s 为熔渣的质量。渣中的组分 B 的反应进度为

$$\xi_B=\frac{n_B-n_B^0}{\nu_B}=\frac{m_s}{100\nu_B M_B}(w_B-w_B^0) \tag{2-85}$$

以及

$$w_B=\frac{100\nu_B M_B}{m_s}\xi_B+w_B^0 \tag{2-86}$$

因此，用反应进度表示的熔渣中组分的活度可写为

$$a_B=\gamma_B\left(\frac{100\nu_B M_B}{m_s}\xi_B+w_B^0\right) \tag{2-87}$$

例如，对于渣-金反应

$$[A]+(BO)=(AO)+[B]$$

反应的平衡常数可写为

$$K^{\ominus}=\prod_B a_B^{\nu_B}=\frac{a_B a_{AO}}{a_A a_{BO}}=\frac{f_B w_B \gamma_{AO} x_{AO}}{f_A w_A \gamma_{BO} x_{BO}}=\frac{f_B \gamma_{AO}}{f_A \gamma_{BO}}\frac{w_B x_{AO}}{w_A x_{BO}} \tag{2-88}$$

将式(2-82)和式(2-87)代入，可得用反应进度表示的上述渣-金反应的平衡常数为

$$\begin{aligned}K^{\ominus}&=\frac{f_B\left(\frac{100\nu_B M_B}{m_m}\xi_B+w_B^0\right)\gamma_{AO}\left(\frac{100\nu_{AO}M_{AO}}{m_s}\xi_{AO}+w_{AO}^0\right)}{f_A\left(\frac{100\nu_A M_A}{m_m}\xi_A+w_A^0\right)\gamma_{BO}\left(\frac{100\nu_{BO}M_{BO}}{m_s}\xi_{BO}+w_{BO}^0\right)}\\&=\frac{\gamma_{AO}f_B}{f_A\gamma_{BO}}\frac{100\nu_{AO}M_{AO}\xi_{AO}+w_{AO}^0 m_s}{100\nu_A M_A\xi_A+w_A^0 m_m}\frac{100\nu_B M_B\xi_B+w_B^0 m_m}{100\nu_{BO}M_{BO}\xi_{BO}+w_{BO}^0 m_s}\\&=\frac{\gamma_{AO}f_B}{f_A\gamma_{BO}}\frac{100M_{AO}\xi_{AO}+w_{AO}^0 m_s}{100M_A\xi_A+w_A^0 m_m}\frac{100M_B\xi_B+w_B^0 m_m}{100M_{BO}\xi_{BO}+w_{BO}^0 m_s}\end{aligned} \tag{2-89}$$

式(2-78)和式(2-89)是关于反应进度 ξ 的非线性方程，可采用求解非线性方程的各种迭代法求解。采用迭代法求解时，要求给定反应进度 ξ 的初值，该初值的取值必须使得所有反应物质的量 n_B 均为非负数，即满足以下条件：

$$n_B=n_B^0+\nu_B\xi\geqslant 0\quad(B=1,2,\cdots,S) \tag{2-90}$$

将反应物质区分为产物与反应物，对式(2-90)进行变换后可得

$$\begin{cases}\xi\geqslant -n_B^0/\nu_B,\text{对于产物},\nu_B>0\\ \xi\leqslant -n_B^0/\nu_B,\text{对于反应物},\nu_B<0\end{cases} \tag{2-91}$$

结合以上两种情况，反应进度 ξ 的取值必定在下式范围内

$$\max(-n_B^0/\nu_B)_{\text{产物}}\leqslant\xi\leqslant\min(-n_B^0/\nu_B)_{\text{反应物}} \tag{2-92}$$

若假定至少有一个产物在初始混合物中不存在，即该产物的初始量等于零，则

$$\max(-n_B^0/\nu_B)_{\text{产物}}=0 \tag{2-93}$$

令

$$\xi^*=\min(-n_B^0/\nu_B)_{\text{反应物}} \tag{2-94}$$

于是，不等式(2-92)可写为

$$0 \leqslant \xi \leqslant \xi^* \tag{2-95}$$

即反应进度ξ初值的取值范围在初始状态和反应进行到某一反应物完全转化时的状态之间。实际使用时往往可取$0.999\xi^*$计算或$0.001\xi^*$等值计算。

2.3.2 同时平衡体系组成的计算

实际冶金反应体系中往往同时发生多个化学反应。此时体系的平衡，应当是体系中的所有的反应都应达到平衡。因此，任一种物质的平衡组成或分压必定同时满足每一个化学反应的标准平衡常数。而根据物理化学知识，此时不能只是孤立地去研究其中每一个反应的平衡，因为此时各反应会产生相互影响。对于同时平衡体系，在分析计算时首先必须确定体系的独立反应数。它表明了体系中所能列出的平衡常数方程的个数，或独立的平衡常数方程的个数，或者在研究体系平衡时所需研究达到平衡的反应的最少的平衡反应的个数。

总体思路是，首先列出体系中可能的物种数，并列出需求的物质的组成或压力等未知数的个数，显然只需列出相应于未知数个数的方程即可。可从三个方面来列出相应的方程。由于考虑的是平衡问题，因此首先考虑根据平衡常数来列方程。但根据物理化学中同时平衡的原理，所能列出的平衡常数方程的个数，最多只能列出体系的独立反应数所对应个数的方程数。如果方程数还不够，则可由总和方程，即体系的总压或总组成应等于各物质的分压或组成之和，以及质量守恒方程补充。

2.3.2.1 平衡常数法

对于复杂的反应体系，用线性代数方法可确定独立反应数，得到一组线性独立的化学反应方程式来描述给定体系总的化学转化。假定体系有R个线性独立反应，平衡常数法通过对一组R个平衡方程的求解，得到这些反应同时平衡的R个反应进度，进而由反应进度、质量平衡方程式和总压方程等求得各反应物质的量或物质的总量。

当多个反应同时存在时，化学平衡方程组可由平衡常数方程式(2-44)或考虑式(2-72)、参考式(2-74)可得

$$\left(\frac{p}{p^{\ominus}}\right)^{\nu_k}\left(\frac{1}{n}\right)^{\nu_k}\prod\nolimits_B n_B^{\nu_{kB}}-K_k^{\ominus}=0 \quad (B=1,2,\cdots,S;k=1,2,\cdots,R) \tag{2-96}$$

$$\nu_k=\sum\nolimits_B \nu_{kB} \quad (B=1,2,\cdots,S;\quad k=1,2,\cdots,R) \tag{2-97}$$

式中，ν_k称为第k个反应的量的变化。

式(2-96)左边为反应进度的函数，并可写成对数形式

$$f_k(\xi_1,\xi_2,\cdots,\xi_R)=\sum\nolimits_B \nu_{kB}\ln n_B-\nu_k\ln n+C_k=0 \quad (k=1,2,\cdots,R) \tag{2-98}$$

$$C_k=\nu_k\ln(p/p^{\ominus})-\ln K_k^{\ominus} \tag{2-99}$$

式中，C_k为与反应进度无关的常数。

式(2-98)表示了一个R个方程、S个未知数的非线性方程组。利用物料平衡方程式(2-25)及总压方程或总和方程，一般总能够将式(2-98)中的n_B和n用R个反应进度ξ_j取代，从而在体系温度、压力及反应物质的初始浓度限制条件下，将式(2-98)转变为有R个未知数，即反应进度ξ_j $(j=1,2,\cdots,R)$的R个方程的非线性方程组。换句话说，也可联立平衡常数方程(2-98)、物料平衡方程式(2-25)及总压方程或总和方程，可构成S个方程、S个未知数的封闭的非线性方程组。经过上述转换，方程(2-98)就成为共有R个方程、R个反应进度(未知数)的关于反应进度的非线性方程组。可用求解非线性方程组的牛顿-拉夫森方法求解。

迭代过程的收敛判据取为

$$\sum_{j=1}^{R}\left|\frac{\Delta\xi_j}{\xi_j}\right|<\varepsilon \tag{2-100}$$

式中，$\Delta\xi_j$ 是前后两次迭代后反应进度 ξ_j 的相对增量的绝对值之和；ε 为控制精度。

当使用上述算法时，还必须解决两个问题：初值的设定和步长因子的选取，它们将直接影响迭代过程是否能够收敛。为了确保迭代过程收敛，反应进度 ξ_j 的初值以及每次迭代的近似值都必须满足：

$$n_B = n_B^0 + \sum_{j=1}^{R}\nu_{jB}\xi_j > 0 \quad (B=1,2,\cdots,S) \tag{2-101}$$

该式的物理意义是明显的。可采用随机数方法设定 R 个反应进度的初值。利用计算机可产生分布在(0,1)区间的一个随机数 x，令

$$\xi = a + (b-a)x \tag{2-102}$$

就能得到分布在(a, b)区间的一个随机数 ξ。连续使用上述方法，可得到 R 个随机数 ξ 值。检验这组 ξ 值是否满足不等式(2-101)，若满足就以这组 ξ 值作为反应进度的初值。相反，则需重新产生 R 个随机数，直至随机产生的 R 个 ξ 值满足条件式(2-101)为止。根据概率原理，利用上述方法总能找到满足条件式(2-101)的反应进度的一组初值。实践表明，当反应数不大时($R\leqslant 4$)，用随机数方法设定初值是有效的。

为了在迭代过程中能更容易判断和确定合适的步长因子 ω，将式(2-101)改写为

$$n_B^{(r+1)} = n_B^{(r)} + \omega\sum_{j=1}^{R}\nu_{jB}\Delta\xi_j > 0 \quad (B=1,2,\cdots,S) \tag{2-103}$$

不等式的两边除以 $n_B^{(r)}$ 后，可化为

$$\omega\left(-\sum_{j=1}^{R}\frac{\nu_{jB}\Delta\xi_j}{n_B^{(r)}}\right)<1 \quad (B=1,2,\cdots,S) \tag{2-104}$$

令

$$D_n = \max\left(-\sum_{j=1}^{R}\frac{\nu_{jB}\Delta\xi_j}{n_B^{(r)}}\right) \tag{2-105}$$

则，原不等式(2-103)的条件可概括写为

$$\omega D_n < 1 \tag{2-106}$$

当 $D_n<1$ 时，可取步长因子 $\omega=1$，求解得到的 $\Delta\xi_k$ 可不必修正。相反，当 $D_n>1$ 时，应选取步长因子 $\omega<1$ 的一个值，使 $\omega D_n<1$ 满足。即要求 $\omega<1/D_n$。因此，根据不同情况，步长因子可取为

$$\omega=\begin{cases}1 & \text{当 } D_n<1\\ \dfrac{0.99}{D_n} & \text{当 } D_n\geqslant 1\end{cases} \tag{2-107}$$

2.3.2.2 最小 G 值法

最小 G 值法将反应体系作为一个整体来处理，化学平衡的计算就是寻找体系总的吉布斯自由能随变量变化的极小值，而这些变量应符合用原子矩阵表示的质量平衡方程式的要求。这种方法不需要物系的化学计量分析，即不需要了解体系中有关反应的细节，因为应用原子矩阵对于体系作为整体的描述已经足够了。

假定体系内有 S 个反应组分，这些组分由 E 个元素所构成。下面将从上述条件下的极值问题出发，推导出一组含有 E 个未知数的 M 个非线性方程组，计算化学平衡的任务就是求解这个方程组。对于复杂体系，特别是反应组分很多($S\gg E$)的大体系，独立反应数 R($R=S-E$)很大，

采用平衡常数法计算化学平衡困难。这时采用最小 G 值法将是有利的，并有可能较为容易地求解这类大系统的化学平衡。

由反应体系的吉布斯自由能表达式(2-30)可得

$$\frac{G}{RT}=\sum_B n_B \frac{\mu_B}{RT} \tag{2-108}$$

式中，n_B 必须满足质量平衡关系，由式(2-27)和式(2-28)，用原子矩阵表示为

$$b_k=\sum_B \eta_{Bk} n_B^0=\sum_B \eta_{Bk} n_B \quad (k=1,2,\cdots,E) \tag{2-109}$$

化学平衡的计算就相当于求解满足方程式(2-109)的一系列点$(n_1,n_2,\cdots,n_S)$上吉布斯自由能的极小值。这是一个在约束条件下求极小值的问题，等价于下面的无约束函数的极小值

$$F=\frac{G}{RT}+\sum_{k=1}^{E}\lambda_k(b_k-\sum_B \eta_{Bk} n_B) \quad (B=1,2,\cdots,S) \tag{2-110}$$

式中，λ_k 为待定系数，称为拉格朗日乘子；F 为$(S+E)$个变量 $n_1,n_2,\cdots,n_S$ 和 $\lambda_1,\lambda_2,\cdots,\lambda_E$ 的函数。函数 F 取极小值时，必须满足以下条件

$$\frac{\partial F}{\partial n_B}=\frac{\mu_B}{RT}-\sum_{k=1}^{E}\eta_{Bk}\lambda_k=0 \quad (B=1,2,\cdots,S) \tag{2-111}$$

$$\frac{\partial F}{\partial \lambda_k}=b_k-\sum_B \eta_{Bk} n_B=0 \quad (k=1,2,\cdots,E;\quad B=1,2,\cdots,S) \tag{2-112}$$

在上述$(S+E)$个方程中，前 S 个方程对应于化学平衡条件，后 E 个方程对应于质量平衡条件。

若反应体系为理想气体混合物，则

$$\mu_B=\mu_B^{\ominus}+RT\ln\left(\frac{px_B}{p^{\ominus}}\right) \tag{2-113}$$

代入式(2-111)，得

$$\frac{\mu_B^{\ominus}}{RT}+\ln\frac{p}{P^{\ominus}}+\ln x_B-\sum_{k=1}^{E}\eta_{Bk}\lambda_k=0 \quad (B=1,2,\cdots,S) \tag{2-114}$$

合并与 λ_k、x_B 无关的常数项，令

$$C_B=\frac{\mu_B^{\ominus}}{RT}+\ln\frac{p}{p^{\ominus}} \tag{2-115}$$

则式(2-114)可写成

$$\ln x_B+C_B-\sum_{k=1}^{E}\eta_{Bk}\lambda_k=0 \quad (B=1,2,\cdots,S) \tag{2-116}$$

求得

$$x_B=\exp\left(\sum_{k=1}^{E}\eta_{Bk}\lambda_k-C_B\right) \quad (B=1,2,\cdots,S) \tag{2-117}$$

对于 S 个 x_B 必须满足归一条件，即

$$\sum_B x_B-1=0 \tag{2-118}$$

通过式(2-117)，将 x_B 表示成 λ_k 的函数，消去 S 个未知数，使需求解的方程数也相应减少。

用物质的总量 n 去除质量平衡关系式(2-112)的两边，可导出非线性方程组

$$\sum_B \eta_{Bk} x_B-\frac{b_k}{n}=0 \quad (k=1,2,\cdots,E) \tag{2-119}$$

式中，n 可由方程组中的第一个方程求得

$$\frac{1}{n}=\frac{\sum_B \eta_{B1} x_B}{b_1} \tag{2-120}$$

代入方程组中的其他方程可得

$$\sum_B \eta_{Bk} x_B - \frac{b_k}{b_1}\sum_B \eta_{B1} x_B = \sum_B x_B\left(\eta_{Bk} - \frac{b_k}{b_1}\eta_{B1}\right) = 0 \quad (k=2,3,\cdots,E) \tag{2-121}$$

将式(2-118)作为第一个方程，与式(2-121)合并为一个新的方程组，统一表示为

$$f_k = \sum_B x_B q_{Bk} - d_k = 0 \quad (B=1,2,\cdots,S;\quad k=1,2,\cdots,E) \tag{2-122}$$

其中：

$$\begin{cases} q_{B1} = 1, & d_1 = 1 \\ q_{Bk} = \eta_{Bk} - \dfrac{b_k}{b_1}\eta_{B1}, & d_k = 0 \end{cases} \quad (B=1,2,\cdots,S;\quad k=2,3,\cdots,E) \tag{2-123}$$

式(2-122)是一个有 E 个未知数($\lambda_1, \lambda_2, \cdots, \lambda_E$)$E$ 个方程的非线性方程组，仍可采用牛顿-拉夫森方法求解。

迭代过程收敛的判据取为

$$D = \sum_{j=1}^{E}\left|1 - \sum_B \frac{\eta_{Bj} n_B}{b_j}\right| < \varepsilon \tag{2-124}$$

式中，D 为满足 E 个物料平衡方程的一种度量；ε 为控制精度，一般取为 10^{-5}。迭代初值 $x_B^{(0)}$，除非已有平衡组成的估计，否则可取 $x_B^{(0)} = 1/S$ 进行迭代。

2.4 组分活度的计算

2.4.1 铁液中组分活度的计算

一般可用组分活度相互作用系数进行计算。

$$\lg f_B = \sum_B e_B^j w_j \quad (B, j \neq \mathrm{Fe}) \tag{2-125}$$

式中，e_B^j 为金属中组分 j 对 B 组分的活度相互作用系数；w_j 为组分 j 的质量分数；f_B 为 B 组分的活度因子。则 B 组分的活度为

$$a_B = f_B w_B \tag{2-126}$$

需要注意的是，按照组分活度相互作用系数的概念，式(2-125)只适用于钢水中各组分的质量分数较低的情况，其中的活度相互作用系数称为一阶活度相互作用系数。实际上，冶金过程中所遇到的液态金属中各物质的质量分数均较高，此时仍使用式(2-125)来计算会产生较大的误差，需考虑二阶活度相互作用系数。

2.4.2 熔渣中组分活度的计算

可用熔渣热力学模型计算，如完全离子溶液热力学模型等模型来计算。但常常使用经验公式计算。如对于不锈钢电渣重熔过程，渣中各组分的活度因子可采用下列经验公式进行计算：

$$\begin{aligned}\lg\gamma_{(\mathrm{FeO})} =\ & 3540\left(x_{(\mathrm{CaO})} + x_{(\mathrm{MgO})}\right)\left(x_{(\mathrm{SiO_2})} + 0.25x_{(\mathrm{AlO_{1.5}})}\right)/T + \\ & 1475x_{(\mathrm{MnO})} \times \left(x_{(\mathrm{SiO_2})} + 0.45x_{(\mathrm{CrO_{1.5}})}\right)/T + 1068x_{(\mathrm{AlO_{1.5}})}x_{(\mathrm{SiO_2})}/T + \\ & 36x_{(\mathrm{MnO})}x_{(\mathrm{AlO_{1.5}})}/T + 593x_{(\mathrm{CrO_{1.5}})}x_{(\mathrm{SiO_2})}/T\end{aligned} \tag{2-127}$$

$$\lg\gamma_{(\mathrm{Cr_2O_3})} = \lg\gamma_{(\mathrm{FeO})} - 1594\left(x_{(\mathrm{CaO})} + x_{(\mathrm{MgO})}\right)/T - 664x_{(\mathrm{MnO})}/T - 593x_{(\mathrm{SiO_2})}/T \tag{2-128}$$

$$\lg\gamma_{(SiO_2)}=\lg\gamma_{(FeO)}-3540\left(x_{(CaO)}+x_{(MgO)}\right)/T-1475x_{(MnO)}/T-1068x_{(AlO_{1.5})}/T-593x_{(CrO_{1.5})}/T \quad (2\text{-}129)$$

$$\lg\gamma_{(MnO)}=\lg\gamma_{(FeO)}-1475\left(x_{(SiO_2)}+0.45x_{(CrO_{1.5})}\right)/T-36x_{(AlO_{1.5})}/T \quad (2\text{-}130)$$

式中，x 为渣中相应组分的摩尔分数。注意，式中氧化物应按 MO_z 格式计算。

Cr_2O_3 在渣中的溶解度较小，约为 5%。高铬钢液吹氧时，渣中 Cr_2O_3 很快饱和，可以认为 $a_{(Cr_2O_3)}=1$。

2.5　冶金过程动力学的数学模拟

冶金过程是发生在高温下的多相复杂反应过程。体系内的反应主要包括以下几种类型：

(1) 气体和液体之间的反应。如钢液中发生的钢水中的碳和氧之间的反应，钢液吹氧过程中发生的氧和金属内元素的氧化反应，钢液中碳还原炉渣中的氧化物的反应，钢液的吸气和去气等。对于钢液的吸气和去气过程往往包含有气体在气-金界面的吸附和解吸附过程。

(2) 气体和固体之间的反应。如气体还原剂还原铁矿石过程，化合物的分解等。对于气体和固体之间的反应也往往包括气-固界面的吸附和解吸附过程。

(3) 液体与液体之间的反应。冶金过程中发生的反应绝大多数都属于液-液反应范畴，如发生在熔渣与熔融金属之间的金属中的元素还原渣中氧化物的反应。

(4) 液体与固体之间的反应。如钢液的凝固过程等。

冶金反应体系内发生的反应往往是一个复杂反应，每个反应往往都包含多个步骤，包括参加反应物质的扩散传质、界面化学反应等步骤。有些反应还包含有吸附和解吸附过程。这些过程往往是一环扣一环、一步接一步地连串进行的，是一个连串反应过程。有时同一个物质还同时进行几个反应，这几个反应是并联进行的，又包含并联过程。有时界面化学反应可能是一个可逆反应过程。

在进行一个反应过程的每一个步骤中都有一个相应的过程阻力。传质系数 k_d 的倒数 $1/k_d$ 即为传质步骤的阻力，反应速率常数 k 的倒数 $1/k$ 即为化学反应步骤的阻力。如果反应过程中的各个步骤是连串进行的，则其总阻力等于各步骤阻力之和。

在串联反应中，如某一步骤的阻力比其他步骤的阻力大得多，相比之下其他步骤的阻力可以忽略，认为整个反应的速率就由阻力大的步骤决定，则称该步骤为反应速率的控速环节和限制性环节或步骤。如果界面化学反应步骤的速度很快，则认为界面化学反应达到平衡状态，这样就可以用热力学平衡常数来计算参加反应的各物质浓度之间的关系；如果某一个传质步骤的速度很快，则认为与该步骤相关的边界层和体相内具有均匀的浓度。

在并联反应中，若某一途径的阻力比其他途径小得多，则反应将优先以这一途径进行。例如，在气-固反应中的固体产物层内同时存在气体反应物通过固体产物层向反应界面扩散过程和固体中的离子(如 Fe^{2+} 或 Fe^{3+} 离子)通过固体产物层向反应界面扩散过程，统称为内扩散。若固体产物层是多孔的，气体反应物通过固体产物层向内扩散的阻力要比固相中离子扩散小得多，因此，内扩散的传质过程主要以气相扩散形式进行。

如何确定反应的限制性环节是一个重要但又困难的工作。一般地，一级反应的活化能和扩散活化能数量级相当，搅拌或提高流速对反应速度有显著影响。高温冶金反应、材料合成过程多数为传质步骤控速，习惯上称为扩散控速。反之，如果反应级数是二级或二级以上，活化能较大，搅拌或提高流速对速率无明显影响，则说明界面化学反应步骤是限制性环节，称为化学反应控制。

对于不止一个限制步骤的反应过程，常用准稳态处理方法。对于串联反应经历一段时间后，其各步骤的速率经相互调整达到速率相等。此时反应的中间产物及反应体系不同位置上的浓度相对稳定，称为稳态。但实际上真正的稳态是不存在的，各个步骤速率只是近似相等，则称为准稳态。这样的处理方法称为准稳态处理方法。

稳态或准稳态处理方法中，各步骤的阻力都不能忽略。串联反应中总的阻力等于各步骤阻力之和。应用此方法，可求出总反应的速率，也就是达稳态或准稳态时各步骤的速率。

由于冶金过程是一个在高温下进行的反应，对于冶金中的绝大多数的反应，界面反应速度往往很快，因此往往可以认为界面反应不会成为限制步骤，从而将界面化学反应看成已达到平衡状态，按照界面反应的平衡条件来进行处理。

在冶金反应体系内往往还同时发生多个反应，几个反应往往相互交织在一起，相互影响，相互作用。因此冶金反应体系是一个同时反应体系。

在处理冶金过程动力学问题时，往往遵循以下几个步骤：

(1) 确定反应机理。由于冶金过程是在高温下进行，而且体系内往往同时发生几个反应过程，因此高温动力学实验不仅极其困难，而且实验的可靠性和精度往往存在较大的问题。为此，在进行冶金过程动力学模拟时，往往需要假设反应的机理。化学反应的机理，往往包括扩散传质、界面反应等若干个步骤。

(2) 按照所确定反应机理，写出每一个步骤的速度或通量。在每一个步骤的速度和通量表达式中往往包含有界面浓度和体相浓度。其中体相浓度往往是需要计算的，是未知量，实际生产中可以通过取样分析获得。而界面浓度也是未知量，但无法通过取样分析等方法获得，因此需要通过某种方法设法消去。

(3) 应用稳态和准稳态近似原理，将所列出的各个速度或通量联系起来。当反应体系达到稳态时，几个步骤的速度或通量相等，从而列出若干个方程式。通过这些方程式，可将速度或通量方程中无法获得的界面浓度消去。

(4) 获得反应体系的速度式。将获得的界面浓度代入到各速度式或通量式中，从而得到反应的速度式。

(5) 求解方程组，得到各物质的浓度。联立各反应的速度式，得到一个联立的常微分方程组，求解这一联立的常微分方程组，就可得到反应体系中各物质的浓度。常微分方程组可用四阶龙格-库塔法求解。

2.5.1 冶金气-固反应过程数学模拟

气-固反应动力学研究中，前人曾提出多种不同的数学模型，其中最著名的是未反应核模型。近几十年来，大量的实验结果证明了这个模型可广泛应用于如矿石的还原、金属及合金的氧化、碳酸盐的分解、硫化物焙烧等各种不同类型的气-固反应。

由于原始的固体产物是致密的或无孔隙的，反应发生在气-固相的界面上，即具有界面反应的特征。气-固反应可用通式表示为

$$A_{(g)} + bB_{(s)} = gG_{(s)} + sS_{(s)} \tag{2-131}$$

如铁矿石被气体还原剂 CO 或 H_2 还原的反应。当无气体产物生成时，如金属的氧化反应，则式(2-131)可写为

$$A_{(g)} + bB_{(s)} = sS_{(s)} \tag{2-132}$$

当无固体生成时，如燃烧反应，则反应可写为

$$A_{(g)} + bB_{(s)} = gG_{(s)} \tag{2-133}$$

2.5.1.1 未反应核模型机理

未反应核模型认为反应过程包括以下几个步骤：

(1) 还原气体A通过气相边界层扩散到固体反应物表面，称为外扩散。

(2) 气体A通过多孔的产物层向反应界面扩散，同时可能存在固体离子(如Fe^{2+}或Fe^{3+}离子)也通过产物层向反应界面扩散，统称为内扩散。

(3) 在反应界面上气体A与固体反应物B发生化学反应，生成气体产物G和固体产物S。其中还可能包括气体反应物的吸附和气体产物的脱附，界面化学反应本身等步骤。

(4) 气体产物G通过固体产物层向矿球表面扩散。

(5) 气体产物G离开矿球表面向气相内部扩散。

设球形固体的半径为r_0，随着反应的进行，未反应的核心半径r_i不断缩小，即反应界面逐渐向固体内部推进。由于固体反应产物的体积逐级缩小，因而，随着反应的进行，固体体积有收缩的趋势。这样就在产物层中形成了许多孔隙和裂纹，从而弥补了整个球形固体的收缩。可以认为反应前后整个球形固体的半径不变。

由于未反应的核心比较致密，而反应产物是疏松的，所以，发生反应的区域很薄，可以作为界面反应处理。而且实验证实，中间产物Fe_3O_4和FeO也很薄，可以忽略。因而可画出如图2-1所示的未反应核模型图示。图中，c表示物质的浓度，下标b表示体相内的参数；下标i表示反应界面处的参数；下标s表示矿球表面处的参数。

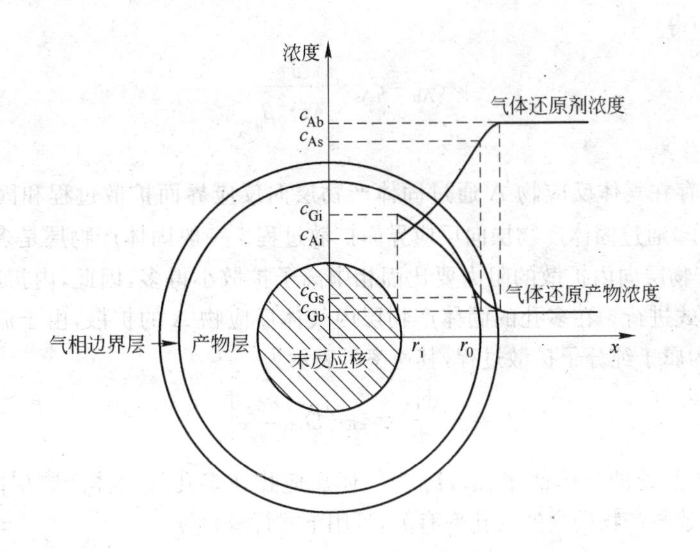

图2-1 未反应核模型示意图

式(2-131)表示的反应，假设固体产物层是多孔的，则反应由前述五个相互衔接的串联步骤组成。不难看出界面化学反应发生在多孔固体产物层和未反应的固体反应核之间。随着反应的进行，未反应的固体反应核逐渐缩小。基于这一考虑建立起来的预测气固反应速率的模型被称为缩小的未反应核模型，或简称为未反应核模型。

对于未反应核模型，由于扩散阻力的影响，气体反应物A的浓度由外向内逐渐降低，而气体产物G的浓度由外向内逐渐升高。两者分压之和为一常数，不会因压力差而产生流动。

由于反应界面不断向内推进，反应可视为非稳态过程。但是对于大多数气-固相反应，反应界面的移动速度远比反应气体和产物气体在产物层内的扩散速度小，可以忽略不计。因此，未反应核模型可按稳态过程处理。

2.5.1.2 气-固反应各步骤的速率式

式(2-131)表示的反应一般由上述五个串联步骤组成。其中第一步及第五步为气体的外扩散步骤;第二、四步骤为气体通过多孔固体介质的内扩散步骤;第三步为界面化学反应。一般气-固反应主要由气体反应物 A 的内扩散和外扩散以及界面反应控制,气体产物 G 的内扩散和外扩散一般不会成为限速步骤,因此这两步的阻力可忽略。

A 外扩散速率

外扩散是气体反应物 A 通过气体边界层的扩散,这是一个流体中的传质过程,因此其速率可表示为

$$J_g = -\frac{dn_A}{d\tau} = 4\pi r_0^2 \beta_g (c_{Ab} - c_{As}) \tag{2-134}$$

式中,r_0 为球形固体的半径;c 为物质的浓度,下标 b 表示体相的值,s 为固体球表面处的值;β_g 为气相反应物 A 在气相边界层内的传质系数,它与气体的流速、固体球的直径、气体黏度及扩散系数有关,可由 Ranz 公式求出

$$\frac{\beta_g d}{D} = 2.0 + 0.6 Re^{1/2} Sc^{1/3} \tag{2-135}$$

式中,D 为气体反应物 A 的扩散系数;d 为颗粒的直径;Re 为雷诺数;Sc 为施密特数。

由式(2-134)得

$$c_{Ab} = c_{As} + \frac{J_g}{4\pi r_0^2 \beta_g} \tag{2-136}$$

B 内扩散速率

内扩散同时存在气体反应物 A 通过固体产物层向反应界面扩散过程和固体中的离子(如 Fe^{2+} 或 Fe^{3+} 离子)通过固体产物层向反应界面扩散过程。一般固体产物层是多孔的,气体反应物 A 通过固体产物层向内扩散的阻力要比固相中离子扩散小得多,因此,内扩散的传质过程主要以气相扩散形式进行。在多孔的固体产物层内气体反应物 A 的扩散,由于流速很小,几乎可忽略,因此可认为属于纯分子扩散过程,其速率可表示为

$$J_s = -\frac{dn_A}{d\tau} = 4\pi r_i^2 D_{eff} \left.\frac{\partial c_A}{\partial r}\right|_{r=r_i} \tag{2-137}$$

式中,r_i 为反应界面处的球体的半径;D_{eff} 为气体反应物在多孔的固体产物层内的有效扩散系数。有效扩散系数与产物层内的气孔率有关,可用下式计算:

$$D_{eff} = D\varepsilon_P \xi \tag{2-138}$$

式中,D 为扩散系数;ε_P 为产物层的气孔率;ξ 为产物层的迷宫系数。D_{eff} 可由实验确定或用经验公式计算。

由于通过产物层各个球面的传质速度在稳态时为一常数,将式(2-137)分离变量,两边积分

$$\frac{J_s}{4\pi D_{eff}} \int_{r_0}^{r_i} \frac{1}{r_i^2} dr_i = \int_{c_{As}}^{c_{Ai}} dc_A \tag{2-139}$$

因此

$$J_s = -\frac{dn_A}{d\tau} = 4\pi D_{eff} \frac{r_0 r_i}{r_0 - r_i} (c_{As} - c_{Ai}) \tag{2-140}$$

可得

$$c_{\mathrm{As}}=c_{\mathrm{A}i}+\frac{J_{\mathrm{s}}(r_0-r_i)}{4\pi r_0 r_i D_{\mathrm{eff}}} \tag{2-141}$$

C 界面反应速率

界面化学反应包括气体反应物 A 的吸附、被固体反应界面吸附的气体反应物 A 与固体球中的 B 结合生成产物(S 和 G),以及气体产物 G 的脱附等过程。当气相中气体反应物 A 的分压小于 101325 Pa,温度不太低时,则界面化学反应可按一级可逆反应处理。界面反应式(2-131)的速率可写为

$$r_{\mathrm{c}}=-\frac{\mathrm{d}n_{\mathrm{A}}}{\mathrm{d}\tau}=4\pi r_i^2 k_+ c_{\mathrm{A}i}-4\pi r_i^2 k_- c_{\mathrm{G}i}$$

$$=4\pi r_i^2 k_+\left(c_{\mathrm{A}i}-\frac{k_-}{k_+}c_{\mathrm{G}i}\right)=4\pi r_i^2 k_+\left(c_{\mathrm{A}i}-\frac{c_{\mathrm{G}i}}{K^{\ominus}}\right) \tag{2-142}$$

式中,k_+ 为正反应的速率常数;k_- 为逆反应的速率常数;$K^{\ominus}$ 为界面化学反应的平衡常数,$K^{\ominus}=k_+/k_-$。由于反应前后气体的总摩尔数不变,故

$$c_{\mathrm{A}i}+c_{\mathrm{G}i}=c_{\mathrm{A,eq}}+c_{\mathrm{G,eq}}=\text{常数} \tag{2-143}$$

由于 $c_{\mathrm{G,eq}}/c_{\mathrm{A,eq}}=K^{\ominus}$,因此有

$$c_{\mathrm{G}i}=(1+K^{\ominus})c_{\mathrm{A,eq}}-c_{\mathrm{A}i} \tag{2-144}$$

代入式(2-142)得

$$r_{\mathrm{c}}=-\frac{\mathrm{d}n_{\mathrm{A}}}{\mathrm{d}\tau}=4\pi r_i^2 k_+\frac{1+K^{\ominus}}{K^{\ominus}}(c_{\mathrm{A}i}-c_{\mathrm{A,eq}}) \tag{2-145}$$

得

$$c_{\mathrm{A}i}=c_{\mathrm{A,eq}}+\frac{r_{\mathrm{c}}}{4\pi r_i^2 k_+\dfrac{1+K^{\ominus}}{K^{\ominus}}} \tag{2-146}$$

2.5.1.3 气-固反应未反应核模型的总速率式

当反应体系达到稳态时,各步骤的速率相等,即

$$J_{\mathrm{g}}=J_{\mathrm{s}}=r_{\mathrm{c}}=v_{\mathrm{A}} \tag{2-147}$$

将式(2-146)代入式(2-141),然后将消去了式(2-141)中 $c_{\mathrm{A}i}$ 所得的 c_{As} 再代入式(2-136)。使用稳态条件式(2-147),最终可得未反应核模型的反应总速率式

$$v_{\mathrm{A}}=-\frac{\mathrm{d}n_{\mathrm{A}}}{\mathrm{d}\tau}=\frac{4\pi r_0^2(c_{\mathrm{Ab}}-c_{\mathrm{A,eq}})}{\dfrac{1}{\beta_{\mathrm{g}}}+\dfrac{r_0}{D_{\mathrm{eff}}}\dfrac{(r_0-r_i)}{r_i}+\dfrac{1}{k_+}\dfrac{K^{\ominus}}{1+K^{\ominus}}\left(\dfrac{r_0}{r_i}\right)^2} \tag{2-148}$$

令反应总阻力为

$$\frac{1}{k_{\Sigma}}=\frac{1}{\beta_{\mathrm{g}}}+\frac{r_0}{D_{\mathrm{eff}}}\frac{(r_0-r_i)}{r_i}+\frac{1}{k_+}\frac{K^{\ominus}}{1+K^{\ominus}}\left(\frac{r_0}{r_i}\right)^2 \tag{2-149}$$

因此,对于气-固反应,反应的总阻力等于各控制步骤的阻力之和。反应的推动力是气体反应物在气相内的体相浓度与其平衡浓度之差。

$$\nu_{\mathrm{A}}=4\pi r_0^2 k_{\Sigma}(c_{\mathrm{Ab}}-c_{\mathrm{A,eq}}) \tag{2-150}$$

由于转化率为 f,对于气-固反应而言,可用已反应的体积与固体球的总体积之比表示,即

$$f=\frac{\frac{4}{3}\pi r_0^3-\frac{4}{3}\pi r_i^3}{\frac{4}{3}\pi r_0^3}=1-\left(\frac{r_i}{r_0}\right)^3 \tag{2-151a}$$

或

$$r_i/r_0=(1-f)^{1/3} \tag{2-151b}$$

将式(2-151a)两边对时间求导得

$$\frac{\mathrm{d}f}{\mathrm{d}\tau}=-3\frac{r_i^2}{r_0^3}\frac{\mathrm{d}r_i}{\mathrm{d}\tau} \tag{2-152}$$

对于铁矿石的还原过程，设矿球中需要去除的氧的浓度为 d_0(mol/m³)，在 $\mathrm{d}\tau$ 时间内未反应核的半径减少 $\mathrm{d}r$，则对氧作质量恒算有

$$v_{\mathrm{A}}\mathrm{d}\tau=-4\pi r_i^2 d_0\mathrm{d}r_i \tag{2-153}$$

有

$$\frac{\mathrm{d}r_i}{\mathrm{d}\tau}=-\frac{v_{\mathrm{A}}}{4\pi r_i^2 d_0} \tag{2-154}$$

代入式(2-152)，并将式(2-148)的 v_{A}，式(2-151b)的 r_i/r_0 代入，得

$$\frac{\mathrm{d}f}{\mathrm{d}\tau}=\frac{1}{r_0 d_0}\frac{3(c_{\mathrm{Ab}}-c_{\mathrm{A,eq}})}{\frac{1}{\beta_{\mathrm{g}}}+\frac{r_0}{D_{\mathrm{eff}}}[(1-f)^{-1/3}-1]+\frac{1}{k_+}\frac{K^{\ominus}}{1+K^{\ominus}}(1-f)^{-2/3}} \tag{2-155}$$

分离变量，时间从 0 到 τ 积分得

$$\frac{f}{3\beta_{\mathrm{g}}}+\frac{r_0}{6D_{\mathrm{eff}}}[1-3(1-f)^{2/3}+2(1-f)]+\frac{K^{\ominus}}{k_+(1+K^{\ominus})}[1-(1-f)^{1/3}]$$
$$=\frac{(c_{\mathrm{Ab}}-c_{\mathrm{A,eq}})}{r_0 d_0}\tau \tag{2-156}$$

式(2-156)中包含三个速率参数 β_{g}、D_{eff}和 k_+。其中 β_{g} 可由式(2-135)估算。

式(2-148)是一个常微分方程，可用四阶龙格-库塔法求解，从而获得不同时刻时球形固体中 A 物质的浓度分布。同理，式(2-155)也是一个常微分方程，用四阶龙格-库塔法求解可获得不同时刻时球形固体中反应的转化率。而式(2-156)是一个反应到某一时刻时关于转化率的非线性方程，可用求解非线性方程的牛顿迭代法求解，从而得到不同时刻时球形固体中反应的转化率。

2.5.2　冶金气-液反应过程数学模拟

冶金过程中的反应属于气-液反应的虽然不多，但却是一类十分重要的反应。往往通过气-液反应产生的气泡上浮来加强金属液的搅拌，从而改善冶金反应的动力学条件，促进冶金反应的进行；气泡对于钢中的气体元素而言，起到一个真空室的作用而产生去气作用；气泡上浮过程中，其表面吸附钢水中的非金属夹杂物，将其带出钢水进入炉渣，从而去除夹杂物，提高金属的洁净度。冶金中典型的气-液反应有转炉炼钢和电炉炼钢中的脱碳、钢液的真空去气及吸气等。气-液反应往往是在金属液中呈分散分布的气泡表面进行的，也有一些是分散在气相(如真空室内)内的液滴表面进行的。

2.5.2.1　冶金中气泡的行为及对金属液的搅拌作用

冶金过程中，在液态金属中产生气泡主要有三种途径。一种是液态金属内部气泡的形核和长大，一种是由气流通过浸没在金属液中的喷嘴形成气泡，还有一种是通过金属液上方非浸入式吹入气流形成气泡。

A　液态金属内部气泡的形核

第一种途径，在冶金物理化学或冶金原理中已给出了在金属液内部产生一个半径为 r_{b} 的气泡，如果靠自发形核，则气泡除受到液面上方气相的静压力 p_{g}、液相的静压力 p_{l} 外，还要受到气泡周围的液体因其表面张力而对气泡所产生的附加压力 $p_{附}$ 作用，即

$$p_b = p_g + p_l + p_{附} = p_g + \rho_l g h_l + 2\sigma / r_b \tag{2-157}$$

式中，ρ 为液体的密度；h_l 为气泡离液面的垂直距离（气泡在液体中的高度）；σ 为液体的表面张力。如果靠不光滑的耐火材料表面的微孔隙进行非均相形核，如图 2-2 所示，则

$$p_{附} = \frac{2\sigma}{R} = \frac{2\sigma\cos(180-\theta)}{r} = -\frac{2\sigma\cos\theta}{r} \tag{2-158}$$

式中，R 为液相弯月面曲率半径；r 为微孔隙半径；θ 为耐火材料与液相间的接触角。当附加压力与静压力相等时，孔隙的尺寸达到临界值，即能产生气泡的孔隙的最大直径 r_{max}

$$r_{max} = -\frac{2\sigma\cos\theta}{\rho_l g h_l} \tag{2-159}$$

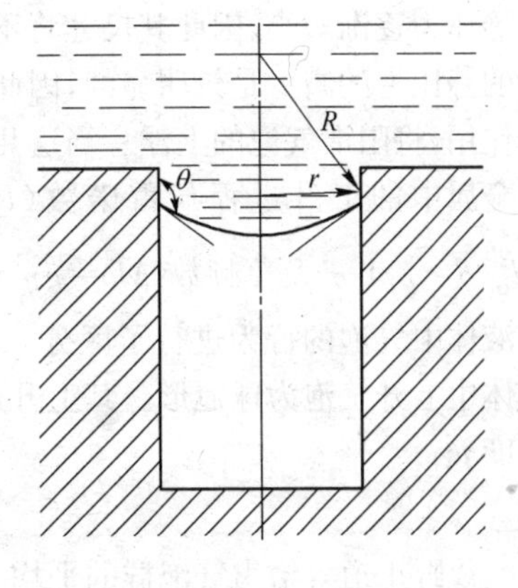

图 2-2 液相与耐材孔隙的浸润

实际孔隙半径大于 r_{max} 时，将会被液体填充，不能成为气泡形核的核心。

B 气流通过浸没在金属液中的喷嘴形成气泡

第二种途径，由气流通过浸没在金属液中的喷嘴形成气泡，如 AOD、LF 等炉外精炼过程中采用侧吹或底吹气体的精炼过程。当气体经喷嘴喷入液体时，由于条件不同，在气流速度低时可能会在出口处形成不连续的气泡，而在气流速度高时则会形成连续的射流。雷伯森（I. Leibson）等在水-空气水模实验结果基础上提出，当喷嘴雷诺数低于 2100 时形成不连续的气泡；当喷嘴雷诺数大于 2100 时形成连续的射流。但对于液态金属的转变点是否也为 2100，需做进一步的研究。喷嘴雷诺数定义为

$$Re_0 = u d_0 \rho_l / \eta_l \tag{2-160}$$

式中，u 为气流线速度；d_0 为喷嘴内径；ρ_l 和 η_l 分别为液体的密度和黏度。

气泡的生成和脱离喷嘴的过程受多种因素影响，包括液体的表面张力、黏度、液体的惯性和气泡所受到的压力。当气流经浸入式喷嘴的流速较低时，气泡脱离喷嘴时的直径由表面张力和气泡所受浮力的平衡确定，惯性力和黏性力相互抵消。当 $Re<500$ 时，可导得

$$d_b = \left[\frac{6 d_0 \sigma}{g(\rho_l - \rho_g)}\right]^{1/3} \tag{2-161}$$

但当液体对喷嘴材料不浸润时，气泡扩展，此式不适用。当流速高，$Re>5000$ 时，气泡尺寸与气流速度无关，在液体中得到的不是单个的气泡，而是气泡群或射流。

对于 Q-BOP 复吹转炉吹炼及 AOD 精炼过程，是雷诺数 $Re>10^5$ 的高速射流吹炼的情况，属于分散气泡体系。佐野正道等在汞和银中进行的模拟实验结果表明，其体面积平均气泡半径 d_{VS} 可用下列经验式计算

$$d_{VS} = 0.091(\sigma/\rho_l)^{0.5} V_s^{0.44} \tag{2-162}$$

式中，V_s 称为空塔速度，为某截面上气体的流量与该截面的面积之比，cm/s；σ 为液体的表面张力，对于铁液 σ 为 1500×10^{-5} N/cm，对于水为 60×10^{-5} N/cm；ρ 为液体的密度，g/cm³。

$$V_s = \frac{Q_h}{A_h} \tag{2-163}$$

式中，Q_h 为液体中离液面距离为 h 处气体的流量；A_h 为液体中离液面距离为 h 处的横截面积。

C 气泡上浮过程中的运动

气泡形成并脱离浸入式喷嘴后，将在浮力等力作用下穿过液体上升，在上升过程中由于承受的静压力逐渐减小，因此其尺寸将不断增大。由于液态金属的密度大，因此随气泡的上升，其所受的静压力的减少是较明显的，因此气泡的直径将会明显增加。但由于液态金属黏性和形阻力的作用，将阻滞气泡的上浮。当这几个力达到平衡时，气泡将以一个不变的速度上升。气泡在液体金属中的上升过程与雷诺数（$Re=ud_b\rho_l/\eta_l$）、韦伯数（$We=\rho_l d_b u^2/g\sigma$）、奥托斯数（$Eo=gd_b^2(\rho_l-\rho_g)/\sigma$）及莫顿数（$Mo=g\eta_l^4/\rho_l\sigma^3$）有关。格兰斯（J. R. Grace）等根据这些特征数的大小，将液体中气泡的行为进行了区分。当 $Re>1000$，$We>18$ 或 $Eo>50$ 时，在低黏度或中等黏度的液体中上升气泡为球冠形。其上升速度与液体的性质无关。戴维斯（Davies）等得出气泡的上升速度 u_t

$$u_t=1.02\sqrt{gd_b/2} \tag{2-164}$$

佐野正道等给出气泡群的平均上浮速度 $u_{b,av}$ 的计算式

$$u_{b,av}=V_s/H \tag{2-165}$$

式中，V_s 为空塔速度；H 为气泡上升高度。

气泡群在金属液内的平均滞留时间 θ 可由下式计算：

$$\theta=h_0/u_{b,av} \tag{2-166}$$

式中，h_0 为喷嘴离液体表面下的深度。

气泡与钢液的接触面积 A 可由下式计算：

$$A=\frac{6Q_h H}{d_b^3 u_b} \tag{2-167}$$

D 气泡搅拌及其对传质的影响

中西等人在分析不同炉外精炼设备的均匀混合时间与搅拌能关系基础上，进行数学处理，得到了钢液混匀时间与搅拌能的定量关系为

$$\tau_m=800\dot{\varepsilon}^{-0.4} \tag{2-168}$$

式中，τ_m 为钢液均匀混合时间，s；$\dot{\varepsilon}$ 为搅拌能，W/t。气体搅拌情况下，搅拌能

$$\dot{\varepsilon}=\frac{6.18Q_g T_l}{m_m}\left[\ln\left(1+\frac{h_0}{1.46\times10^{-5}p_0}\right)+\eta\left(1-\frac{T_g}{T_l}\right)\right] \tag{2-169}$$

式中，Q_g 为气体流量，m^3/s；m_m 为钢水质量，t；T_l 为钢水温度，K；T_g 为气体温度，K；h_0 为气体吹入深度，m；p_0 为钢水表面压力，Pa；η 为贡献系数，由实验测定，约在 0.06～0.15。在忽略气泡间的相互作用、摩擦的影响以及钢液表面压力为 101325 Pa 时，中西给出喷吹气体情况下的搅拌能为

$$\varepsilon=\frac{0.0285Q_g T_l}{W_m}\lg\left(1+\frac{H_l}{148}\right) \tag{2-170}$$

式中，H_l 为钢液深度，m。

需要注意的是，关于搅拌能的计算式有很多，应根据不同的工艺和设备情况选择不同的计算式。在复吹转炉 Q-BOP 情况下：

$$\tau_m=800\dot{\varepsilon}^{-0.4}N^{1/3}=41.8Q_g^{-0.33}N^{0.33} \tag{2-171}$$

式中，N 为喷嘴的数目。

森等提出下式用于比较各种钢包精炼法的混合特性，被广泛使用。

$$\tau\propto\left[\dot{\varepsilon}\cdot(m_m/\rho_l)^{-2/3}\right]^{-1/3} \tag{2-172}$$

炉外精炼情况下进行的化学反应，其表观速率常数 k 与搅拌能 $\dot{\varepsilon}$ 之间有如下关系

$$k \propto \dot{\varepsilon}^n \tag{2-173}$$

式中，n 值没有一个统一的结果，统计的结果十分分散。

气泡搅拌情况下，传质系数可由下式估算：

$$\beta_l A_b = 0.088 Q_g^{0.75} h_0^{0.69} \tag{2-174}$$

碳的传质系数可采用下式估算

$$\beta_{[C]} = 0.8 \left(\frac{2g}{d_b}\right)^{1/4} (D_{[C]})^{1/2} \tag{2-175}$$

式中，$D_{[C]}$ 为碳在钢液中的扩散系数，m^2/s；g 为重力加速度。

气体元素氮在钢液中的传质系数可采用下式计算

$$\beta_{[N]} = 0.59 \sqrt{\frac{D_{[N]} u_b}{d_b}} \tag{2-176}$$

式中，$D_{[N]}$ 为氮在钢液中的扩散系数，cm^2/s。

2.5.2.2 钢液吸气和去气过程动力学

利用气泡和钢液的相互作用来去除钢中的气体及其杂质的方法称为“气泡冶金”。如电弧炉炼钢中的氧化期利用碳氧反应生成的气泡来去除钢液中的气体（氢和氮）；炉外精炼过程中“气泡”的作用得到了充分的发挥，许多炉外精炼方法中都利用了气泡的冶金作用，达到了“去气、去夹杂、搅拌熔池从而加速冶金反应、均匀温度、均匀成分”的目的。下面通过吸氮和脱氮过程动力学模型推导来说明气泡冶金过程动力学的数学模型研究方法。

最近氮合金化研究已成为不锈钢生产的一个热点。AOD 内进行 N_2/O_2 混吹的气相合金化时，如何在 AOD 内精确控制氮含量是一个关键和技术难点。关于吸氮和脱氮的动力学前人已做过了大量的研究，但由于实验条件不同所得出的结果存在一定的差异。下面根据氮的热力学和动力学原理，导出氮的溶解度计算模型、脱氮和增氮过程的动力学数学模型。

A 钢液中氮的溶解度计算模型

钢液中氮的溶解度可由氮气在钢液中的溶解反应的平衡来确定。气相与钢液中氮的平衡反应式可写为

$$\frac{1}{2} N_{2(g)} = [N] \tag{2-177}$$

$$K_N = a_{[N]} / \sqrt{(p_{N_2}/p^\ominus)} = f_{[N]} w_{[N]} / \sqrt{(p_{N_2}/p^\ominus)} \tag{2-178}$$

式中，$a_{[N]}$ 为钢液中氮的活度；$f_{[N]}$ 为钢液中氮的活度系数；p_{N_2} 为反应地点处气相中氮气的分压，Pa；K_N 为反应(2-177)的平衡常数。万谷志郎和井口泰孝推荐

$$\lg K_N = -518/T - 1.063 \tag{2-179}$$

因此，钢液中的氮与反应地点处气相相平衡的氮含量，即饱和溶解度

$$w_{[N]eq} = K \sqrt{(p_{N_2}/p^\ominus)} / f_{[N]} \tag{2-180}$$

其中氮的活度系数可以由钢液的百分浓度和元素间的相互作用系数计算。

Chipman 给出了不锈钢中氮饱和溶解度计算的经验式

$$\lg w_{[N]eq} = -188/T - 1.25 - \Big[(3280/T - 0.75)\big(0.13 w_{[C]} + 0.047 w_{[Si]} + 0.01 w_{[Ni]} - 0.01 w_{[Mo]} - 0.023 w_{[Mn]} - 0.045 w_{[Cr]}\big)\Big] + 0.5 \lg p_{N_2} \tag{2-181}$$

B 钢液吸氮过程速率

当向钢液吹入氮气时，将发生钢液吸氮反应。假定吸氮按气体向钢水表面的吸附、离解和向钢水中溶解的过程进行。即

(1) 气泡中氮气(N_2)由气泡内部向气泡-钢液表面的传质。

(2) 在气泡-金属界面上的吸附化学反应，为一级反应：$N_2=2[N]$。

(3) [N]在钢液侧边界层中的传质。

在 AOD 精炼过程中，由于气泡很小，吹入的氮气从气泡内部向钢液表面的传质过程速度比界面反应速度要快得多。认为步骤(1)速度很快，不会成为吸氮过程的限制性环节。即 AOD 增氮的动力学由[N]在钢液侧边界层的传质和界面上的化学反应混合控制。

[N]在钢液侧边界层的传质速度

$$(\mathrm{d}w_{[N]}/\mathrm{d}\tau)_{abN,MT}=\beta_{[N]}(A/V)(w_{[N]i}-w_{[N]b}) \tag{2-182}$$

[N]在钢液-气相表面(界面)上的化学反应设为一级反应，其速度为

$$\begin{aligned}(\mathrm{d}w_{[N]}/\mathrm{d}\tau)_{abN,CR}&=(A/V)(k_1 p_{N_2}-k_{-1}w_{[N]i})\\&=k_1(A/V)\left(p_{N_2}-\frac{1}{k_1/k_{-1}}w_{[N]i}\right)=k_1(A/V)\left(p_{N_2}-\frac{1}{K^{\ominus}}w_{[N]i}\right)\\&=\frac{k_1}{K^{\ominus}}(A/V)(K^{\ominus}p_{N_2}-w_{[N]i})=k_N(A/V)(w_{[N]eq}-w_{[N]i})\end{aligned} \tag{2-183}$$

式中，$w_{[N]b}$、$w_{[N]i}$和$w_{[N]eq}$分别为τ时刻氮在钢液体相、钢液-气相表面(界面)和平衡时的质量分数，%；$\beta_{[N]}$和k_N分别为氮在钢液侧边界层内的传质系数(m/min)和界面一级反应的表观速度常数(m/min)，$k_N=k_1/K^{\ominus}$；k_1 和 k_{-1} 分别为吸氮反应的正反应和逆反应速率常数(m/min)，$K^{\ominus}=k_1/k_{-1}$；A 为钢液-气泡界面面积，m^2；V 为钢液体积，m^3。

当吸氮过程达到稳态时，上面两个步骤的速度相等，有

$$(\mathrm{d}w_{[N]}/\mathrm{d}\tau)_{abN,CR}=(\mathrm{d}w_{[N]}/\mathrm{d}\tau)_{abN,MT}=(\mathrm{d}w_{[N]}/\mathrm{d}\tau)_{abN} \tag{2-184}$$

联立式(2-182)～式(2-184)可得界面上氮的质量分数

$$w_{[N]i}=(k_N w_{[N]eq}+\beta_{[N]}w_{[N]b})/(k_N+\beta_{[N]}) \tag{2-185}$$

将式(2-185)代入式(2-182)或式(2-183)，则可得钢液吸氮总速度

$$(\mathrm{d}w_{[N]}/\mathrm{d}\tau)_{abN}=(A/V)(w_{[N]eq}-w_{[N]b})/[(1/k_N)+(1/\beta_{[N]})] \tag{2-186}$$

C 钢液脱氮过程速率

当向钢液吹入惰性气体时，惰性气体的气泡对钢液中的氮而言，起到一个真空室的作用，从而发生钢液的脱氮反应。设钢液脱氮机理由下列五个步骤组成：

(1) 钢液中的 N 原子[N]从钢液内部向钢液侧液相边界层传质。

(2) N 原子[N]穿过钢液侧液相边界层传质到液-气表面。

(3) 在液-气界面上发生界面化学反应，设为二级反应：$2[N]_i=N_2$。

(4) 生成的 N_2 穿过气相边界层到气相的传质。

(5) N_2 离开气相边界层向气相内部传质。

在 AOD 精炼过程中，由于钢液内部金属液处于强烈的搅拌状态，且气泡在钢液中的停留时间很短，因此认为步骤(1)、(4)和(5)速度很快，不会成为脱氮过程的限制性环节。即认为 AOD 脱氮的动力学由[N]在钢液侧边界层的传质和界面上的化学反应混合控制。

[N]在钢液侧边界层的传质速度

$$(-\mathrm{d}w_{[N]}/\mathrm{d}\tau)_{deN,TM}=\beta_{[N]}(A/V)(w_{[N]b}-w_{[N]i}) \tag{2-187}$$

[N]在钢液-气相表面(界面)上的化学反应设为二级反应，其速度为

$$
\begin{aligned}
(-\mathrm{d}w_{[\mathrm{N}]}/\mathrm{d}\tau)_{\mathrm{deN,CR}} &= (A/V)(k_1 w_{[\mathrm{N}]i}^2 - k_{-1} p_{\mathrm{N_2}}) \\
&= (A/V)k_1\left(w_{[\mathrm{N}]i}^2 - \frac{p_{\mathrm{N_2}}}{k_1/k_{-1}}\right) = (A/V)k_1\left(w_{[\mathrm{N}]i}^2 - \frac{p_{\mathrm{N_2}}}{K^{\ominus}}\right) \\
&= k_{\mathrm{N}}(A/V)(w_{[\mathrm{N}]i}^2 - w_{[\mathrm{N}]\mathrm{eq}}^2)
\end{aligned}
\tag{2-188}
$$

式中，$\beta_{[\mathrm{N}]}$ 和 k_{N} 分别为氮在钢液侧边界层内的传质系数（m/s）和界面二级反应速度常数（m/(%·min)）；k_1 和 k_{-1} 分别为界面化学反应的正、逆反应速度常数；$K^{\ominus}$ 为平衡常数，$K^{\ominus}=k_1/k_{-1}$。当脱氮过程达到稳态时有：

$$(-\mathrm{d}w_{[\mathrm{N}]}/\mathrm{d}\tau)_{\mathrm{deN,CR}} = (-\mathrm{d}w_{[\mathrm{N}]}/\mathrm{d}\tau)_{\mathrm{deN,MT}} = (-\mathrm{d}w_{[\mathrm{N}]}/\mathrm{d}\tau)_{\mathrm{deN}} \tag{2-189}$$

可得

$$w_{[\mathrm{N}]i} = (1/2k_{\mathrm{N}})\left[-\beta_{[\mathrm{N}]} + \sqrt{\beta_{[\mathrm{N}]}^2 + 4k_{\mathrm{N}}(\beta_{[\mathrm{N}]} w_{[\mathrm{N}]\mathrm{b}} + k_{\mathrm{N}} w_{[\mathrm{N}]\mathrm{eq}}^2)}\right] \tag{2-190}$$

则可得脱氮过程总速度：

$$(-\mathrm{d}w_{[\mathrm{N}]}/\mathrm{d}\tau)_{\mathrm{deN}} = \beta_{[\mathrm{N}]}(A/V)\cdot\left\{w_{[\mathrm{N}]\mathrm{b}} - (1/2k_{\mathrm{N}})\left[-\beta_{[\mathrm{N}]} + \sqrt{\beta_{[\mathrm{N}]}^2 + 4k_{\mathrm{N}}(\beta_{[\mathrm{N}]} w_{[\mathrm{N}]\mathrm{b}} + k_{\mathrm{N}} w_{[\mathrm{N}]\mathrm{eq}}^2)}\right]\right\} \tag{2-191}$$

2.5.3　冶金液-液反应过程数学模拟

液-液相反应是发生在两个不相溶的两个液相之间的反应。冶金过程中绝大多数的反应都属于这类反应，如金属液中的元素（Si、Mn、Cr、P 等）被渣中 FeO 氧化的反应、脱磷反应、脱硫反应等。液-液反应是冶金过程中十分典型的一类反应。

在进行液-液反应时，来自两个不同液相的反应物从各自的体相传输到两相的相界面上发生界面化学反应，然后生成物再以扩散的方式从相界面传递到不同的液相中。双膜理论能较有效地分析液-液相反应的动力学。

从液-液反应的机理来看，一般限制性环节又分为两类：一类以扩散为限制性环节；另一类是以界面化学反应为限制性环节。对这两类不同的反应过程，温度、浓度、搅拌速度等外界条件对速度的影响也是不同的，借此可用来判断限制性环节。由于冶金过程是在高温下进行的，一般界面化学反应速度很快，不会成为过程的限制性环节，因此大部分限制性环节处于扩散范围，只有一小部分反应属于界面化学反应类型。

2.5.3.1　渣-金反应的一般机理

渣-金间进行的反应主要有两种类型：

$$[\mathrm{A}] + (\mathrm{B}^{z+}) = (\mathrm{A}^{z+}) + [\mathrm{B}] \tag{2-192}$$

$$[\mathrm{A}] + (\mathrm{B}^{z-}) = (\mathrm{A}^{z-}) + [\mathrm{B}] \tag{2-193}$$

式中，[A]、[B]分别为以原子态存在于金属液中的组分 A 和 B；(A^{z+})、(B^{z+})、(A^{z-})和(B^{z-})分别为以离子（正离子或负离子）存在于渣中的组分 A 和 B。如钢液中的 Mn 还原渣中 FeO 的反应

$$[\mathrm{Mn}] + (\mathrm{Fe}^{2+}) = (\mathrm{Mn}^{2+}) + [\mathrm{Fe}] \tag{2-194}$$

就属于前一种类型的反应。

反应是在渣-金界面上进行的，但在渣-金界面的两侧各存在一层被称为浓度边界层的边界薄膜，无论是反应物还是生成物，在反应时，参加反应的物质都需通过传质（或扩散）分别穿过各自所在相一侧的边界层。因此，渣-金反应一般认为由以下几个步骤组成：

(1) 金属中组分[A]由金属内部穿过金属侧浓度边界层向渣-金界面迁移。

(2) 熔渣的组分（B^{z+} 或 B^{z-}）由渣相内部穿过渣相侧浓度边界层面渣-金界面迁移。

(3) 在界面上发生界面化学反应。

(4) 反应产物(A^{z+}或A^{z-})由渣-金界面穿过渣相边界层向渣相内部迁移。

(5) 反应产物[B]由渣-金界面穿过金属液侧边界层向金属液内部迁移。

在上述五个步骤中,一般认为主要由(1)～(4)个步骤中的两个或三个步骤控制。在冶金过程的高温条件下,其中界面化学反应速率一般很快,不会成为限速步骤,此时在渣-金界面上反应达到热力学平衡状态,有

$$\frac{c_{(A)i}}{c_{[A]i}}=K^{\ominus} \tag{2-195a}$$

式中,$K^{\ominus}$为界面化学反应平衡常数;$c_{[A]i}$为金属液侧A的界面浓度;$c_{(A)i}$为渣液侧A^{z+}或A^{z-}的界面浓度。在此

$$K^{\ominus}=\frac{c_{(A)i}}{c_{[A]i}}=L_A \tag{2-195b}$$

式中,L_A为A分别在渣相和金属相中的分配比。

2.5.3.2 渣-金反应各步骤的速率

认为液-液相反应的动力学由(1)、(3)和(4)三个步骤混合控制。

A 金属侧边界层内的传质速率

金属中组分[A]穿过金属侧边界层向渣-金界面迁移过程属于流体流动中的传质过程,其传质通量为

$$J_{[A]}=\beta_{[A]}(c_{[A]b}-c_{[A]i}) \tag{2-196}$$

式中,$J_{[A]}$为金属侧边界层内A的传质通量;$\beta_{[A]}$为金属侧边界层内A的传质系数;c为浓度,其中下标[A]表示金属相中的A物质,b表示金属相内部的值(体相浓度),下标i表示渣-金界面上的值(界面浓度)。

B 渣侧边界层内的传质速率

反应产物(A^{z+}或A^{z-})由渣-金界面穿过渣侧边界层向渣相内部迁移的过程也属于流体流动中的传质过程,其传质通量为

$$J_{(A)}=\beta_{(A)}(c_{(A)i}-c_{(A)b}) \tag{2-197}$$

式中,$J_{(A)}$为渣侧边界层内A^{z+}或A^{z-}的传质通量;$\beta_{(A)}$为渣侧边界层内A^{z+}或A^{z-}的传质系数;下标(A)表示渣相中的A^{z+}或A^{z-}离子。

C 界面化学反应速率

如果界面化学反应速率与传质速率相差不是很大,则需考虑其速率对总反应速率的影响。设界面化学反应为一级可逆反应,则界面化学反应的净速率为

$$v_A=k_+c_{[A]i}-k_-c_{(A)i}=k_+\left(c_{[A]i}-\frac{c_{(A)i}}{k_+/k_-}\right)=k_+\left(c_{[A]i}-\frac{c_{(A)i}}{K^{\ominus}}\right) \tag{2-198}$$

式中,v_A为界面化学反应的速率;k_+和k_-分别为界面反应正、逆反应的速率常数;$K^{\ominus}$为界面化学反应平衡常数,$K^{\ominus}=k_+/k_-$。

2.5.3.3 渣-金反应的总速率

当反应达到稳态时,各步骤的速度相等,有

$$J_{[A]}=J_{(A)}=v_A=J_A=-\frac{1}{A}\frac{dn}{d\tau} \tag{2-199}$$

或

$$J_A=\beta_{[A]}(c_{[A]b}-c_{[A]i})=\beta_{(A)}(c_{(A)i}-c_{(A)b})=k_+\left(c_{[A]i}-\frac{c_{(A)i}}{K^{\ominus}}\right) \tag{2-200}$$

得

$$c_{[A]i}=c_{[A]b}-\frac{J_A}{\beta_{[A]}} \tag{2-201}$$

$$\frac{c_{(A)i}}{K^{\ominus}}=\frac{J_A}{\beta_{(A)}K^{\ominus}}+\frac{c_{(A)b}}{K^{\ominus}} \tag{2-202}$$

将上述界面浓度关系代入式(2-198)，消去无法测定的界面浓度，并考虑式(2-199)可得

$$J_A=-\frac{1}{A}\frac{dn}{d\tau}=\frac{c_{[A]b}-\dfrac{c_{(A)b}}{K^{\ominus}}}{\dfrac{1}{\beta_{[A]}}+\dfrac{1}{\beta_{(A)}K^{\ominus}}+\dfrac{1}{k_+}} \tag{2-203}$$

这就是渣-金反应的总速率式。可见反应的推动力是两相内的浓度差。反应的总阻力是各步骤的阻力之和。可见式(2-203)为一个常微分方程，可用四阶龙格-库塔法求解，从而可得金属液中组分的浓度随时间的变化。

需要注意的是，上述在书写各步骤的速率方程时，速率的单位取为 $mol/(m^2 \cdot s)$，相应的浓度单位为 mol/m^3。若用质量分数表示，则需将浓度 mol/m^3 转换为质量分数，有

$$c_{[A]}=\frac{w_{[A]}}{100}\frac{\rho_m}{M_{[A]}};c_{(A)}=\frac{w_{(A)}}{100}\frac{\rho_s}{M_{(A)}};-\frac{dn}{d\tau}=-\frac{dc}{d\tau}\cdot V \tag{2-204}$$

式中，$w_{[A]}$ 和 $w_{(A)}$ 分别为金属中的 A 和渣中 A 的氧化物(或化合物)的质量分数，%；ρ_m 和 ρ_s 分别为金属和炉渣的密度，kg/m^3；$M_{[A]}$ 和 $M_{(A)}$ 分别为金属中的 A 和渣中 A 的氧化物(或化合物)的摩尔质量，kg/mol；V 为液体(金属液或熔渣)的体积。令

$$k_{[A]}=\beta_{[A]}\frac{A}{V_m};k_{(A)}=\beta_{(A)}\frac{M_{[A]}}{M_{(A)}}\frac{A}{V_m}\frac{\rho_s}{\rho_m};k_C=k_+\frac{A}{V_m};L_{A(\%)}=L_A\frac{\rho_m}{\rho_s}\frac{M_{(A)}}{M_{[A]}} \tag{2-205}$$

将式(2-204)和式(2-205)代入式(2-203)，则可导出

$$-\frac{dw_{[A]}}{d\tau}=\frac{w_{[A]b}-\dfrac{w_{(A)b}}{L_{A(\%)}}}{\dfrac{1}{k_{[A]}}+\dfrac{1}{k_{(A)}L_A}+\dfrac{1}{k_C}} \tag{2-206}$$

为了获得用不包含渣中组分浓度，只包含金属液组分浓度的速率方程，建立元素 A 在渣-金间变化的质量平衡方程。由于后面推导中的浓度都是体相浓度，因此略去表示体相的下标，则 A 在渣-金间变化的质量平衡方程为

$$\frac{[w_{(A)}-w^0_{(A)}]\cdot m_s}{M_{(A)}}=\frac{(w^0_{[A]}-w_{[A]})\cdot m_m}{M_{[A]}} \tag{2-207}$$

得

$$w_{(A)}=w^0_{(A)}+(w^0_{[A]}-w_{[A]})\cdot(M_{(A)}/M_{[A]})\cdot(m_m/m_s) \tag{2-208}$$

式中，上标“0”表示初始值；m_s/m_m 为渣质量与金属液质量之比值，即单位金属量加入的渣量值。代入式(2-206)，得

$$-\frac{dw_{[A]}}{d\tau}=\frac{w_{[A]}L_{A(\%)}-w^0_{(A)}-(w^0_{[A]}-w_{[A]})\cdot(M_{(A)}/M_{[A]})(m_m/m_s)}{L_{A(\%)}(1/k_{[A]}+1/k_{(A)}L_A+1/k_C)}$$

$$=\frac{1}{(1/k_{[A]}+1/k_{(A)}L_{A(\%)}+1/k_C)}\left\{\left(1+\frac{1}{L_{A(\%)}}\frac{M_{(A)}}{M_{[A]}}\frac{m_m}{m_s}\right)w_{[A]}-\frac{w^0_{(A)}}{L_{A(\%)}}-\frac{1}{L_{A(\%)}}\frac{M_{(A)}}{M_{[A]}}\frac{m_m}{m_s}w^0_{[A]}\right\}$$

$$=\frac{1}{(L_{A(\%)}/k_{[A]}+1/k_{(A)}+L_{A(\%)}/k_C)\frac{m_s}{m_m}}\left\{\left(L_{A(\%)}\frac{m_s}{m_m}+\frac{M_{(A)}}{M_{[A]}}\right)w_{[A]}-\frac{m_s}{m_m}w^0_{(A)}-\frac{M_{(A)}}{M_{[A]}}w^0_{[A]}\right\} \tag{2-209}$$

令

$$\begin{cases} a=\dfrac{L_{A(\%)}\dfrac{m_s}{m_m}+\dfrac{M_{(A)}}{M_{[A]}}}{(L_{A(\%)}/k_{[A]}+1/k_{(A)}+L_{A(\%)}/k_C)\dfrac{m_s}{m_m}} \\ b=\dfrac{\dfrac{m_s}{m_m}w^0_{(A)}+\dfrac{M_{(A)}}{M_{[A]}}w^0_{[A]}}{(L_{A(\%)}/k_{[A]}+1/k_{(A)}+L_{A(\%)}/k_C)\dfrac{m_s}{m_m}} \end{cases} \tag{2-210}$$

代入式(2-209)得

$$-\mathrm{d}w_{[A]}/\mathrm{d}\tau=a(w_{[A]}-b/a) \tag{2-211}$$

当反应达到平衡时$-\mathrm{d}w_{[A]}/\mathrm{d}\tau=0$，由式(2-211)可得金属液中$A$的平衡浓度为$w_{[A]eq}=b/a$。将式(2-211)分离变量并积分

$$\int_{w^0_{[A]}}^{w_{[A]}}\frac{\mathrm{d}w_{[A]}}{w_{[A]}-b/a}=\int_0^{\tau}-a\mathrm{d}\tau \tag{2-212}$$

积分得

$$\ln\left(\frac{w_{[A]}-b/a}{w^0_{[A]}-b/a}\right)=-a\tau \tag{2-213}$$

由平衡浓度关系，式(2-213)可写为

$$\ln\left(\frac{w_{[A]}-w_{[A]eq}}{w^0_{[A]}-w_{[A]eq}}\right)=-a\tau \tag{2-214}$$

当$w_{[A]}\gg w_{[A]eq}$时，则

$$\ln\left(\frac{w_{[A]}}{w^0_{[A]}}\right)=-a\tau \tag{2-215}$$

2.5.4 冶金同时反应体系的耦合反应动力学模型

上述讨论的动力学都是针对单个的反应过程进行的，实际上冶金过程中往往是几个多相反应同时进行的，是一个同时反应体系。因此，将每一个单个反应独立出来孤立地研究其反应的热力学和动力学特征显然是不全面的。研究同时反应体系动力学的方法，称为耦合反应动力学模型。

在多数情况下，钢铁冶金中的反应是一个多相渣-金反应体系，该体系内不仅包含越过反应

相界面两侧的浓度边界层中的传质过程，且涉及伴随反应而发生的物质的混合和均匀化，以及该反应体系内的电荷迁移等问题。除了碳的氧化反应及气体的生成和排除外，体系内的反应都发生在渣-金界面上，在每个相的内部发生反应物和产物的均匀化。而界面上的反应可能是化学的或是电化学的，或是反应物的简单分配。

2.5.4.1　模型的基本假设

为了简化计算，假设：

(1) 渣-金反应由以下三个步骤组成：

1) 参加反应的物质从体相内部穿过各自的浓度边界层向反应地点(反应界面)扩散。

2) 在渣-金界面上进行化学反应。

3) 反应产物离开各自的浓度边界层向体相内扩散。

(2) 钢铁冶金中的反应是在很高的温度下进行的。由于温度很高，化学反应速度很快，不会成为过程的限速步骤，在渣-金界面上达到热力学平衡状态。

(3) 渣、金两侧某元素的物质流密度相等。

(4) 钢液及炉渣的体相内，各组分的分布是均匀的，不存在浓度差，物质的传质阻力集中在渣-金界面两侧的边界薄膜——边界层内。

(5) 边界层内，流体静止。即使存在流动，其影响在各组分的传质系数中加以考虑。

(6) 坩埚内表面光滑，对 CO 及其他气体的生成反应，因形核时需克服巨大的表面张力，因此认为气体的生成反应发生在渣-金界面的坩埚壁处。

2.5.4.2　数学模型

要求解各时刻时体系内各物质的成分，需建立与体系内参加反应的组分数量相对应个数的方程。设反应体系为一由 n 个组分(氧除外)所组成的渣-金反应体系，则体系内所要求解的未知数个数及其分布如表 2-2 所示。包括体相浓度、界面浓度在内，共有 $(4n+2)$ 个质量分数(未知数)，因此总共需建立 $(4n+2)$ 个方程。所需数量的方程原则上可由下列几种类型的方程列出。

表 2-2　n 个组分的渣-金反应体系内所要求解的未知数个数及其分布

相　别	金属相				渣　相		总　计
地　点	体相浓度	界面浓度	氧的体相浓度	氧的界面浓度	体相浓度	界面浓度	
质量分数	$w_{[\mathrm{M}]_\mathrm{b}}$	$w_{[\mathrm{M}]_i}$	$w_{[\mathrm{O}]_\mathrm{b}}$	$w_{[\mathrm{O}]_i}$	$w_{(\mathrm{MO})_\mathrm{b}}$ 或 $p_{\mathrm{CO,b}}$	$w_{(\mathrm{MO})_i}$ 或 $p_{\mathrm{CO},i}$	
方程数	n	n	1	1	n	n	$4n+2$

A　界面反应的平衡常数方程

钢铁冶金中的渣-金反应大多为发生在渣-金界面上的钢水侧和熔渣侧组分间的氧化—还原反应。金属相中元素(不包含氧)的氧化反应可用通式表示为

$$[\mathrm{M}]+z[\mathrm{O}]=(\mathrm{MO}_z) \tag{2-216}$$

式中，[M]为渣-金界面上金属侧的组分；(MO_z)为对应的氧化产物——渣-金界面上渣侧的组分；[O]为渣-金界面上金属侧的氧；z 为参加反应的[O]或氧化产物 MO_z 中氧的个数。该反应的平衡常数为

$$K_\mathrm{M}=\frac{a_{(\mathrm{MO}_z)i}}{a_{[\mathrm{M}]i}a^z_{[\mathrm{O}]i}}=\frac{\gamma_{(\mathrm{MO}_z)}x_{(\mathrm{MO}_z)i}}{f_{[\mathrm{M}]}w_{[\mathrm{M}]i}f^z_{[\mathrm{O}]}w^z_{[\mathrm{O}]i}} \tag{2-217}$$

式中，有下标“i”的参数为渣-金界面上的值。将渣中组分(MO_z)的摩尔分数换算成质量分数，有

$$K_M=\frac{\gamma_{(MO_z)}\rho_s}{f_{[M]}f_{[O]}^z(100M_{(MO_z)}c_s)}\frac{w_{(MO_z)i}}{w_{[M]i}w_{[O]i}^z} \tag{2-218}$$

令

$$E_M=\frac{\gamma_{(MO_z)}\rho_s}{f_{[M]}f_{[O]}^z(100M_{(MO_z)}c_s)} \tag{2-219}$$

则有

$$K_M=E_M\frac{w_{(MO_z)i}}{w_{[M]i}w_{[O]i}^z} \tag{2-220}$$

式中，K_M 为反应(2-216)的平衡常数；a 为渣-金界面上某组分的活度；f 为界面处金属相组分的活度系数(以质量分数为1%溶液为标态)，可采用活度相互作用系数进行计算；γ 为界面处渣相组分的拉乌尔(Raoul)活度系数(以纯物质为标态)；$w_{[M]i}$ 为界面处金属相组分的质量分数；x 为界面处渣相组分的摩尔分数；$w_{(MO_z)i}$ 为渣相组分 MO_z 在界面处的质量分数；$M_{(MO_z)}$ 为 MO_z 的相对分子质量；c_s 为熔渣的总浓度，mol/mm³；ρ_s 为熔渣的密度，g/mm³。

一般对于所讨论的金属液中的组分，都可列出相应的氧化反应平衡常数方程。因此一般可列出 n 个方程。

B　流密度守恒方程

根据模型假设(3)可得，对于体系内的某一元素在渣、金间的传输，各相内，其物质流密度相等，有

$$J_M=F_{[M]}\{w_{[M]b}-w_{[M]i}\}=F_{(MO_z)}\{w_{(MO_z)i}-w_{(MO_z)b}\} \tag{2-221}$$

式中，J_M 为元素 M 的物质流密度或传输通量，mol/(m²·s)；含有下标“b”表示相应的金属相或渣相的体相中的值；$F_{[M]}$ 和 $F_{(MO_z)}$ 分别为金属相组分 M 和熔渣相组分 MO_z 的修正传质系数，mol/(m²·%·s)；$w_{[M]b}$ 和 $w_{[M]i}$ 分别为金属相组分在体相和界面处的质量分数；$w_{(MO_z)b}$ 和 $w_{(MO_z)i}$ 分别为渣相组分分别在体相和界面处的质量分数。其中

$$F_{[M]}=\beta_{[M]}\rho_m/100M_{[M]} \tag{2-222}$$

$$F_{(MO_z)}=\beta_{(MO_z)}\rho_s/100M_{(MO_z)} \tag{2-223}$$

式中，$\beta_{[M]}$ 和 $\beta_{(MO_z)}$ 分别为金属相组分和渣相组分的传质系数。

一般，对于所讨论的组分，也都可列出相应的流密度守恒方程。因此一般可列出 n 个方程。

对于碳，其流密度守恒方程为

$$J_C=F_{[C]}(w_{[C]b}-w_{[C]i})=G_{CO}(p_{CO,i}/p_{CO}-1) \tag{2-224}$$

式中，G_{CO} 为表征 CO 释放速度的单位反应面积的表观速度参量，mol/(m²·s)。

C　组分的传质方程

根据反应机理的假设，金属和熔渣内各组分反应的动力学由传质控制，因此根据各组分的传质方程可得各组分浓度随时间的变化率。

金属相内：$$-\frac{V_m}{A}\frac{dw_{[M]}}{d\tau}=\beta_{[M]}(w_{[M]b}-w_{[M]i}) \tag{2-225}$$

渣相内：$$\frac{V_s}{A}\frac{dw_{(MO_z)}}{d\tau}=\beta_{(MO_z)}(w_{(MO_z)i}-w_{(MO_z)b}) \tag{2-226}$$

式中，V_m 和 V_s 分别为金属和熔渣的体积，m³。

一般，对于所讨论的组分，都可列出金属相和渣相中相应的传质方程。因此可列出 $2n$ 个

方程。

D 电中性原理

按照电化学耦合反应原理，对于反应式(2-216)可看成是由下述两个成对出现的电极反应耦合而成

$$z[O]+2ze=z(O^{2-}) \tag{2-227}$$

$$(M^{2z+})+2ze=[M] \tag{2-228}$$

在非直流电熔炼时，为使渣-金界面保持电中性，则这两个电极反应必须、也必然在渣-金界面上同时发生。因此，这要求各组分 M 发生氧化反应时所生成的电子的通量应与氧还原所吸收的电子的通量相等，即要求各组分 M 的传质通量 J_M 和氧的变化通量 J_O 间应满足以下关系

$$\sum_{j=1}^{n} z_j J_M = J_O \tag{2-229}$$

E 其他关系式

为了列出所需数量的方程式，在不同的情况下，可能还需要列出其他的方程式以补齐所需个数的方程。还可从下列方面考虑。

渣中各组分质量分数之和应为 100%，即

$$\sum_{j=1}^{n} w_{(MO_z)j,b} = 100 \tag{2-230a}$$

或

$$\sum_{j=1}^{n} w_{(MO_z)j,i} = 100 \tag{2-230b}$$

此外，可考虑决定金属体相中氧含量的关系式。如：金属液为碳饱和铁液时，可认为金属体相中氧含量由碳氧反应平衡决定，由此，金属体相中氧含量为已知。若碳含量较低，而其他合金元素的含量较高，则可认为金属体相中氧含量由含量高的合金元素的氧化反应平衡决定。若渣中(FeO)含量较高时，可认为金属体相中氧含量主要由渣中(FeO)与金属中[O]的平衡决定。

根据上述五类的方程，一般都可列出所需数量的方程式(表 2-3)。因而可组成一封闭的方程组。显然方程组有解，且唯一。

表 2-3 渣-金耦合反应动力学模型所用方程类型和相应可列出的方程数

方程类型		金属相	渣相	合计
平衡常数方程		金属相合金元素的氧化，n		n
流密度方程		n		n
传质方程(质量衡算方程)		n	n	$2n$
电中性原理		1		1
其他	熔渣的总成分		1	1，可选
	金属体相氧浓度	1		1，可选
总计				$4n+2$

2.5.4.3 计算步骤

由上述所建立的数学模型可知，上述$(4n+2)$个方程组成了一个常微分方程组。可用四阶龙格-库塔法进行求解。具体的计算步骤如下：

(1) 读入数据：钢水和熔渣中各组分的初始质量分数，金属重、渣重，金属和熔渣密度，渣-金

反应界面面积，G_{CO}，金属内各组分的活度相互作用系数，计算温度，各化学反应的自由能变化，金属和熔渣内各组分的传质系数，初始计算时刻 τ_0 和结束计算时刻 τ_E，误差限。设初始计算时间步长 $\Delta\tau$。

(2) 计算金属内各组分的活度系数和活度。

(3) 计算熔渣中各组分的活度系数和活度。

(4) 计算各化学反应的平衡常数。

(5) 计算所需的系数或常数。

(6) 调用常微分方程计算子程序，计算下一时刻的金属和熔渣内组分的体相和界面浓度。

(7) 输出各组分的质量分数列表，或打印所需计算组分的浓度随时间的变化图。

(8) 时间 $\tau \Leftarrow \tau + \Delta\tau$，重复步骤(2)～(7)，直到算完所设的计算时间。

(9) 结束。

3 传输过程数值模拟方法基础

3.1 传输过程的基本方程

冶金过程中的传输过程——流动、传热与传质，都受到最基本的三个物理规律支配，即质量守恒、动量守恒和能量守恒。

3.1.1 流体力学的基本方程

流体力学中最重要的方程是从微元体的质量守恒和动量守恒所导出的连续方程和纳维-斯托克斯(Navier-Stokes)方程。从宏观上说，流体流动可以分为层流和湍流两种，相应的两种流动状态的连续方程和纳维-斯托克斯方程也不相同。

3.1.1.1 动量、动量变化率、动量通量

mu为动量，其单位为kg·m/s；动量变化率mu/τ是单位时间内动量的变化，其单位为N，是力的单位，所以动量变化率与作用在流体上的力能相互产生联系。单位面积上的动量变化率$mu/(A\tau)$，也叫动量通量，其单位为N/m^2，是压强或应力的单位，所以动量通量与作用在流体上的压强，与由于黏性而产生的剪应力和正应力能相互产生联系。有时把由黏性而产生的剪应力称作黏性动量通量。在流体力学上，常用的单位是单位体积流体所具有的动量，可表示成ρu；单位体积流体的动量变化率写成$\rho u/\tau$；而单位体积流体的动量通量是$\rho u/(A\tau)$。

3.1.1.2 连续方程

任何流动问题都必须遵循质量守恒定律，从流体中取出一微元控制体做质量衡算可得连续方程(continuity equation)[1]

$$\frac{\partial \rho}{\partial \tau}+\nabla \cdot (\rho \boldsymbol{u})=0 \tag{3-1}$$

式中，ρ为密度；τ为时间；$\boldsymbol{u}$为速度向量，它在x、y和z三个方向的分量分别为u，v，w。连续方程描述了微元控制体上的质量守恒，表示单位时间内流体微元体中质量的增加等于同一时间内流入该微元体的净质量，或单位体积流体的密度变化率等于流入该体积的净质量变化率。

直角坐标下，连续方程可写为

$$\frac{\partial \rho}{\partial \tau}+\frac{\partial}{\partial x}(\rho u)+\frac{\partial}{\partial y}(\rho v)+\frac{\partial}{\partial z}(\rho w)=0 \tag{3-1a}$$

圆柱坐标下，$x=r\cos\theta$，$y=r\sin\theta$，$z=z$，连续方程可写为

$$\frac{\partial \rho}{\partial \tau}+\frac{1}{r}\frac{\partial}{\partial r}(r\rho u)+\frac{1}{r}\frac{\partial}{\partial \theta}(\rho v)+\frac{\partial}{\partial z}(\rho w)=0 \tag{3-1b}$$

---

[1] ∇为微分算子，称为哈密顿(Hamilton)算子。$\nabla\equiv \boldsymbol{i}\frac{\partial}{\partial x}+\boldsymbol{j}\frac{\partial}{\partial y}+\boldsymbol{k}\frac{\partial}{\partial z}$。它具有向量性质，又具有微分性质。对于标量$T$有$\nabla T=\frac{\partial T}{\partial x}\boldsymbol{i}+\frac{\partial T}{\partial y}\boldsymbol{j}+\frac{\partial T}{\partial z}\boldsymbol{k}$；对于矢量$\boldsymbol{A}$有：$\nabla\cdot\boldsymbol{A}=\frac{\partial A_x}{\partial x}+\frac{\partial A_y}{\partial y}+\frac{\partial A_z}{\partial z}$，$\boldsymbol{A}\cdot\nabla=A_x\frac{\partial}{\partial x}+A_y\frac{\partial}{\partial y}+A_z\frac{\partial}{\partial z}$。

参见：谢树艺. 工程数学——矢量分析与场论. 北京：人民教育出版社，1978。

球坐标下，$x=r\sin\varphi\cos\theta$，$y=r\sin\varphi\sin\theta$，$z=r\cos\varphi$，连续方程可写为

$$\frac{\partial\rho}{\partial\tau}+\frac{1}{r^2}\frac{\partial}{\partial r}(r^2\rho u)+\frac{1}{r\sin\theta}\frac{\partial}{\partial\theta}(\rho v\sin\theta)+\frac{1}{r\sin\theta}\frac{\partial}{\partial\varphi}(\rho w)=0 \tag{3-1c}$$

流动处于稳态时，流场各点的物理量不随时间而变化时，式(3-1)可简化为

$$\nabla\cdot(\rho\boldsymbol{u})=0 \tag{3-1d}$$

对于不可压缩流体，ρ 为常数，则可进一步简化为

$$\nabla\cdot\boldsymbol{u}=0 \tag{3-1e}$$

3.1.1.3　动量守恒方程

连续介质的流体运动时，除要受到质量守恒的制约外，还必须同时遵循牛顿第二定律反映的动量守恒定律，或称为纳维-斯托克斯方程。它表示作用在流体上的力应与运动流体的惯性力相平衡，或微元体中流体的动量对时间的变化率等于外界作用在该微元体上的各种力之和。对于不可压缩流体，其微分方程可写为

$$\rho\left[\frac{\partial\boldsymbol{u}}{\partial\tau}+(\boldsymbol{u}\cdot\nabla)\boldsymbol{u}\right]=-\nabla p-\nabla\cdot\boldsymbol{\tau}+\rho F \tag{3-2}$$

积累项　对流项　　　压力　黏性力　体积力

式中，左端第 1 项是单位时间单位体积流体的动量变化率，称为动量积累项，是速度对时间的一阶偏导项，也称为非稳态项(unsteady term)或瞬态项(transient term)；第 2 项是由于流体流动而引起的动量变化，称为对流项(convection term)。右端第 1 项是压力梯度的影响；第 2 项是由于黏性而引起的动量变化，与速度对空间坐标的二阶偏导项有关，称为扩散项(diffusion term)，$\boldsymbol{\tau}$ 为黏性应力；第 3 项是体积力，此处只考虑重力的作用，实际上其他的力如电磁力等也可以进入此项。即

单位体积的质量×加速度＝作用在单位体积微元上的合力

对于直角坐标系，不可压缩的牛顿流体，ρ、η 恒定时，纳维-斯托克斯方程可写成下列形式：

x 方向

$$\rho\left(\frac{\partial u}{\partial\tau}+u\frac{\partial u}{\partial x}+v\frac{\partial u}{\partial y}+w\frac{\partial u}{\partial z}\right)=-\frac{\partial p}{\partial x}+\eta\left(\frac{\partial^2 u}{\partial x^2}+\frac{\partial^2 u}{\partial y^2}+\frac{\partial^2 u}{\partial z^2}\right)+\rho g_x \tag{3-3a}$$

y 方向

$$\rho\left(\frac{\partial v}{\partial\tau}+u\frac{\partial v}{\partial x}+v\frac{\partial v}{\partial y}+w\frac{\partial v}{\partial z}\right)=-\frac{\partial p}{\partial y}+\eta\left(\frac{\partial^2 v}{\partial x^2}+\frac{\partial^2 v}{\partial y^2}+\frac{\partial^2 v}{\partial z^2}\right)+\rho g_y \tag{3-3b}$$

z 方向

$$\rho\left(\frac{\partial w}{\partial\tau}+u\frac{\partial w}{\partial x}+v\frac{\partial w}{\partial y}+w\frac{\partial w}{\partial z}\right)=-\frac{\partial p}{\partial z}+\eta\left(\frac{\partial^2 w}{\partial x^2}+\frac{\partial^2 w}{\partial y^2}+\frac{\partial^2 w}{\partial z^2}\right)+\rho g_z \tag{3-3c}$$

式中，η 为黏度，单位为 Pa·s 或 N·s/m^2。另有运动黏度 ν，单位为 m^2/s。$\nu=\eta/\rho$。

对于圆柱坐标系，不可压缩的牛顿流体，ρ、η 恒定时，u、v、w 分别为 $\boldsymbol{u}$ 在 r、θ、z 方向的分量，则纳维-斯托克斯方程可写为：

$\boldsymbol{r}$ 方向

$$\rho\left(\frac{\partial u}{\partial\tau}+u\frac{\partial u}{\partial r}+\frac{v}{r}\frac{\partial u}{\partial\theta}-\frac{v^2}{r}+w\frac{\partial u}{\partial z}\right)$$

$$=-\frac{\partial p}{\partial r}+\eta\left[\frac{\partial}{\partial r}\left(\frac{1}{r}\frac{\partial}{\partial r}(ru)\right)+\frac{1}{r^2}\frac{\partial^2 u}{\partial\theta^2}-\frac{2}{r^2}\frac{\partial u}{\partial\theta}+\frac{\partial^2 u}{\partial z^2}\right]+\rho g_r \tag{3-3d}$$

$\boldsymbol{\theta}$ 方向

$$\rho\left(\frac{\partial v}{\partial \tau}+u\frac{\partial v}{\partial r}+\frac{v}{r}\frac{\partial v}{\partial \theta}+u\frac{v}{r}+w\frac{\partial v}{\partial z}\right)$$
$$=-\frac{1}{r}\frac{\partial p}{\partial \theta}+\eta\left[\frac{\partial}{\partial r}\left(\frac{1}{r}\frac{\partial}{\partial r}(rv)\right)+\frac{1}{r^2}\frac{\partial^2 v}{\partial \theta^2}-\frac{2}{r^2}\frac{\partial v}{\partial \theta}+\frac{\partial^2 v}{\partial z^2}\right]+\rho g_\theta \tag{3-3e}$$

z 方向

$$\rho\left(\frac{\partial w}{\partial \tau}+u\frac{\partial w}{\partial r}+\frac{v}{r}\frac{\partial w}{\partial \theta}+w\frac{\partial w}{\partial z}\right)=-\frac{\partial p}{\partial z}+\eta\left[\frac{1}{r}\frac{\partial}{\partial r}\left(r\frac{\partial w}{\partial r}\right)+\frac{1}{r^2}\frac{\partial^2 w}{\partial \theta^2}+\frac{\partial^2 w}{\partial z^2}\right]+\rho g_z \tag{3-3f}$$

对于球坐标系，不可压缩的牛顿流体，ρ、η 恒定时，u、v、w 分别为 $\boldsymbol{u}$ 在 r、θ、φ 方向的分量，则纳维-斯托克斯方程可写为❶：

$\boldsymbol{r}$ 方向

$$\rho\left(\frac{\partial u}{\partial \tau}+u\frac{\partial u}{\partial r}+\frac{v}{r}\frac{\partial u}{\partial \theta}+\frac{w}{r\sin\theta}\frac{\partial u}{\partial \varphi}-\frac{v^2+w^2}{r}\right)$$
$$=-\frac{\partial p}{\partial r}+\eta\left[\nabla^2 u-\frac{2}{r^2}u-\frac{2}{r^2}\frac{\partial v}{\partial \theta}-\frac{2}{r^2}v\cot\theta-\frac{2}{r^2\sin\theta}\frac{\partial w}{\partial \varphi}\right]+\rho g_r \tag{3-3g}$$

$\boldsymbol{\theta}$ 方向

$$\rho\left(\frac{\partial v}{\partial \tau}+u\frac{\partial v}{\partial r}+\frac{v}{r}\frac{\partial v}{\partial \theta}+\frac{w}{r\sin\theta}\frac{\partial v}{\partial \varphi}+\frac{uv}{r}-\frac{w^2\cot\theta}{r}\right)$$
$$=-\frac{1}{r}\frac{\partial p}{\partial \theta}+\eta\left[\nabla^2 v+\frac{2}{r^2}\frac{\partial u}{\partial \theta}-\frac{v}{r^2\sin^2\theta}-\frac{2\cos\theta}{r^2\sin^2\theta}\frac{\partial w}{\partial \varphi}\right]+\rho g_\theta \tag{3-3h}$$

$\boldsymbol{\varphi}$ 方向

$$\rho\left(\frac{\partial w}{\partial \tau}+u\frac{\partial w}{\partial r}+\frac{v}{r}\frac{\partial w}{\partial \theta}+\frac{w}{r\sin\theta}\frac{\partial w}{\partial \varphi}+\frac{wu}{r}+\frac{vw\cot\theta}{r}\right)$$
$$=-\frac{1}{r\sin\theta}\frac{\partial p}{\partial \varphi}+\eta\left[\nabla^2 w-\frac{w}{r^2\sin^2\theta}+\frac{2}{r^2\sin\theta}\frac{\partial u}{\partial \varphi}+\frac{2\cos\theta}{r^2\sin^2\theta}\frac{\partial v}{\partial \varphi}\right]+\rho g_\varphi \tag{3-3i}$$

3.1.2 能量守恒方程

能量守恒方程是包含流动和热交换体系必须遵循的基本定律。它表示微元体中能量的增加率等于进入微元体的净热流量与体积力和面积力对微元体所做的功之和。能量守恒方程是从热力学第一定律推导而得的，对于不可压缩流体，ρ 恒定时，其形式为❷：

$$\rho c_p\left(\frac{\partial T}{\partial \tau}+(\boldsymbol{u}\cdot\nabla)T\right)=\nabla\cdot(\lambda\nabla T)+\Phi+q_v \tag{3-4}$$

积累项　　对流项　　扩散项　　耗散项　热源

式中，左端第 1 项是热量在微元体内随时间的变化，称为积累项；第 2 项是由于流体流动而引起的净热量传递，称为对流项。右端第 1 项是分子热扩散而传递的热量，称为扩散项；第 2 项是流体流动时，由于黏性的作用，使部分流体动能耗散成热能，称为热量的耗散项(dissipation function)，也可看作是某种热源；第 3 项是体系内存在的其他热源，如辐射热源、化学反应热源。引入实质微分❸符号 (substantial derivative) $D/D\tau$，它包括对时间的微分和对空间的微分，则上式可写为

❶ 式中：$\nabla^2=\frac{1}{r^2}\frac{\partial}{\partial r}\left(r^2\frac{\partial}{\partial r}\right)+\frac{1}{r^2\sin\theta}\frac{\partial}{\partial \theta}\left(\sin\theta\frac{\partial}{\partial \theta}\right)+\frac{1}{r^2\sin^2\theta}\frac{\partial^2}{\partial \varphi^2}$。

参见：盖格 G H，波伊里尔 D R. 冶金中的传热传质现象. 俞景禄，魏季和译. 北京：冶金工业出版社，1981。

❷ 参见：张先棹. 冶金传输原理. 北京：冶金工业出版社，1988，p211。

❸ 实质微分：$\frac{D}{D\tau}=\frac{\partial}{\partial \tau}+(\boldsymbol{u}\cdot\nabla)$，如$\frac{Dp}{D\tau}=\frac{\partial p}{\partial \tau}+(\boldsymbol{u}\cdot\nabla)p=\frac{\partial p}{\partial \tau}+u\frac{\partial p}{\partial x}+v\frac{\partial p}{\partial y}+w\frac{\partial p}{\partial z}$。

$$\rho c_p \frac{\mathrm{D}T}{\mathrm{D}\tau}=\nabla \cdot (\lambda \nabla T)+\Phi+q_v \tag{3-5}$$

式中，Φ称为耗散函数，是外界流体对微元体所做的黏性功，是流体由于黏性而耗散的动能转变为热量的损失，它是流体黏度和剪切应力率的函数。当流体高速流动或黏性很大时需要加以考虑。对于低流速的一般工程问题可忽略，同时又没有其他热源的不可压缩流体的传热问题，则式(3-4)可简化为

$$\rho c_p \left(\frac{\partial T}{\partial \tau}+(\boldsymbol{u} \cdot \nabla) T\right)=\nabla \cdot (\lambda \nabla T) \tag{3-6a}$$

式(3-6a)常写成下列形式

$$\frac{\partial T}{\partial \tau}+(\boldsymbol{u} \cdot \nabla) T=\nabla \cdot (a \nabla T) \tag{3-6b}$$

式中，$a\equiv\lambda/\rho c_p$，称为热扩散率(thermal diffusivity)，其量纲与运动黏度系数ν相同。将$Pr=\nu/a$，称为普朗特数，表示动量传递与热量传递之间的关系，或表示速度边界层厚度与温度边界层厚度之间的关系。当热扩散率a恒定时，在直角坐标系下，式(3-6a)可写为

$$\frac{\partial T}{\partial \tau}+u\frac{\partial T}{\partial x}+v\frac{\partial T}{\partial y}+w\frac{\partial T}{\partial z}=a\left(\frac{\partial^2 T}{\partial x^2}+\frac{\partial^2 T}{\partial y^2}+\frac{\partial^2 T}{\partial z^2}\right) \tag{3-7a}$$

在圆柱坐标系下

$$\frac{\partial T}{\partial \tau}+u\frac{\partial T}{\partial r}+\frac{v}{r}\frac{\partial T}{\partial \theta}+w\frac{\partial T}{\partial z}=a\left[\frac{1}{r}\frac{\partial}{\partial r}\left(r\frac{\partial T}{\partial r}\right)+\frac{1}{r^2}\frac{\partial^2 T}{\partial \theta^2}+\frac{\partial^2 T}{\partial z^2}\right] \tag{3-7b}$$

在球坐标系下

$$\frac{\partial T}{\partial \tau}+u\frac{\partial T}{\partial r}+\frac{v}{r}\frac{\partial T}{\partial \theta}+\frac{w}{r\sin\theta}\frac{\partial T}{\partial \varphi}$$

$$=a\left[\frac{1}{r^2}\frac{\partial}{\partial r}\left(r^2\frac{\partial T}{\partial r}\right)+\frac{1}{r^2\sin\theta}\frac{\partial}{\partial \theta}\left(\sin\theta\frac{\partial T}{\partial \theta}\right)+\frac{1}{r^2\sin^2\theta}\frac{\partial^2 T}{\partial \varphi^2}\right] \tag{3-7c}$$

对于固体或静止的流体时，式(3-6a)可进一步简化为傅里叶导热微分方程

$$\frac{\partial T}{\partial \tau}=a\nabla^2 T \tag{3-7d}$$

在直角坐标系下

$$\frac{\partial T}{\partial \tau}=a\left(\frac{\partial^2 T}{\partial x^2}+\frac{\partial^2 T}{\partial y^2}+\frac{\partial^2 T}{\partial z^2}\right) \tag{3-7e}$$

对于无内热源的稳态导热问题，又可简化为拉普拉斯(Laplace)方程

$$\frac{\partial^2 T}{\partial x^2}+\frac{\partial^2 T}{\partial y^2}+\frac{\partial^2 T}{\partial z^2}=0 \tag{3-7f}$$

3.1.3　质量传递方程

根据质量守恒定律，对微元体可导出菲克(Fick)第二定律，对不可压缩流体，扩散系数D守常时，A物质质量守恒方程为

$$\frac{\partial c_{\mathrm{A}}}{\partial \tau}+(\boldsymbol{u} \cdot \nabla) c_{\mathrm{A}}=D_{\mathrm{A}}\nabla^2 c_{\mathrm{A}}+R_{\mathrm{A}} \tag{3-8a}$$

积累项　对流项　　扩散项　　源项

或

$$\frac{\partial(\rho c_{\mathrm{A}})}{\partial\tau}+(\boldsymbol{u}\cdot\nabla)(\rho c_{\mathrm{A}})=D_{\mathrm{A}}\nabla^{2}(\rho c_{\mathrm{A}})+S_{\mathrm{A}} \tag{3-8b}$$

式中，比例系数 D_A 为 A 物质扩散系数(diffusion coefficient)；c_A 为 A 物质的浓度；R_A 为单位体积流体的 A 物质生成率。式(3-8a)左端中第 1 项为浓度的积累项，表示浓度在微元体中随时间而变化；第 2 项是由于流体流动而引起的宏观的浓度在空间分布的变化，称为对流项。右端第 1 项是由于分子扩散而造成微元体内浓度分布的变化，称为扩散项；第 2 项是 A 物质由于化学反应而生成的源项。

式(3-8a)当扩散系数 D_A 与空间坐标无关时，在直角坐标系下

$$\frac{\partial c_{\mathrm{A}}}{\partial\tau}+u\frac{\partial c_{\mathrm{A}}}{\partial x}+v\frac{\partial c_{\mathrm{A}}}{\partial y}+w\frac{\partial c_{\mathrm{A}}}{\partial z}=D_{\mathrm{A}}\left(\frac{\partial^{2}c_{\mathrm{A}}}{\partial x^{2}}+\frac{\partial^{2}c_{\mathrm{A}}}{\partial y^{2}}+\frac{\partial^{2}c_{\mathrm{A}}}{\partial z^{2}}\right)+R_{\mathrm{A}} \tag{3-9a}$$

在圆柱坐标系下

$$\frac{\partial c_{\mathrm{A}}}{\partial\tau}+u\frac{\partial c_{\mathrm{A}}}{\partial r}+\frac{v}{r}\frac{\partial c_{\mathrm{A}}}{\partial\theta}+w\frac{\partial c_{\mathrm{A}}}{\partial z}=D_{\mathrm{A}}\left[\frac{1}{r}\frac{\partial}{\partial r}\left(r\frac{\partial c_{\mathrm{A}}}{\partial r}\right)+\frac{1}{r^{2}}\frac{\partial^{2}c_{\mathrm{A}}}{\partial\theta^{2}}+\frac{\partial^{2}c_{\mathrm{A}}}{\partial z^{2}}\right]+R_{\mathrm{A}} \tag{3-9b}$$

在球坐标系下

$$\frac{\partial c_{\mathrm{A}}}{\partial\tau}+u\frac{\partial c_{\mathrm{A}}}{\partial r}+\frac{v}{r}\frac{\partial c_{\mathrm{A}}}{\partial\theta}+\frac{w}{r\sin\theta}\frac{\partial c_{\mathrm{A}}}{\partial\varphi}$$

$$=D_{\mathrm{A}}\left[\frac{1}{r^{2}}\frac{\partial}{\partial r}\left(r^{2}\frac{\partial c_{\mathrm{A}}}{\partial r}\right)+\frac{1}{r^{2}\sin\theta}\frac{\partial}{\partial\theta}\left(\sin\theta\frac{\partial c_{\mathrm{A}}}{\partial\theta}\right)+\frac{1}{r^{2}\sin^{2}\theta}\frac{\partial^{2}c_{\mathrm{A}}}{\partial\varphi^{2}}\right]+R_{\mathrm{A}} \tag{3-9c}$$

当流体静止、没有化学反应引起 A 的生成和消耗时，式(3-9a)简化为菲克第二定律

$$\frac{\partial c_{\mathrm{A}}}{\partial\tau}=D_{\mathrm{A}}\left(\frac{\partial^{2}c_{\mathrm{A}}}{\partial x^{2}}+\frac{\partial^{2}c_{\mathrm{A}}}{\partial y^{2}}+\frac{\partial^{2}c_{\mathrm{A}}}{\partial z^{2}}\right) \tag{3-10a}$$

或

$$\frac{\partial c_{\mathrm{A}}}{\partial\tau}=D_{\mathrm{A}}\nabla^{2}c_{\mathrm{A}} \tag{3-10b}$$

3.1.4 传输过程的通用方程

由于处理对流换热问题需要求解质量、动量和能量守恒的联立方程组，为了便于研究和编制通用的计算机程序进行求解，需要对上述各方程用通用方程表示。比较式(3-1)、式(3-2)、式(3-4)和式(3-8a)，可以发现这些方程中有些共同的部分，具有共同的形式。即都有积累项、对流项和扩散项。现将 4 个方程中的其他项都归到源项，并用 φ 来代表某一输运量(即 φ 可以代表 $\boldsymbol{u}$，T，c_A。其中 T，c_A 为标量，而 $\boldsymbol{u}$ 是向量)，则可将上述 4 式写成一个通用的输运方程，各方程中的系数用 Γ_φ 表示，则有传输过程的通用方程的矢量形式为

$$\underset{\text{积累项}}{\frac{\partial(\rho\varphi)}{\partial\tau}}+\underset{\text{对流项}}{\nabla\cdot(\rho\boldsymbol{u}\varphi)}=\underset{\text{扩散项}}{\nabla\cdot(\Gamma_{\varphi}\nabla\varphi)}+\underset{\text{源项}}{S_{\varphi}} \tag{3-11}$$

此式也称为通用标量传输方程。式中，φ 为通用的待求变量，它可表示温度 T、速度 $\boldsymbol{u}$ 和质量分数等；Γ_φ 为变量 φ 的广义扩散系数；S_φ 为源项。式(3-11)左边第 1 项为单位时间内，微元体内 φ 的积累，称为积累项或非稳态项；第 2 项为由于对流引起的 φ 的变化，称为对流项。方程右端的第 1 项是由 φ 的梯度引起的扩散项。式(3-1)、式(3-2)、式(3-4)和式(3-8a)中，未在式(3-11)中出现的其他项都归于源项 S_φ。对于特定的方程，表 3-1 给出了式(3-11)中有关参量的对应关系。

表 3-1 通用标量传输方程中各参数的具体形式

方程名称	φ	Γ_φ	S_φ
连续方程	1	0	0
动量方程	$\boldsymbol{u}_i$	η	$-\partial p/\partial x_i+\rho g_i$
能量方程	T	λ/c_p	$(\varphi+q_v)/c_p$
组分方程	c_A	$D_A\rho$	$R_A\rho$

对于直角坐标系，通用标量传输方程可展开为

$$\frac{\partial}{\partial\tau}(\rho\varphi)+\frac{\partial}{\partial x}(\rho u\varphi)+\frac{\partial}{\partial y}(\rho u\varphi)+\frac{\partial}{\partial z}(\rho u\varphi)=\frac{\partial}{\partial x}\left(\Gamma_\varphi\frac{\partial\varphi}{\partial x}\right)+\frac{\partial}{\partial y}\left(\Gamma_\varphi\frac{\partial\varphi}{\partial y}\right)+\frac{\partial}{\partial z}\left(\Gamma_\varphi\frac{\partial\varphi}{\partial z}\right)+S_\varphi \tag{3-12}$$

对固体来说，速度为零，对流项消失，这时，方程(3-11)简化成固体的导热微分方程。方程(3-11)是热量、质量和动量以传导、扩散或对流方式进行传递的过程的通用微分方程形式。因此前面讨论的各种方程都可进行适当的数学处理，写成形如式(3-11)的标准化的形式，然后将方程右端的其余项集中定义为源项。这样只需考虑通用微分方程式(3-11)的数值解法，编写式(3-11)计算程序，就可以适用于求解不同类型的传输问题。而对于不同的通用的待求变量 φ，只需重复调用该程序，并给定适当的 Γ_φ 和 S_φ 的表达式，以及适当的初始条件和边界条件，就可方便地求得问题的解。

3.1.5 湍流的控制方程

当流体的流动为湍流时，流体质点进行相互混掺，速度和压力等物理量在空间和时间上都具有随机性的脉动值。虽然式(3-2)和式(3-3a～i)无论对层流和湍流都适用，但对于湍流，如果直接求解三维非稳态的控制方程，需要采用对计算机内存和速度要求很高的直接模拟方法，目前在实际工程计算中还无法得到应用。目前工程中广为采用的方法是对非稳态的纳维-斯托克斯方程做时间平均处理：通过转换非稳态的层流流动方程式(3-1)、式(3-2)和式(3-3)而得到。并且所得方程的形式和层流的基本相同，只是层流方程中的流体热物性(如 λ、η)要用包括层流和湍流微团在内的有效输运系数来替代，如湍流微团输运系数，可根据各种湍流模型用流动参数的时间平均量来表示。同时补充反映湍流特性的其他方程，如对于不可压缩流体的湍流动能方程(k 方程)和湍流动能耗散率方程(ε 方程)。

3.1.6 控制方程的守恒性

式(3-11)中对流项采用散度形式表示，即对流项写作 $\nabla\cdot(\rho\boldsymbol{u}\varphi)$，物理量都写在微分符号内，将这种形式的方程称为守恒型控制方程，或控制方程的守恒形式。而将非稳态项和对流项中的物理量从微分符号中移出来进行书写，就得到控制方程的非守恒形式，对应的方程称为非守恒型控制方程。守恒型方程更能保持物理量守恒的性质，特别是在有限体积法中可更方便地建立离散方程，因此得到了广泛应用。

式(3-11)中非稳态项和对流项中的物理量从微分符号中移出，就得到通用控制方程的非守恒形式为

$$\left(\varphi\frac{\partial\rho}{\partial\tau}+\rho\frac{\partial\varphi}{\partial\tau}\right)+\left[\left(\varphi\frac{\partial(\rho u)}{\partial x}+\rho u\frac{\partial\varphi}{\partial x}\right)+\left(\varphi\frac{\partial(\rho v)}{\partial y}+\rho v\frac{\partial\varphi}{\partial y}\right)+\left(\varphi\frac{\partial(\rho w)}{\partial z}+\rho w\frac{\partial\varphi}{\partial z}\right)\right]$$
$$=\nabla\cdot(\Gamma\nabla\varphi)+S \tag{3-13a}$$

根据连续性方程(3-1)，该式可简化为

$$\rho\left(\frac{\partial \varphi}{\partial \tau}+u\frac{\partial \varphi}{\partial x}+v\frac{\partial \varphi}{\partial y}+w\frac{\partial \varphi}{\partial z}\right)=\nabla\cdot(\Gamma\nabla\varphi)+S \tag{3-13b}$$

据此可得质量守恒方程、动量方程、能量方程的非守恒形式，如表 3-2 所示。

表 3-2 三维、非稳态、可压缩牛顿流体传输问题的守恒型控制方程

方程名称	守恒型控制方程形式
连续方程	$\frac{\partial \rho}{\partial \tau}+\nabla\cdot(\rho\boldsymbol{u})=0$
x 方向动量方程	$\frac{\partial(\rho u)}{\partial \tau}+\nabla\cdot(\rho u\boldsymbol{u})=\nabla\cdot(\eta\nabla u)-\frac{\partial p}{\partial x}+S_u$
y 方向动量方程	$\frac{\partial(\rho v)}{\partial \tau}+\nabla\cdot(\rho v\boldsymbol{u})=\nabla\cdot(\eta\nabla v)-\frac{\partial p}{\partial y}+S_v$
z 方向动量方程	$\frac{\partial(\rho w)}{\partial \tau}+\nabla\cdot(\rho w\boldsymbol{u})=\nabla\cdot(\eta\nabla w)-\frac{\partial p}{\partial z}+S_w$
能量方程	$\frac{\partial(\rho T)}{\partial \tau}+\nabla\cdot(\rho\boldsymbol{u}T)=\nabla\cdot\left(\frac{\lambda}{c_p}\nabla T\right)+S_T$
状态方程	$p=p(\rho,T)$

3.1.7 传输过程数值方法的计算过程

进行传输过程计算时，可借助于用软件来完成所需要的任务，也可自己直接编写计算程序。两种方法的基本工作过程是相同的。对于传输问题，无论是稳态问题，还是非稳态问题，其求解过程都可用图 3-1 来表示。如果所求解的问题是非稳态问题，则可将图 3-1 所示的过程理解为一个时间步长的计算过程，循环这一过程求解下个时间步长的解。

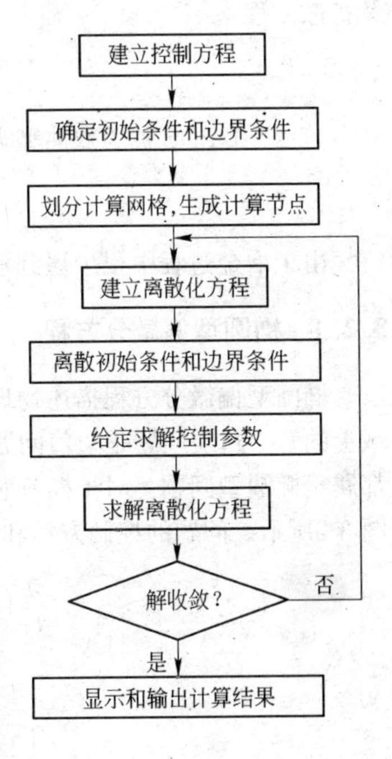

图 3-1 传输过程数学模拟流程图

3.2 偏微分方程的数学分类及其特性

通用标量方程(3-11)是一个关于 φ 的空间和时间变化的二阶偏微分方程(PDE)。如果 ρ 和 Γ，或源项 S_φ 是 φ 的函数，则该方程就是非线性的。下面忽略瞬时非线性性质来考察方程的行为。

为方便起见，考虑一个由下式给出的通用二阶偏微分方程(PDE)：

$$a\frac{\partial^2 \varphi}{\partial x^2}+b\frac{\partial^2 \varphi}{\partial x\partial y}+c\frac{\partial^2 \varphi}{\partial y^2}+d\frac{\partial \varphi}{\partial x}+e\frac{\partial \varphi}{\partial y}+f\varphi+g=0 \tag{3-14}$$

式中，系数 a, b, c, d, e, f 是坐标的函数，但不是 φ 本身的函数。

可根据下面的判别式的符号对方程式(3-14)的性质进行分类：

$$\Delta=b^2-4ac \tag{3-15}$$

如果 $\Delta<0$，PDE 称为椭圆型方程(elliptic partial differential equations)，如泊松(Poisson)方程：

$$\frac{\partial^2 T}{\partial x^2}+\frac{\partial^2 T}{\partial y^2}=f(x,y) \tag{3-16}$$

及其特例拉普拉斯方程

$$\frac{\partial^2 T}{\partial x^2}+\frac{\partial^2 T}{\partial y^2}=0 \tag{3-17}$$

如果 $\Delta=0$，PDE 称为抛物型方程(parabolic partial differential equations)。如一维非稳态导热问题

$$\frac{\partial T}{\partial \tau}-a\frac{\partial^2 T}{\partial x^2}=0 \tag{3-18}$$

及扩散方程

$$\frac{\partial c_A}{\partial \tau}-D_A\frac{\partial^2 c_A}{\partial x^2}=0 \tag{3-19}$$

若 $\Delta>0$，PDE 称为双曲型方程(hyperbolic partial differential equations)。如波动方程

$$a^2\frac{\partial^2 u}{\partial x^2}=\frac{\partial^2 u}{\partial \tau^2} \tag{3-20}$$

由于冶金过程中很少遇到双曲型方程，因此本书将不涉及这方面的内容。

3.2.1 椭圆型偏微分方程

椭圆型偏微分方程描述物理学中的一类稳态问题，其变量与时间无关，要求变量在一个闭区域上的解。这类问题是边值问题。稳态导热问题、有回流的流动及对流换热等问题，其控制方程都属于椭圆型问题。对于椭圆型偏微分方程的特殊情况，考虑厚板内的一维稳态导热问题，如图 3-2所示。问题的控制方程和边界条件分别为

$$\frac{\partial}{\partial x}\left(\lambda\frac{\partial T}{\partial x}\right)=0 \tag{3-21}$$

$$\begin{cases}T(0)=T_0\\ T(L)=T_L\end{cases} \tag{3-22}$$

λ 为常数时，其解为：

$$T(x)=T_0+\frac{T_L-T_0}{L}x \tag{3-23}$$

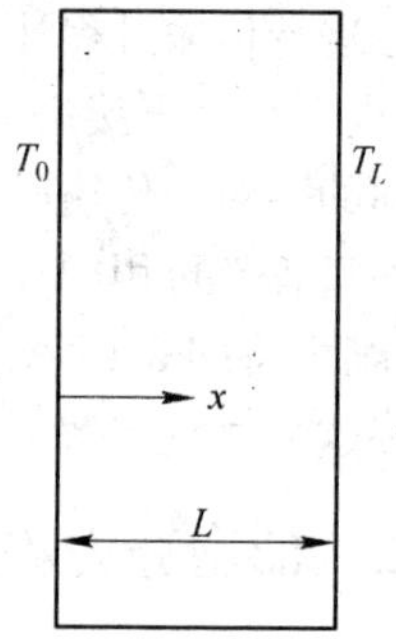

图 3-2 一维厚板内的导热

该简化的问题表明了椭圆型 PDE 所具有的重要性质：

(1) 区域内任意点的温度将受到两边界上温度的影响。

(2) 忽略源项时，$T(x)$取决于边界上的温度。它既不会低于边界最低温度，也不会高于边界的最高温度。

因此，必须将各节点的代数方程进行联立求解。

3.2.2 抛物型偏微分方程

抛物型方程描述了物理学中的一类因变量与时间有关，或问题中有类似于时间的变量，因此又称为初值问题。其求解区域是一个开区间，计算时是从已知的初值出发，沿着时间行进的方向逐步向前推进，依次获得相应于给定边界条件的解。这种数值求解方法称为步进算法。考虑如图 3-2 所示厚板中的一维非稳态导热问题。如果 λ，ρ 和 c_p 为常数，式(3-6b)对流项可略，可按照温度写为

$$\frac{\partial T}{\partial \tau}=a\frac{\partial^2 T}{\partial x^2} \tag{3-24}$$

初始条件和边界条件为：

$$T(x,0)=T_i(x);T(0,\tau)=T_0;T(L,\tau)=T_L \tag{3-25}$$

分离变量，可求出问题的分析解为

$$T(x,\tau) = T_0 + \sum_{n=1}^{\infty} B_n \sin\left(\frac{n\pi x}{L}\right)\exp\left(-\frac{an^2\pi^2}{L^2}\tau\right) \tag{3-26}$$

式中：

$$B_n = \frac{2}{L}\int_0^L (T_i(x) - T_0)\sin\left(\frac{n\pi x}{L}\right)\mathrm{d}x \quad n = 1,2,3,\cdots \tag{3-27}$$

关于上述的解说明如下：

(1) 与椭圆型 PDE 类似，边界温度 T_0 影响区域内任意点的温度 $T(x)$。

(2) 只要求有初始条件(即 $\tau=0$ 时的条件)就能获得问题的解。不要求终了条件，如 $t\to\infty$ 时的条件。

(3) 初始条件只影响其之后的温度，不影响其之前的温度。即影响区域内任意点的所有其后时间的温度。影响的程度随时间而减弱。且对于不同的空间点，其影响的程度也不同。

(4) 稳态是 $\tau\to\infty$ 时达到的状态。这里，解变得与 $T_i(x)$ 无关。这又回到其椭圆型 PDE 的空间性质——一维稳态导热问题。

(5) 在忽略源项时，温度取决于其初始条件和边界条件。

该问题清楚地说明了，待求变量受时间变量 τ 控制的情况与其受空间变量 x 控制的情况大大不同。在受 τ 影响方面，待求变量只受时间的“一侧”影响，具有单向性质；而在受变量 x 影响方面，待求变量允许受到空间变量的“两侧”影响。τ 有时被称为是“行进方向”或“抛物线方向”。空间变量也可能具有这种行为，例如管流中的轴向。

由于这种特点，抛物型方程不是将整个区域内各节点的值同时进行求解，而是从给定的初值出发，采用层层推进的方法，一个时间层一个时间层进行计算，一直计算到所需时刻或地点为止。由于求解所需的存储量只是一维的，因此可以大大节省计算时间及内存。

3.2.3　双曲型偏微分方程

考虑如图 3-3 所示的渠道中的一维流体流动。流体速度 u 为一常数，且 $u>0$。对于 $\tau\geqslant 0$，入口上游流体温度稳定为 T_0，ρ 和 c_p 为常数，$\lambda=0$。控制方程和边界条件为

$$\frac{\partial}{\partial\tau}(\rho c_p T)+\frac{\partial}{\partial x}(\rho c_p u T)=0 \tag{3-28}$$

$$T(x,0)=T_i;T(x\leqslant 0,\tau)=T_0 \tag{3-29}$$

根据判别式，式(3-24)无论是关于 τ 还是 x 都是双曲型的。该问题的解为

$$T(x,\tau)=T((x-u\tau),0) \tag{3-30}$$

或写成另一种形式：

$$T(x,\tau)=\begin{cases} T_i & \tau<x/u \\ T_0 & \tau\geqslant x/u \end{cases} \tag{3-31}$$

T 的解以速度 u 沿着 x 正向基本上是阶梯滑动的，如图 3-4 所示。

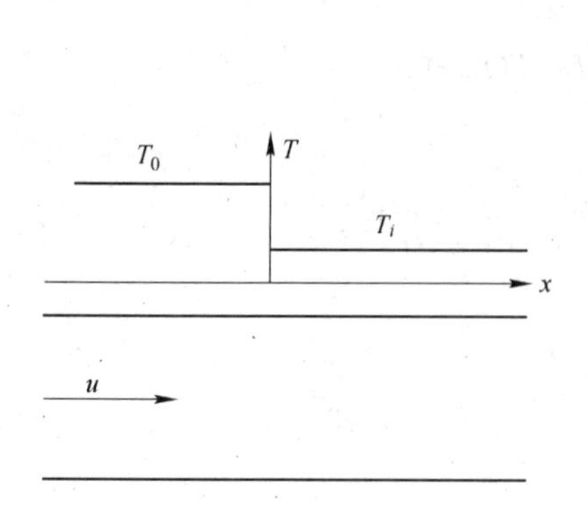

图 3-3　台阶状对流分布图

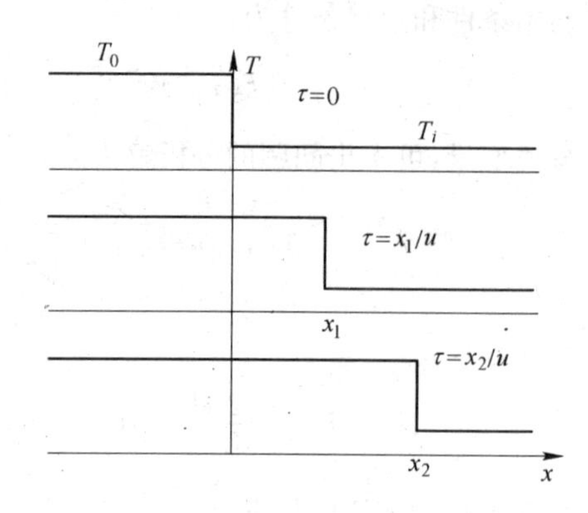

图 3-4　温度随时间的变化

关于其解说明如下：

(1) 区域上游的边界条件($x=0$)将影响区域内的解。而区域下游的边界条件不会影响区域内的解。

(2) 入口边界条件以一个有限的速度 u 进行传播。

(3) 入口边界条件在 x 点前没有变化，直到 $\tau=x/u$ 为止。

3.2.4　通用标量传输方程的特征

通用标量传输方程(3-11)是一个偏微分方程，由此通用的传输方程可导出各种形式的偏微分方程。如果假设稳态且没有流动，就得到椭圆型扩散方程，如稳态导热、稳态扩散等问题。而在求解非稳态下的解时，方程就表现为抛物型方程的行为，如非稳态导热、非稳态扩散等问题。标量传输方程的对流项表现为双曲线行为。在大多数工程情况下，方程表现为混合型行为。扩散项趋向于产生椭圆型影响；而非稳态和对流项产生抛物型或双曲型影响。对于椭圆型或抛物型方程，考虑使用特殊的坐标系来处理有时是很有用的。例如，抛物型问题中将时间认为是抛物型坐标，而将空间考虑为椭圆型坐标系统来处理是有益的。

3.3　离散化方法

前面给出了各种传输过程的数学模型及其控制方程，这些方程都是偏微分方程。求偏微分方程的解析解是要给出作为独立变量(x,y,z,τ)函数的 φ 的表达式。而求数值解则是要给出求解区域内的一系列离散点上的 φ 的值，即用一组求解区域内的有限个离散点的数值来表示待求变量在定义域内的分布。实际上，在多数情况下很难得到所求问题的微分方程的解析解，因此往往只能采用数值方法求解。

求微分方程的数值解的步骤，可根据实际的研究对象，将求解区域划分为若干个有限的区域，并得到相应的节点，即称为求解区域的离散化过程，然后将连续变化的待求变量场用每个有限区域上的一个或若干个点的待求变量值来表示，即称为控制方程的离散化，这就是离散化的最基本思想。将得到的这些离散点称为网格点(grid points)，被称为“节点”(nodes)或“单元质心”(cell centroids)，这和离散化方法有关。以下统称为“节点”。将控制方程通过某种数学变换(如有限差分法中采用泰勒(Taylor)展开法，有限容积法中采用控制容积积分法等)，转化为用一组相关节点的值表示的关于 φ 的离散值的一组联立方程组的过程称为离散化过程。而所采用的用于将控制传输方程进行离散化变换的方法称为离散化方法。φ 的离散值一般是用与所求网格点处有关的其他网格点(一般为邻近节点)的 φ 值的代数方程(四则运算)描述的。

显然,由于所选取的节点间变量的分布形式不同,所以推导离散化方程的方法也不同。在众多的数值求解方法之中,又以有限差分法、有限元法和有限容积法最为通用。这三大类方法的当前应用状况与其历史起源有关,有限差分法和有限容积法主要用于计算传热和流体流动;而有限元法主要用于应力和应变的计算。故本书只限于有限差分法和有限容积法,重点介绍有限容积法。用有限差分方法和有限容积法把偏微分方程和定解条件做离散化处理,就得到一个封闭的代数方程组,该代数方程组通常叫做差分格式或差分方程。然后再求解这个代数方程组就可得到各离散点上的数值解。本书重点是如何把偏微分方程(组)和定解条件过渡到代数方程组和如何求解这个代数方程组。

3.3.1 求解区域的离散化

将微分方程变换为一系列离散化的代数方程的过程,首先需要对求解区域进行离散化。空间的离散化依赖于网格的生成。一个典型的网格如图 3-5 所示。网格生成将求解区域划分成一个个元素(element)或单元(cell),以便使它与邻近的其他一个或多个元素或单元的 φ 离散值相关联。这些 φ 的离散值就是要用计算机计算的。

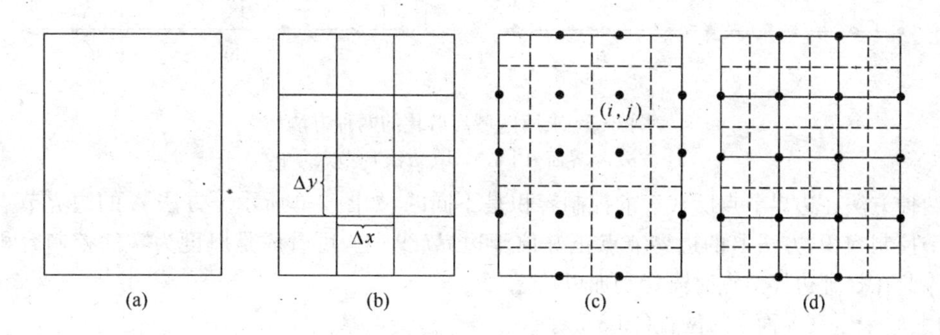

图 3-5 求解区域的离散化

(a) 求解区域;(b) 加网格线后;(c) 主节点的控制容积;(d) 网格线与控制容积

将求解区域进行离散化处理的方法有两种,分别称为方法 A 和方法 B。先将求解区域画上空间网格线,将求解区域分成若干个子区域。原则上说,网格线的划分完全是任意的,但通常都把网格线划成与坐标轴相平行,使求解区域的边界线与网格线相重合。然后确定用来表示每个子区域中 φ 的离散值的被称为“节点”的位置,并按照某种规律将各节点进行编号。获得分格式的目的就是求出这些节点上的值,用离散点上的值来代替原来连续分布的值,如图 3-5 所示。每一节点都有它自己的被称为控制容积的单元,这是一个有限小的空间区域,称为单元或控制容积,如图 3-5c 中虚线表示单元或控制容积的界线。控制容积内的物理量 φ 的离散值用其内一点(称为“节点”)的量值作为代表。节点是控制容积的代表。在离散过程中,将一个控制容积上的物理量定义并存储在该节点处。这样,节点与控制容积一一相互对应,相邻两个控制容积被界面隔开,界面位置或节点的位置放在何处,是产生上述两种处理方法的根源。

对方法 A 而言,界面放在两个主节点的中间。而节点位于子区域的顶角上,划分子区域的曲线就是网格线,但子区域并不是控制容积。因此,网格线的交点就是节点的位置,各节点的控制容积界面线可由在两相邻节点的中间位置上画线而得。因而该法可看成是“先节点后界面”的方法,也称为外节点法或单元顶点法(cell vertex scheme),它是以界面为中心的方法(图 3-6a)。

而方法 B,节点位于控制容积的正中心,子区域就是控制容积,因此划分子区域的曲线就是控制容积的界面线。而节点的位置画在控制容积的中心。因而该法可看成是“先界面后节点”的方法，也称为内节点法或单元中心法(cell centered scheme)，它是以节点为中心的方法(图 3-6b)。

相邻两节点之间的距离叫空间步长。当各节点间的步长相等时，为均匀网格，此时两种方法所形成的节点分布在区域内趋于一致，仅在坐标轴方向上节点位置有半个控制容积厚度的错位。当各节点间的步长不相等时，成为非均匀网格。在非均匀网格时，方法 A 的节点位置并不位于控制容积的中心，但控制容积的界面位于两节点中心(见图 3-6a)。相反，方法 B 的节点始终位于控制容积的中心，但控制容积的界面不处在两节点的中心(见图 3-6b)。

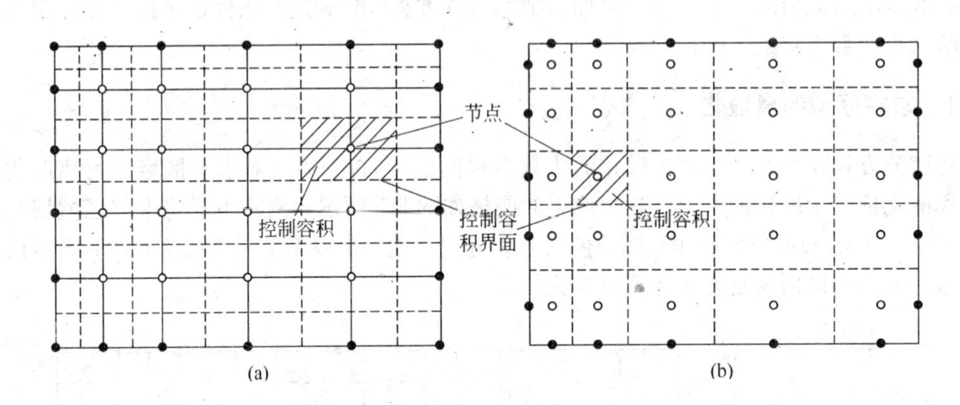

图 3-6　求解区域离散化的两种方法

(a) 方法 A(界面为中心)；(b) 方法 B(节点为中心)

两种方法在边界节点所代表的控制容积是不同的，如图 3-6 所示。方法 A 的边界节点代表了半个控制容积，方法 B 的边界节点正好位于边界(线)上，可看成是厚度为零的控制容积的代表。因此在处理边界节点时需特别加以注意。

用 f_e 来定义界面 e 的位置(图 3-7)。

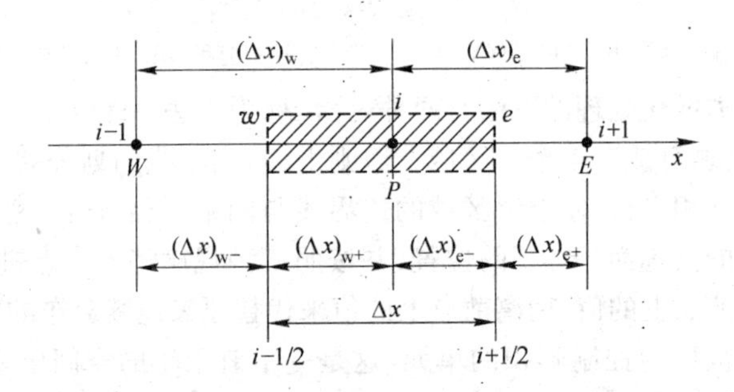

图 3-7　网格的命名方法

$$f_e \equiv \frac{(\Delta x)_{e^+}}{(\Delta x)_e} \tag{3-32}$$

从图 3-7 可知，f_e 是一个在 0～1 之间的值。当 $f_e=0.5$ 时，此即为方法 A，因为界面在控制容积的中心；而当 $f_e\neq 0.5$ 时，此即方法 B，因为节点在控制容积的中心。在均匀网格时，除边界节点外，方法 A 与方法 B 是没有什么差别的。但在非均匀网格时，方法 A 的优点是计算通量值的精度较高，因为所计算流过界面的通量值(如热流通量)的位置恰恰在两个节点的中间。这就是为什么这种网格形式在计算一阶或二阶导数时精度比较高的原因。但由于节点不是位于控制容积的中心，用节点的值代表有限大小的控制容积的值，一定会带来误差。而方法B恰恰没有这一缺点。由于传输过程主要是二阶的偏微分方程，主要是求通过界面的通量，而方法B的界面不是位于两主节点的中点，求通量时误差较大，但方法B在编程序与计算都容易些。

为了书写方便，必须对节点加以编号，原则上编号顺序是任意的，但习惯采用与坐标轴正方向相一致的顺序编号。如用 i 表示 x 方向的节点的编号，j 表示 y 轴方向，k 表示 z 轴方向，因此节点坐标为(x_i, y_j)的点可以写成(i, j)。由于 i，j 和 k 的值都随坐标轴的前进而增加，所以有下列关系（图 3-7）

$$\left.\begin{aligned} x_i+\Delta x_i=x_{i+1}; \quad x_i-\Delta x_{i-1}=x_{i-1} \\ y_j+\Delta y_j=y_{j+1}; \quad y_j-\Delta y_{j-1}=y_{j-1} \end{aligned}\right\} \tag{3-33}$$

在节点(x_i, y_i)上的某传输量的值，如温度，可写成 $T(i, j)$或 T_{ij}。

在非稳态传递过程中，还必须对时间域进行离散化处理，把连续时间 τ 离散成 τ_k。如时间步长为 $\Delta\tau$，则也有

$$\tau_k+\Delta\tau_k=\tau_{k+1} \tag{3-34}$$

式中，$\Delta\tau_k$ 表示在 τ_k 时刻的时间步长。当然时间步长也可以是不均匀的。把时间和空间统一起来表示，可写成 T_{ij}^k 或更普遍的形式 $\varphi_{i,j}^k$。

对圆柱坐标系，网格的划分如图 3-8 所示，$r\Delta\theta$ 放在一起表示某段的弧长。$\Delta\theta$ 表示角的弧度数，由于 $r_n>r_P>r_s$，控制容积的顶端弧长大于底端的弧长，在计算通量流过的面积和控制容积的体积时，都要特别小心，以免出错。在非均匀网格时，$(\Delta r)_n\neq(\Delta r)_s\neq\Delta r$；$(\Delta\theta)_e\neq(\Delta\theta)_w\neq\Delta\theta$。此时要建立一个专门的子程序去计算网格各段的长度，以便随时调用。

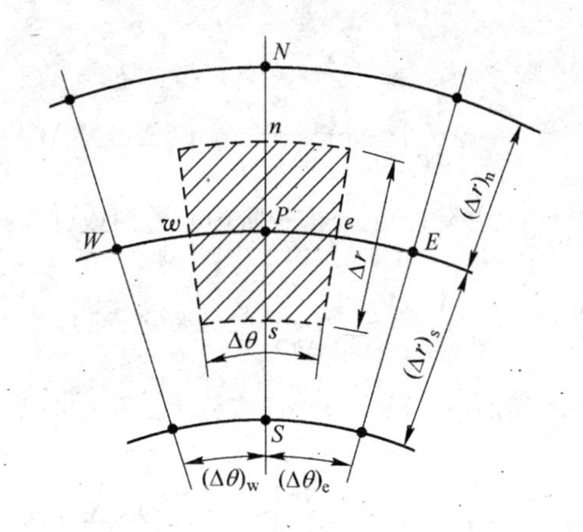

图 3-8 圆柱坐标系的网格划分

3.3.2 微分方程的离散化和差分格式

在求解区域离散化后，微分方程（控制方程）也要进行离散化处理，写出微分方程在离散化的区域内的各节点上的表达式。即将描述过程的偏微分方程用某种数学方法，用周围节点处的有关物理量的四则运算来表示所求节点上的物理量的值。处理的方法有有限差分法、有限元法和有限体积法等近 10 种方法。本书主要介绍有限体积法和有限差分法。

3.3.2.1 *有限差分法*

有限差分法(finite difference methods)是用差商代替控制微分方程中的微商的方法，是一种比较传统的算法。考虑一个具有恒定扩散系数和无非稳态项和对流项的一维标量传输方程

$$\Gamma\frac{\mathrm{d}^2\varphi}{\mathrm{d}x^2}+S=0 \tag{3-35}$$

参考图 3-9 所示的一维网格，将 φ_{i-1} 和 φ_{i+1} 分别在节点 i 附近做泰勒展开，可写出

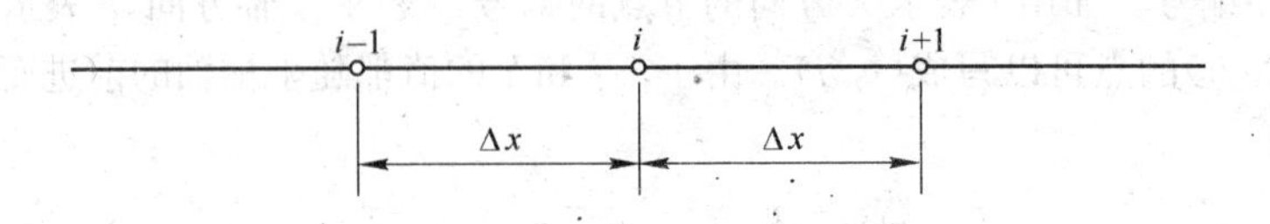

图 3-9 一维网格

$$\varphi_{i-1}=\varphi_i-\Delta x\left(\frac{\mathrm{d}\varphi}{\mathrm{d}x}\right)_i+\frac{(\Delta x)^2}{2}\left(\frac{\mathrm{d}^2\varphi}{\mathrm{d}x^2}\right)_i+O((\Delta x)^3) \tag{3-36a}$$

$$\varphi_{i+1}=\varphi_i+\Delta x\left(\frac{\mathrm{d}\varphi}{\mathrm{d}x}\right)_i+\frac{(\Delta x)^2}{2}\left(\frac{\mathrm{d}^2\varphi}{\mathrm{d}x^2}\right)_i+O((\Delta x)^3) \tag{3-36b}$$

式中，项 $O((\Delta x)^3)$ 为该项后面有依赖于 $(\Delta x)^n(n>3)$ 的项。将式(3-36b)略去包含 (Δx) 的二阶以上的项，并除以 (Δx)，则得一阶向前差分或称为一阶向前差商公式

$$\left(\frac{\mathrm{d}\varphi}{\mathrm{d}x}\right)_i=\frac{\varphi_{i+1}-\varphi_i}{\Delta x}+O(\Delta x) \tag{3-37}$$

同理将式(3-36a)略去包含 (Δx) 的二阶以上的项，并除以 (Δx)，则得一阶向后差分或称为一阶向后差商公式

$$\left(\frac{\mathrm{d}\varphi}{\mathrm{d}x}\right)_i=\frac{\varphi_i-\varphi_{i-1}}{\Delta x}+O(\Delta x) \tag{3-38}$$

将式(3-36b)减去式(3-36a)，并除以 (Δx) 得一阶中心差商或称为一阶中心差分公式

$$\left(\frac{\mathrm{d}\varphi}{\mathrm{d}x}\right)_i=\frac{\varphi_{i+1}-\varphi_{i-1}}{2(\Delta x)}+O((\Delta x)^2) \tag{3-39}$$

将式(3-36a)和式(3-36b)相加得二阶中心差商或称为二阶中心差分公式

$$\left(\frac{\mathrm{d}^2\varphi}{\mathrm{d}x^2}\right)_i=\frac{\varphi_{i-1}+\varphi_{i+1}-2\varphi_i}{(\Delta x)^2}+O((\Delta x)^2) \tag{3-40}$$

考虑扩散系数，并略去 $(\Delta x)^2$ 或更小的项，由式(3-40)可写出

$$\Gamma\left(\frac{\mathrm{d}^2\varphi}{\mathrm{d}x^2}\right)_i=\Gamma\frac{\varphi_{i-1}+\varphi_{i+1}-2\varphi_i}{(\Delta x)^2} \tag{3-41}$$

在点 2 处的源项 S 用下式计算

$$S_i=S(\varphi_i) \tag{3-42}$$

将式(3-41)和式(3-42)代入式(3-35)得：

$$\frac{2\Gamma}{(\Delta x)^2}\varphi_i=\frac{\Gamma}{(\Delta x)^2}\varphi_{i-1}+\frac{\Gamma}{(\Delta x)^2}\varphi_{i+1}+S_i \tag{3-43}$$

这就是式(3-35)控制方程在节点 i 处的离散方程，或说控制方程在节点 i 上的状态。对网格中的每个节点采用类似的方法，就可得到一组关于 φ 的离散值的代数方程。因此只要求解该代数方程组就可得到问题的解。

有限差分法不能明确解释导出的离散方程中的物理含义和守恒原理。对于简单的情况，所导出的离散化方程看上去类似于其他方法，但在更复杂的情况下，例如在非结构网格的情况下，它们可能就无能为力了。因此现在用得越来越少。

3.3.2.2 有限元法

有限元法(finite element methods)是 20 世纪 60 年代出现的一种数值方法。用于固体力学问题的数值计算，20 世纪 70 年代后推广到各类场问题的数值求解，如温度场、电磁场及流场的计算。还是考虑式(3-35)微分方程。目前有直接刚度法、虚功原理推导、泛函变分原理推导或加权余量法等获得离散方程的方法。让我们观察一个通用变量的伽辽金(Galerkin)有限元法。令 $\bar{\varphi}$ 是一个 φ 的近似值。由于 $\bar{\varphi}$ 只是一个近似值，它不能精确地满足式(3-35)，因此有一个余量 R

$$\frac{d^2\bar{\varphi}}{dx^2}+S=R \tag{3-44}$$

有限元法是要在求解域内找一个 $\bar{\varphi}$ 值，使得

$$\int_D WR\mathrm{d}x = 0 \tag{3-45}$$

式中，W 为权重函数(weight function)；D 为求解区域。而式(3-45)要求余量 R 在加权平均的意义上趋近于零。为了得到一系列离散化方程式，可取一簇权重函数 W_i($i=1,2,\cdots,N$，这里 N 为网格节点数)，而不是一个单个的权重函数，要求

$$\int_D W_iR\mathrm{d}x = 0 \quad i = 1,2,\cdots,N \tag{3-46}$$

权重函数 W_i 是典型的局部(本地)函数，在整个小单元 i 内是非零的，但在求解域的其他任何地方都是零。进一步假设一个关于 $\bar{\varphi}$ 的形状函数(shape function)，即设 $\bar{\varphi}$ 在节点间的变化规律。在典型的情况下，这样的变量也是局部(本地)的。例如，可假设 φ 在图 3-9 所示中的点 1 和 2 之间及 2 和 3 之间是分段线性分布(a piecewise linear profile)的。伽辽金有限元法要求将形状函数和权重函数取为相同。因此，式(3-46)就得到一系列关于 φ 的节点值的代数方程式。

需要注意的是，有限元法解题能力强，能比较精确地模拟各种复杂曲线或曲面边界几何形状的情况，网格划分比较随意，因此在处理形状复杂物体时有很大优势。由于伽辽金有限元法只要求余量在加权平均意义上为零，因此不强求遵守其原始的物理意义和守恒原理。因而，在应用于流体流动和传热问题计算方面，由于按加权余量法推导得出的有限元离散方程也只是对原微分方程的数学近似，有限元离散方程中各项还无法给出合理的物理解释，对计算中出现的误差也难以进行改进，因此有限元法在计算流体力学和计算传热学中的应用还存在一些问题。

3.3.2.3 有限体积法

有限体积法(finite volume method)又称为控制容积积分法，简称为控制容积法或控制体积法(control volume method)，是在有限差分法的基础上发展起来，同时吸收了有限元法的一些优点。它生成离散方程的方法简单，可理解成用有限元的加权余量法推导方程中假设权重函数 $W=1$ 而得的积分方程，从而对微分方程进行离散的方法。它首先将求解区域划分成有限个不重叠的网格单元或控制容积(体积)，然后对 φ 进行离散化。在离散化时，强制要求所得到的积分方程在整个控制容积上，其物理意义要满足通量守恒，而积分区间是研究节点所在的控制容积。

即根据所给微分方程，将它在所研究的整个控制容积上进行积分。

以具有源项的一维扩散问题为例来考察离散化过程，其控制方程为

$$\frac{\mathrm{d}}{\mathrm{d}x}\left(\Gamma\frac{\mathrm{d}\varphi}{\mathrm{d}x}\right)+S=0 \tag{3-47}$$

考虑一维网格，使用如图 3-10 所示的计算网格。存储 φ 的离散值的节点，用 W、P 和 E 表示。控制容积界面用 w 和 e 表示。假设界面面积为单位 1。

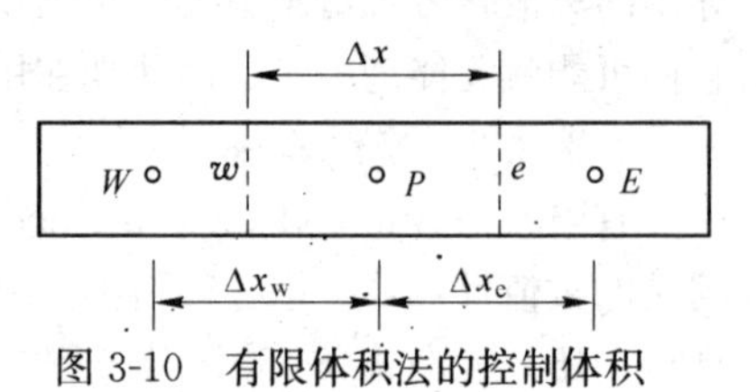

图 3-10 有限体积法的控制体积

对于 P 控制容积，将式(3-47)在整个控制容积 P 上进行积分

$$\int_{\Delta V}\frac{\mathrm{d}}{\mathrm{d}x}\left(\Gamma\frac{\mathrm{d}\varphi}{\mathrm{d}x}\right)\mathrm{d}V+\int_{\Delta V}S\mathrm{d}V=0 \tag{3-48}$$

根据高等数学中的奥式公式，有

$$\int_{\Delta V}\frac{\mathrm{d}}{\mathrm{d}x}\left(\Gamma\frac{\mathrm{d}\varphi}{\mathrm{d}x}\right)\mathrm{d}V=\oint_{A}\boldsymbol{n}\left(\Gamma\frac{\mathrm{d}\varphi}{\mathrm{d}x}\right)\mathrm{d}A=\left(\Gamma A\frac{\mathrm{d}\varphi}{\mathrm{d}x}\right)_{\mathrm{e}}-\left(\Gamma A\frac{\mathrm{d}\varphi}{\mathrm{d}x}\right)_{\mathrm{w}} \tag{3-49}$$

因此有

$$\left(\Gamma\frac{\mathrm{d}\varphi}{\mathrm{d}x}\right)_{\mathrm{e}}-\left(\Gamma\frac{\mathrm{d}\varphi}{\mathrm{d}x}\right)_{\mathrm{w}}+\frac{1}{A}\int_{\Delta V}S\mathrm{d}V=0 \tag{3-50}$$

该式也可用对控制容积 P 写出热平衡方程的方法获得。因此，至此并没有做任何近似处理。

为了用节点处的值表示 φ 的导数，需给出 φ 值在各节点间的分布函数关系，即作一个关于 φ 在节点之间的变化规律（函数关系）的假设。如果假设 φ 在节点之间是线性变化的，如图 3-11 所示。同时，对于一维问题，单元的 y、z 方向的尺寸可取为单位 1，单元的体积为($\Delta x\cdot 1\cdot 1=\Delta x$)。则可写出

$$\frac{\Gamma_{\mathrm{e}}(\varphi_{\mathrm{E}}-\varphi_{\mathrm{P}})}{\Delta x_{\mathrm{e}}}-\frac{\Gamma_{\mathrm{w}}(\varphi_{\mathrm{P}}-\varphi_{\mathrm{W}})}{\Delta x_{\mathrm{w}}}+\overline{S}\Delta x=0 \tag{3-51}$$

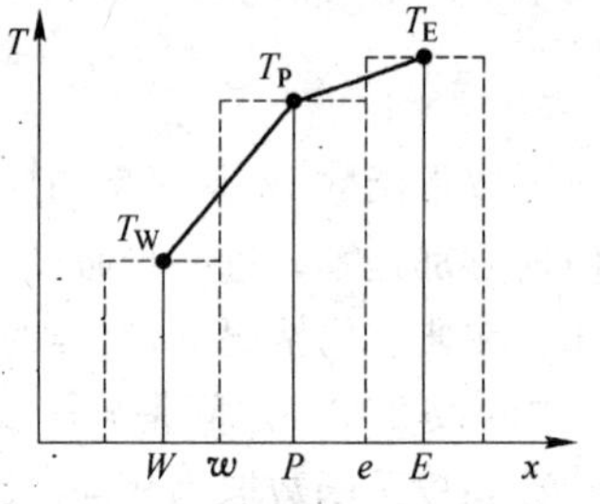

图 3-11 节点间的温度分布

式中，$\overline{S}$ 为控制容积中源项 S 的平均值。注意到由于进行了一个"在节点之间 φ 按分段线性方式变化"的近似假设，因此此式不再精确。将式(3-51)展开，按不同节点处的 φ 值合并同类项，可得到一个通用的表达形式

$$\left.\begin{aligned}&a_{\mathrm{P}}\varphi_{\mathrm{P}}=a_{\mathrm{W}}\varphi_{\mathrm{W}}+a_{\mathrm{E}}\varphi_{\mathrm{E}}+b\\&a_{\mathrm{W}}=\frac{\Gamma_{\mathrm{w}}}{\Delta x_{\mathrm{w}}};a_{\mathrm{E}}=\frac{\Gamma_{\mathrm{e}}}{\Delta x_{\mathrm{e}}};a_{\mathrm{P}}=a_{\mathrm{W}}+a_{\mathrm{E}};b=\overline{S}\Delta x\end{aligned}\right\} \tag{3-52}$$

由式(3-52)可见，所研究节点(P 节点)处的 φ 值可用其邻近的东(E 节点)、西(W 节点)两侧的 φ 值计算。a 为各节点处 φ 值的系数。该方程称为节点 P 的离散化方程，或称为差分方程。对于求解域内的所有控制容积(其物理量 φ 的值用其所对应的节点处的值来计算)都可以导出类似于式(3-51)的方程式。因此就得到一系列代数方程。除边界节点处的离散化方程外，该方程组是一个非常特殊的三对角线性方程组，可以用各种十分有效的直接方法或迭代法求解。因此，为了保持方程组的线性性质，从而采用一些相应的有效的求解方法进行求解，往往需要对边界节

点离散化方程中的一些非线性性质项进行线性化处理。

有限体积法的离散化过程说明如下：

(1) 离散化过程是从对控制方程在整个控制容积上进行积分开始的，这与有限差分法直接从微分方程推导不同。然后寻找满足物理上的通量守恒所描述的 φ 值。因此对于每一个控制容积，始终都能保持物理上的通量守恒，无论网格尺寸是大是小。这保证了方程中的各项具有明确的物理意义。这也是有限体积法比有限差分法和有限元法更具优势之处。

(2) 物理上的守恒并不能保证计算精确。φ 的解可能是不精确的，但一定能满足物理上的守恒性。

(3) $(\Gamma \mathrm{d}\varphi/\mathrm{d}x)_e$ 为 e 界面上的扩散通量。控制容积的通量平衡是按照控制容积的界面来书写的。因此 φ 的梯度 $\mathrm{d}\varphi/\mathrm{d}x$ 必须在单元的界面上进行计算。

(4) φ 和 S 在节点之间分布的假设不要求一定要设成相同。

(5) 对于式(3-47)所表示的一维问题，也可将在整个单元 P 上的积分写为

$$\int_w^s \frac{\mathrm{d}}{\mathrm{d}x}\left(\Gamma \frac{\mathrm{d}\varphi}{\mathrm{d}x}\right)\mathrm{d}x + \int_w^s S\mathrm{d}x = 0 \tag{3-53}$$

因此有

$$\left(\Gamma \frac{\mathrm{d}\varphi}{\mathrm{d}x}\right)_e - \left(\Gamma \frac{\mathrm{d}\varphi}{\mathrm{d}x}\right)_w + \int_w^e S\mathrm{d}x = 0 \tag{3-54}$$

后面的推导与式(3-50)相同。

(6) 对于传输过程的通用方程中各项的离散形式取决于待求量的近似处理方法，即取决于所取的 φ 值在各节点间的分布函数关系(型线)，即所采用的插值方法。习惯上按下述方法选取。

非稳态项：需选定 φ 值随 x 变化的插值方法。一般采用阶梯式，即同一控制容积内各处的 φ 值相同，等于其节点上的值 φ_P，因此

$$\int_w^s (\varphi^{\tau+\Delta\tau} - \varphi^{\tau})\mathrm{d}x = (\varphi_P^{\tau+\Delta\tau} - \varphi_P^{\tau})\Delta x \tag{3-55a}$$

对流项：需要对 φ 值随 τ 的变化规律进行选择。一般采用阶梯显式，即在整个时间步长 $\Delta\tau$ 内，φ 值取为当前时刻 τ 的值 φ^{τ}，只有当达到下一时刻$(\tau+\Delta\tau)$时才跃升为 $\varphi^{\tau+\Delta\tau}$，如图 3-12b 所示。因此

$$\int_{\tau}^{\tau+\Delta\tau}[(u\varphi)_{\mathrm{e}} - (u\varphi)_{\mathrm{w}}]\mathrm{d}\tau = [(u\varphi)_{\mathrm{e}}^{\tau} - (u\varphi)_{\mathrm{w}}^{\tau}]\Delta\tau \tag{3-55b}$$

扩散项：φ 的一阶导数值随时间 τ 的变化一般选为显式阶跃式的变化，则有

$$\int_{\tau}^{\tau+\Delta\tau}\left[\left(\frac{\partial\varphi}{\partial x}\right)_{\mathrm{e}} - \left(\frac{\partial\varphi}{\partial x}\right)_{\mathrm{w}}\right]\mathrm{d}\tau = \left[\left(\frac{\partial\varphi}{\partial x}\right)_{\mathrm{e}}^{\tau} - \left(\frac{\partial\varphi}{\partial x}\right)_{\mathrm{w}}^{\tau}\right]\Delta\tau \tag{3-55c}$$

然后，再进一步地选取 φ 值随 x 呈分段线性变化，如图 3-11 和图 3-12a 所示。则式(3-55b)和式(3-55c)中在控制容积界面上的对流项及扩散项可分别表示为

$$(u\varphi)_{\mathrm{e}} = \frac{(u\varphi)_{\mathrm{P}} + (u\varphi)_{\mathrm{E}}}{2};\ (u\varphi)_{\mathrm{w}} = \frac{(u\varphi)_{\mathrm{W}} + (u\varphi)_{\mathrm{P}}}{2} \tag{3-55d}$$

$$\left(\frac{\partial\varphi}{\partial x}\right)_{\mathrm{e}} = \frac{\varphi_{\mathrm{E}} - \varphi_{\mathrm{P}}}{(\Delta x)_{\mathrm{e}}};\ \left(\frac{\partial\varphi}{\partial x}\right)_{\mathrm{w}} = \frac{\varphi_{\mathrm{P}} - \varphi_{\mathrm{W}}}{(\Delta x)_{\mathrm{w}}} \tag{3-55e}$$

要注意的是，式(3-55d)对网格划分方法 A 无论网格是否均分都成立，而对方法 B 则仅适用

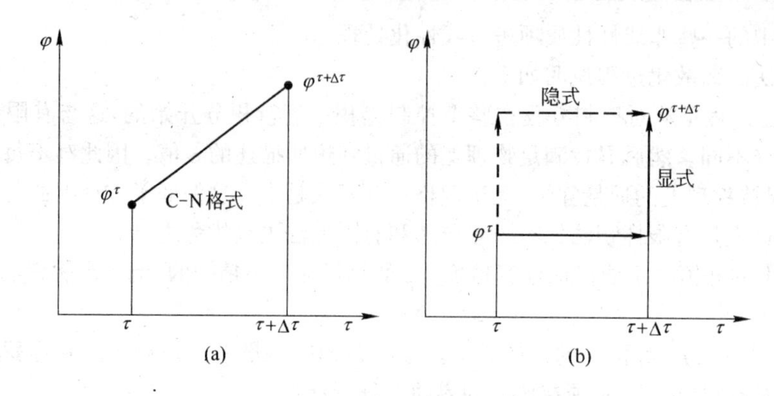

图 3-12　常用的两种分布假定

(a) 分段线性分布；(b) 阶梯形分布

于均分网格的内节点所在控制容积。

源项：一般假设源项 S 对时间 τ 和空间 x 均呈阶梯式变化，则有

$$\int_{\tau}^{\tau+\Delta\tau}\int_{w}^{e} S\mathrm{d}x\mathrm{d}\tau = \overline{S}^{\tau}\Delta x\Delta\tau \tag{3-55f}$$

式中，$\overline{S}^{\tau}$ 为源项在时刻 τ 时在控制容积中的平均值。同时，为简便起见，取源项在控制容积的平均值来完成积分。当源项是待求变量的函数时，还需对源项进行特殊的处理，以便不改变离散化代数方程组的性质。

另外，还有所谓的"元体平衡法"对微分方程进行离散化的方法。它是直接对控制容积应用有关的守恒定律来建立离散方程的方法。此法可看成是有限体积法的一种变形和补充。下面以二维稳态导热问题为例来说明元体平衡法。

图 3-13 表示求解区域内某一个元体，假设该元体自身无内热源，从热平衡的原理来看，稳态的温度场的含意是：从邻近节点 W(西)、E(东)、N(北)和 S(南)(即 $(i-1,j)$、$(i+1,j)$、$(i,j+1)$ 和 $(i,j-1)$)4 个节点通过元体界面 w、e、n 和 s 传给 P 节点(即 (i,j) 节点)所在元体的热流量总和应该为零，即有

$$Q_{\mathrm{w}}+Q_{\mathrm{e}}+Q_{\mathrm{n}}+Q_{\mathrm{s}}=0 \tag{3-56}$$

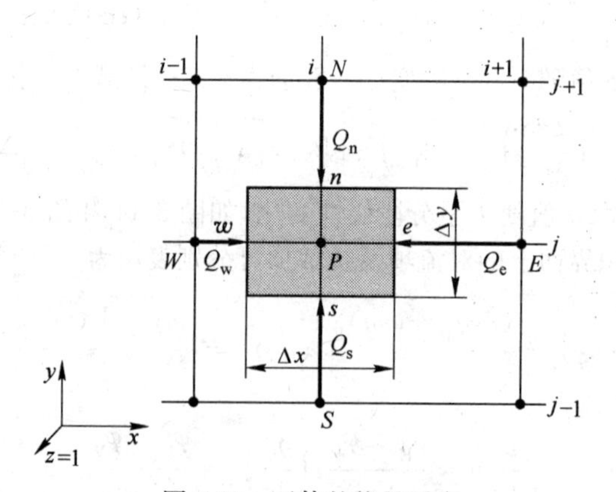

图 3-13　元体的能量平衡

从 W 节点$(i-1,j)$ 通过元体界面 w 传到 P 节点(i,j)的热流量，根据傅里叶导热定律可写为

$$Q_w = -\lambda A_w \frac{\partial T}{\partial x} \tag{3-57}$$

为求出式中的$\partial T/\partial x$，可假定在节点$(i-1,j)$与节点(i,j)间的温度呈线性变化。同时，对于二维问题，元体在 z 方向的尺寸取为单位 1，元体的 w 界面的面积为 $A_w=\Delta y\times 1=\Delta y$。因此从节点$(i-1,j)$通过 w 界面传入(i,j)元体的热流量为

$$Q_w = -\lambda A_w \left(\frac{T_{i,j}-T_{i-1,j}}{\Delta x}\right) = \lambda\left(\frac{T_{i-1,j}-T_{i,j}}{\Delta x}\right)\Delta y \tag{3-58}$$

同理，可分别导出 Q_e，Q_n 和 Q_s。将这几个热量代入式(3-56)，稍加整理后可得

$$\frac{T_{i+1,j}-2T_{i,j}+T_{i-1,j}}{(\Delta x)^2}+\frac{T_{i,j+1}-2T_{i,j}+T_{i,j-1}}{(\Delta y)^2}=0 \tag{3-59}$$

或写成

$$\frac{T_E-2T_P+T_W}{(\Delta x)^2}+\frac{T_N-2T_P+T_S}{(\Delta y)^2}=0 \tag{3-60}$$

合并同类项，整理得

$$a_P\varphi_P = a_W\varphi_W + a_E\varphi_E + a_N\varphi_N + a_S\varphi_S \tag{3-61}$$

式中

$$\left.\begin{aligned} & a_W=\frac{1}{(\Delta x_w)};\ a_E=\frac{1}{(\Delta x_e)};\ a_N=\frac{1}{(\Delta y_n)};\ a_S=\frac{1}{(\Delta y_s)} \\ & a_P=a_E+a_W+a_N+a_S \end{aligned}\right\} \tag{3-62}$$

式(3-59)～式(3-61)都是元体平衡法所得的二维稳态导热问题差分方程。

总结上述元体平衡法得到离散化方程的过程，为了方便和避免错误起见，在用元体平衡法推导离散化方程时，通过元体的各界面导入元体的热流量都规定为以导入元体(i,j)的方向为正。这样，计算邻近节点通过元体边界面流入所研究元体的热流量的傅里叶导热定律中的温度差就可以直接用相邻节点温度减去研究节点的温度来表示，而不必步步都去考虑其方向性，然后相加即可，从而避免了不必要的错误。

显然式(3-59)～式(3-61)所表示的差分方程与二维无源稳态导热的偏微分方程

$$\frac{\partial^2 T}{\partial x^2}+\frac{\partial^2 T}{\partial y^2}=0 \tag{3-63}$$

用二阶中心差商直接代入微分方程所得的差分格式完全相同。所以从数学观点和从物理观点(微元体能量平衡)导出的结果是互通的。就导热问题而言，用元体能量平衡法和用差商代替微商所得的结果是一致的，虽然它们的推导过程是不同的。这一点其实很容易理解，因为在导热的偏微分方程推导过程中，先取控制容积，再对这个微元体作能量平衡，而得到积分形式的导热方程，然后让元体取极限而得到导热微分方程。元体平衡法实质上就是直接从积分形式的导热方程出发来建立差分方程的一种方法，与控制容积积分法完全相同。而用差商代替微商的方法得到差分方程，实质上也是从微分走向积分的过程。正因为如此，上述两种方法所得到的差分方程都是导热方程的积分形式，是导热微分方程的一种近似。在步长相同的条件下，它们的近似程度将取决于差分方程所包含的截断误差。对差商代替微商这种方法而言，这种近似程度将取决

于用何种形式的差商来代替微商。而对元体能量平衡法和有限体积法而言，则取决于被积函数$\partial T/\partial x$用何种温度分布形式来代替。

有限体积法是着眼于控制容积的积分平衡，并以节点作为控制容积的代表的离散化方法。由于需要在控制容积上作积分，所以必须预先设定待求变量在区域内的变化规律，即先假定变量的分布函数，然后将其分布代入控制方程，并在控制容积上积分，便可得到描述节点变量与相邻节点变量之间关系的代数方程。有限体积法与元体能量平衡法实质上是一致的，但采用元体能量平衡法时不能揭示在建立离散方程的过程中对未知量分布型线所作的假设。

有限体积法及元体能量平衡法导出离散方程时，由于是出自控制容积的积分平衡，故得到的离散化方程将在有限尺度的控制容积上满足守恒原理。不论网格划分的疏密情况如何，它的解都能满足控制容积的积分平衡。离散方程中各系数的物理概念清晰，物理意义明确，推导过程简捷。这些方法不仅适用于均匀网格，也适用于非均匀网格，区别只是要将节点间距Δx、Δy采用各个元体中的不同数值即可。而用泰勒展开法导出的离散方程易于进行误差及一些其他数学方面的分析，但不能保证离散方程的解满足守恒定律，也不能保证其解在物理上的真实性。在边界节点（单元）上，差分法和元体能量平衡法（有限体积法）所得出的结果有时会不一致。这也是差分法的重要弱点。因此，目前在工程传热数值计算时，广泛应用以有限体积法导出离散方程的方法，而差分法则主要用于计算的纯数学方面的理论分析上。

有限体积法与基于泰勒级数展开的差分法的不同还在于差分法不需假设变量的分布。两者的共同之处在于都是用节点值作为控制容积的代表，即使在控制容积积分平衡前必须设定变量的分布规律，但在得到离散化方程后节点间变量的分布规律就不再有什么意义了。因此，对不同的变量可以采用不同的分布，对于不同的项也可采用不同的分布，因而可以把有限体积法也作为一种有限差分法来进行讨论。它的这种可以自由选择各种变量分布的性质使得它与有限元法有着本质的差别。

有限元法由于有明确的变量分布，所以在求解域中的任意点的变量值都有着确定的插值关系。

在取控制容积积分平衡时，所选择的变量分布如图 3-14 所示，通常有阶梯形分布和分段线性分布两种形式。阶梯形分布是假设控制容积内的变量值是均匀的，并等于节点处的值。分段线性分布是假设变量在相邻节点间呈线性分布，当然也可以假设高次多项式分布，但这将给数值计算带来许多麻烦。故一般情况下只选择阶梯形分布和分段线性分布两种形式。

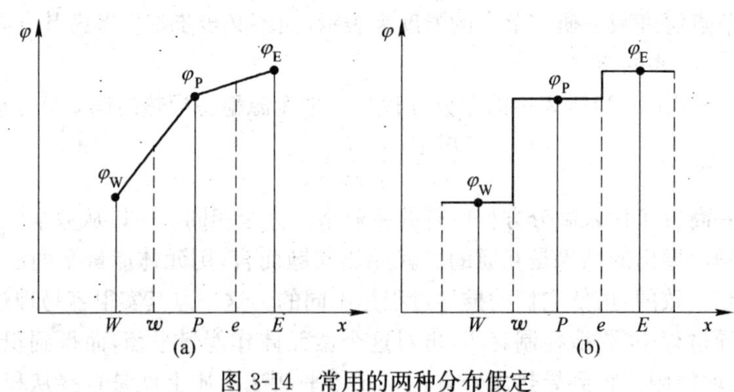

图 3-14　常用的两种分布假定

(a) 分段线性分布；(b) 阶梯形分布

变量的阶梯形分布虽然简单，但它不能用来计算变量在控制容积交界面上的梯度值，故一般只用于源项、物性参数和变量在时间和空间域上的分布。分段线性分布可用来计算变量的梯度，有时也被用于计算变量在时域上的分布。

综上对各种不同的离散方法的比较可见，有限容积法具有更大的优势，因此目前国际流行的流体流动与传热计算的商用软件（Fluent、CFX、Phoentics、Star-CD、Flow-3D 等）都以有限容积法为基础发展起来。

3.4 离散化方程的求解

前面所描述的所有离散化方法最终都得到了一组离散化的代数方程组，必须对它进行求解来获得 φ 的离散值。这些方程可能是线性的（即其系数与 φ 无关）或非线性的（即其系数是 φ 的函数）。求解技术与离散化方法及描述求解的路径无关。对于线性方程组，只要满足克拉默法则，则保证有唯一解，而与求得其解的求解方法（即所用的求解路径）无关，对于同一个离散方程组，都将给出相同的解。但对于非线性问题就不能做这种保证，而所得的解取决于像初值的选择和求解的实际路线等诸如此类的因素。具体的求解方法可以大致分为直接方法（direct methods）和迭代方法（iterative methods）。

3.4.1 直接方法

用前面介绍的一种离散化方法，我们能将所得的代数方程组写为

$$\boldsymbol{A\Phi}=\boldsymbol{B} \tag{3-64}$$

式中，$\boldsymbol{A}$ 为系数矩阵；$\boldsymbol{\Phi}=[\varphi_1,\varphi_2,\cdots]^T$ 为由 φ 的离散值组成的矢量；$\boldsymbol{B}$ 为由源项产生的矢量（线性方程组的常数项，或称为右端项）。用线性代数方法直接法求解方程组(3-64)。最简单的方法是求逆运算，由此 φ 由下式计算

$$\boldsymbol{\Phi}=\boldsymbol{A}^{-1}\boldsymbol{B} \tag{3-65}$$

如果 $\boldsymbol{A}^{-1}$ 存在，则 φ 必然有解。然而，对于 $N\times N$ 阶矩阵求逆运算次数为 $O(N^2)$。

对于所要求解离散化方程组(3-64)，$\boldsymbol{A}$ 是稀疏矩阵，且对于结构网格是带状矩阵。对于给定类型的方程组，例如纯扩散，矩阵是对称的，为三对角型线性方程组。可用求三对角型线性方程组的三对角矩阵算法（tri-diagonal matrix algorithm，TDMA）——追赶法求解。

如今大多数工程传热和流体力学问题往往包含成百上千个单元，即便是简单的问题，每个单元也有 5～10 个未知变量。因此矩阵 $\boldsymbol{A}$ 通常很大，对于这样的大问题，由于其大的计算量和存储要求，多数直接方法就变得不实用了。而且，矩阵 $\boldsymbol{A}$ 往往是非线性的，因此采用直接方法必须内嵌在一个迭代循环中以修正矩阵 $\boldsymbol{A}$ 的非线性。由此，直接方法一再被循环使用，使得计算更加耗时。

3.4.2 迭代法

在计算传热学和计算流体力学中，迭代法是最广泛使用的求解方法。这种方法采用一种“预估-校正”(guess-and-correct)的原理，采用重复调用离散化方程组来不断改进预设解的方式。考虑一个十分简单的迭代方法——高斯-赛德尔法（gauss-seidel method）。高斯-赛德尔法的求解过程可写为：

(1) 预设求解区域内所有网格点处 φ 的离散值。

(2) 依次访问每一个网格点，用下式对 φ 值进行校正：

$$\varphi_{\mathrm{P}}=\frac{a_{\mathrm{E}}\varphi_{\mathrm{E}}+a_{\mathrm{W}}\varphi_{\mathrm{W}}+b}{a_{\mathrm{P}}} \tag{3-66}$$

(3) 遍历求解区域直到覆盖所有网格点，至此完成一次迭代。

(4) 判断是否满足一个合适的收敛标准。例如，可要求在网格点中 φ 值的最大变化值小于 0.1%。如果判断满足，停止。否则，转步骤(2)。

这里不能保证对于任意组合的 a_P，a_E，a_W 迭代过程都能收敛于其解。对于线性方程组，如果满足斯卡巴勒准则，则过程一定收敛。斯卡巴勒准则要求

$$\frac{|a_E|+|a_W|}{|a_P|}\begin{cases}\leqslant 1 & 对于所有网格点\\ <1 & 至少有一个网格点\end{cases} \tag{3-67}$$

满足斯卡巴勒准则的系数矩阵具有对角占优特征。注意到：直接方法不必要求满足斯卡巴勒准则以得到解；对于线性方程组，只要系数矩阵非奇异，总能得到解。

高斯-赛德尔法计算时占用很少的存储量。所需要的全部存储量用于存储网格点处 φ 的离散值。系数 a_P，a_E，a_W 和 b 可以采用“闲混”法(on the fly)计算，因为在更新任何网格点处的 φ 值时，并不需要求解区域的整个系数矩阵。迭代格式的本质使得它也特别适用于非线性问题。如果系数和 φ 有关，那么在进行迭代时，它们可以用 φ 的最新值进行更新。

然而实际应用中，高斯-赛德尔格式很少直接用于 CFD 中所遇到的大型系统的求解。因为如果方程组系统很大，其收敛速率会降低到不能接受的水平。此时将用一个所谓的多栅极方法(multigrid method)来加速这种格式的收敛速率。

3.5 差分方程的精度、相容性、稳定性和收敛性

3.5.1 精度

在与精确解比较时，精度(accuracy)指出了数值解的正确性。在多数情况下，并不知道精确解。用有限差分法离散的扩散项的截断误差是 $O((\Delta x)^2)$，如式(3-40)所示。简言之，如果 $\mathrm{d}^2\varphi/\mathrm{d}x^2$ 用式(3-40)中的右边第 1 项表示，则被忽略的项是 $O((\Delta x)^2)$。因此，如果改进网格，希望截断误差减为 $(\Delta x)^2$。如果加倍 x 方向网格的密度，就可将截断误差减少数量级的 4 倍。离散格式的截断误差是方程被离散化时每个单项的最大的截断误差。如果截断误差为 $O((\Delta x)^n)$，则离散化方法的阶数是 n。截断误差告诉我们，随着网格的改进，计算误差减少得很快，但并不能指出对当前网格而言误差到底有多大。因此，即使是很高阶数的方法，在给定网格情况下，也可能产生精度不高的结果。然而，随着网格的改进，高阶方法的截断误差一定比低阶方法降低更快。

但是，不能认为差分格式截断误差阶越高计算结果就越准确，网格越密就越好。除了经济上的原因外，还因为：

(1) 整个数值解的精度取决于求解区域上的各节点离散方程的截断误差，而对于临近边界的内节点，往往难以得到高截断误差的表达式。

(2) 对于对流换热问题，除了上述数学上的一些误差需要考虑外，更要顾及差分格式在物理特性上的表现，而这不是都能与截断误差联系起来的。

(3) 过分细密的网格，使得计算机的运算次数大大增加，且误差的传播会使舍入误差大大增加。

因此，对于工程问题的数值计算，不能盲目地追求求解精度，而应在求解精度和计算工作量之间取得适当的平衡。目前一般认为采用二阶精度截断误差的差分格式就足够了。

3.5.2 相容性

差分方程相容的数值方法是一种随着网格变得越来越细密，截断误差接近于零的方法。所

谓差分格式的相容性(consistency),是指差分方程应该是微分方程组的某种近似。对于非稳态问题,无论空间和时间,都必须考虑截断误差。如果截断误差是网格空间步长 Δx(或时间步长 Δt)的某次幂,那么必定相容。有时我们会遇到方法的截断误差是 $O(\Delta x/\Delta t)$,这时,除非 Δx 降低得比 Δt 快,否则就不能保证数值方法相容性。相容性是一个非常重要的性质,没有它就不能保证改进网格能改进数值解。

3.5.3 稳定性

前两个性质涉及离散化方法的行为。稳定性是一个有关获得解的路径(path to solution)的性质。例如对于稳态问题,得到了一个必须求解的离散代数方程组。选择用迭代法去求解这个方程组。与使用的方法有关,求解误差可能被放大或衰减。差分格式的稳定性是指差分格式在实际运算时,所得的近似解能否任意逼近差分方程的准确解。差分格式在计算机计算过程中,由于字节数的限制,会产生舍入误差;物理参数本身含有实验误差。这些误差都将带入到计算过程中。同时,差分格式在计算过程中是"逐点逐层"计算的,因此,上一点、上一层的计算误差都会带入到下一点、下一层的计算中,从而产生误差的传播。差分格式的稳定性(stability)要求所得的近似解能够任意逼近差分方程的准确解,即要求把误差的传播控制在可以接受的范围内。如果误差的影响越来越大,以致差分格式的精确解面貌完全被掩盖,那么这种差分格式就是不稳定的。相反的,如果误差的影响是可以控制的,差分格式的解能基本上计算出来,那么这种差分格式就认为是稳定的。在进行物理问题的数值求解时,合适的网格疏密程度应通过逐渐加密网格、观察同一地点上的解是否随网格的加密发生变化来决定。所谓与网格无关的解是指随网格的加密,同一地点上的值不再发生变化的解,或变化在允许的范围内的解。从理论上说,只有与网格无关的解才能作为所计算问题的数值解。必须指出的是,稳定还是不稳定是一个差分格式的固有属性,凡是稳定的差分格式,任何一个信息或扰动在计算过程中被放大的程度总是有限的;凡是不稳定的差分格式,无论什么误差都会在计算过程中被不断放大,以至于计算的时间层足够多时,由于误差的传播,所得的解就变得毫无意义了。

如果不能得到离散方程组的解,则迭代求解方法是不稳定的或发散的。研究差分格式的稳定性,也可说是研究时间行进格式(time-marching schemes)的稳定性。在求解非稳态问题时,采用一个或几个先前时间步长的解作为初始条件。稳定性分析允许我们确定时间行进时在其解中的误差残留是否有限。实践中,CFD 专业人员必须依赖经验和获得稳定的求解算法的直觉。

3.5.4 收敛性

差分格式的收敛性(convergence)是考察其理论上的精确解能否任意逼近微分方程的解。即当时间、空间的网格步长趋于零时,如果各节点上的离散误差都趋近于零,则称差分格式是收敛的。差分格式的收敛性的证明比较困难,但是对于线性初值问题,差分格式的收敛性可由其稳定性而得到保证。

可以说迭代法收敛于解,或使用一种特殊的方法已经获得了收敛。这意味着对于离散化代数方程组,所用的迭代法已经成功地得到了一个解。也可以说就网格独立性而言是收敛的。从这一角度来说,随着网格进一步细分,收敛性基本不变。

最后给出关于相容性、收敛性和稳定性的关系:

(1) 相容逼近的差分方程,稳定性情况可能完全不同。

(2) 同一个差分方程的稳定性与网比$\left(\text{如式(3-11)的离散化方程中的}\ \Gamma\left(\frac{\Delta\tau}{\Delta x^2}\right)\right)$的大小、层

数有关。

(3) 不稳定的差分方程也不可能收敛。

拉克斯(Lax)等价定理:微分方程关于初值是适定的,而线性双层线性差分格式满足相容性条件,则差分方程的收敛性与稳定性等价。

3.6 差分方程的四个基本准则

要保持差分方程与微分方程具有同样的性质,并且保证所得的解符合物理上的真实性,所得的离散化方程(差分方程)必须遵循下列四个基本准则。为说明方便,考虑一维稳态对流和扩散问题,其控制微分方程为

$$\frac{d^2\varphi}{dx^2}-\frac{d\varphi}{dx}-2\varphi+2=0 \tag{3-68}$$

它可表示为

$$\frac{d\varphi}{dx}=\frac{d^2\varphi}{dx^2}+S \tag{3-69}$$

式中,S 为线性源项,可表示为 $S=S_C+S_P\varphi_P$,本例中,$S_C=2$,$S_P=-2$。左端项为对流项,右端第一项为扩散项。如果用 W,P,E 来表示 $i-1,i,i+1$ 节点,对节点 P 可写出通用的离散化方程为

$$a_P\varphi_P=a_W\varphi_W+a_E\varphi_E+b \tag{3-70}$$

在本例中,$\Delta x=1$ 时,对应于有限体积法的有限差分方程式有

$$\left.\begin{aligned} &a_W=1.5,a_E=0.5\\ &a_P=a_E+a_W-S_P\Delta x=4\\ &b=S_C\Delta x=2\end{aligned}\right\} \tag{3-71}$$

上述系数相应于变量在对流与扩散项计算中的分布是分段线性的,在源项是阶梯形的。在上述得到通用形式的离散方程时要遵守以下四个基本准则。

(1) 准则 1　通过控制容积界面上的通量必须保持守恒,即控制容积界面上的守恒性。

通过控制容积的任何一个界面上的通量(如热量、质量和动量等)应该保持守恒。为了防止守恒性被破坏,可以设想界面上的流量是由相邻控制容积共同确定的。例如,在两个相邻节点的界面上,从节点 P 经界面 e 流出的热流量应等于经该同一界面 e 流入节点 E 的热流量(如图 3-10 所示),称为控制体界面上通量的一致性。因为界面上不能积存热量,否则总体平衡就得不到满足。而热流通量 $q=-\lambda\partial T/\partial x$ 的大小既与界面上的热导率 λ 有关,也与界面两侧的温度梯度有关,所以这两部分的值在计算 P 点与 E 点时应该保持一致。

(2) 准则 2　所有系数都为正值。

按照式(3-70)格式表示的通用离散化方程中的系数 a_P,a_E,a_W 都应该同号,并都取正值。因为,若有正有负,则往往不能确保得到物理上真实的解。大多数情况下,差分方程所表示的节点 P 温度值的计算式表明,它受到相邻节点的温度值的影响,如果相邻点(例如 S 节点)的温度升高了,那么节点 P 的温度也必然升高,绝对不可能出现温度反而降低的状况,升高多少由差分方程来控制。但如果 a_S(节点 S 前的系数)是负值,则 T_S 必然会升高越多,而 T_P 温度下降越快。这就违反了热力学第二定律,即热量只能从高温流向低温。要避免出现这种情况,必须保证所有与

节点温度相关的项的系数为正。但要注意，b 项不在此列。

(3) 准则 3 源项作线性处理后，S_P 值必须为负，即源项具有负的斜率。

线性源项 $S=S_C+S_P\varphi_P$ 的 S_P 要求是负值或零，否则 a_P 就有成为负值的可能性。所以也可以把准则 3 的要求作为准则 2 要求的推广。

(4) 准则 4 a_P 的系数应等于相邻各系数之和，即邻近系数之和规则。

当基本方程中只包含变量的二阶微商项时，必须满足 $a_P=\sum_{nb}a_{nb}$，即 a_P 是邻近节点的系数的总和。即当不存在依赖于变量 φ 的源项和非稳态项时，φ_P 只能是邻近节点变量值的加权平均值，使差分方程具有同微分方程相同的性质。当 T 是微分方程的解时，$T+C$（C 为常数）必然也满足该微分方程。当微分方程转换成差分方程时，差分方程也应该同样具有上述性质，即 $T+C$ 也是差分方程的解。但当源项进行线性化处理时，此时 $a_P=a_E+a_W-S_P\Delta x$，等式两边就不能完全一致，某种程度没有遵守这个准则。但这种情况不叫“违反”，在计算数学中仍是许可的，也因此引出了一种处理方法，即把源项完全合并到 S_C 项之中，令 $S_P=0$ 来实现，这种处理并不违反这条准则的要求。后来这条准则被斯卡巴勒改写为：

$$\frac{\sum|a_{nb}|}{|a_P|}\begin{cases}\leqslant 1 & \text{对于所有节点}\\ <1 & \text{至少有一个节点}\end{cases} \tag{3-72}$$

这是一个充分条件，而不是必要条件，有时不遵守这个规定仍能获得正确的结果。如果某些系数为负，此时 $\sum a_{nb}<\sum|a_{nb}|$，则 $\frac{\sum|a_{nb}|}{|a_P|}>1$，这就违反了准则 4，必然得出错误的结果。实际上该准则是由于采用迭代法求解线性差分方程组所要求的。若该条件不满足，则迭代就有可能发散。

以上四个准则将广泛用来判别离散化方程的合理性，对数值计算能否得到合理的结果有着重要作用。

4　导热问题的数值方法

本章将讨论通用传输方程(3-11)中没有对流项的通用微分方程的数值解法。这种形式的方程通常称为扩散方程或传导型微分方程。因此有的书中也称为扩散方程的数值方法。物理过程中的热传导、位势流动、物质扩散、通过多孔介质的流动，以及充分开展的管道内流动和传热的控制微分方程都属这种类型。其他如电磁场理论、热辐射的扩散模型、润滑流动等也可以用这种类型的微分方程来阐述。因此，虽然本章讨论的是导热问题的数值求解，实质上可以看成是以导热问题作为扩散方程或传导型方程的数值求解的实例。本章将采用有限差分法和有限体积法来获得有限差分方程。

对于导热问题，通过某一截面的热流密度可用傅里叶定律表述

$$q=-\lambda\frac{\partial T}{\partial \boldsymbol{n}}=-\lambda\nabla T \tag{4-1}$$

式中，λ 为介质的热导率，其值取决于物质的种类和温度，单位为 W/(m·K)；$\boldsymbol{n}$ 为截面的外法线方向；负值表示导热方向与温度梯度方向相反，即永远沿着温度降低的方向；T 为热力学温度，对于直角坐标系，$T=T(x,y,z,\tau)$ 称为温度场，是时间和空间的函数；q 为单位时间内通过单位面积的热量，称为热流密度，单位为 W/m^2。而单位时间通过某一给定面积的热量称为热流量，用 Φ 表示，单位为 W。傅里叶定律适用于连续温度场，不论该温度场是稳定态还是非稳定态。它揭示了固体介质的连续温度场内每一点上的温度梯度与热流密度向量之间的关系。但是没有揭示一点上的温度与其相邻点的温度间的联系，也没有揭示出这一时刻的温度与同一点位置下一时刻的温度间的联系。

利用方程(4-1)，可导出体系的能量守恒方程——导热方程

$$\rho c_p\frac{\partial T}{\partial \tau}=\nabla\cdot(\lambda\nabla T)+S \tag{4-2a}$$

式中，ρ 为介质的密度，kg/m^3；c_p 为质量定压热容，J/(kg·℃)；S 为单位体积内产生的热量(内热源或内热汇，产生为正，消耗为负)，W/m^3。该式为导热微分方程，它表达了温度 T 与时间 τ 和空间坐标等的关系，弥补了傅里叶定律的缺陷。$a=\lambda/\rho c_p$ 称为热扩散率。

在直角坐标系中，方程(4-2a)可写为

$$\rho c_p\frac{\partial T}{\partial \tau}=\frac{\partial}{\partial x}\left(\lambda\frac{\partial T}{\partial x}\right)+\frac{\partial}{\partial y}\left(\lambda\frac{\partial T}{\partial y}\right)+\frac{\partial}{\partial z}\left(\lambda\frac{\partial T}{\partial z}\right)+S \tag{4-2b}$$

对于圆柱坐标，有 $x=r\cos\theta,y=r\sin\theta,z=z$，方程(4-2a)可写为

$$\rho c_p\frac{\partial T}{\partial \tau}=\frac{1}{r}\frac{\partial}{\partial r}\left(r\lambda\frac{\partial T}{\partial r}\right)+\frac{1}{r^2}\frac{\partial}{\partial \theta}\left(\lambda\frac{\partial T}{\partial \theta}\right)+\frac{\partial}{\partial z}\left(\lambda\frac{\partial T}{\partial z}\right)+S \tag{4-2c}$$

对于球坐标，有 $x=r\sin\varphi\cos\theta,y=r\sin\varphi\sin\theta,z=r\cos\varphi$，方程(4-2a)可写为

$$\rho c_p\frac{\partial T}{\partial \tau}=\frac{1}{r^2}\frac{\partial}{\partial r}\left(r^2\lambda\frac{\partial T}{\partial r}\right)+\frac{1}{r^2\sin\theta}\frac{\partial}{\partial \theta}\left(\lambda\sin\theta\frac{\partial T}{\partial \theta}\right)+\frac{1}{r^2\sin^2\theta}\frac{\partial}{\partial \varphi}\left(\lambda\frac{\partial T}{\partial \varphi}\right)+S \tag{4-2d}$$

对流换热是指固体边界表面和运动流体之间的热量交换过程。对流换热的热流密度可用牛顿冷却定律计算，即

流体被加热时　　　　$q=h(T_w-T_f)$　　　　(4-3a)

流体被冷却时　　　　$q=h(T_f-T_w)$　　　　(4-3b)

式中，h 为表面传热系数，$W/(m^2 \cdot K)$，它反映了对流换热的强弱程度；T_f 为流体的温度；T_w 为壁面温度。表面传热系数的大小取决于表面的几何形状、大小与布置，流体的运动特性，以及流体的热力学参数和热物性等。

在对流换热过程中，运动流体服从质量、动量和能量守恒定律，因此要与连续方程、质量、动量和能量守恒方程进行联立求解。

热辐射是处于一定温度下的物质所发射的能量，是物体通过电磁波来传递能量的方式。与传导及对流不同，辐射换热不需要有物质媒介。事实上，它在真空中最能有效地进行。而且不仅产生能量的转移，还伴随着能量形式的转换，发射时从热能转换为辐射能，被吸收时又从辐射能转换为热能。一个表面在单位时间单位面积内所发出的热辐射热由斯忒藩-玻耳兹曼(Stefan-Boltzmann)定律给出

$$q=\sigma T_S^4 \tag{4-4}$$

式中，T_S 为表面的热力学温度，K；σ 为斯忒藩-玻耳兹曼常量，$\sigma=5.67\times10^{-8}$ $W/(m^2 \cdot K^4)$。这样的表面称为黑体。真实表面发射的热流应用下式计算

$$q=\varepsilon\sigma T_S^4 \tag{4-5}$$

式中，ε 为表面的发射率，也称为黑度，其值在 0 和 1 之间。它与物体的种类及表面状态有关。

在两个或更多表面之间的辐射换热过程中，这种换热不仅取决于参与辐射换热的表面的温度、辐射性质(如发射率、吸收率、反射率和透射率)和辐射的方向及波长特性，而且还取决于表面的几何形状以及它们的空间相互位置(空间角系数)。有时，还必须涉及表面间的介质的吸收、散射和发射等性质。

为了求得某一特定条件下的解，则必须将控制方程(4-2a)结合相应的初始条件和边界条件。对于边界条件，一般有以下几种形式：

(1) 给定边界上的温度值或温度随时间变化的函数关系。在数学上这类边界条件被称为第一类边界条件。如固体壁面上，$x=0, T=T_0$；$x=0, T=f(\tau)$等。对于发生在不均匀材料中的导热问题，不同材料的区域分别满足导热微分方程。由于热导率阶跃式变化，无论是分析求解还是数值计算，都采用分区进行的方法。在两种材料接触良好时，其交界面上应满足连续条件：$T_{\mathrm{I}}=T_{\mathrm{II}}$ 或 $\left(\lambda\dfrac{\partial T}{\partial x}\right)_{\mathrm{I}}=\left(\lambda\dfrac{\partial T}{\partial x}\right)_{\mathrm{II}}$。

(2) 给定边界上的温度的导数值或温度的导数值随时间变化的函数关系，即给定边界处的热流密度 q_B 值。如在边界上绝热：$x=L, (\mathrm{d}T/\mathrm{d}x)_{x=L}=0$ 或为一常数。这在数学上被称为第二类边界条件。

(3) 给定边界上温度的导数与温度的函数关系。这在数学上被称为第三类边界条件。如给定边界的表面传热系数 h 和流体的温度 T_f，即在边界上物体与周围流体间存在对流；物体边界面上存在辐射换热等。具体地

1) 边界面上发生对流换热：$x=L, -\lambda\left.\dfrac{\mathrm{d}T}{\mathrm{d}x}\right|_{x=L}=h(T_L-T_f)$；

2) 边界面只发生辐射换热：$x=L, -\lambda\left.\dfrac{\mathrm{d}T}{\mathrm{d}x}\right|_{x=L}=\sigma_0\varepsilon_s(T_f^4-T_w^4)$；

3) 边界面同时有对流和辐射换热：$x=L, -\lambda\left.\dfrac{\mathrm{d}T}{\mathrm{d}x}\right|_{x=L}=\sigma_0\varepsilon_s(T_L^4-T_w^4)+h(T_L-T_f)$。

4.1 一维稳态导热问题的数值方法

对于固体中的导热问题，通用方程式(3-11)可简化为导热的微分方程式(4-2a)。在式(4-2b)中去掉非稳态项，并只保持一维导热时，就得一维稳态导热微分方程

$$\frac{\mathrm{d}}{\mathrm{d}x}\left(\lambda\frac{\mathrm{d}T}{\mathrm{d}x}\right)+S=0 \tag{4-6}$$

式中，λ 为热导率；T 为热力学温度；S 为源项，它等于单位容积的热产生率。这是一个二阶常微分方程。对于工程中的肋片导热问题，当肋片的横向毕渥数 $Bi=h\Delta/\lambda\ll1$ 时，肋片内的导热就可近似作为一维处理。Bi 数中 Δ 为肋片的厚度，h 为表面传热系数。可见，一维稳态导热问题的控制方程是一个二阶常微分方程，而边界条件又是给出了 $x=0$ 处的温度值和 $x=L$ 处的温度梯度值，这就是通常所说的二阶常微分方程的两点边值问题。这可按求解二阶常微分方程两点边值问题的数值方法求解。下面用有限差分法、有限体积法和微元体平衡法来求解。

4.1.1 用有限差分法求解

在常物性情况下，式(4-6)可写为

$$\frac{\mathrm{d}^2T}{\mathrm{d}x^2}+\frac{S}{\lambda}=0 \tag{4-7}$$

第一步：将求解区域进行离散化。

将求解区域进行 n 等分，共得$(n+1)$个节点，相应地共得到$(n+1)$个控制容积，从左到右进行编号。其中内节点共$(n-1)$个，从左到右，编号从 2 到 n，相应的控制容积宽度为 Δx。边界节点共 2 个，均为半控制容积，左边界节点编号为 1，右边界节点编号为 $n+1$，相应的控制容积宽度为 $\Delta x/2$，如图 4-1 所示。其中 i 节点及其所在控制容积和网格如图 4-2 所示。

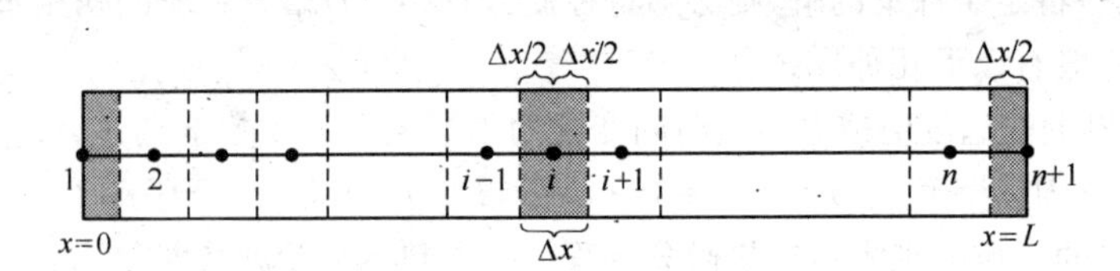

图 4-1 一维问题的网格和编号

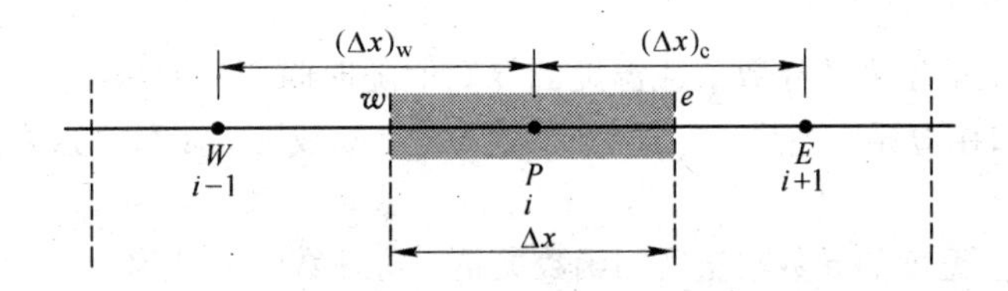

图 4-2 i 节点及其所在控制容积的网格

第二步：控制方程离散化。

根据二阶微商的二阶中心差商格式(3-41)有

$$\frac{\mathrm{d}^2T}{\mathrm{d}x^2}=\frac{T_{i+1}-2T_i+T_{i-1}}{(\Delta x)^2} \tag{4-8}$$

代入控制微分方程式(4-7)，并按节点的温度整理后得

$$T_i=\frac{1}{2}(T_{i+1}+T_{i-1})+\frac{S_i}{2\lambda}(\Delta x)^2 \tag{4-9a}$$

或写为

$$T_P=\frac{1}{2}(T_E+T_W)+\frac{S_i}{2\lambda}(\Delta x)^2 \tag{4-9b}$$

这就是用二阶中心差商代替二阶微商的有限差分法导出的内节点 i 的离散化方程，也称为内节点 i 的差分方程。用类似的方法可获得边界节点的差分方程。如对于绝热边界，有内热源 S，根据图 4-1，边界条件为

$$\frac{dT}{dx}+\frac{S}{\lambda}\frac{\Delta x}{2}=0 \tag{4-10}$$

式中，dT/dx 根据向前差分式(3-37)有

$$\frac{dT}{dx}=\frac{T_{n+1}-T_n}{\Delta x} \tag{4-11}$$

代入边界条件，整理可得绝热边界的差分方程为

$$T_{n+1}=T_n+\frac{S}{\lambda}\frac{(\Delta x)^2}{2} \tag{4-12}$$

一些常见的一维稳态导热边界节点的差分方程列于表 4-1。

表 4-1 常见的一维稳态导热边界节点差分方程

边界换热情况	边界节点差分方程
等　温	$T_{n+1}=T_w$(已知值)
对流换热	$T_{n+1}=\left(2T_n-2\frac{h\Delta x}{\lambda}T_f+\frac{S}{\lambda}(\Delta x)^2\right)\Big/\left(2+2\frac{h\Delta x}{\lambda}\right)$
绝　热	$T_{n+1}=T_n+\frac{S}{2\lambda}(\Delta x)^2$
辐射换热	$2T_{n+1}+\frac{\sigma_0\varepsilon_s\Delta x}{\lambda}T_{n+1}^4=2T_n+\frac{S}{\lambda}(\Delta x)^2+\frac{\sigma_0\varepsilon_s\Delta x}{\lambda}T_f^4$

第三步：离散化方程的求解。

根据区域离散化方法，共得到$(n+1)$个节点，相应地共得到$(n+1)$个待求的未知温度，显然需要建立$(n+1)$个方程才能得到确定的解。对于$(n-1)$个内节点都可得到式(4-9)所示的差分方程，共可得$(n-1)$个方程。再结合左、右两个边界节点的 2 个相应的差分方程(表 4-1 中)。因此，共可得到$(n+1)$个方程。联立这$(n+1)$个方程，可组成封闭的方程组，有唯一解。求解该方程组，就可得到确定的温度场。考察所得的$(n+1)$个差分方程可知，内节点的$(n-1)$个差分方程都是线性方程，而边界节点除表 4-1 中的辐射换热的情况外，其他情况的边界条件所得的差分方程也都是线性方程。如果采用某种方法对辐射换热的边界条件所得的差分方程进行线性化，则联立所得的$(n+1)$个差分方程就得到一个线性方程组。可采用各种求解线性方程组的数值方法求解，并可得一组唯一确定的解。

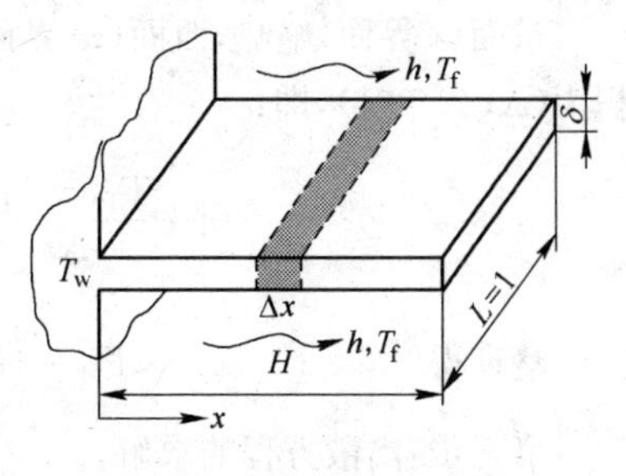

图 4-3 例 4-1 附图

例 4-1 采用有限差分法求解下列问题(图 4-3)。一等截面直肋，处于温度为 80 ℃的流体中。肋表面与流体之间的表面传热系数为 45 W/(m² · K)，肋基处温度为 300 ℃。肋片端部绝热。肋片由铝合金制成，热导率为 110 W/(m · ℃)。

肋片的厚度 $\delta=0.01\ \mathrm{m}$，高度为 $H=0.1\ \mathrm{m}$。试计算肋片内的温度分布。

分析：由于肋片的横向毕渥数 $Bi=h\delta/\lambda=0.0041\ll1$，故肋片可近似按一维稳态导热问题处理，其控制方程为

$$\frac{\mathrm{d}^2T}{\mathrm{d}x^2}=2(1+\delta)\frac{h}{\lambda\delta\cdot1}(T-T_\mathrm{f})\approx\frac{2h}{\lambda\delta}(T-T_\mathrm{f})$$

边界条件：$x=0, T=T_\mathrm{w}$；$x=H, \mathrm{d}T/\mathrm{d}x=0$。

该问题的分析解为

$$\theta=\theta_0\ \frac{\mathrm{e}^{mx}+\mathrm{e}^{2mH}\cdot\mathrm{e}^{-mx}}{1+\mathrm{e}^{2mH}}$$

式中，$\theta=T-T_\mathrm{f}$，称为过余温度；$m=\sqrt{hP/(\lambda A_\mathrm{c})}$，$P$ 为参与换热的截面周长，A_c 为截面面积。本例 $P=2L+2\delta\approx2L=2$，$A_\mathrm{c}=\Delta L=\delta$。$m=9.045$，有

$$T=80+30.968[\exp(9.045x)+6.104\exp(-9.045x)]$$

下面分别用网格划分方法的方法 A 和方法 B 来求解。

(1) 方法一，用网格划分方法的方法 A 来求解。

第一步：区域离散化。

用网格划分方法的方法 A 来划分网格。

取步长 $\Delta x=0.01\ \mathrm{m}$，将 $L=0.1\ \mathrm{m}$ 的肋 10 等分，从而划分得到 10 个网格。采用方法 A 划分网格，即取网格的界面作为节点的位置，并作为元体的代表，因此共可得 11 个节点、10 个元体。其中 1 与 $n+1$ 节点为边界节点(各有半个元体)，其余均为内节点。网格及编号情况如图 4-1 所示。

第二步：建立节点差分方程。

对于内节点(编号为 2～10 的节点)，将控制方程中的二阶导数项用式(4-8)代替，T 用 T_i 计算，整理得差分方程为

$$T_i=\left[T_{i+1}+T_{i-1}+2\frac{h(\Delta x)^2}{\lambda\delta}T_\mathrm{f}\right]\bigg/\left[2+2\frac{h(\Delta x)^2}{\lambda\delta}\right]$$

对于 1 边界节点，恰好位于肋基处，因此 $T_1=T_\mathrm{w}=300\ ℃$。

对于 11 边界节点，一阶导数项 $\mathrm{d}T/\mathrm{d}x$ 由向前差分式(3-37)代替，整理得差分方程 $T_{11}=T_{10}$。显然此式与实际情况不符，不能满足物理上的真实性。这也是差分法在处理边界条件时的弱点。因此，对于边界节点需要特别进行处理。一般采用元体的能量平衡法来获得(详见 4.1.2 小节)。

对于节点 11 所在元体建立热平衡，有

$$Q_{东}+Q_{西}+Q_{南}+Q_{北}=0$$

东面(e 界面)绝热，西面(w 界面)有导热(面积为 $\delta\times1$)，南面和北面与环境有对流换热(面积为$(\Delta x/2)\times1$)，即：

$$0+\lambda\frac{T_{10}-T_{11}}{\Delta x}(\delta\cdot1)+2\times h(T_\mathrm{f}-T_{11})\left(\frac{\Delta x}{2}\cdot1\right)=0$$

整理得

$$T_{11}=\left(T_{10}+\frac{h(\Delta x)^2}{\lambda\delta}T_\mathrm{f}\right)\bigg/\left(1+\frac{h(\Delta x)^2}{\lambda\delta}\right)$$

第三步：离散方程的求解。

联立上述 9 个内节点差分方程和 2 个边界节点差分方程，共 11 个方程得一封闭的线性方

程组

$$\begin{cases} T_1=300 \\ T_2=0.498T_3+0.498T_1+0.326 \\ \vdots \\ T_i=0.498T_{i+1}+0.498T_{i-1}+0.326 \\ \vdots \\ T_{10}=0.498T_{11}+0.498T_9+0.326 \\ T_{11}=0.996T_{10}+0.326 \end{cases}$$

可采用各种求解线性方程组的数值方法求解。下面采用高斯-赛德尔迭代法求解(详见4.1.4.5节)。其迭代格式为

$$\begin{cases} T_1^{(k+1)}=300 \\ T_2^{(k+1)}=0.498T_3^{(k)}+0.498T_1^{(k+1)}+0.326 \\ \vdots \\ T_i^{(k+1)}=0.498T_{i+1}^{(k)}+0.498T_{i-1}^{(k+1)}+0.326 \\ \vdots \\ T_{10}^{(k+1)}=0.498T_{11}^{(k)}+0.498T_9^{(k+1)}+0.326 \\ T_{11}^{(k+1)}=0.996T_{10}^{(k+1)}+0.326 \end{cases}$$

求解时,先预设一个近似值(初值)$T_1=300$;$T_2=280$;$T_3=260$;$T_4=240$;$T_5=220$;$T_6=200$;$T_7=180$;$T_8=160$;$T_9=140$;$T_{10}=120$;$T_{11}=100$ 代入迭代格式求得第一次迭代的迭代值 $\boldsymbol{T}^{(1)}$。然后以 $\boldsymbol{T}^{(1)}$ 为第二次迭代的初值,经迭代可得 $\boldsymbol{T}^{(2)}$,……,直到前后两次迭代得到的对应节点的温度之差的最大者满足计算精度要求,即得到线性方程组的解。计算过程和结果如表4-2所示。也可用附录A1高斯-赛德尔迭代法程序计算。

表4-2 高斯-赛德尔迭代法求解用方法A得到的差分方程组

x	$\boldsymbol{T}^{(k+1)}$	0	1	2	…	246	247
0	$T_1^{(k+1)}$	300	300	300	…	300	300
0.01	$T_2^{(k+1)}$	280	279.2060	278.6535	…	286.8701	286.8702
0.02	$T_3^{(k+1)}$	260	258.8906	258.0246	…	275.3900	275.3904
0.03	$T_4^{(k+1)}$	240	238.8135	237.8121	…	265.4679	265.4684
0.04	$T_5^{(k+1)}$	220	218.8551	217.8364	…	257.0240	257.0247
0.05	$T_6^{(k+1)}$	200	198.9559	197.9934	…	249.9908	249.9916
0.06	$T_7^{(k+1)}$	180	179.0860	178.2237	…	244.3118	244.3127
0.07	$T_8^{(k+1)}$	160	159.2308	158.4941	…	239.9415	239.9424
0.08	$T_9^{(k+1)}$	140	139.3829	138.7863	…	236.8448	236.8458
0.09	$T_{10}^{(k+1)}$	120	119.5387	128.8961	…	234.9969	234.9979
0.10	$T_{11}^{(k+1)}$	100	119.3866	128.7065	…	234.3839	234.3839

由表4-2可见,迭代247次后,相邻两次迭代所得同一节点温度的差值小于0.001(常被称为计算精度要求)。因此,取计算精度为0.001的解为 $T_1=300$;$T_2=286.870$;$T_3=275.390$;$T_4=$

265.468；T_5=257.025；T_6=249.992；T_7=244.313；T_8=239.942；T_9=236.846；T_{10}=234.998；T_{11}=234.384(单位为℃)。

可编程计算。计算程序框图如图 4-4 所示。

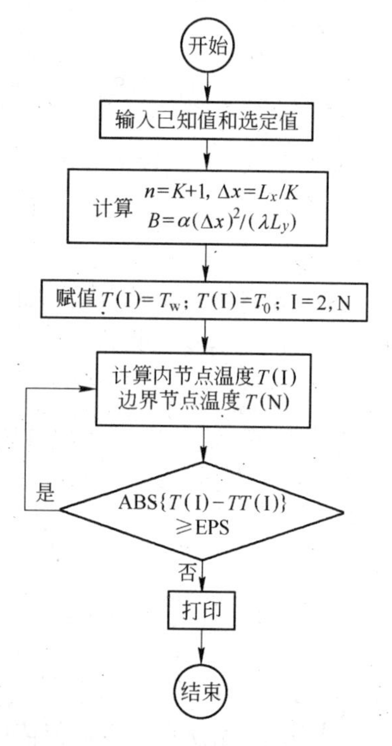

图 4-4　例 4-1 计算程序框图

(2) 方法二，用网格划分方法的方法 B 来求解。

第一步：区域离散化。

用网格划分方法的方法 B 来划分网格。

取步长 Δx=0.01 m，将 L=0.1 m 的肋划分为 10 个网格。取网格的界面作为相应的元体(控制容积)界面位置，然后取两个相邻元体的界面的中心作为节点的位置。这样就得到 10 个元体，共有 10 个节点，其中 1 与 10 节点为边界节点，其余均为内节点。网格划分方法及编号情况如图 4-5 所示。

第二步：建立节点差分方程。

对于内节点(编号为 2～9 的节点)，其差分方程与网格划分方法 A 相同。

边界节点的差分方程同样采用元体能量平衡获得。对于边界节点 1，能量守恒方程为

$$Q_{东}+Q_{西}+Q_{南}+Q_{北}=0$$

东面(e 界面)、西面(w 界面)有导热，南面和北面与环境有对流换热(面积为($\Delta x\times 1$))，即

$$\lambda\frac{T_2-T_1}{\Delta x}(\delta\cdot 1)+\lambda\frac{300-T_1}{\Delta x/2}(\delta\cdot 1)+2\times h(T_f-T_1)(\Delta x\cdot 1)=0$$

整理得

$$T_1=\left(T_2+600+\frac{2h(\Delta x)^2}{\lambda\delta}T_f\right)\Big/\left(3+\frac{2h(\Delta x)^2}{\lambda\delta}\right)$$

对于边界节点 10，能量守恒方程为

$$Q_{东}+Q_{西}+Q_{南}+Q_{北}=0$$

东面(e 界面)绝热、西面(w 界面)有导热，南面和北面与环境有对流换热(面积为($\Delta x\times 1$))，即

$$0+\lambda\frac{T_9-T_{10}}{\Delta x}(\delta\cdot 1)+2\times h(T_f-T_{10})(\Delta x\cdot 1)=0$$

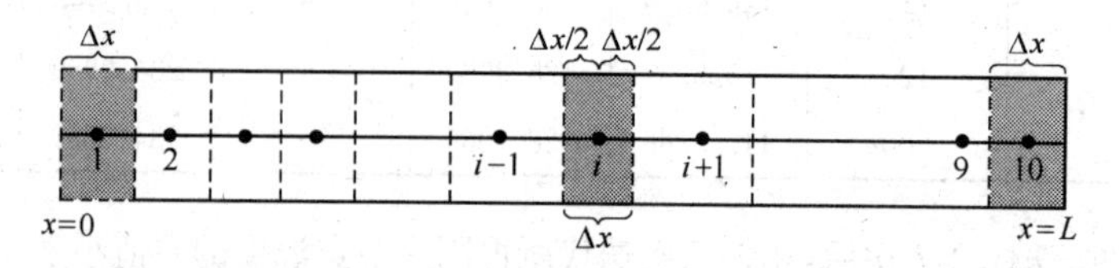

图 4-5　方法 B 网格划分方法及编号图

整理得

$$T_{10}=\left(T_9+\frac{2h(\Delta x)^2}{\lambda\delta}T_f\right)\Big/\left(1+\frac{2h(\Delta x)^2}{\lambda\delta}\right)$$

第三步:离散方程的求解。

联立上述8个内节点差分方程和2个边界节点差分方程,共10个方程得一封闭的线性方程组

$$\begin{cases}T_1=0.332T_2+199.674\\T_2=0.498T_3+0.498T_1+0.326\\\vdots\\T_i=0.498T_{i+1}+0.498T_{i-1}+0.326\\\vdots\\T_9=0.498T_{10}+0.498T_8+0.326\\T_{10}=0.992T_9+0.649\end{cases}$$

同样采用高斯-赛德尔迭代法求解(详见4.1.4.5节)。其迭代格式为

$$\begin{cases}T_1^{(k+1)}=0.332T_2^{(k)}+199.674\\T_2^{(k+1)}=0.498T_3^{(k)}+0.498T_1^{(k+1)}+0.326\\\vdots\\T_i^{(k+1)}=0.498T_{i+1}^{(k)}+0.498T_{i-1}^{(k+1)}+0.326\\\vdots\\T_9^{(k+1)}=0.498T_{10}^{(k)}+0.498T_8^{(k+1)}+0.326\\T_{10}^{(k+1)}=0.992T_9^{(k+1)}+0.649\end{cases}$$

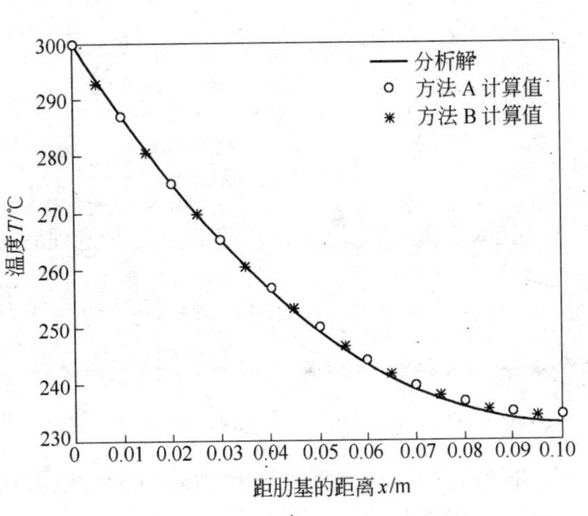

图4-6 例4-1分析解和两种方法求解结果的比较

迭代220次后,相邻两次迭代所得同一节点温度的差值小于0.001。因此,取计算精度为0.001的解为 $T_1=292.815$;$T_2=280.545$;$T_3=269.874$;$T_4=260.717$;$T_5=252.998$;$T_6=246.658$;$T_7=241.644$;$T_8=237.916$;$T_9=235.445$;$T_{10}=234.210$(单位为℃)。计算结果如表4-3和图4-6所示。也可用附录A1高斯-赛德尔迭代法程序计算。

表4-3 高斯-赛德尔迭代法求解用方法B得到的差分方程组

x	$\boldsymbol{T}^{(k+1)}$	0	1	2	…	219	220
0.005	$T_1^{(k+1)}$	300	295.9540	295.0081	…	292.8150	292.8150
0.015	$T_2^{(k+1)}$	290	287.1511	285.5781	…	280.5453	280.5453
0.025	$T_3^{(k+1)}$	280	277.7872	276.0796	…	269.8744	269.8744
0.035	$T_4^{(k+1)}$	270	268.1440	266.4778	…	260.7166	260.7166
0.045	$T_5^{(k+1)}$	260	258.3617	256.7900	…	252.9983	252.9984
0.055	$T_6^{(k+1)}$	250	248.5101	247.0422	…	246.6576	246.6577
0.065	$T_7^{(k+1)}$	240	238.6241	237.2560	…	241.6436	241.6437
0.075	$T_8^{(k+1)}$	230	228.7208	227.4463	…	237.9160	237.9161
0.085	$T_9^{(k+1)}$	220	218.8089	222.0126	…	235.4449	235.4449
0.095	$T_{10}^{(k+1)}$	210	217.7075	220.8855	…	234.2103	234.2104

4.1.2　用元体平衡法求解

采用元体平衡法求解问题的步骤和方法与用差分法基本相同，也包含网格的生成、离散化方程的推导、离散化方程组的求解等步骤。不同在于离散化方程的推导。因此，在此只介绍一维稳态导热问题的离散化方程的推导。

微元体平衡法是一种分析元体的能量过程，由能量守恒定律推导节点差分方程的方法。把节点看成是元体的代表。图 4-1 和图 4-2 中的虚线表示了元体的界面。现考察其中的 i 元体(P 控制容积)，其能量守恒方程为

$$Q_e+Q_w+S(\delta\cdot1\cdot\Delta x)=0 \tag{4-13}$$

式中，Q_e 和 Q_w 分别为由东面的 $i+1$ 节点(E 节点)和由西面的 $i-1$ 节点(W 节点)通过 i 元体的界面 e 和 w 传导给节点 i 所在元体(P 控制容积)的热流量；S 为 i 元体单位体积内产生的热流量(内热源)；元体的体积为$(\delta\cdot1\cdot\Delta x)$。通过元体界面所传导的热流量可以由傅里叶导热定律写出为

$$Q_e=\lambda\cdot(\delta\cdot1)\frac{T_{i+1}-T_i}{\Delta x};\quad Q_w=\lambda\cdot(\delta\cdot1)\frac{T_{i-1}-T_i}{\Delta x} \tag{4-14}$$

或写为

$$Q_e=\lambda(\delta\cdot1)\frac{T_E-T_P}{\Delta x};\quad Q_w=\lambda(\delta\cdot1)\frac{T_P-T_W}{\Delta x} \tag{4-15}$$

代入能量守恒式(4-13)，按节点温度整理后得到

$$T_i=\frac{1}{2}(T_{i+1}+T_{i-1})+\frac{S_i}{2\lambda}(\Delta x)^2 \tag{4-16a}$$

或

$$T_P=\frac{1}{2}(T_E+T_W)+\frac{S_i}{2\lambda}(\Delta x)^2 \tag{4-16b}$$

比较式(4-9a)、式(4-9b)和式(4-16a)、式(4-16b)，可见用元体平衡法推导得到的离散化方程与差分法完全相同。

下面推导边界节点的离散化方程。同样考虑绝热边界，有内热源 S，根据图 4-1，对边界节点$(i+1)$建立能量平衡

$$Q_e+Q_w+S_{n+1}(\delta\cdot1\cdot\Delta x)=0 \tag{4-17}$$

边界节点$(i+1)$东面绝热，$Q_e=0$；西面 $Q_w=\lambda\cdot(\delta\cdot1)(T_i-T_{i+1})/\Delta x$。代入并整理得

$$T_{n+1}=T_n+\frac{S_{n+1}(\Delta x)^2}{\lambda} \tag{4-18}$$

需要注意的是，在用元体平衡法推导离散化方程时，通过元体的各界面导入元体的热流量都以导入元体(i,j)的方向为正。

例 4-2　用元体平衡法求解例 4-1 问题。

解：由于采用元体平衡法求解问题的步骤和方法与用差分法基本相同，因此只介绍离散化方程的推导。

对于内节点 i 所在元体建立热平衡，有

$$Q_{东}+Q_{西}+Q_{南}+Q_{北}=0$$

东面(e 界面)和西面(w 界面)有周围节点对 i 节点的导热(面积为 $\delta\times1$)，南面和北面与环境有对流换热(面积为$(\Delta x)\times1$)，即：

$$\lambda\frac{T_{i+1}-T_i}{\Delta x}(\delta\cdot 1)+\lambda\frac{T_{i-1}-T_i}{\Delta x}(\delta\cdot 1)+2\times h(T_{\mathrm{f}}-T_i)(\Delta x\cdot 1)=0$$

整理得

$$T_i=\left(T_{i+1}+T_{i-1}+2\frac{h(\Delta x)^2}{\lambda\delta}T_{\mathrm{f}}\right)\bigg/\left(2+2\frac{h(\Delta x)^2}{\lambda\delta}\right)$$

由上式可见，内节点的离散化方程与差分法所得完全相同。同样对于边界节点的处理也与例 4-1 完全相同。因此所得的解也完全相同。

4.1.3 用有限体积法求解

下面用有限体积法求解一维稳态导热问题。

第一步：生成计算网格。

采用有限体积法，首先将求解区域划分成离散的控制体积，如图 4-1 和图 4-2 所示。将控制容积的边界(面)取在两个节点中心的位置。这样，每个节点都被一个控制体积所包围。

第二步：控制方程离散化。

对一维问题的控制容积在 y 方向和 z 方向上均取为单位长度，即控制容积的体积为 $\Delta V=\Delta x\cdot 1\cdot 1$。将控制微分方程(4-6)在 P 的整个控制容积上积分，有：

$$\int_w^e\frac{\mathrm{d}}{\mathrm{d}x}\left(\lambda\frac{\mathrm{d}T}{\mathrm{d}x}\right)\mathrm{d}x+\int_w^e S\mathrm{d}x=0 \tag{4-19}$$

因此

$$\left(\lambda\frac{\mathrm{d}T}{\mathrm{d}x}\right)_{\mathrm{e}}-\left(\lambda\frac{\mathrm{d}T}{\mathrm{d}x}\right)_{\mathrm{w}}+\int_w^e S\mathrm{d}x=0 \tag{4-20}$$

要得到式(4-20)的具体形式，必须知道 λ、T 的梯度 $\mathrm{d}T/\mathrm{d}x$ 和 S 在控制容积 P 的东、西边界(e 和 w)上的值。假设温度 T 在节点间的分布是分段线性的，源项 S 是阶梯形分布，则

$$\begin{cases}\lambda_{\mathrm{e}}\approx\dfrac{\lambda_{\mathrm{P}}+\lambda_{\mathrm{E}}}{2},\lambda_{\mathrm{w}}\approx\dfrac{\lambda_{\mathrm{W}}+\lambda_{\mathrm{P}}}{2}\\ \left(\dfrac{\mathrm{d}T}{\mathrm{d}x}\right)_{\mathrm{e}}\approx\left(\dfrac{\Delta T}{\Delta x}\right)_{\mathrm{e}}=\dfrac{T_{\mathrm{E}}-T_{\mathrm{P}}}{(\Delta x)_{\mathrm{e}}},\left(\dfrac{\mathrm{d}T}{\mathrm{d}x}\right)_{\mathrm{w}}\approx\left(\dfrac{\Delta T}{\Delta x}\right)_{\mathrm{w}}=\dfrac{T_{\mathrm{P}}-T_{\mathrm{W}}}{(\Delta x)_{\mathrm{w}}}\\ \displaystyle\int_w^e S\mathrm{d}x\approx S\Delta x\end{cases}$$

代入式(4-20)，得

$$\frac{\lambda_{\mathrm{e}}}{(\Delta x)_{\mathrm{e}}}(T_{\mathrm{E}}-T_{\mathrm{P}})-\frac{\lambda_{\mathrm{w}}}{(\Delta x)_{\mathrm{w}}}(T_{\mathrm{P}}-T_{\mathrm{W}})+S\cdot\Delta x=0 \tag{4-21}$$

式中，$(\Delta x)_{\mathrm{e}}$ 和 $(\Delta x)_{\mathrm{w}}$ 分别为节点 E 与 P 和 P 与 W 间的距离，而源项 S 为温度 T 的线性函数，即将源项线性化处理，可表示为 $S=S_{\mathrm{C}}+S_{\mathrm{P}}T_{\mathrm{P}}$。将式(4-21)按节点温度合并同类项，可将离散化方程式整理成如下统一形式

$$a_{\mathrm{P}}T_{\mathrm{P}}=\sum a_{\mathrm{nb}}T_{\mathrm{nb}}+b \tag{4-22}$$

式中，a_{nb} 为邻近节点的系数；T_{nb} 为邻近节点的温度；b 为常数项。

对一维稳态导热问题，式(4-22)可表示为

$$a_{\mathrm{P}}T_{\mathrm{P}}=a_{\mathrm{W}}T_{\mathrm{W}}+a_{\mathrm{E}}T_{\mathrm{E}}+b \tag{4-23}$$

式中

$$a_{\mathrm{W}}=\frac{\lambda_{\mathrm{w}}}{(\Delta x)_{\mathrm{w}}},a_{\mathrm{E}}=\frac{\lambda_{\mathrm{e}}}{(\Delta x)_{\mathrm{e}}},a_{\mathrm{P}}=a_{\mathrm{W}}+a_{\mathrm{E}}-S_{\mathrm{P}}\Delta x,b=S_{\mathrm{C}}\Delta x \tag{4-24}$$

第三步：解方程组，求得问题的解，得到各节点处的温度值（温度场）。

对应于离散温度场的每个节点都可列出式(4-23)所表示的差分方程，包括边界节点，这样就可得到与节点数目相同的一组代数方程。联立求解该方程组即可求出每一个节点的温度值。式(4-23)所表示的方程组具有一个非常重要的特征：每一个方程都只有所求节点及其相邻的两个节点的待求温度。在数学上将具有这样的系数的线性方程组称为三对角线性方程组。除了用解线性方程组的任何方法，如列选组元高斯消元法、矩阵求逆法、高斯-赛德尔迭代法、逐次超松弛(SOR)迭代法都可以求解外，效率最高的应是专门用来求解三对角线性方程组的追赶法(TDMA法)求解。

例 4-3　图 4-7 所示的绝热棒长 0.5 m，截面积 $A=10\times10^{-3}\ \mathrm{m}^2$，左端温度 T_A 保持 100 ℃，右端温度 T_B 保持 500 ℃。棒材料热导率为 1000 W/(m·K)。求绝热棒在稳态状态下的温度分布。

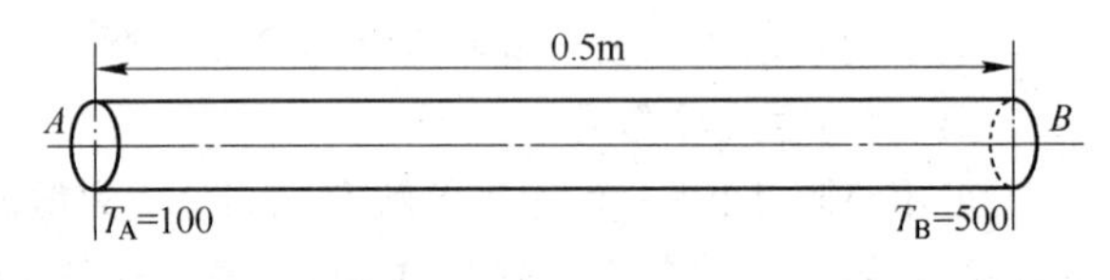

图 4-7　例 4-3 稳态导热棒示意图

解：本题可归为无内热源的一维稳态导热问题，其控制方程为

$$\frac{\mathrm{d}}{\mathrm{d}x}\left(\lambda\frac{\mathrm{d}T}{\mathrm{d}x}\right)=0$$

本题的分析解为 $T=800x+100$。下面用有限体积法求解。

第一步：生成计算网格（求解区域离散化）。

采用网格划分方法 B 来划分网格。

如图 4-8 所示将求解域划分成 5 个子区域，定义节点为子区域的几何中心，物理量（温度 T）定义在其质心（节点）上。因此共有 5 个控制容积（单元），5 个节点，$\Delta x=L/5=0.5/5=0.1$ m。

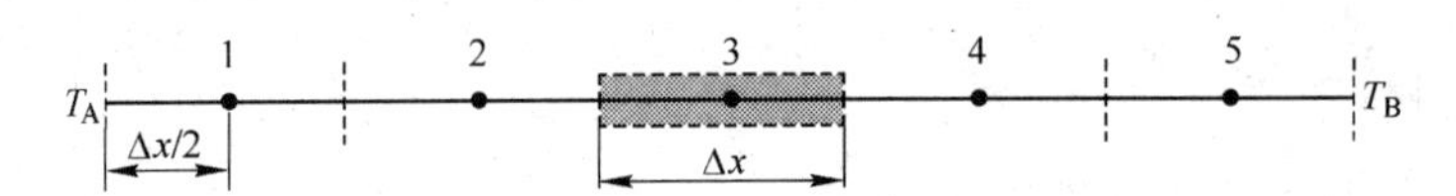

图 4-8　绝热棒计算网格和控制容积

第二步：控制方程离散化。

求解域中共有 5 个控制容积、5 个节点。由式(4-23)和式(4-24)，内部节点 2、3、4 的离散方程为

$$a_P T_P=a_W T_W+a_E T_E$$

式中

$$a_W=\frac{\lambda_w}{(\Delta x)_w},a_E=\frac{\lambda_e}{(\Delta x)_e},a_P=a_W+a_E$$

$$\left(\frac{\lambda_e}{(\Delta x)_e}+\frac{\lambda_w}{(\Delta x)_w}\right)T_P=\frac{\lambda_e}{(\Delta x)_e}T_E+\frac{\lambda_w}{(\Delta x)_w}T_W$$

由于材料的热导率均匀，采用均匀网格，因此最终有

$$2T_P=T_E+T_W$$

因此，对 2 节点：$2T_2=T_1+T_3$

　　对 3 节点：$2T_3=T_2+T_4$

　　对 4 节点：$2T_4=T_3+T_5$

对边界节点 1：将控制方程在节点 1 所在的整个控制容积积分，有

$$\int_{A}^{e}\frac{\mathrm{d}}{\mathrm{d}x}\left(\lambda\frac{\mathrm{d}T}{\mathrm{d}x}\right)\mathrm{d}x=0\Rightarrow\left(\lambda\frac{\mathrm{d}T}{\mathrm{d}x}\right)_{\mathrm{e}}-\left(\lambda\frac{\mathrm{d}T}{\mathrm{d}x}\right)_{\mathrm{A}}=0$$

设通过控制容积边界界面的导热热流通量在边界节点 A 和 1 间温度呈线性分布，得

$$\lambda\frac{T_2-T_1}{\Delta x}-\lambda\frac{T_1-T_{\mathrm{A}}}{(\Delta x)/2}=0$$

整理得：

$$\left(\frac{\lambda}{\Delta x}+\frac{2\lambda}{\Delta x}\right)T_1=\frac{\lambda}{(\Delta x)}T_2+\frac{2\lambda}{(\Delta x)}T_{\mathrm{A}}$$

故对于节点 1 有：$3T_1=T_2+2T_{\mathrm{A}}$

同理，对于边界节点 5，有：$3T_5=T_4+2T_{\mathrm{B}}$

代入已知条件，并联立方程组有

$$\begin{cases}3T_1=T_2+2T_{\mathrm{A}}=T_2+200\\2T_2=T_1+T_3\\2T_3=T_2+T_4\\2T_4=T_3+T_5\\3T_5=T_4+2T_{\mathrm{B}}=T_4+1000\end{cases}$$

写成矩阵形式有

$$\begin{bmatrix}3&-1&0&0&0\\-1&2&-1&0&0\\0&-1&2&-1&0\\0&0&-1&2&-1\\0&0&0&-1&3\end{bmatrix}\begin{bmatrix}T_1\\T_2\\T_3\\T_4\\T_5\end{bmatrix}=\begin{bmatrix}200\\0\\0\\0\\1000\end{bmatrix}$$

第三步：求解线性方程组。

解上述线性方程组可得：$T_1=140$，$T_2=220$，$T_3=300$，$T_4=380$，$T_5=460$（单位为℃）。图4-9给出了数值解和分析解的比较。

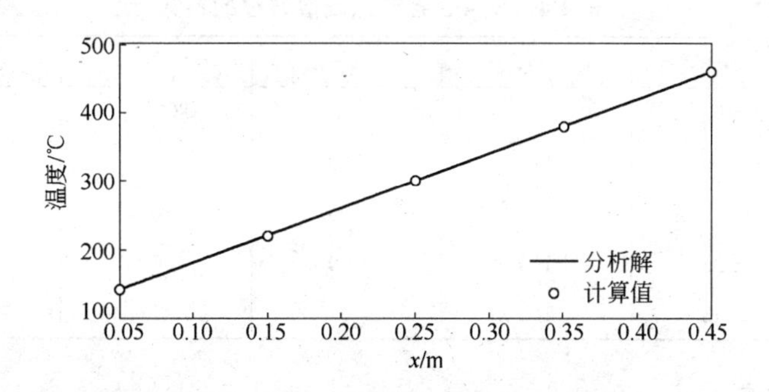

图 4-9　例 4-3 计算结果与分析解的比较

为了便于编写通用的程序，需要对计算过程程式化。

对于内节点 2、3 和 4 的离散方程为

$$\begin{cases}a_{\mathrm{P}}T_{\mathrm{P}}=a_{\mathrm{W}}T_{\mathrm{W}}+a_{\mathrm{E}}T_{\mathrm{E}}\\a_{\mathrm{W}}=\dfrac{\lambda_{\mathrm{w}}}{(\Delta x)_{\mathrm{w}}}A_{\mathrm{w}},a_{\mathrm{E}}=\dfrac{\lambda_{\mathrm{e}}}{(\Delta x)_{\mathrm{e}}}A_{\mathrm{e}},a_{\mathrm{P}}=a_{\mathrm{W}}+a_{\mathrm{E}}\end{cases}$$

对于边界节点 1：将控制方程在节点 1 所在的整个控制容积积分，有：

$$\int_{\Delta V}\frac{\mathrm{d}}{\mathrm{d}x}\left(\lambda\frac{\mathrm{d}T}{\mathrm{d}x}\right)\mathrm{d}V=0\Rightarrow\int_{A}\vec{n}\left(\lambda\frac{\mathrm{d}T}{\mathrm{d}x}\right)\mathrm{d}A=0\Rightarrow\left(\lambda A_{\mathrm{e}}\frac{\mathrm{d}T}{\mathrm{d}x}\right)_{\mathrm{e}}-\left(\lambda A_{\mathrm{A}}\frac{\mathrm{d}T}{\mathrm{d}x}\right)_{\mathrm{A}}=0$$

设通过控制容积边界界面的导热热流通量与边界(节点)A 和节点 1 的温度呈线性分布,得:

$$\lambda A_{\mathrm{e}}\frac{T_{\mathrm{E}}-T_{\mathrm{P}}}{\Delta x}-\lambda A_{\mathrm{A}}\frac{T_{\mathrm{P}}-T_{\mathrm{A}}}{(\Delta x)/2}=0$$

整理得:

$$\left(\frac{\lambda}{\Delta x}A+\frac{2\lambda}{\Delta x}A\right)T_{\mathrm{P}}=0\times T_{\mathrm{W}}+\left(\frac{\lambda}{\Delta x}A\right)T_{\mathrm{E}}+\left(\frac{2\lambda}{\Delta x}A\right)T_{\mathrm{A}}$$

将固定温度边界条件考虑为源项($S_{\mathrm{C}}+S_{\mathrm{P}}\varphi_{\mathrm{P}}$),其中 $S_{\mathrm{C}}=\frac{2\lambda}{\Delta x}AT_{\mathrm{A}}$,$S_{\mathrm{P}}=-\frac{2\lambda}{\Delta x}A$。同时 $a_{\mathrm{W}}=0$,故边界节点 1 的离散方程可写为

$$\begin{cases}a_{\mathrm{P}}T_{\mathrm{P}}=a_{\mathrm{W}}T_{\mathrm{W}}+a_{\mathrm{E}}T_{\mathrm{E}}+S_{\mathrm{C}}\\ a_{\mathrm{W}}=0,a_{\mathrm{E}}=\frac{\lambda_{\mathrm{e}}}{(\Delta x)_{\mathrm{e}}}A_{\mathrm{e}},a_{\mathrm{P}}=a_{\mathrm{E}}+a_{\mathrm{W}}-S_{\mathrm{P}},S_{\mathrm{P}}=-\frac{2\lambda}{\Delta x}A,S_{\mathrm{C}}=\frac{2\lambda}{\Delta x}AT_{\mathrm{A}}\end{cases}$$

同理,对于边界节点 5 的离散方程可写为

$$a_{\mathrm{P}}T_{\mathrm{P}}=a_{\mathrm{W}}T_{\mathrm{W}}+a_{\mathrm{E}}T_{\mathrm{E}}+S_{\mathrm{C}}$$

式中,$a_{\mathrm{W}}=\frac{\lambda}{\Delta x}A$,$a_{\mathrm{E}}=0$,$a_{\mathrm{P}}=a_{\mathrm{W}}+a_{\mathrm{E}}-S_{\mathrm{P}}$,$S_{\mathrm{P}}=-\frac{2\lambda}{\Delta x}A$,$S_{\mathrm{C}}=\frac{2\lambda}{\Delta x}AT_{\mathrm{B}}$。

将已知数值代入各节点的离散化方程,同时有 $\lambda A/\Delta x=1000\times10\times10^{-3}/0.1=100$

各节点离散方程的系数列于表 4-4。从而可得线性方程组:

$$\begin{cases}300T_1=100T_2+200T_{\mathrm{A}}=100T_2+20000\\ 200T_2=100T_1+100T_3\\ 200T_3=100T_2+100T_4\\ 200T_4=100T_3+100T_5\\ 300T_5=100T_4+200T_{\mathrm{B}}=100T_4+100000\end{cases}$$

表 4-4　例 4-3 各节点离散方程的系数

节点	x	a_{W}	a_{E}	S_{C}	S_{P}	a_{P}
1	0.05	0	100	$200T_{\mathrm{A}}$	−200	300
2	0.15	100	100	0	0	200
3	0.25	100	100	0	0	200
4	0.35	100	100	0	0	200
5	0.45	100	0	$200T_{\mathrm{B}}$	−200	300

写成矩阵形式有

$$\begin{bmatrix}300&-100&0&0&0\\-100&200&-100&0&0\\0&-100&200&-100&0\\0&0&-100&200&-100\\0&0&0&-100&300\end{bmatrix}\begin{bmatrix}T_1\\T_2\\T_3\\T_4\\T_5\end{bmatrix}=\begin{bmatrix}20000\\0\\0\\0\\100000\end{bmatrix}$$

解上述线性方程组可得:$T_1=140$,$T_2=220$,$T_3=300$,$T_4=380$,$T_5=460$(单位为℃)。

例 4-4　厚度为 $L=2$ cm 的无限大平板,热导率为 0.5 W/(m·K),板内有均匀的内热源 $q=$

1000 kW/m²，表面 A 温度保持在 $T_A=100$ ℃，表面 B 温度保持 $T_B=200$ ℃。求板内厚度方向的温度分布。

解：由于板在其他两个方向为无限大，因此可看成是一个沿厚度方向的含内热源的一维导热问题。控制方程为 $\frac{d}{dx}\left(\lambda\frac{dT}{dx}\right)+q=0$。本题的分析解为 $T=[(T_B-T_A)/L+q(L-x)/2k]x+T_A$。下面用有限体积法求解。

第一步：生成计算网格（求解区域离散化）。

如图 4-10 所示将板沿厚度方向（x 方向）划分成 5 个子区域，定义节点为子区域的几何中心，物理量（温度 T）定义在其质心（节点）上。因此共有 5 个控制容积（单元）、5 个节点，$\Delta x=L/5=0.02/5=0.004$ m。y-z 平面方向只考虑单位面积的大小，即控制容积在东西侧边界面积 $A=1$。

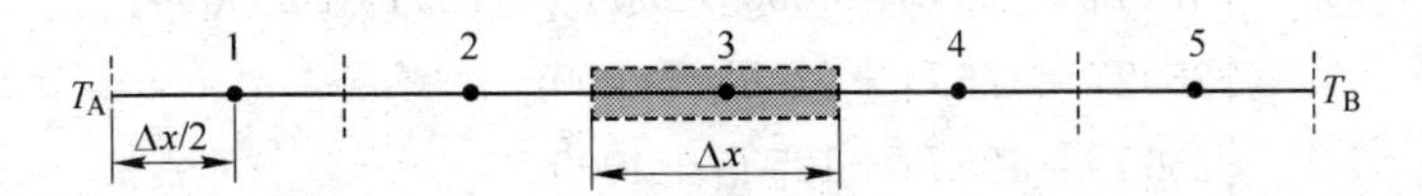

图 4-10　无限大平板厚度方向导热问题的计算网格和控制容积

第二步：控制方程离散化。

对于内部节点 2、3、4，将控制方程在整个控制容积 P 内进行积分，有

$$\int_{\Delta V}\frac{d}{dx}\left(\lambda\frac{dT}{dx}\right)dV+\int_{\Delta V}q\,dV=0\Rightarrow\int_A\vec{n}\left(\lambda\frac{dT}{dx}\right)dA+\int_{\Delta V}q\,dV=0$$

$$\xrightarrow{\text{源项 } q \text{ 为常数}}\left[\left(\lambda A\frac{dT}{dx}\right)_e-\left(\lambda A\frac{dT}{dx}\right)_w\right]+q\Delta V=0$$

$$\xrightarrow[\Delta V=A\Delta x]{\text{设温度在节点间呈线性分布}}\left(\lambda_e A_e\frac{T_E-T_P}{\Delta x}-\lambda_w A_w\frac{T_P-T_W}{\Delta x}\right)+qA\Delta x=0$$

合并同类项，整理得：$\left(\frac{\lambda_e A_e}{\Delta x}+\frac{\lambda_w A_w}{\Delta x}\right)T_P=\frac{\lambda_w A_w}{\Delta x}T_W+\frac{\lambda_e A_e}{\Delta x}T_E+qA\Delta x$

因为 $\lambda_e=\lambda_w=\lambda$，$A_e=A_w=A$，上式可写成通用形式为

$$\begin{cases}a_P T_P=a_W T_W+a_E T_E+S_C\\ a_W=\frac{\lambda}{\Delta x}A,a_E=\frac{\lambda}{\Delta x}A,a_P=a_E+a_W-S_P,S_P=0,S_C=qA\Delta x\end{cases}$$

对边界节点 1：将控制方程对整个控制容积 1 进行积分，有

$$\left[\left(\lambda A\frac{dT}{dx}\right)_e-\left(\lambda A\frac{dT}{dx}\right)_A\right]+q\Delta V=0$$

$$\xrightarrow[\Delta V=A\Delta x,k_e=k_A=k,A_e=A_A=A]{\text{设温度在节点间呈线性分布}}\left(\lambda A\frac{T_E-T_P}{\Delta x}-\lambda A\frac{T_P-T_A}{(\Delta x)/2}\right)+qA\Delta x=0$$

整理得边界节点 1 的通用离散化方程为

$$\begin{cases}a_P T_P=a_W T_W+a_E T_E+S_C\\ a_W=0,a_E=\frac{\lambda}{\Delta x}A,a_P=a_E+a_W-S_P,S_P=-\frac{2\lambda}{\Delta x}A,S_C=qA\Delta x+\frac{2\lambda}{\Delta x}A\cdot T_A\end{cases}$$

同理可得边界节点 5 的通用离散化方程为

$$\begin{cases}a_P T_P=a_W T_W+a_E T_E+S_C\\ a_W=\frac{\lambda}{\Delta x}A,a_E=0,a_P=a_W+a_E-S_P,S_P=-\frac{2\lambda}{\Delta x}A,S_C=qA\Delta x+\frac{2\lambda}{\Delta x}A\cdot T_B\end{cases}$$

将已知数据代入各节点的离散化方程式(各方程的系数见表 4-5)。

表 4-5 例 4-4 各节点离散方程的系数

节点	x	a_W	a_E	S_C	S_P	a_P
1	0.002	0	125	$4000+250T_A$	−250	375
2	0.006	125	125	4000	0	250
3	0.010	125	125	4000	0	250
4	0.014	125	125	4000	0	250
5	0.018	125	0	$4000+250T_B$	−250	375

从而可得线性方程组：

$$\begin{cases}375T_1=125T_2+4000+250T_A=125T_2+29000\\250T_2=125T_1+125T_3+4000\\250T_3=125T_2+125T_4+4000\\250T_4=125T_3+125T_5+4000\\375T_5=125T_4+4000+250T_B=125T_4+54000\end{cases}$$

写成矩阵形式有：

$$\begin{bmatrix}375 & -125 & 0 & 0 & 0\\-125 & 250 & -125 & 0 & 0\\0 & -125 & 250 & -125 & 0\\0 & 0 & -125 & 250 & -125\\0 & 0 & 0 & -125 & 375\end{bmatrix}\begin{bmatrix}T_1\\T_2\\T_3\\T_4\\T_5\end{bmatrix}=\begin{bmatrix}29000\\4000\\4000\\4000\\54000\end{bmatrix}$$

第三步:解线性方程组。

解上述线性方程组可得: $T_1=150$, $T_2=218$, $T_3=254$, $T_4=258$, $T_5=230$(单位为℃)。

图 4-11 给出了数值解与分析解的比较。

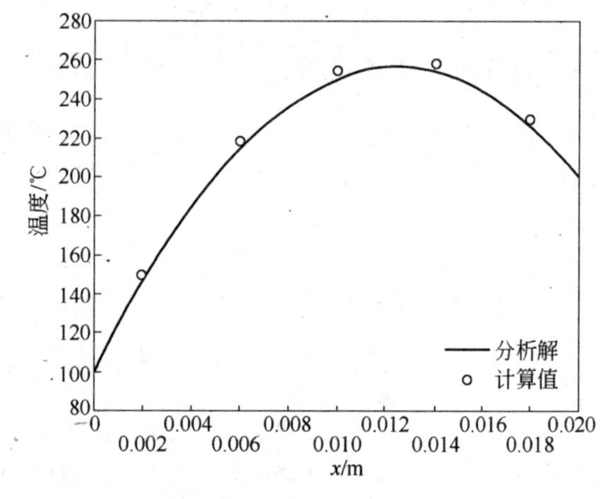

图 4-11 例 4-4 数值解与分析解的比较

4.1.4 几个重要问题

4.1.4.1 控制容积面的热导率

一维稳态导热的通用离散式(4-22)和式(4-23)中的 a_E 和 a_W 分别是节点 E 与 P 和 P 与 W 间的热导，热导的大小反映了周围节点对节点 P 温度的影响程度。在系数 a_E 和 a_W 中分别包含有交界面热导率 λ_e 与 λ_w。当热导率是温度的函数时，由于温度是存储在节点上的，因此只能由节点温度 T_E、T_P、T_W 求得相应的材料热导率 λ_E、λ_P 与 λ_W。而 λ_e 与 λ_w 是控制容积交界面上的值，因此，无法知道界面处 λ_e 与 λ_w 的值。由于交界面热导率 λ_e 与 λ_w 是决定交界面热流量的关键量，因此计算 λ_e 与 λ_w 的方法是否合理就很重要了。

交界面热导率的计算方法主要有两种:一种是假设温度是线性分布时热导率也呈线性分布，因此可采用加权的算术平均方法来计算交界面热导率。另一种是根据交界面热流的相容性原则计算的调和平均法。

对于第一种"线性分布"方法，由图 3-7 有：

$$\lambda_e=\lambda_P\frac{(\Delta x)_{e+}}{(\Delta x)_e}+\lambda_E\frac{(\Delta x)_{e-}}{(\Delta x)_e} \tag{4-25}$$

式中，$(\Delta x)_{e+}$ 为节点 E 至交界面 e 的距离；$(\Delta x)_{e-}$ 为节点 P 至交界面 e 的距离。当网格采用均匀划分时，$(\Delta x)_{e+}=(\Delta x)_{e-}=(\Delta x)_e/2$，则：

$$\lambda_e=(\lambda_P+\lambda_E)/2 \tag{4-26}$$

这种计算交界面热导率方法的优点是简单方便，但用在处理导热性能相差很大的组合材料导热时将有明显的缺陷。设想交界面 e 是热导率相差很大的两种材料的交界面，若节点 E 的控制容积是绝热材料，$\lambda_E=0$，这时节点 E 至 P 间的导热量应该小到接近于零，即两节点间的热阻接近无穷大。但若按这种算术平均法计算 $\lambda_e\approx\lambda_P(\Delta x)_{e+}/(\Delta x)_e$，对均匀网格有 $\lambda_e\approx\lambda_P/2$。这时界面热导率 λ_e 与 λ_E 无关而与 λ_P 成正比，若 P 控制容积是良导热体材料，则 λ_e 不仅接近于零，而且会是相当大的值，这明显违反了物理上的真实性。

调和平均法能解决上述不合理性。这种方法是根据交界面热流密度连续（相容性）的原则导出的。由傅里叶定律，通过交界面的热流可表示为

$$q_e=\lambda_P\frac{T_e-T_P}{(\Delta x)_{e-}}=\lambda_E\frac{T_E-T_e}{(\Delta x)_{e+}}=\frac{T_E-T_P}{(\Delta x)_{e+}/\lambda_E+(\Delta x)_{e-}/\lambda_P} \tag{4-27}$$

同时，节点 P 至 E 间的热流量也可用界面热导率 λ_e 来表示，即

$$q_e=\lambda_e\frac{T_E-T_P}{(\Delta x)_e} \tag{4-28}$$

根据热流密度连续（相容性）原则，两者应相等，则有

$$\frac{(\Delta x)_e}{\lambda_e}=\frac{(\Delta x)_{e-}}{\lambda_P}+\frac{(\Delta x)_{e+}}{\lambda_E} \tag{4-29}$$

上述推导是根据在一维无内热源且热导率呈阶梯形分布的导热问题中，总热阻为串联分热阻之和的原理得到的。这种方法属于热导率的调和平均法。

采用调和平均法，若引用尺度因子 $f_e=\frac{(\Delta x)_{e+}}{(\Delta x)_e}$，则可得

$$\frac{(\Delta x)_e}{\lambda_e}=\left[\frac{(1-f_e)}{\lambda_P}+\frac{f_e}{\lambda_E}\right](\Delta x)_e \tag{4-30}$$

即

$$\lambda_e=\frac{\lambda_P\lambda_E}{\lambda_E(1-f_e)+\lambda_P\cdot f_e} \tag{4-31}$$

当网格均匀划分时，则 $f_e=0.5$，有：

$$\lambda_e=\frac{2\lambda_P\lambda_E}{\lambda_P+\lambda_E} \tag{4-32}$$

这种计算交界面热导率的方法即使使用在计算性质有明显差别的两种材料交界面上也能得到合理的结果。如 $\lambda_E\approx0$，则由式(4-31)得 $\lambda_e\approx0$。而 $\lambda_P\gg\lambda_E$ 时，$\lambda_e\approx\lambda_E\frac{(\Delta x)_e}{(\Delta x)_{e+}}$，这两种情况的结果都符合物理上的真实性。即两种材料中有一种是绝热材料时，交界面导热能力将很小，以致交界面热流也很小。当材料中有一种是高导热性材料时，交界面热导率只取决于另一种材料的热导率，并与界面位置有关。在 $\lambda_P\gg\lambda_E$ 时，如果采用均匀网格，则 $\lambda_e=2\lambda_E$。即实际上全部温差 (T_P-T_E) 都作用于 $(\Delta x)_{e+}$ 上，而不在 $(\Delta x)_e$ 上。这从导热问题的串联热阻的分析上看也是合

理的。因此，今后只采用调和平均法计算交界面热导率(即交界面扩散系数)。

采用调和平均法计算的界面热导率后，把式(4-29)代入式(4-23)，则通用离散化方程式(4-23)中的系数 a_P、a_W(式(4-24))可分别表示为

$$a_E=\left[\frac{(\Delta x)_{e-}}{\lambda_P}+\frac{(\Delta x)_{e+}}{\lambda_E}\right]^{-1}=\frac{\lambda_E\lambda_P}{\lambda_E(\Delta x)_{e-}+\lambda_P(\Delta x)_{e+}}$$

$$a_W=\left[\frac{(\Delta x)_{w-}}{\lambda_W}+\frac{(\Delta x)_{w+}}{\lambda_P}\right]^{-1}=\frac{\lambda_W\lambda_P}{\lambda_W(\Delta x)_{w-}+\lambda_W(\Delta x)_{w+}} \tag{4-33}$$

式中，λ_W、λ_E、λ_P 都是节点处的热导率。

4.1.4.2　非线性性质的处理

离散化方程式(4-22)是一个关于各节点温度的线性方程组，式中各系数均为已知，联立求解该线性方程组便可得到温度场。但在实际的导热问题中，常常遇到热导率或线性化源项的系数 S_C 和 S_P 是温度的函数。这样，离散化方程中的系数本身也成为温度的函数，因而方程就具有了非线性性质。由于方程组性质的改变，离散化方程式成为一个非线性方程组。对于非线性方程组，虽然也有相应的数值解法。但当非线性方程组的阶数稍大(如大于 4～5 阶)时，往往求解过程难以顺利进行。而线性方程组的阶数很大时，即便计算速率慢些，占用内存大些，但仍能较好地求得其解。为此，就需要将这种具有非线性性质的导热问题，采用拟线性化的方法求解。具体步骤如下：

(1) 先设定求解区域内全部节点的温度值。

(2) 计入边界条件和初始条件后，计算出所有节点离散化方程的各个系数值。

(3) 联立求解线性代数方程组，便可得到新的温度场。

(4) 用新的节点温度值作为下一轮计算的温度值。

(5) 重复步骤(1)～(4)，直到同一轮计算所得的新值与旧值之差小到满足收敛性要求为止。

这种方法的特点是把非线性方程当作线性方程求解，通过反复迭代直至得到收敛的结果，得到的收敛解就是非线性方程组的正确解。

采用非线性问题的拟线性化处理方法，是求解非线性代数方程组的有效手段。

4.1.4.3　源项的线性化

为避免由于非线性的源项改变方程组的性质，也需要将非线性的源项化为随温度线性变化的热源，即在源项中把温度分布设定为阶梯形分布，即控制容积的热源是节点温度的线性函数

$$S=S_C+S_PT_P \tag{4-34}$$

这样既可以考虑热源是温度的函数，又可以保持离散化方程的线性性质。在许多实际问题中，线性化源项的斜率都是负数。对于非线性的源项也都要设法作源项的线性化处理，并保证斜率为负值。只有满足四个规则中的负斜率和正系数的要求，离散化方程的解才是真实的。下面用上标“*”表示前次迭代值，根据源项出现的形式，源项线性化的具体做法有三种。

(1) 对于形如 $S=4-5T$ 的情况，可取 $S_C=4$，$S_P=-5$，保证 S_P 为负值。

(2) 对于形如 $S=3+7T$ 的情况，可采用取 $S_C=3+7T^*$ 和 $S_P=0$。若取 $S_C=3$，$S_P=7$ 则违反源项的负斜率规则，会导致物理上不真实的解。

(3) 对于形如 $S=4-5T^3$ 的非线性情况，S_P 应取为 $S=f(T)$ 曲线在该点处的斜率。将 S 作泰勒展开

$$\begin{aligned}S&=S^*+\left(\frac{\mathrm{d}S}{\mathrm{d}T}\right)^*(T-T^*)\xrightarrow[S=4-5T^3]{\text{代入源项}}(4-5(T^*)^3)-15(T^*)^2(T-T^*)\\&=4+10(T^*)^3-15(T^*)^2T\end{aligned} \tag{4-35}$$

因此取 $S_C=4+10(T^*)^3$ 和 $S_P=-15(T^*)^2$。

上述例子中选择斜率 S_P 的原则，应该是首先排除正的斜率以满足负斜率规则要求，其次是尽量选择 $S=f(T)$ 曲线在节点处的斜率。如果选择的 S_P 值比切线斜率更负的值时，通常会导致收敛速度减慢。但对于某些非线性问题，则可以用这种办法来防止发散。若采用比切线斜率平缓的 S_P 值，则不能反映出 $S=f(T)$ 曲线的性质，通常不采用。

4.1.4.4 网格划分与边界条件

式(4-22)的离散化方程适用于一维稳态导热问题的任何内部节点，为了计算一个具体问题，还必须将边界条件进行离散化。否则，方程数不够，无法组成封闭的代数方程组。但由于网格划分方法不同，会造成边界节点的网格不同，如图 4-12 所示。方法 A 采用先节点后界面方法，控制容积交界面位于两个相邻节点的正中央。方法 B 采用先界面后节点方法，代表控制容积参数的节点位于它的几何中心位置。

由图可见，网格划分方法 A 在边界上将出现半控制容积。当网格采用不均匀划分时，节点的位置并不落在控制容积的几何中心位置。而方法 B 的网格，在边界上附上一层厚度为零的控制容积，代表这个控制容积的边界节点恰好落在边界上。因此，无论网格如何划分都不会出现半控制容积，并且所有节点都位于控制容积的几何中心。如果计算区域是由复合材料构成的，则可以方便地使得控制容积交界面恰好落在材料的分界面上，然后采用调和平均法方便地计算出各控制容积节点方程中的系数值。由于两种方法在边界上将出现不同的控制容积，因此要用不同的方法来离散边界条件。

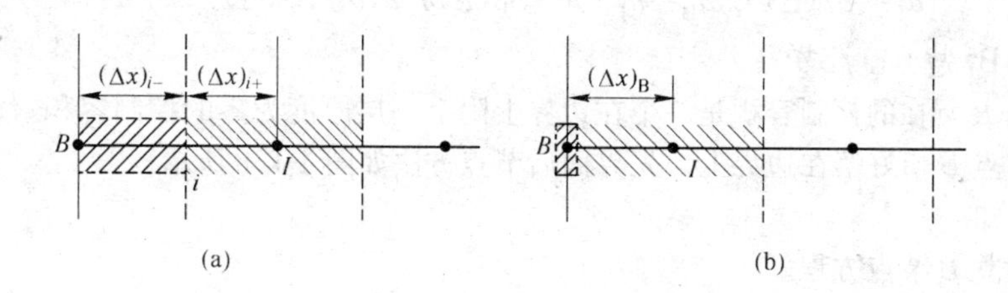

图 4-12 两种网格划分方法所得的边界控制容积
(a) 先节点后界面法（方法 A）；(b) 先界面后节点法（方法 B）

导热问题中常见的边界条件有三类：

(1) 第一类边界条件，已知边界温度 T_B。

(2) 第二类边界条件，已知边界热流 q_B。

(3) 第三类边界条件，已知边界的表面传热系数 h 与流体温度 T_f。

下面以左边界为例分别讨论采用两种网格划分方法时的边界条件离散化方程。

A 方法 A，先节点后网格方法

先节点后网格方法如图 4-12a 所示。

a 已知边界的节点温度 T_B

此时，不必额外增加边界节点方程，而直接把边界节点温度值代入边界邻近节点的代数方程中即可。

b 已知边界热流 q_B

可由边界半控制容积的积分平衡建立附加的方程。热平衡式为

$$q_B+q_i+S_B(\Delta x)_{i-}=0 \tag{4-36a}$$

边界节点 B 和近边界节点 I 间，通过交界面 i 导入半控制容积的热流为 $q_i=\dfrac{\lambda_i(T_I-T_B)}{(\Delta x)_i}$。将 q_i 以及 $S_B=S_C+S_P T$ 代入式(4-36a)，得

$$q_B+\frac{\lambda_i(T_I-T_B)}{(\Delta x)_i}+(S_C+S_P T_B)(\Delta x)_{i-}=0 \tag{4-36b}$$

式中，$(\Delta x)_{i-}$ 为半控制容积的宽度，网格均匀划分时，$(\Delta x)_{i-}=(\Delta x)_i/2$；$(\Delta x)_i=(\Delta x)_{i-}+(\Delta x)_{i+}$。当 q_B 为已知时，式(4-36b)合并同类项，整理得

$$\left(\frac{\lambda_i}{(\Delta x)_i}-S_P(\Delta x)_{i-}\right)T_B=q_B+\frac{\lambda_i}{(\Delta x)_i}T_I+S_C(\Delta x)_{i-} \tag{4-36c}$$

因此有

$$\begin{cases}a_B T_B=a_I T_I+b\\ a_I=\lambda_i/(\Delta x)_i, a_B=a_I-S_P(\Delta x)_{i-}, b=S_C(\Delta x)_{i-}+q_B\end{cases} \tag{4-37}$$

c 已知表面传热系数 h 和 T_f

则边界热流为 $q_B=h(T_f-T_B)$，代入式(4-36b)，得到 B 节点方程为

$$\left(\frac{\lambda_i}{(\Delta x)_i}+h-S_P(\Delta x)_{i-}\right)T_B=\frac{\lambda_i}{(\Delta x)_i}T_I+hT_f+S_C(\Delta x)_{i-} \tag{4-38a}$$

因此有

$$\begin{cases}a_B T_B=a_I T_I+b\\ a_I=\lambda_i/(\Delta x)_i, a_B=a_I+h-S_P(\Delta x)_{i-}, b=S_C(\Delta x)_{i-}+hT_f\end{cases} \tag{4-38b}$$

B 方法 B，先界面后节点方法

边界节点 B 所在的控制容积是一个在边界上附上一层厚度为零的控制容积，代表这个控制容积的边界节点 B 恰好落在边界上。先界面后节点方法如图 4-12b 所示。

a T_B 已知

不需另建立 B 节点方程。

b q_B 已知

同样可由边界控制容积的积分平衡建立附加的方程。热平衡式为

$$q_B+q_i+S_B\cdot 0=0 \tag{4-39a}$$

式中，q_i 是边界节点 B 右侧的近边界节点 I 通过交界面 B 导入控制容积 B 的热流

$$q_i=\frac{\lambda_B(T_I-T_B)}{(\Delta x)_B}$$

将 q_i 代入式(4-36a)，得

$$q_B+\frac{\lambda_B(T_I-T_B)}{(\Delta x)_B}=0 \tag{4-39b}$$

因此有

$$\begin{cases}a_B T_B=a_I T_I+b\\ a_I=\lambda_B/(\Delta x)_b, a_B=a_I, b=q_B\end{cases} \tag{4-40}$$

c 已知表面传热系数 h 和 T_f

同理，将边界热流 $q_B=h(T_f-T_B)$代入式(4-39b)，得到 B 节点方程

$$\left(\frac{\lambda_B}{(\Delta x)_B}+h\right)T_B=\frac{\lambda_B}{(\Delta x)_B}T_I+hT_f \tag{4-41}$$

因此有

$$\begin{cases} a_B T_B = a_I T_I + b \\ a_I = \lambda_B/(\Delta x)_B, \quad a_B = a_I + h, b = hT_f \end{cases} \tag{4-42}$$

为了编写计算程序方便，仍将边界节点方程表示成如下通用形式

$$a_P T_P = a_E T_E + a_W T_W + b \tag{4-43}$$

表 4-6 分别列出不同情况下的系数值。根据具体情况采用不同的系数值，便可以得到封闭的代数方程组，联立即可求得待求的温度场。

表 4-6　不同划分网格方法时的边界节点上的系数值

方法	已知条件	左　边　界	右　边　界
方法A	已知 q_B	$a_E=\frac{\lambda_e}{(\Delta x)_e}, a_W=0$ $a_P=a_E-S_P(\Delta x)_{e-}$ $b=S_C(\Delta x)_{e-}+q_B$ $a_E=\frac{\lambda_e}{(\Delta x)_e}, a_W=0$	$a_E=0, a_W=\frac{\lambda_w}{(\Delta x)_w}$ $a_P=a_W-S_P(\Delta x)_{w+}$ $b=S_C(\Delta x)_{w+}+q_B$ $a_E=0, a_W=\frac{\lambda_w}{(\Delta x)_w}$
	已知 h、T_f	$a_P=a_E+h-S_P(\Delta x)_{e-}$ $b=S_C(\Delta x)_{e-}+hT_f$	$a_P=a_W+h-S_P(\Delta x)_{w+}$ $b=S_C(\Delta x)_{w+}+hT_f$
方法B	已知 q_B	$a_E=\frac{\lambda_e}{(\Delta x)_e}=\frac{\lambda_B}{(\Delta x)_b}$ $a_W=0,\ a_P=a_E,\ b=q_B$	$a_E=0,\ a_W=\frac{\lambda_w}{(\Delta x)_w}=\frac{\lambda_B}{(\Delta x)_b}$ $a_P=a_W, b=q_B$
	已知 a、T_f	$a_E=\frac{\lambda_e}{(\Delta x)_e}=\frac{\lambda_B}{(\Delta x)_b}$ $a_W=0,\ a_P=a_E+h,\ b=hT_f$	$a_E=0,\ a_W=\frac{\lambda_w}{(\Delta x)_w}=\frac{\lambda_B}{(\Delta x)_b}$ $a_P=a_W+h, b=hT_f$

4.1.4.5　线性代数方程组的求解

一维导热问题的离散化方程的解，最终归结为线性方程组的求解。线性方程组的解法通常有迭代法和直接消元法两大类。由于在一维导热的通用离散化方程式(4-22)和式(4-23)中，待求的节点温度只与左右两个节点的温度有关，这样形成的代数方程组的系数矩阵是一个三对角线矩阵。因此可采用追赶法或称为三对角矩阵算法(TDMA 法)来计算。

A　TDMA 法

TDMA 法是一种简单、方便、高效率的计算方法，它只适用于非零元素只沿着系数矩阵的三对角线排列的情况。TDMA 法的求解过程包括了消去变量求系数的正过程和回代求出温度场的逆过程(赶过程)两步，因此又叫追赶法。正过程消元的目的是将每个包括三个待求节点变量的方程中消去一个变量，使之成为两个待求变量的方程，继而把所有包含这两个变量的方程的新系数值计算出来，直到边界上原来只有两个待求变量的方程，经消元后变成单变量方程，并能直接求出边界变量值为止。然后，由边界变量值逐一按次序回代到已求出系数的两个变量方程中，便可求出全部待求变量。经过消元与回代便完成 TDMA 法的全部过程。

有一组编号为 1,2,…,N 的节点，其中节点 1 与 N 是边界节点。离散化方程(4-23)改写为

$$a_W T_W - a_P T_P + a_E T_E = -b \tag{4-44}$$

或改写为下述格式的方程

$$a_i T_{i-1} + b_i T_i + c_i T_{i+1} = d_i, i=1,2,\cdots,N \tag{4-45}$$

式中，a_i,b_i,c_i,d_i 分别为 i 节点离散化方程中的 $a_W,-a_P,a_E$ 和 $-b$。

显然，有 $a_1=0,c_N=0$，代数方程组的矩阵表达式为

$$\begin{bmatrix} b_1 & c_1 & & & \\ a_2 & b_2 & c_2 & & \\ & \ddots & \ddots & \ddots & \\ & & a_{N-1} & b_{N-1} & c_{N-1} \\ & & & a_N & b_N \end{bmatrix} \begin{bmatrix} T_1 \\ T_2 \\ \vdots \\ T_{N-1} \\ T_N \end{bmatrix} = \begin{bmatrix} d_1 \\ d_2 \\ \vdots \\ d_{N-1} \\ d_N \end{bmatrix} \tag{4-46}$$

当 $i=1$ 时，由第一个方程有：

$$T_1=-\frac{c_1}{b_1}T_2+\frac{d_1}{b_1}=P_1T_2+Q_1 \tag{4-47}$$

当 $i=2$ 时，由第二个方程有：

$$T_2=-\frac{c_2}{a_2P_1+b_2}T_3+\frac{d_2-a_2Q_1}{a_2P_1+b_2}=P_2T_3+Q_2 \tag{4-48}$$

对任意的第 i 个方程，有：

$$T_i=-\frac{c_i}{a_iP_{i-1}+b_i}T_{i-1}+\frac{d_i-a_iQ_{i-1}}{a_iP_{i-1}+b_i}=P_iT_{i-1}+Q_i \tag{4-49}$$

第 N 个方程，有：

$$a_NT_{N-1}+b_NT_N=d_N \tag{4-50}$$

将 $T_{N-1}=P_{N-1}T_N+Q_{N-1}$ 代入上式，可得：

$$T_N=\frac{d_N-a_NQ_{N-1}}{a_NP_{N-1}+b_N}=Q_N \tag{4-51}$$

因此，具有两个变量的方程式的通用形式为

$$T_i=P_iT_{i-1}+Q_i,\quad i=1,2,\cdots,N \tag{4-52}$$

式中

$$P_i=\frac{-c_i}{a_iP_{i-1}+b_i},\quad Q_i=\frac{d_i-a_iQ_{i-1}}{a_iP_{i-1}+b_i} \tag{4-53}$$

因为 $a_1=0$，故边界节点的系数为

$$P_1=-\frac{c_1}{b_1},\quad Q_1=-\frac{d_1}{b_1} \tag{4-54}$$

因为 $c_N=0$，故：

$$P_N=0,Q_N=\frac{d_N-a_NQ_{N-1}}{a_iP_{i-1}+b_i}=T_N \tag{4-55}$$

因此，计算由正过程（追过程）和逆过程（赶过程）两步组成。先由正过程算出全部系数 P_i，Q_i，最后得到 Q_N 值。由于 $T_N=Q_N$，所以在逆过程回代中，只要应用二变量方程的通用形式(4-52)便可计算出全部节点温度。

由以上运算过程可见，为了得到所有的 P_i，Q_i，必须满足 $b_i\neq0$ 和 $a_iP_{i-1}+b_i\neq0$ 的条件。该条件与系数矩阵的主对角元素占优是一致的。满足条件后方程组才有唯一解。由数值分析可知这种算法要求计算机存储量和计算时间都只和节点总数 N 成正比，而不像其他算法那样和 N^2 或 N^3 成正比。因此，TDMA 法在节点总数较多的实际问题中，更具有明显的优越性。附录 A2 给出了解三对角线性方程组的 TDMA 法程序。

在联立求解代数方程组时,迭代法也经常被采用。

B 雅可比(Jacobi)迭代法

这种迭代法是按次序逐点地由老值(前次迭代的值,带(k)上标的温度值)计算新值(后一次迭代的值,用$(k+1)$上标表示的温度值),当全部节点的新值都计算出来后,一起用新值替代老值,作为下一轮计算的老值。这是一种逐批更新的迭代方法。式(4-23)可表示为

$$T_P^{(k+1)}=(a_W T_W^{(k)}+a_E T_E^{(k)}+b)/a_P \tag{4-56}$$

式中

$$a_P=a_W+a_E, b=S_C\Delta x+S_P T_P^{(k)}\Delta x \tag{4-57}$$

迭代过程可以起步于整个温度场的初始试探值,在计入边界条件后,经过反复迭代直到所有节点都满足$|T_P^{(k+1)}-T_P^{(k)}|<\varepsilon$时,便得到问题的收敛解。初始试探值对解的正确性没有影响。

C 高斯-赛德尔迭代法

该法也是按次序逐点由老值计算新值,但与雅可比法相比,它在任何节点只要已经计算出新值(方程右边带$(k+1)$上标的温度值)便立即取代老值(方程右边带(k)上标的温度值)。因此,逐点更新是高斯-赛德尔法的特点。如果计算次序是由左边界到右边界,式(4-23)可表示为

$$T_P^{(k+1)}=(a_W T_W^{(k)}+a_E T_E^{(k+1)}+b)/a_P \tag{4-58}$$

式中

$$a_P=a_E+a_W-S_P\Delta x, b=S_C\Delta x \tag{4-59}$$

高斯-赛德尔法的优点是边界信息深入内部节点的传播速度要较雅可比法快,从而可能得到较快的收敛速度。但采用高斯-赛德尔法时,必须满足系数矩阵中主对角元素占优的原则,即

(1) 全部节点方程都应满足$\sum|a_{nb}|/|a_P|\leqslant 1$;

(2) 至少有一个节点方程应满足$\sum|a_{nb}|/|a_P|<1$。

式中,a_{nb}为相邻节点的系数值,上述条件常称为斯卡巴勒(Scarborough)法则,它是高斯-赛德尔迭代收敛的充分条件。

离散化的四个准则能满足系数矩阵中对角元素占优的原则。对具有$S_P<0$的内热源导热问题,$a_P=\sum a_{nb}-S_P\Delta x$,而$\sum a_{nb}$中的每个系数都是正系数,所以满足了对角元素占优原则,对$S_P=0$的情况,则所有节点方程满足$\sum|a_{nb}|/|a_P|=1$的条件。至少有一个方程满足$\sum|a_{nb}|/|a_P|<1$的条件,恰好说明边界上至少要有一个节点存在着第一类或第三类边界条件。在第一类边界条件下,若左边界温度T_B已知,则$a_P T_P=a_E T_E+(b+a_B T_B)$,$\sum a_{nb}=a_E$,而$a_P=a_E+a_B$,因此满足要求。在第三类边界条件下,$a_P=a_E+h$,$\sum a_{nb}=a_E$,因此也能满足要求。

在计算一般导热问题,为了加快迭代,可以采用松弛因子。由式(4-23)可得:

$$T_P=T_P^0+\omega\left(\frac{\sum a_{nb}T_{nb}+b}{a_P}-T_P^0\right)=(1-\omega)T_P^0+\omega\left(\frac{\sum a_{nb}T_{nb}+b}{a_P}\right) \tag{4-60}$$

在迭代过程中,取$1<\omega<2$,则称为超松弛迭代,它起到加快迭代的作用,实质上是人为地加快变量的变化速率。若取$0<\omega<1$,则称为欠松弛迭代,目的是降低变量的变化速率,防止发散,提高迭代过程的稳定性。G-S(高斯-赛德尔)法与超松弛迭代的结合就成为连续超松弛迭代法(SOR)。在计算线性导热问题时,采用SOR能有效地加快收敛速度以节省计算时间。最佳松弛因子的选择与问题性质、网格划分等许多因素有关,但可以用分析和试探的办法得到较理想的松弛因子。

附录A1给出了求解线性方程组数值方法的高斯-赛德尔迭代法和逐次超松弛迭代法的计算程序。

4.2　一维非稳态导热问题的数值方法

对于非稳态导热问题，温度随时间和空间变化。区域离散时不仅要对空间坐标离散，而且要对时间坐标离散，求解较复杂。本节以一维非稳态导热为主介绍非稳态导热问题的数值计算方法。常物性、无内热源的一维非稳态导热的控制方程为

$$\frac{\partial T}{\partial \tau}=a\frac{\partial^2 T}{\partial x^2} \tag{4-61}$$

式中，$a=\lambda/(\rho c_p)$，称为热扩散率。与一维稳态问题一样，非稳态导热问题的数值方法也包括求解区域离散化、控制方程离散化及求解离散化方程三大步骤。

4.2.1　区域离散化

对于一维非稳态导热问题，时间与空间坐标可用平面坐标系表示（如图 4-13 所示）。用垂直网格线将空间区域按 Δx 划分成若干子区域，并用下标 n 表示。用水平网格线将时间按 $\Delta\tau$ 划分为若干时层，并用上标 i 表示。任一节点(i, n)上的温度值用 T_n^i 表示。

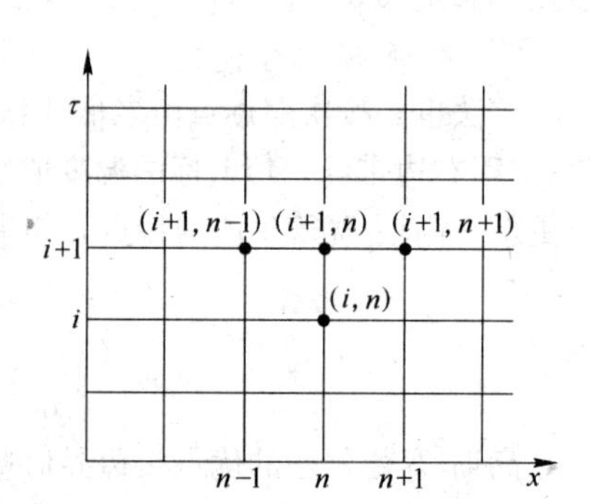

图 4-13　一维非稳态问题的网格

4.2.2　有限差分法建立差分方程

4.2.2.1　任一时层的内节点的差分方程

控制方程(4-61)中与时间有关的积累项（对时间的一阶偏导数项$\partial T/\partial\tau$）用向前差商公式(3-37)

$$\left.\frac{\partial T}{\partial \tau}\right|_{n,i}=\frac{T_n^{i+1}-T_n^i}{\Delta\tau} \tag{4-62}$$

代替，局部截断误差为$O(\Delta\tau)$。与空间坐标有关的扩散项（对空间的二阶偏导数项$\partial^2 T/\partial x^2$）采用二阶中心差商公式(3-40)：

$$\frac{\partial^2 T}{\partial x^2}=\frac{T_{n+1}^i-2T_n^i+T_{n-1}^i}{(\Delta x)^2} \tag{4-63}$$

代替，局部截断误差为$O[(\Delta x)^2]$。则得显式差分方程为

$$\frac{T_n^{i+1}-T_n^i}{\Delta\tau}=a\frac{T_{n+1}^i-2T_n^i+T_{n-1}^i}{(\Delta x)^2} \tag{4-64}$$

局部截断误差为$O[\Delta\tau+(\Delta x)^2]$。按节点温度合并同类项，整理得

$$T_n^{i+1}=\frac{a\Delta\tau}{(\Delta x)^2}(T_{n+1}^i+T_{n-1}^i)+\left[1-2\frac{a\Delta\tau}{(\Delta x)^2}\right]T_n^i \tag{4-65a}$$

式中，$\frac{a\Delta\tau}{(\Delta x)^2}$是以 Δx 为特征长度的傅里叶数，称为网格傅里叶数，用 Fo 表示。在数学上也称为网格比。因此该式可用 Fo 写为

$$T_n^{i+1}=Fo(T_{n+1}^i+T_{n-1}^i)+(1-2Fo)T_n^i \tag{4-65b}$$

这就是采用有限差分法离散一维非稳态问题式(4-61)所得的离散化方程。此即表 4-7 中的显式差分格式(a)。

表 4-7　无限大平板非稳态导热节点差分方程

差分格式	图　示	差　分　方　程
显式差分格式	τ; $i+1$; i; $(i+1,n)$; $(i,n-1)$ (i,n) $(i,n+1)$; $n-1$ n $n+1$ x	$T_n^{i+1}=Fo(T_{n+1}^i+T_{n-1}^i)+(1-2Fo)T_n^i$ (a) 截断误差阶为 $O[(\Delta\tau)+(\Delta x)^2]$ 稳定性条件：$Fo=a\Delta\tau/(\Delta x)^2<1/2$
隐式差分格式	τ; $i+1$; i; $(i+1,n-1)$ $(i+1,n)$ $(i+1,n+1)$; (i,n); $n-1$ n $n+1$ x	$T_n^{i+1}=[Fo(T_{n+1}^{i+1}+T_{n-1}^{i+1})+T_n^i]/(1-2Fo)$ (b) 截断误差阶为 $O[(\Delta\tau)+(\Delta x)^2]$ $Fo=a\Delta\tau/(\Delta x)^2$，绝对稳定
六点差分格式（克兰克-尼科尔森格式）（双层六点）	τ; $i+1$; i; $(i+1,n-1)$ $(i+1,n)$ $(i+1,n+1)$; $(i,n-1)$ (i,n) $(i,n+1)$; $n-1$ n $n+1$ x	$T_n^{i+1}=[Fo(T_{n+1}^{i+1}+T_{n-1}^{i+1}+T_{n+1}^i+T_{n-1}^i)$ (c) $-2(Fo-1)T_n^i]/2(1+Fo)$ 截断误差阶为 $O[(\Delta\tau)^2+(\Delta x)^2]$ $Fo=a\Delta\tau/(\Delta x)^2$，绝对稳定 但一般也要求满足 $Fo<1$

同理，若积累项采用向后差分（式(3-38b)）代替，扩散项仍采用二阶中心差商（式(3-40)）代替，则可得表 4-7 中的隐式格式(b)。

在建立差分方程时，为了提高截断误差阶，还可使用半节点，在不增加节点的情况下，用一阶中心差商（式(3-39)）代替积累项中的微商，从而提高计算精度。在半节点$(n,i+1/2)$处，有

$$\left.\frac{\partial T}{\partial \tau}\right|_{n,i+1/2}=\frac{T_n^{i+1}-T_n^i}{2(\Delta\tau/2)}=\frac{T_n^{i+1}-T_n^i}{\Delta\tau} \tag{4-66}$$

其局部截断误差为 $O[(\Delta\tau)^2]$。对$(n,i+1)$节点的扩散项应用二阶中心差商公式

$$\left.\frac{\partial^2 T}{\partial x^2}\right|_{n,i+1}=\frac{T_{n+1}^{i+1}-2T_n^{i+1}+T_{n-1}^{i+1}}{(\Delta x)^2} \tag{4-67}$$

而

$$\left.\frac{\partial^2 T}{\partial x^2}\right|_{n,i+1}=\left.\frac{\partial^2 T}{\partial x^2}\right|_{n,i+1/2}+\frac{\Delta\tau}{2}\left.\frac{\partial^3 T}{(\partial x)^2\partial\tau}\right|_{n,i+1/2}+O[(\partial\tau)^2+(\partial x)^2] \tag{4-68}$$

因此

$$\left.\frac{\partial^2 T}{\partial x^2}\right|_{n,i+1/2}+\frac{\Delta\tau}{2}\left.\frac{\partial^3 T}{(\partial x)^2\partial\tau}\right|_{n,i+1/2}=\frac{T_{n+1}^{i+1}-2T_n^{i+1}+T_{n-1}^{i+1}}{(\Delta x)^2} \tag{4-69}$$

其局部截断误差为 $O[(\Delta\tau)^2+(\Delta x)^2]$。同理对 (n,i) 节点的扩散项应用二阶中心差商公式

$$\left.\frac{\partial^2 T}{\partial x^2}\right|_{n,i}=\frac{T_{n+1}^{i}-2T_n^{i}+T_{n-1}^{i}}{(\Delta x)^2} \tag{4-70}$$

而

$$\left.\frac{\partial^2 T}{\partial x^2}\right|_{n,i}=\left.\frac{\partial^2 T}{\partial x^2}\right|_{n,i+1/2}-\frac{\Delta\tau}{2}\left.\frac{\partial^3 T}{(\partial x)^2\partial\tau}\right|_{n,i+1/2}+O[(\partial\tau)^2+(\partial x)^2] \tag{4-71}$$

因此

$$\left.\frac{\partial^2 T}{\partial x^2}\right|_{n,i+1/2}-\frac{\Delta\tau}{2}\left.\frac{\partial^3 T}{(\partial x)^2\partial\tau}\right|_{n,i+1/2}=\frac{T_{n+1}^{i}-2T_n^{i}+T_{n-1}^{i}}{(\Delta x)^2} \tag{4-72}$$

其局部截断误差为 $O[(\Delta\tau)^2+(\Delta x)^2]$。

引入加权因子 β，$0\leqslant\beta\leqslant1$，将式(4-69)乘以 β，将式(4-72)乘以 $(1-\beta)$，然后将两式相加，得

$$\beta\frac{T_{n+1}^{i+1}-2T_n^{i+1}+T_{n-1}^{i+1}}{(\Delta x)^2}+(1-\beta)\frac{T_{n+1}^{i}-2T_n^{i}+T_{n-1}^{i}}{(\Delta x)^2}$$
$$=\left.\frac{\partial^2 T}{\partial x^2}\right|_{n,i+1/2}+\Delta\tau\left(\beta-\frac{1}{2}\right)\left.\frac{\partial^3 T}{(\partial x)^2\partial\tau}\right|_{n,i+1/2} \tag{4-73}$$

局部截断误差为 $O\left[\tau\left(\beta-\frac{1}{2}\right)\left.\frac{\partial^3 T}{(\partial x)^2\partial\tau}\right|_{n,i+1/2}+(\Delta\tau)^2+(\Delta x)^2\right]$

将式(4-66)和式(4-73)代入控制方程式(4-61)即可得离散化方程

$$\frac{T_n^{i+1}-T_n^{i}}{\Delta\tau}=a\beta\frac{T_{n+1}^{i+1}-2T_n^{i+1}+T_{n-1}^{i+1}}{(\Delta x)^2}+a(1-\beta)\frac{T_{n+1}^{i}-2T_n^{i}+T_{n-1}^{i}}{(\Delta x)^2} \tag{4-74}$$

用傅里叶数 Fo 表示 $a\Delta\tau/(\Delta x)^2$，整理上式，可得统一的表达式

$$\beta FoT_{n+1}^{i+1}-(2\beta Fo+1)T_n^{i+1}+\beta FoT_{n-1}^{i+1}$$
$$=-(1-\beta)FoT_{n+1}^{i}+[2(1-\beta)Fo-1]T_n^{i}-(1-\beta)FoT_{n-1}^{i}$$
$$(i=1,2,\cdots;n=1,2,\cdots,N+1) \tag{4-75}$$

该式为著名的加权六点差分格式。当 β 取不同值时，式 (4-75) 可分别表示不同的差分格式。$\beta=0$ 时为显式差分格式；$\beta=1$ 时为隐式差分格式；$\beta=1/2$ 时则为双层六点对称差分格式，也称为克兰克-尼科尔森格式，此时截断误差阶最高为 $O[(\Delta\tau)^2+(\Delta x)^2]$，如表 4-7 所示。

显式差分格式最明显的优点是：T_n^{i+1} 表达式的右端只涉及 i 这一时间层的温度。计算 T_n^{i+1} 时，只需要用到 T_n^i、T_{n+1}^i 和 T_{n-1}^i。因此，只要知道上一时层各节点的温度值，即可逐一求解节点差分方程，从而即可获得下一时层各节点的温度值。因此，结合初始条件和边界条件，采用步进算法，即可求出整个温度场。显然，显式差分格式的计算方便。但显式差分格式存在着一个致命的缺点，即计算式中网格比 Fo 必须不大于 1/2，否则计算会出现计算格式的稳定性问题，即不收敛或计算数据出现振荡而不稳定。实际计算时，可先画出求解域的空间网格，然后根据稳定性条件 $Fo<0.5$ 来确定实施计算可取的最大时间步长，从而获得时间网格。然后按照上述计算过程进行计算即可。

在隐式差分格式中，T_n^{i+1} 表达式的右端出现同样未知的邻近节点的温度 T_{n+1}^{i+1}、T_{n-1}^{i+1}。这意味着，求 T_n^{i+1} 时必须同时计算 $(i+1)$ 时间层（同一个时层）内的相邻的两个空间节点的温度值 T_{n+1}^{i+1}、T_{n-1}^{i+1}。因此，必须联立求解 $(i+1)$ 时层所有节点的差分方程所组成的线性方程组。这种

差分格式的计算工作量当然较大,但它不存在稳定性问题,即采用隐式格式时,无论 Fo 取为何值,均不会出现发散或振荡,是无条件稳定的。

六点差分格式的提出是为了提高差分格式的精度。这种差分格式从数学上说是无条件稳定的,但是从获得有物理意义的解而言,仍需有满足$Fo<1$的要求。

4.2.2.2 边界节点的差分方程

用有限差分法计算非稳态导热问题时,边界条件的处理尤为重要。边界节点的差分方程也可用差分法、有限体积法或元体平衡法求得。但是,由这些不同的方法推得的节点方程往往有不同的形式。而且即使用同一种方法推导也有显式方程和隐式方程之别。以图 4-14 所示的无限大平壁为例,若$(N+1)$边界与环境间进行辐射换热,已知系统的黑度为 ε_s,环境温度为 T_∞。可以用元体平衡法建立边界节点 $N+1$ 所在控制容积的显式差分方程

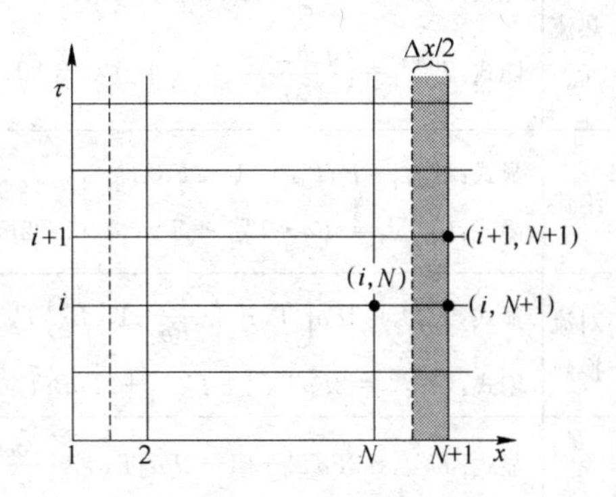

图 4-14 边界节点网格图

$$Q_N+Q_f=\rho c_p \Delta V \frac{T_{N+1}^{i+1}-T_{N+1}^{i}}{\Delta\tau} \tag{4-76}$$

即

$$\lambda A\frac{T_N-T_{N+1}^i}{\Delta x}-\sigma_0 A\varepsilon_s[(T_{N+1}^i)^4-T_\infty^4]=\rho c_p\left(A\cdot\frac{\Delta x}{2}\right)\frac{T_{N+1}^{i+1}-T_{N+1}^{i}}{\Delta\tau} \tag{4-77}$$

整理后得:

$$T_{N+1}^{i+1}=2\frac{a\cdot\Delta\tau}{(\Delta x)^2}T_n^i+\left[1-2\frac{a\cdot\Delta\tau}{(\Delta x)^2}\right]T_{N+1}^i-\frac{2\sigma_0\varepsilon_s\cdot\Delta\tau}{\rho c_p\cdot\Delta x}(T_{N+1}^i)^4-\frac{2\sigma_0\varepsilon_s\cdot\Delta\tau}{\rho c_p\cdot\Delta x}T_\infty^4 \tag{4-78}$$

也可以用元体平衡法建立节点的隐式差分方程:

$$\lambda A\frac{T_N^{i+1}-T_{N+1}^{i+1}}{\Delta x}-\sigma_0 A\varepsilon_s[(T_{N+1}^{i+1})^4-T_\infty^4]=\rho c_p A\frac{\Delta x}{2}\frac{T_{N+1}^{i+1}-T_{N+1}^{i}}{\Delta\tau} \tag{4-79}$$

整理后得:

$$-2\frac{a\cdot\Delta\tau}{(\Delta x)^2}T_N^{i+1}+\left[1-2\frac{a\cdot\Delta\tau}{(\Delta x)^2}\right]T_{N+1}^{i+1}+2\frac{a\cdot\Delta\tau}{(\Delta x)^2}\cdot\frac{\sigma_0\varepsilon_s\cdot\Delta x}{\lambda}(T_{N+1}^{i+1})^4$$
$$=T_{N+1}^i+2\frac{a\cdot\Delta\tau}{(\Delta x)^2}\cdot\frac{\sigma_0\varepsilon_s\cdot\Delta x}{\lambda}T_\infty^4 \tag{4-80}$$

对其他边界条件可作类似的推导。

当用差分法推导时,因为辐射边界条件的数学表示式为

$$-\lambda\left.\frac{\partial t}{\partial x}\right|_{x=N+1}=\sigma_0\varepsilon_s[(T_{N+1})^4-T_\infty^4] \tag{4-81}$$

其相应的差分方程为:

$$-\lambda\frac{T_{N+1}^i-T_N^i}{\Delta x}=\sigma_0\varepsilon_s[(T_{N+1}^i)^4-T_\infty^4] \tag{4-82}$$

式中,只有 i 层的温度值。将式(4-82)与式(4-78)和式(4-80)相比,显然式(4-78)和式(4-80)两式较优越,因为式中涉及 i 时间层和 $i+1$ 时间层的温度,反映了非稳态导热过程中热容量的影响。

对其他边界条件可作类似的推导。表 4-8 列出了用两种方法导出的边界节点差分方程。

表 4-8　几种边界条件下的边界节点差分方程(其中 $Fo=a\Delta\tau/(\Delta x)^2$，$Bi=h\Delta x/\lambda$)

边界换热	用元体平衡法导出的差分方程	用差分法导出的差分方程
有恒热流 q_w	显式：$T_{N+1}^{i+1}=\dfrac{q_w h\Delta\tau}{\lambda\Delta x}+2FoT_N^i+(1-2Fo)T_{N+1}^i$ 隐式：$T_{N+1}^{i+1}=\left(\dfrac{q_w h\Delta\tau}{\lambda\Delta x}+T_{N+1}^i+2FoT_N^{i+1}\right)/(1+2Fo)$	$\lambda\dfrac{T_N^i-T_{N+1}^i}{\Delta x}q_w$
绝热	显式：$T_{N+1}^{i+1}=FoT_N^i+(1-2Fo)T_{N+1}^i$ 隐式：$(T_{N+1}^{i+1}=2Fo\cdot T_N^{i+1}+T_{N+1}^i)/(1-2Fo)$	$T_{N+1}=T_{N+2}$ ($N+2$ 为虚拟节点)
对流换热	显式：$T_{N+1}^{i+1}=2Fo\left[T_N^i+\left(\dfrac{1}{2Fo}-1-Bi\right)T_{N+1}^i+Bi\cdot T_f\right]$ 隐式：$(T_{N+1}^{i+1}=2FoT_N^{i+1}+T_{N+1}^i+2FoBiT_f)/(1+2Fo-Bi)$	$\lambda\dfrac{T_N^i-T_{N+1}^i}{\Delta x}=h(T_{N+1}-T_f)$
辐射换热	显式：$T_{N+1}^{i+1}=2FoT_n^i+[1-2Fo]T_{N+1}^i-\dfrac{2\sigma_0\varepsilon_s\cdot\Delta\tau}{\rho c_p\cdot\Delta x}(T_{N+1}^i)^4-\dfrac{2\sigma_0\varepsilon_s\cdot\Delta\tau}{\rho c_p\cdot\Delta x}T_f^4$ 隐式：$-2FoT_N^{i+1}+[1-2Fo]T_{N+1}^{i+1}+2Fo\dfrac{\sigma_0\varepsilon_s\Delta x}{\lambda}(T_{N+1}^{i+1})^4$ $=T_{N+1}^i+2Fo\dfrac{\sigma_0\varepsilon_s\Delta x}{\lambda}T_f^4$	$\lambda\dfrac{T_N^i-T_{N+1}^i}{\Delta x}=\sigma_0\varepsilon_s[(T_{N+1}^i)^4-T_f]$

4.2.3　有限体积法建立差分方程

在一维稳态导热问题的求解中，已经介绍了通用控制方程式的扩散项和源项的有限体积法数值处理，下面将进一步讨论非稳态项的有限体积法处理方法。

一维非稳态导热的控制方程为

$$\rho c_p\frac{\partial T}{\partial\tau}=\frac{\partial}{\partial x}\left(\lambda\frac{\partial T}{\partial x}\right)+S \tag{4-83}$$

将该式在时间 τ 至 $\tau+\Delta\tau$ 间隔内对整个控制容积 P 进行积分，有：

$$\rho c_p\int_w^e\int_\tau^{\tau+\Delta\tau}\frac{\partial T}{\partial\tau}\mathrm{d}\tau\mathrm{d}x=\int_\tau^{\tau+\Delta\tau}\int_w^e\frac{\partial}{\partial x}\left(\lambda\frac{\partial T}{\partial x}\right)\mathrm{d}x\mathrm{d}\tau+\int_\tau^{\tau+\Delta\tau}\int_w^e S\mathrm{d}x\mathrm{d}\tau \tag{4-84}$$

在稳态导热中，曾就变量在空间的分布(分段线性分布和阶梯形分布)进行讨论，现在还存在着变量在时间坐标上的分布问题。一般地说，仍有分段线性和阶梯形两种分布可供选择。下面用T^0表示 τ 时刻的温度，用 T'表示$(\tau+\Delta\tau)$时刻的温度。

非稳态项中控制容积的温度可由节点的温度来代表。假设非稳态项中，温度在时间和空间坐标上的分布都是阶梯形时，则非稳态项可离散成

$$(\rho c_p)_P\int_w^e\int_\tau^{\tau+\Delta\tau}\frac{\partial T}{\partial\tau}\mathrm{d}\tau\mathrm{d}x=(\rho c_p)_P(T'_P-T_P^0)\Delta x \tag{4-85}$$

式(4-84)的右端各项对空间的积分，在稳态导热的式(4-21)中已得到。同样，仍假设扩散项中，温度在节点间的分布是分段线性的，而源项 S 则是阶梯形分布。将式(4-21)代入扩散项，式(4-85)代入非稳态项，并整理可得

$$\begin{aligned}&(\rho c_p)_P(T'_P-T_P^0)\Delta x\\&=\int_\tau^{\tau+\Delta\tau}\left[\frac{\lambda_e(T_E-T_P)}{(\Delta x)_e}-\frac{\lambda_w(T_P-T_W)}{(\Delta x)_w}\right]\mathrm{d}\tau+\int_\tau^{\tau+\Delta\tau}(S_C+S_PT_P)\Delta x\mathrm{d}\tau\end{aligned} \tag{4-86}$$

为了进一步进行积分，需对上式右边各项中的温度 T 随时间的变化规律做出假设，即选择一种温度 T 随时间变化的线型。这也有线性分布和阶梯形分布等。无论哪一种都可以把扩散项

和源项中温度在 τ 至 $\tau+\Delta\tau$ 间隔内的变化统一用下式来表示：

$$\int_{\tau}^{\tau+\Delta\tau} T\mathrm{d}\tau = [\beta T' + (1-\beta)T^0]\Delta\tau \tag{4-87}$$

$$\int_{\tau}^{\tau+\Delta\tau} S\Delta x\mathrm{d}\tau = [\beta S'\Delta x + (1-\beta)S^0\Delta x]\Delta\tau \tag{4-88}$$

式中，$S'=S_C+S_PT'_P$；$S^0=S_C+S_PT^0_P$；β 为介于 0 到 1 之间的加权因子。$\beta=0$ 表示在 $\Delta\tau$ 间隔内温度和源项都保持时间 τ 时的数值，直到时间为 $\tau+\Delta\tau$ 时才跃变为 T' 和 S'。$\beta=1$ 表示在时间 τ 时温度和源项均已跃变到 T' 和 S' 值，并在整个 $\Delta\tau$ 时间内保持不变。从以上的分析可见，这两种情况均属变量随时间坐标作阶梯形分布。若 $\beta=0.5$，则变量将随时间作分段线性分布。当引进加权因子 β 后，式(4-86)可写为

$$(\rho c_p)_P\frac{\Delta x}{\Delta\tau}(T'_P-T^0_P)=\beta\left[\frac{\lambda_e(T'_E-T'_P)}{(\Delta x)_e}-\frac{\lambda_w(T'_P-T'_W)}{(\Delta x)_w}\right]+$$
$$(1-\beta)\left[\frac{\lambda_e(T^0_E-T^0_P)}{(\Delta x)_e}-\frac{\lambda_w(T^0_P-T^0_W)}{(\Delta x)_w}\right]+\beta S'\Delta x+(1-\beta)S^0\Delta x \tag{4-89}$$

当选择 $\beta=0$ 的显示格式时，该式可写为

$$(\rho c_p)_P\frac{\Delta x}{\Delta\tau}(T'_P-T^0_P)=\frac{\lambda_e(T^0_E-T^0_P)}{(\Delta x)_e}-\frac{\lambda_w(T^0_P-T^0_W)}{(\Delta x)_w}+S^0\Delta x \tag{4-90}$$

合并同类项，整理，并写成统一形式为

$$a_PT'_P=a_ET^0_E+a_WT^0_W+b \tag{4-91}$$

式中

$$\begin{cases} a_E=\dfrac{\lambda_e}{(\Delta x)_e}, a_W=\dfrac{\lambda_w}{(\Delta x)_w}, a^0_P=\dfrac{\rho c_p\Delta x}{\Delta\tau}, a_P=a^0_P \\ b=S_C\Delta x+(a^0_P-a_E-a_W+S_P\Delta x)T^0_P \end{cases} \tag{4-92}$$

当选择 $\beta=1$ 的全隐格式时，则式(4-89)可写为

$$(\rho c_p)_P\frac{\Delta x}{\Delta\tau}(T'_P-T^0_P)=\frac{\lambda_e(T'_E-T'_P)}{(\Delta x)_e}-\frac{\lambda_w(T'_P-T'_W)}{(\Delta x)_w}+S'\Delta x \tag{4-93}$$

合并同类项，整理，并写成统一形式为

$$a_PT'_P=a_ET'_E+a_WT'_W+b \tag{4-94}$$

式中

$$\begin{cases} a_E=\dfrac{\lambda_e}{(\Delta x)_e}, a_W=\dfrac{\lambda_w}{(\Delta x)_w}, a^0_P=\dfrac{\rho c_p\Delta x}{\Delta\tau} \\ a_P=a_E+a_W+a^0_P-S_P\Delta x, b=S_C\Delta x+a^0_PT^0_P \end{cases} \tag{4-95}$$

当选择 $\beta=0.5$ 的克兰克-尼科尔森格式时，将式(4-89)合并同类项，整理，并写成统一形式为

$$\begin{aligned} a_PT_P &= a_E\left(\frac{T^0_E+T'_E}{2}\right)+a_W\left(\frac{T^0_W+T'_W}{2}\right)+b \\ &= \frac{a_E}{2}T'_E+\frac{a_W}{2}T'_W+\left(b+\frac{a_E}{2}T^0_E+\frac{a_W}{2}T^0_W\right) \end{aligned} \tag{4-96}$$

式中

$$\begin{cases} a_E=\dfrac{\lambda_e}{(\Delta x)_e}, a_W=\dfrac{\lambda_w}{(\Delta x)_w}, a^0_P=\dfrac{\rho c_p\Delta x}{\Delta\tau}, a_P=\dfrac{a_E}{2}+\dfrac{a_W}{2}+a^0_P-\dfrac{S_P}{2}\Delta x \\ b=S_C\Delta x+\left(a^0_P-\dfrac{a_E}{2}-\dfrac{a_W}{2}+\dfrac{S_P}{2}\Delta x\right)T^0_P \end{cases} \tag{4-97}$$

上述三种格式中扩散项和源项的温度分布是不同的，如图 4-15 所示。

进一步分析表明，在显式格式的离散化方程(4-90)中，每个代数方程只含有一个待求温度变量，所以显式格式不需联立求解代数方程组。但在常数项 b 中，当 $S_P=0$ 时，T_P 在时域上邻点 T_P^0 的系数为 $a_P^0-a_E-a_W$，它有可能是负值。如果出现负值，则违反了正系数规则，将会导致物理上的不真实解。在实用上，采用显式格式时必须判断 T_P^0 的系数是否也是正值，否则就要减小时间步长 $\Delta\tau$，直到满足 $a_P^0 \geqslant (a_E+a_W)$ 的要求。对热导率是常数且没有源项的问题，若用均匀网格，则有 $(\Delta x)_e=(\Delta x)_w=\Delta x$，这时要满足 $Fo<1/2$，即

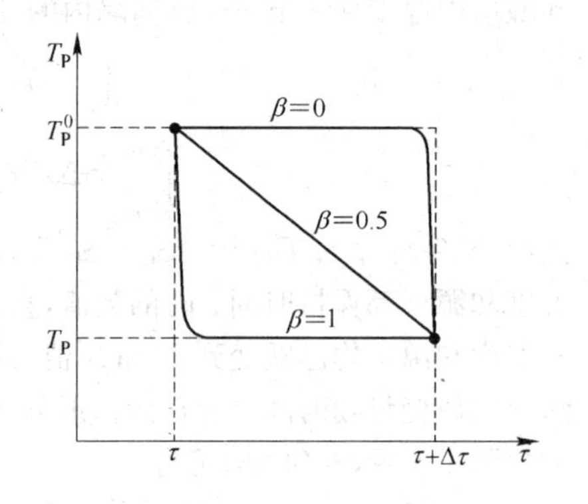

图 4-15 三种格式的温度随时间的变化

$$\Delta\tau \leqslant \frac{\rho c_p (\Delta x)^2}{2\lambda} \tag{4-98}$$

上式就是显式格式的稳定性判据。对边界节点，也可以按正系数规则导出相应的稳定性判据。对疏密网格系统则只能按照最小的间距 Δx 来确定时间步长 $\Delta\tau$，这时选取的 $\Delta\tau$ 往往更小，而 $\Delta\tau$ 的减小就意味着计算工作量的增加。

从数学上看，克兰克-尼科尔森格式是无条件稳定的，但实际上它并不能保证稳定地收敛于物理上真实的解。因此，虽然克兰克-尼科尔森格式在时间和空间上都具有二阶精度，但使用上仍需小心。这从正系数规则检查中也可以看到 T_P^0 的系数是 $a_P^0-0.5(a_E+a_W)$，仍然有出现负值的可能。要满足正系数要求，则对时间步长应存在一定的限制，例如它是显式的 2 倍，即也要满足 $Fo<1$。

全隐式格式和显式格式的温度随时间的分布都是阶梯形的，与温度随时间的指数变化规律较接近。同时全隐式格式的系数(包括 T_P^0 的系数在内)都恒为正值。正因为它具有格式简单和总能得到物理上真实解的特点，所以宜采用这种格式。当然，应用这种格式时就必须联立求解代数方程组，但是这个缺点将随着计算机的容量增加和运算速度的加快而降为次要因素。

仔细研究温度随时间的变化规律可见，在小的时间步长时，它接近于线性变化，这时采用克兰克-尼科尔森格式便会有较高的精度，当然，兼顾计算精度和物理上的真实性，采用指数变化规律是最理想的，但这将增加处理具体问题的难度。

4.2.4 一维非稳态问题的求解

由上述分析可见，稳态与非稳态导热问题的求解，最终都归结为线性代数方程组的联立求解。只不过非稳态导热问题的求解可以看成由初始条件出发的一系列稳态问题的求解，而每一个时间步长都要用 TDMA 法来求解线性代数方程组。

非稳态导热问题显式差分格式的计算过程为：

(1) 从初始条件出发，将初始条件代入上述各节点的差分方程即可得到第一个时间步长对应时刻的温度值。

(2) 以刚计算出来的前一时间层的值为初始值，代入各节点的差分方程又可得后一个时间步长对应时刻的温度值。

(3) 重复(2)。

这样，即可求出整个温度场。

由于显式格式是有条件稳定的，在求解时必须满足稳定性条件，否则计算结果会产生振荡。为此，实际计算时可先画出求解域的空间网格，然后根据稳定性条件 $Fo<0.5$ 来确定实施计算可取的最大时间步长，从而获得时间网格。然后可按照上述计算过程进行计算。

对于非稳态导热问题隐式差分格式的计算过程为：

(1) 从初始条件出发，将初始条件代入上述各节点的差分方程，可得到每一个方程都由第一个时间步长($i=1$)对应时刻的相邻的三个空间节点的温度组成的差分方程方程组，这是一个线性方程组。

(2) 用求解线性方程组的数值方法(如求解三对角线性方程组的追赶法 TDMA)求解该线性方程组，得到第一时层各节点的温度值。

(3) 以前一时层(第 i 时层)的温度为初始值，代入隐式差分格式，得到一个由后一时层(第($i+1$)时层)各节点的温度所组成的线性方程组，该方程组内的每一个方程(至少是内节点的差分方程)都是由相邻的三个空间节点的温度组成。因此，该方程组是一个三对角系数矩阵的线性方程组。

(4) 求解三对角线性方程组，得到第($i+1$)时层所有节点的温度。

(5) 转入(3)，直到求得所有时层内的所有空间节点的温度值。

一维非稳态导热问题的全隐式格式(式(4-94))中，a_P^0 与空间间隔 Δx 成正比，而与时间间隔 $\Delta\tau$ 成反比。显然，根据式(4-95)，当时间间隔 $\Delta\tau\to\infty$ 时，$a_P^0\to 0$。这时，非稳态导热的离散化方程(式(4-94))就和稳态导热的离散化方程(式(4-23))完全一致。这样就有可能用同一个计算程序来求解非稳态导热和稳态导热问题。

如果热导率是温度的函数，则在每一个时间步长内部应严格按照稳态导热时采用的拟线性化方法，经过反复迭代得到($\tau+\Delta\tau$)时刻的收敛的 T_P 值，然后再逐个时间步长地向前推进计算。

4.2.5 差分格式的稳定性条件

当使用显式差分格式时，满足稳定性条件是计算能否得到合理结果的保证。不仅内节点方程有稳定性条件，边界节点方程也同样有稳定性条件。表 4-9 列出了无限大平板一维非稳态导热显式差分方程的稳定性条件。当边界节点与内节点差分方程的稳定性条件不一致时，应以同时满足两者的条件为准。

表 4-9 一维非稳态导热显式差分方程的稳定性条件

节点类型	稳定性条件
内节点	$\left[1-2\dfrac{a\Delta\tau}{(\Delta x)^2}\right]\geqslant 0$ 或 $\dfrac{a\Delta\tau}{(\Delta x)^2}\leqslant 1/2$
给定热流的边界节点(包括绝热边界节点)	$\left[1-2\dfrac{a\Delta\tau}{(\Delta x)^2}\right]\geqslant 0$ 或 $\dfrac{a\Delta\tau}{(\Delta x)^2}\leqslant 1/2$
给定对流换热条件的边界节点	$\left[1-2\dfrac{a\Delta\tau}{(\Delta x)^2}-2\dfrac{a\Delta\tau}{(\Delta x)^2}\dfrac{a\Delta x}{\lambda}\right]\geqslant 0$ 或 $\dfrac{a\Delta\tau}{(\Delta x)^2}\leqslant 1\Big/\left[2\left(1-\dfrac{a\Delta x}{\lambda}\right)\right]$
给定辐射换热条件的边界节点	$\left[1-2\dfrac{a\Delta\tau}{(\Delta x)^2}-2\dfrac{\sigma_0\varepsilon_s\Delta\tau}{\rho c_p\Delta x}(T_{N+1})^3\right]\geqslant 0$

例 4-5 一无限大薄板，初始状态为均匀温度 200 ℃，在某一时刻 $\tau=0$，板东侧面温度突然降到 0 ℃，西侧面保持绝热。板厚 $L=2$ cm，热导率为 10 W/(m·K)，$\rho c_p=10\times10^6$ J/(m³·K)。采用有限体积法的显示格式，选用一合理的时间步长，计算 $\tau=10$ s、20 s 等时刻板内的温度分布。

分析：本例可看成为一个一维非稳态导热问题。其控制方程为

$$\rho c_p \frac{\partial T}{\partial \tau}=\frac{\partial}{\partial x}\left(\lambda \frac{\partial T}{\partial x}\right)$$

初始条件：$\tau=0$ s，$T=200$ ℃

边界条件：

$$\begin{cases}\tau>0\ \text{s}, x=0, \dfrac{\partial T}{\partial x}=0\\ \tau>0\ \text{s}, x=L, T=0℃\end{cases}$$

该问题的分析解为

$$\frac{T(x,\tau)}{200}=\frac{4}{\pi}\sum\frac{(-1)^{n+1}}{2n-1}\exp(-a\lambda_n^2\tau)\cos(\lambda_n x)$$

式中，$\lambda_n=\dfrac{(2n-1)\pi}{2L}$，$a=\dfrac{\lambda}{\rho c_p}$。

解：用有限体积法求解。

第一步：求解区域离散化。

如图 4-16 所示，将计算区域 5 等分，采用网格划分方法 B 将求解区域划分为 5 个相等的控制容积，$\Delta x=L/5=0.004$ m。按图中编号方法对节点进行编号。此例中，为保持整个求解域的完整，将右边界的界面处编号为 6，其温度为 0 ℃。左边界界面处编号为 0。可将 0 和 6 号界面节点所在控制容积看成一个厚度为零的控制体积。

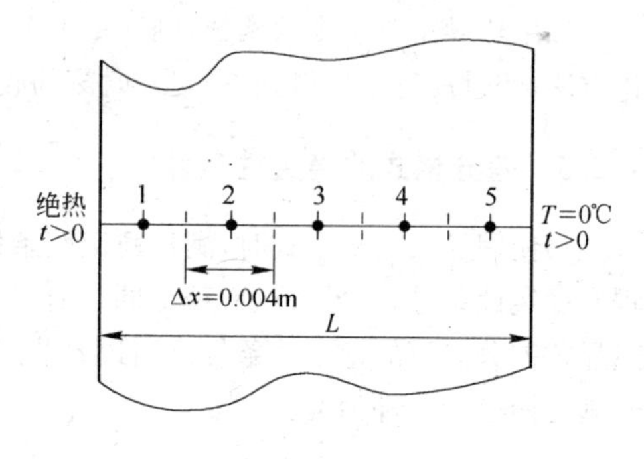

图 4-16 例 4-5 计算区域

第二步：控制方程离散化。

采用显式格式计算。对于显式格式稳定性要求的时间步长极限值为

$$\Delta\tau<(\rho c_p)\frac{(\Delta x)^2}{2\lambda}=10\times10^6\ \frac{0.004^2}{2\times10}=8(\text{s})$$

下面取 $\Delta\tau=2$ s 进行计算。

对于内节点 2～4 的离散化方程：参考式(4-91)和式(4-92)，可写为

$$a_P T_P'=a_E T_E^0+a_W T_W^0+b$$

式中，$a_E=\dfrac{\lambda_e}{(\Delta x)_e}$，$a_W=\dfrac{\lambda_w}{(\Delta x)_w}$，$a_P=a_P^0=\dfrac{\rho c_p\Delta x}{\Delta\tau}$，$b=S_C\Delta x+(a_P^0-a_E-a_W+S_P\Delta x)T_P^0$。

例如对于节点 2：时间步长取 $\Delta\tau=2$ s 时

$$a_E=a_W=\frac{\lambda}{(\Delta x)}=\frac{10}{0.004}=2500;\ a_P=a_P^0=\frac{\rho c_p\Delta x}{\Delta\tau}=\frac{10\times10^6\times0.004}{2}=2\times10^4$$

$$\begin{aligned} b &= S_C\Delta x + (a_P^0 - a_E - a_W + S_P\Delta x)T_P^0 \\ &= 0 + (2\times10^4 - 2.5\times10^3 - 2.5\times10^3 + 0)T_P^0 \\ &= 15\times10^3 T_P^0 \end{aligned}$$

节点2的离散化方程为：$200T_2' = 25T_1^0 + 25T_3^0 + 150T_2^0$

节点3和4的离散化方程均可参考该式建立。

对于边界节点1的离散化方程：控制容积西侧界面绝热，则有 $a_w=0$，$S=0$。因此参考式(4-91)和式(4-92)，有

$$a_E = \frac{\lambda}{(\Delta x)} = \frac{10}{0.004} = 2500;\ a_W = 0$$

$$a_P = a_P^0 = \frac{\rho c_p \Delta x}{\Delta \tau} = \frac{10\times10^6\times0.004}{2} = 2\times10^4$$

$$\begin{aligned} b &= S_C\Delta x + (a_P^0 - a_E - a_W + S_P\Delta x)T_P^0 \\ &= 0 + (2\times10^4 - 2.5\times10^3 - 0 + 0)T_P^0 \\ &= 17.5\times10^3 T_P^0 \end{aligned}$$

故节点1的离散方程为：$200T_1' = 25T_2^0 + 175T_1^0$

对于边界节点5的离散化方程：控制容积东侧界面温度恒定为0℃，则有 $a_e=0$，S_C 和 S_P 值参考表3-16。因此参考式(4-91)和式(4-92)，有

$$a_E = 0;\ a_W = \frac{\lambda}{(\Delta x)} = \frac{10}{0.004} = 2500;\ a_P = a_P^0 = \frac{\rho c_p \Delta x}{\Delta \tau} = \frac{10\times10^6\times0.004}{2} = 2\times10^4$$

$$S_C = [2\lambda/(\Delta x^2)]\cdot T_B = \frac{2\times10}{0.004^2}\times0 = 0$$

$$S_P = -[2\lambda/(\Delta x^2)] = -\frac{2\times10}{0.004^2} = -1.25\times10^6$$

$$\begin{aligned} b &= S_C\Delta x + (a_P^0 - a_E - a_W + S_P\Delta x)T_P^0 \\ &= 0 + (2\times10^4 - 0 - 2.5\times10^3 + \\ &\quad (-1.25\times10^6\times0.004))T_P^0 = 12.5\times10^3 T_P^0 \end{aligned}$$

故节点5的离散方程为：$200T_5' = 25T_4^0 + 125T_5^0$

节点6处的温度始终为零，而节点0处的离散化方程可由能量平衡获得。但要注意的是，该节点所在控制容积的厚度为零。由式(4-85)可见，非稳态项为零。而导热量中的温度都用当前时刻的两个温度计算，因此有

$$Q_W + Q_E + q_0\times0 = \rho c_p \frac{T_0' - T_0^0}{\Delta\tau}\times0$$

即：$0 + \lambda\dfrac{T_1' - T_0'}{\Delta x/2} + 0 = 0$

整理得：$T_0' = T_1'$

此即节点0处的离散化方程，写成统一形式为

$$a_E = \frac{\lambda}{\Delta x/2}, a_W = 0, a_P = a_P^0, a_P^0 = a_E, b = (a_P^0 - a_E - a_W)T_P^0$$

综上所述，所有节点的离散方程可用下式表示，其中各节点的系数如表4-10所示。

$$a_P T'_P = a_E T^0_E + a_W T^0_W + b$$

式中，$a_E = \frac{\lambda_e}{(\Delta x)_e}$，$a_W = \frac{\lambda_w}{(\Delta x)_w}$，$a_P = a^0_P = \frac{\rho c_P \Delta x}{\Delta \tau}$，$b = S_C \Delta x + (a^0_P - a_E - a_W + S_P \Delta x) T^0_P$。

表 4-10　各节点显式离散化方程中的系数值

节　点	a_W	a_E	a^0_P	a_P	S_C	S_P
0	0	$\lambda/(\Delta x/2)$	$\lambda/(\Delta x/2)$	a^0_P	0	0
1	0	$\lambda/\Delta x$	$(\rho c_p)(\Delta x/\Delta\tau)$	a^0_P	0	0
2,3,4	$\lambda/\Delta x$	$\lambda/\Delta x$	$(\rho c_p)(\Delta x/\Delta\tau)$	a^0_P	0	0
5	$\lambda/\Delta x$	0	$(\rho c_p)(\Delta x/\Delta\tau)$	a^0_P	$[2\lambda/(\Delta x^2)]\cdot T_B$	$-2\lambda/(\Delta x^2)$
6	0	0	0	1	0	0

第三步：求解方程组。

上述各节点的离散化方程组成以下方程组：

$$\begin{cases} 200T'_1 = 25T^0_2 + 175T^0_1 \\ 200T'_2 = 25T^0_1 + 25T^0_3 + 150T^0_2 \\ 200T'_3 = 25T^0_2 + 25T^0_4 + 150T^0_3 \\ 200T'_4 = 25T^0_3 + 25T^0_5 + 150T^0_4 \\ 200T'_5 = 25T^0_4 + 125T^0_5 \end{cases}$$

由上式可见，由于各式等号右边均为前一时间步长的值，因此只需已知初始条件，从初始条件出发，代入方程组就可直接求出下一时步时各节点的温度值，不需解方程。计算结果如图4-17所示，其中前 10 个时步（前 20 s）的计算结果见表 4-11。附录 G 给出了详细的计算程序。

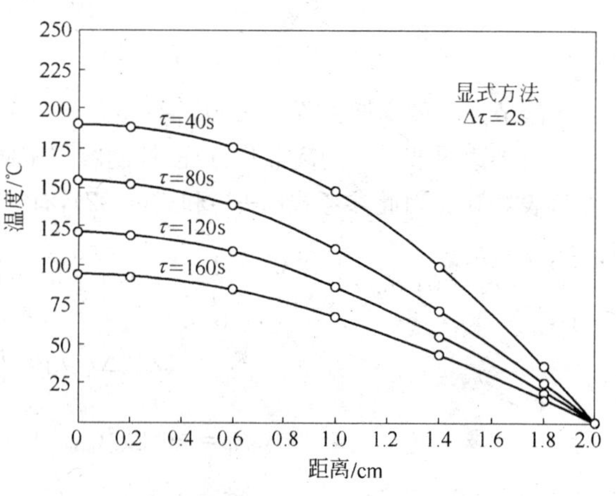

图 4-17　显式方法数值解与解析解的比较

表 4-11　例 4-5 显式格式前 10 s 各步各节点的温度分布计算值

步数	时刻/s	(0) x=0.00	1 x=0.002	2 x=0.006	3 x=0.01	4 x=0.014	5 x=0.016	(6) x=0.02
0	0	200	200	200	200	200	200	200
1	2	200	200	200	200	200	150	0
2	4	200	200	200	200	193.75	118.75	0
3	6	200	200	200	199.21	185.16	98.43	0
4	8	200	200	199.90	197.55	176.07	84.66	0
5	10	199.98	199.98	199.62	195.16	167.33	74.92	0
6	12	199.94	199.94	199.11	192.24	159.26	67.74	0
7	14	199.83	199.83	198.35	188.98	151.94	62.24	0
8	16	199.65	199.65	197.36	185.52	145.36	57.89	0
9	18	199.37	199.37	196.17	181.98	139.45	54.35	0
10	20	198.97	198.97	194.79	178.44	134.12	51.40	0

例 4-6 用全隐格式计算例 4-5。

解: 仍采用如图 4-16 所示相同的网格划分方法。

内节点采用隐式格式。参考式(4-94)和式(4-95):

$$a_P T'_P = a_E T'_E + a_W T'_W + b$$

式中,$a_E = \dfrac{\lambda_e}{(\Delta x)_e}$, $a_W = \dfrac{\lambda_w}{(\Delta x)_w}$, $a_P^0 = \dfrac{\rho c_p \Delta x}{\Delta \tau}$, $a_P = a_E + a_W + a_P^0 - S_P \Delta x$, $b = S_C \Delta x + a_P^0 T_P^0$。

例如对于节点 2:时间步长取 $\Delta\tau = 2$ s 时

$$a_E = a_W = \frac{\lambda}{(\Delta x)} = \frac{10}{0.004} = 2500;\ a_P^0 = \frac{\rho c_p \Delta x}{\Delta \tau} = \frac{10\times 10^6 \times 0.004}{2} = 2\times 10^4$$

$$a_P = a_E + a_W + a_P^0 - S_P \Delta x = 2500 + 2500 + 2\times 10^4 - 0 = 25\times 10^3$$

$$b = S_C \Delta x + a_P^0 T_P^0 = 0 + 2\times 10^4 T_P^0 = 2\times 10^4 T_P^0$$

节点 2 的离散方程为:$250 T'_2 = 25 T'_1 + 25 T'_3 + 200 T_2^0$

节点 3 和 4 的离散方程均可参考该式计算。

边界节点 1 的离散化方程:控制容积西侧界面绝热,则有 $a_w = 0, S = 0$。因此参考式(4-94)和式(4-95)有

$$a_E = \frac{\lambda}{(\Delta x)} = \frac{10}{0.004} = 2500;\quad a_W = 0;\quad a_P^0 = \frac{\rho c_p \Delta x}{\Delta \tau} = \frac{10\times 10^6 \times 0.004}{2} = 2\times 10^4$$

$$a_P = a_E + a_W + a_P^0 - S_P \Delta x = 2500 + 0 + 2\times 10^4 - 0 = 225\times 10^2$$

$$b = S_C \Delta x + a_P^0 T_P^0 = 0 + 2\times 10^4 T_P^0 = 2\times 10^4 T_P^0$$

节点 1 的离散方程为:$225 T'_1 = 25 T'_2 + 200 T_1^0$

边界节点 5 的离散化方程:控制容积东侧界面温度恒定为 0 ℃,则有 $a_e = 0$,S_C 和 S_P 值参考表 4-9。因此参考式(4-91)和式(4-92),有

$$a_E = 0; a_W = \frac{\lambda}{(\Delta x)} = \frac{10}{0.004} = 2500$$

$$a_P^0 = \frac{\rho c_p \Delta x}{\Delta \tau} = \frac{10\times 10^6 \times 0.004}{2} = 2\times 10^4$$

$$S_C = [2\lambda/(\Delta x^2)] T_B = \frac{2\times 10}{0.004^2}\times 0 = 0$$

$$S_P = -[2\lambda/(\Delta x^2)] = -\frac{2\times 10}{0.004^2} = -1.25\times 10^6$$

$$a_P = a_E + a_W + a_P^0 - S_P \Delta x = 0 + 2500 + 2\times 10^4 - (-1.25\times 10^6 \times 0.004) = 275\times 10^2$$

$$b = S_C \Delta x + a_P^0 T_P^0 = 0 + 2\times 10^4 T_P^0 = 2\times 10^4 T_P^0$$

节点 5 的离散方程为:$275 T'_5 = 25 T'_4 + 200 T_5^0$

对于节点 0 和节点 6,按与显式格式处理方法相同的方法处理。

综上所述,所有节点的离散方程可用下式表示,其中各节点的系数见表 4-12。

$$a_P T'_P = a_E T'_E + a_W T'_W + b$$

式中,$a_E = \dfrac{\lambda_e}{(\Delta x)_e}$, $a_W = \dfrac{\lambda_w}{(\Delta x)_w}$, $a_P^0 = \dfrac{\rho c_p \Delta x}{\Delta \tau}$, $a_P = a_E + a_W + a_P^0 - S_P \Delta x$, $b = S_C \Delta x + a_P^0 T_P^0$。

表 4-12　各节点隐式离散化方程中的系数值

节点	a_W	a_E	a_P^0	a_P	S_C	S_P
0	0	$\lambda/(\Delta x/2)$	$\lambda/(\Delta x/2)$	a_P^0	0	0
1	0	$\lambda/\Delta x$	$(\rho c_p)(\Delta x/\Delta\tau)$	$a_E+a_W+a_P^0-S_P\Delta x$	0	0
2,3,4	$\lambda/\Delta x$	$\lambda/\Delta x$	$(\rho c_p)(\Delta x/\Delta\tau)$	$a_E+a_W+a_P^0-S_P\Delta x$	0	0
5	$\lambda/\Delta x$	0	$(\rho c_p)(\Delta x/\Delta\tau)$	$a_E+a_W+a_P^0-S_P\Delta x$	$[2\lambda/(\Delta x^2)]T_B$	$-2\lambda/(\Delta x^2)$
6	0	0	0	1	0	0

上述各节点的离散化方程组成以下方程组：

$$\begin{cases}225T_1'=25T_2'+200T_1^0\\250T_2'=25T_1'+25T_3'+200T_1^0\\250T_3'=25T_2'+25T_4'+200T_1^0\\250T_4'=25T_3'+25T_5'+200T_1^0\\275T_5'=25T_4'+200T_1^0\end{cases}$$

对于每一个时刻，这将组成一个线性方程组。其矩阵形式为

$$\begin{bmatrix}225&-25&0&0&0\\-25&250&-25&0&0\\0&-25&250&-25&0\\0&0&-25&250&-25\\0&0&0&-25&275\end{bmatrix}\begin{bmatrix}T_1\\T_2\\T_3\\T_4\\T_5\end{bmatrix}=\begin{bmatrix}200T_1^0\\200T_2^0\\200T_3^0\\200T_4^0\\200T_5^0\end{bmatrix}$$

结合初始条件 T_i^0，上述方程就成为一个对称的三对角线性方程组，用解三对角系数矩阵线性方程组的追赶法（TDMA 法）求解最为方便快速。当然也可用高斯-赛德尔迭代法或超松弛(SOR)法求解。

计算过程如下：

(1) 由初始条件 $T_i^{(0)}$，迈一步（如 $\Delta\tau=2$ s），代入线性方程组解出第一步（第一时步）时各节点的温度值 $T_i^{(1)}$。

(2) 以 $T_i^{(1)}$ 作为下一时步的初始条件温度 $T_i^{(0)}$，迈一步（如 $\Delta\tau=2$ s），代入线性方程组解出第二步（第二时步）时各节点的温度值 $T_i^{(2)}$。

(3) 重复上述过程，直到遍历所求的所有时间步长时刻，就得到非稳态问题的解。

图 4-18 示出了隐式法得到的数值解。附录 G 给出了例 4-5 和例 4-6 的完整的计算程序。

例 4-7　已知可作为一维导热处理的矩形截面直肋片，肋片长度为 L，厚度为 $2y_b$。肋片热导率为 λ，表面传热系数为 h，周围流体温度为 T_f，根部温度为 T_b。矩形直肋如图 4-19 所示。

解：该问题的控制方程为

$$\rho c_p A_y\frac{\partial T}{\partial\tau}=\lambda A_y\frac{\partial^2 T}{\partial x^2}+hA_x(T-T_f)$$

第一步：划分网格。

按图 4-19 方法，用网格划分方法 B 将求解区域划分为($N-2$)等分，连同两个边界节点共得 N 个节点。其中，节点 1 和 N 为边界界面的节点，节点 2 和 $N-1$ 为近边界节点，其余为内部节

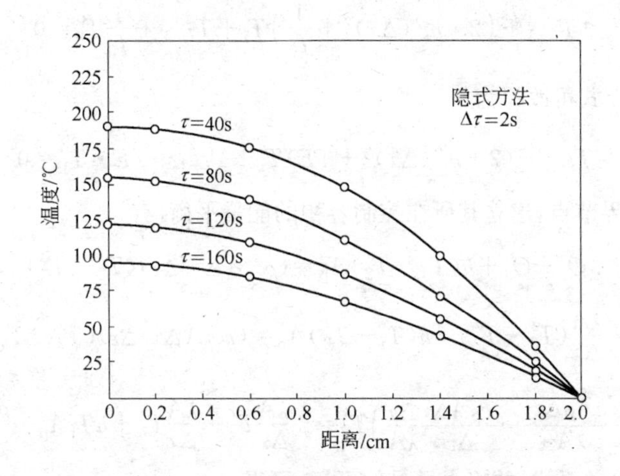

图 4-18 隐式方法数值解与解析解的比较

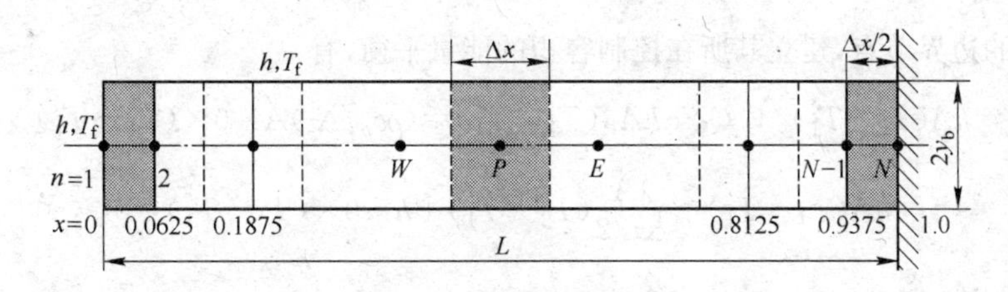

图 4-19 矩形直肋示意图

点。如取 $N=10$，则将求解区域 8 等分，$\Delta x=1/(N-2)=0.125$。若 $L=1$，则各节点的坐标为：节点 1，$x_1=0$；节点 2，$x_2=0.0625$；节点 3，$x_3=0.0625$；…；节点 9，$x_9=0.9375$；节点 10，$x_{10}=1.0$。图 4-19 示出了节点的编号及各节点的坐标。

第二步：控制方程离散化。

采用有限体积法离散。对于任意内节点 P，将控制方程两边分别对时间（从 τ 到 $(\tau+\Delta\tau)$ 时刻）和控制容积 P（只有一维，从 x 到 $(x+\Delta x)$）积分

$$\int_w^e\int_\tau^{\tau+\Delta\tau}\rho c_p A_y\frac{\partial T}{\partial\tau}\mathrm{d}\tau\mathrm{d}x=\int_\tau^{\tau+\Delta\tau}\int_w^e\lambda A_y\frac{\partial^2 T}{\partial x^2}\mathrm{d}x\mathrm{d}\tau+\int_\tau^{\tau+\Delta\tau}\int_w^e hA_x(T-T_\mathrm{f})\mathrm{d}x\mathrm{d}\tau$$

取隐式格式，积分得

$$\left(\frac{\lambda A_\mathrm{w}}{\Delta x}+\frac{\lambda A_\mathrm{e}}{\Delta x}+hA_\mathrm{P}+\frac{\rho c_p\Delta xA}{\Delta\tau}\right)T'_\mathrm{P}=\frac{\lambda A_\mathrm{w}}{\Delta x}T'_\mathrm{W}+\frac{\lambda A_\mathrm{e}}{\Delta x}T'_\mathrm{E}+hA_\mathrm{P}T_\mathrm{f}+\frac{\rho c_p\Delta xA}{\Delta\tau}T^0_\mathrm{P}$$

取对称面的长半个肋片进行分析，有 $A_\mathrm{w}=A_\mathrm{e}=A_y=y_\mathrm{b}$，$A_\mathrm{P}A_x=\Delta x$

设 $y_\mathrm{b}=\Delta x=L/(N-2)$，引入无量纲变量如下：

$$\begin{cases}X_*=X/L, & T_*=(T'-T_\mathrm{f})/(T'_\mathrm{b}-T_\mathrm{f})\\ m_*=\sqrt{hL^2/\lambda y_\mathrm{b}}, & f_0=\lambda\Delta\tau/[(\rho c_p)_\mathrm{P}(\Delta x)^2]\end{cases}$$

下列各式中均为无量纲量，为方便起见，都略去星号的下标。对内部节点（$i=3,4,\cdots,N-2$）有离散化方程：

$$T_{i-1}-\left(2+m^2(\Delta x)^2+\frac{1}{f_0}\right)T_i+T_{i+1}+\frac{1}{f_0}T_{\mathrm{P}}^0=0$$

取 $TE=1/f_0$，上式可改写为

$$T_{i-1}-(2+m^2(\Delta x)^2+TE)T_i+T_{i+1}+TE\cdot T_{\mathrm{P}}^0=0$$

对 $i=2$ 的近边界节点，建立其所在控制容积的能量平衡，有

$$Q_1+Q_3+h(T_{\mathrm{f}}-T_2')A_{\mathrm{p}}=(\rho c_p A\Delta x/\Delta\tau)(T_2'-T_2^0)$$

即：$\dfrac{\lambda A}{\Delta x/2}(T_1'-T_2')+\dfrac{\lambda A}{\Delta x}(T_3'-T_2')+h(T_{\mathrm{f}}-T_2')A_{\mathrm{p}}=(\rho c_p A\Delta x/\Delta\tau)(T_2'-T_2^0)$

整理得：$\dfrac{\lambda A}{\Delta x}\left(3+\dfrac{hA_{\mathrm{P}}\Delta x}{\lambda A}+\dfrac{\rho c_{\mathrm{p}}A\Delta x}{\Delta\tau}\dfrac{\Delta x}{\lambda A}\right)T_2'=2\dfrac{\lambda A}{\Delta x}T_1'+\dfrac{\lambda A}{\Delta x}T_3'+hT_{\mathrm{f}}A_{\mathrm{p}}+\dfrac{\rho c_p A\Delta x}{\Delta\tau}T_2^0$

代入无量纲假设关系式，并略去星号的下标，可得

$$2T_1-(3+m^2(\Delta x)^2+TE)T_2+T_3+TE\cdot T_2^0=0$$

对 $i=1$ 的边界节点，建立其所在控制容积的能量平衡，有

$$hA(T_{\mathrm{f}}-T_1')+Q_2+hA_{\mathrm{P}}(T_{\mathrm{f}}-T_1')=(\rho c_p/\Delta\tau)A\times0\times(T_1'-T_1^0)$$

$$hA(T_{\mathrm{f}}-T_1')+\frac{\lambda A}{\Delta x/2}(T_2'-T_1')+h\times0\times(T_{\mathrm{f}}-T_1')=0$$

整理得：$\dfrac{\lambda A}{\Delta x}\left(2+hA\dfrac{\Delta x}{\lambda A}\right)T_1'=2\dfrac{\lambda A}{\Delta x}T_2'+hAT_{\mathrm{f}}$

代入无量纲假设关系式，并略去星号的下标，可得：$-(2+m^2(\Delta x)^2)T_1+2T_2=0$

对 $i=N-1$ 的近边界节点，建立其所在控制容积的能量平衡，有

$$Q_{N-2}+Q_N+h(T_{\mathrm{f}}-T_{N-1}')A_{\mathrm{p}}=(\rho c_p A\Delta x/\Delta\tau)(T_{N-1}'-T_{N-1}^0)$$

即：
$$\frac{\lambda A}{\Delta x}(T_{N-2}'-T_{N-1}')+\frac{\lambda A}{\Delta x/2}(T_N'-T_{N-1}')+h(T_{\mathrm{f}}-T_{N-1}')\cdot A_{\mathrm{P}}$$
$$=(\rho c_p A\Delta x/\Delta\tau)(T_{N-1}'-T_{N-1}^0)$$

同理，代入无量纲假设关系式，并略去星号的下标，可得

$$T_{N-2}-(3+m^2(\Delta x)^2+TE)T_{N-1}+2T_N+TE\cdot T_{N-1}^0=0$$

对 $i=N$ 的边界节点，$T_N'=T_{\mathrm{b}}$，代入无量纲假设关系式，并略去星号的下标，有：$T_N=1$。

需注意的是，上述无量纲离散方程中的 T 都是后一时刻的值，T^0 是前一时刻的值。本题的完整计算程序详见附录 H。可取 $N=10$、$M=1$、$DT=1$，如果 $IR>5$，则取 $DT=1e+20$。表 4-13 给出了计算程序中的主要符号的意义。

表 4-13　计算程序中的主要符号说明

符　号	意　义
N	节点总数
DT	无量纲时间步长 f_0
M	无量纲数 $\sqrt{\alpha L^2/\lambda y_{\mathrm{b}}}$

续表 4-13

符 号	意 义
ID	瞬态迭代次数
X	无量纲空间步长 ΔX
$L(I)$	存放各节点无量纲坐标 X^* 的一维数组
AT	时间步长累进值
$T(I)$	存放各节点温度值一维数组
IR	迭代次数，$IR>5$ 稳态解
TE	$1/f_0$
$A(I),B(I),C(I),D(I)$	TDMA 法中的系数矩阵和右端项的元素 a_i,b_i,c_i,d_i

运行结果：

IR=1	X*	T*
X(1)=	0	0.9678257
X(2)=	0.0625	0.9753869
X(3)=	0.1875	0.9811364
X(4)=	0.3125	0.9833527
X(5)=	0.4375	0.9842865
X(6)=	0.5625	0.9848862
X(7)=	0.6875	0.9857609
X(8)=	0.8125	0.987799
X(9)=	0.9375	0.9930706
X(10)=	1	1

IR=2	X*	T*
X(1)=	0	0.9465105
X(2)=	0.0625	0.9539051
X(3)=	0.1875	0.9621174
X(4)=	0.3125	0.9663438
X(5)=	0.4375	0.9686601
X(6)=	0.5625	0.9704854
X(7)=	0.6875	0.9730738
X(8)=	0.8125	0.9781794
X(9)=	0.9375	0.9889494
X(10)=	1	1

IR=3	X*	T*
X(1)=	0	0.9270342
X(2)=	0.0625	0.9342766
X(3)=	0.1875	0.9437311
X(4)=	0.3125	0.9495453
X(5)=	0.4375	0.9533974
X(6)=	0.5625	0.9568837
X(7)=	0.6875	0.9617193
X(8)=	0.8125	0.9702272
X(9)=	0.9375	0.9859428
X(10)=	1	1

IR=4	X*	T*
X(1)=	0	0.9088649
X(2)=	0.0625	0.9159654
X(3)=	0.1875	0.9261671
X(4)=	0.3125	0.9332761
X(5)=	0.4375	0.9386984
X(6)=	0.5625	0.9440888
X(7)=	0.6875	0.9514356
X(8)=	0.8125	0.9633652
X(9)=	0.9375	0.9834853
X(10)=	1	1

IR=5	X*	T*
X(1)=	0	0.8917555
X(2)=	0.0625	0.8987224
X(3)=	0.1875	0.9094555
X(4)=	0.3125	0.9176874
X(5)=	0.4375	0.9246692
X(6)=	0.5625	0.9320698
X(7)=	0.6875	0.9420149
X(8)=	0.8125	0.9572585
X(9)=	0.9375	0.9813526
X(10)=	1	1

IR=6	X*	T*
X(1)=	0	0.8755779
X(2)=	0.0625	0.8824183
X(3)=	0.1875	0.8935831
X(4)=	0.3125	0.9028376
X(5)=	0.4375	0.9113489
X(6)=	0.5625	0.9207799
X(7)=	0.6875	0.933308
X(8)=	0.8125	0.9517121
X(9)=	0.9375	0.9794402
X(10)=	1	1

4.3　二维导热问题的数值方法

常物性二维导热方程如表 4-14 所示。下面以常物性、无内热源的典型二维非稳态导热问题为例讨论二维导热问题的数值方法。其控制微分方程为

表 4-14　导热微分方程

状态	坐标系	条　件		微　分　方　程
非稳态温度场	直角坐标系	普遍式		$\rho c_p\frac{\partial T}{\partial\tau}=\frac{\partial}{\partial x}\left(\lambda\frac{\partial T}{\partial x}\right)+\frac{\partial}{\partial y}\left(\lambda\frac{\partial T}{\partial y}\right)+\frac{\partial}{\partial z}\left(\lambda\frac{\partial T}{\partial z}\right)+\dot{Q}$
		常物性		$\rho c_p\frac{\partial T}{\partial\tau}=\lambda\left(\frac{\partial^2 T}{\partial x^2}+\frac{\partial^2 T}{\partial y^2}+\frac{\partial^2 T}{\partial z^2}\right)+\dot{Q}$ 或 $\frac{\partial T}{\partial\tau}=a\left(\frac{\partial^2 T}{\partial x^2}+\frac{\partial^2 T}{\partial y^2}+\frac{\partial^2 T}{\partial z^2}\right)+\frac{\dot{Q}}{\rho c_p}$
		常物性、无内热源	三维	$\frac{\partial T}{\partial\tau}=a\left(\frac{\partial^2 T}{\partial x^2}+\frac{\partial^2 T}{\partial y^2}+\frac{\partial^2 T}{\partial z^2}\right)$
			二维	$\frac{\partial T}{\partial\tau}=a\left(\frac{\partial^2 T}{\partial x^2}+\frac{\partial^2 T}{\partial y^2}\right)$
			一维	$\frac{\partial T}{\partial\tau}=a\frac{\partial^2 T}{\partial x^2}$
	圆柱坐标系	普遍式		$\rho c_p\frac{\partial T}{\partial\tau}=\frac{1}{r}\frac{\partial}{\partial r}\left(\lambda r\frac{\partial T}{\partial r}\right)+\frac{1}{r^2}\frac{\partial}{\partial\varphi}\left(\lambda\frac{\partial T}{\partial\varphi}\right)+\frac{\partial}{\partial z}\left(\lambda\frac{\partial T}{\partial z}\right)+\dot{Q}$
		常物性		$\rho c_p\frac{\partial T}{\partial\tau}=\lambda\left[\frac{1}{r}\frac{\partial}{\partial r}\left(r\frac{\partial T}{\partial r}\right)+\frac{1}{r^2}\frac{\partial^2 T}{\partial\varphi^2}+\frac{\partial^2 T}{\partial z^2}\right]+\dot{Q}$ 或 $\frac{\partial T}{\partial\tau}=a\left[\frac{1}{r}\frac{\partial}{\partial r}\left(r\frac{\partial T}{\partial r}\right)+\frac{1}{r^2}\frac{\partial^2 T}{\partial\varphi^2}+\frac{\partial^2 T}{\partial z^2}\right]+\frac{\dot{Q}}{\rho c_p}$
		常物性、无内热源	三维	$\frac{\partial T}{\partial\tau}=a\left[\frac{1}{r}\frac{\partial}{\partial r}\left(r\frac{\partial T}{\partial r}\right)+\frac{1}{r^2}\frac{\partial^2 T}{\partial\varphi^2}+\frac{\partial^2 T}{\partial z^2}\right]$
			二维	$\frac{\partial T}{\partial\tau}=a\left[\frac{1}{r}\frac{\partial}{\partial r}\left(r\frac{\partial T}{\partial r}\right)+\frac{1}{r^2}\frac{\partial^2 T}{\partial\varphi^2}\right]=a\left[\frac{\partial^2 T}{\partial r^2}+\frac{1}{r}\frac{\partial T}{\partial r}+\frac{1}{r^2}\frac{\partial^2 T}{\partial\varphi^2}\right]$ 或 $\frac{\partial T}{\partial\tau}=a\left[\frac{1}{r}\frac{\partial}{\partial r}\left(r\frac{\partial T}{\partial r}\right)+\frac{\partial^2 T}{\partial z^2}\right]$
			一维	$\frac{\partial T}{\partial\tau}=a\left[\frac{\partial^2 T}{\partial r^2}+\frac{1}{r}\frac{\partial T}{\partial r}\right]$
	球面坐标系	普遍式		$\rho c_p\frac{\partial T}{\partial\tau}=\frac{1}{r^2}\frac{\partial}{\partial r}\left(\lambda r^2\frac{\partial T}{\partial r}\right)+\frac{1}{r^2\sin^2\theta}\frac{\partial T}{\partial\varphi}\left(\lambda\frac{\partial T}{\partial\varphi}\right)+\frac{1}{r^2\sin\theta}\frac{\partial T}{\partial\theta}\left(\lambda\sin\theta\frac{\partial T}{\partial\theta}\right)+\dot{Q}$
		常物性		$\rho c_p\frac{\partial T}{\partial\tau}=\lambda\left[\frac{1}{r}\frac{\partial^2(rT)}{\partial r^2}+\frac{1}{r^2\sin^2\theta}\frac{\partial^2 T}{\partial\varphi^2}+\frac{1}{r^2\sin\theta}\frac{\partial T}{\partial\theta}\left(\sin\theta\frac{\partial T}{\partial\theta}\right)\right]+\dot{Q}$ 或 $\frac{\partial T}{\partial\tau}=a\left[\frac{1}{r}\frac{\partial^2(rT)}{\partial r^2}+\frac{1}{r^2\sin^2\theta}\frac{\partial^2 T}{\partial\varphi^2}+\frac{1}{r^2\sin\theta}\frac{\partial T}{\partial\theta}\left(\sin\theta\frac{\partial T}{\partial\theta}\right)\right]+\frac{\dot{Q}}{\rho c_p}$
		常物性、无内热源	三维	$\frac{\partial T}{\partial\tau}=a\left[\frac{1}{r}\frac{\partial^2(rT)}{\partial r^2}+\frac{1}{r^2\sin^2\theta}\frac{\partial^2 T}{\partial\varphi^2}+\frac{1}{r^2\sin\theta}\frac{\partial T}{\partial\theta}\left(\sin\theta\frac{\partial T}{\partial\theta}\right)\right]$
			二维	$\frac{\partial T}{\partial\tau}=a\left[\frac{1}{r}\frac{\partial^2(rT)}{\partial r^2}+\frac{1}{r^2\sin^2\theta}\frac{\partial^2 T}{\partial\varphi^2}\right]$
			一维	$\frac{\partial T}{\partial\tau}=a\left[\frac{1}{r}\frac{\partial^2(rT)}{\partial r^2}\right]$

续表 4-14

状态	坐标系	条件		微分方程
稳态温度场	直角坐标系	常物性、无内热源	三维	$\frac{\partial^2 T}{\partial x^2}+\frac{\partial^2 T}{\partial y^2}+\frac{\partial^2 T}{\partial z^2}=0$
			二维	$\frac{\partial^2 T}{\partial x^2}+\frac{\partial^2 T}{\partial y^2}=0$
			一维	$\frac{\partial^2 T}{\partial x^2}=0$
	圆柱坐标系	常物性、无内热源	三维	$\frac{\partial^2 T}{\partial r^2}+\frac{1}{r}\frac{\partial T}{\partial r}+\frac{1}{r^2}\frac{\partial^2 T}{\partial \varphi^2}+\frac{\partial^2 T}{\partial z^2}=0$
			二维	$\frac{\partial^2 T}{\partial r^2}+\frac{1}{r}\frac{\partial T}{\partial r}+\frac{1}{r^2}\frac{\partial^2 T}{\partial \varphi^2}=0$ 或 $\frac{\partial^2 T}{\partial r^2}+\frac{1}{r}\frac{\partial T}{\partial r}+\frac{\partial^2 T}{\partial z^2}=0$
			一维	$\frac{\partial^2 T}{\partial r^2}+\frac{1}{r}\frac{\partial T}{\partial r}=0$
	球面坐标系	常物性、无内热源	三维	$\frac{1}{r}\frac{\partial^2 (rT)}{\partial r^2}+\frac{1}{r^2\sin^2\theta}\frac{\partial^2 T}{\partial \varphi^2}+\frac{1}{r^2\sin\theta}\frac{\partial T}{\partial \theta}\left(\sin\theta\frac{\partial T}{\partial \theta}\right)=0$
			二维	$\frac{1}{r}\frac{\partial^2 (rT)}{\partial r^2}+\frac{1}{r^2\sin^2\theta}\frac{\partial^2 T}{\partial \varphi^2}=0$
			一维	$\frac{\partial^2 T}{\partial r^2}+\frac{2}{r}\frac{\mathrm{d}T}{\mathrm{d}r}=0$

$$\frac{\partial T}{\partial \tau}=a\left(\frac{\partial^2 T}{\partial x^2}+\frac{\partial^2 T}{\partial y^2}\right) \tag{4-99}$$

式中，$a=\lambda/(\rho c_p)$。其计算步骤与一维非稳态导热时基本相同。

4.3.1 求解区域离散化

二维问题常见的网格划分如图 4-20 所示。x 方向的步长为 Δx，y 方向的步长为 Δy。控制容积的形状可以是正方形(均分网格)、矩形、三角形或六边形等。网格步长在每一个方向上可以均分，也可以不均分。使用不同的步长，可将同一区域划分为不同数目的子区域，当然就有不同

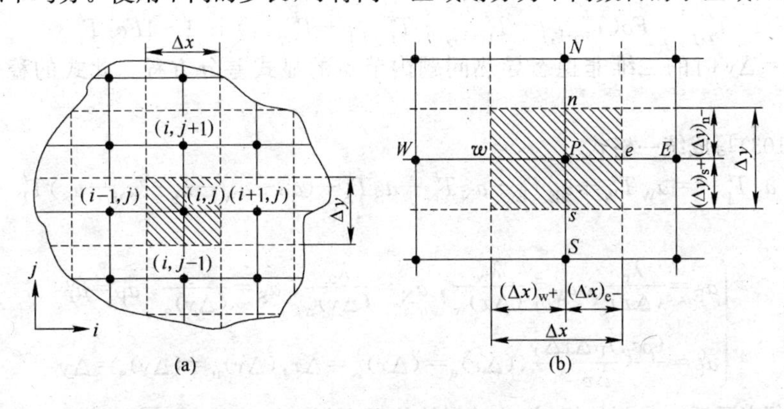

图 4-20 二维空间的网格图

数目的节点数。随着步长的减小，节点数目增多，由节点所确定的离散场越接近原来的连续场，但计算工作量也会增加。使用时应根据要求选用适当的步长。

对于二维非稳态导热问题，除了两个空间坐标的离散外，区域离散化还应包括时间坐标。此时需要用三维坐标表示（如图 4-21 所示）。其中，τ 时间层中的 (i,j) 节点的温度用 $T_{i,j}^{k}$ 表示。

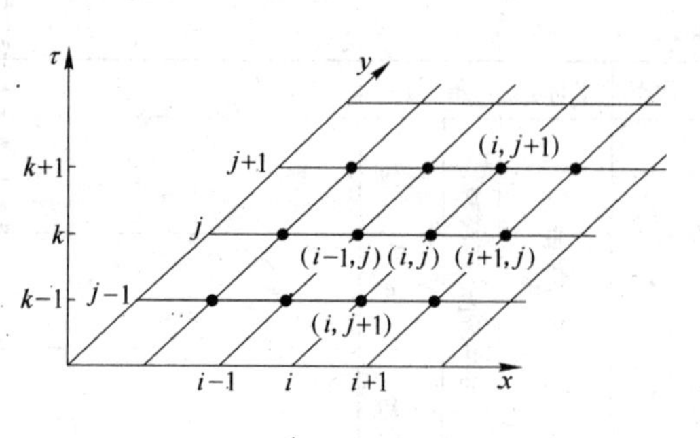

图 4-21　三维空间网格图

4.3.2　有限差分法建立节点差分方程

4.3.2.1　显式格式

对于所给的控制方程式(4-99)中的二阶空间偏导数分别用对 x 和 y 的二阶中心差商（参看式(3-40)）

$$\left.\frac{\partial^2 T}{\partial x^2}\right|_{(i,j,k)}=\frac{T_{i+1,j}^{k}-2T_{i,j}^{k}+T_{i-1,j}^{k}}{(\Delta x)^2};\left.\frac{\partial^2 T}{\partial y^2}\right|_{(i,j,k)}=\frac{T_{i,j+1}^{k}-2T_{i,j}^{k}+T_{i,j-1}^{k}}{(\Delta y)^2}\tag{4-100}$$

代替，而一阶时间偏导数用一阶向前差商

$$\left.\frac{\partial T}{\partial \tau}\right|_{(i,j,k)}=\frac{T_{i,j}^{k+1}-T_{i,j}^{k}}{\Delta\tau}\tag{4-101}$$

代替，则得到内节点的显式差分方程为

$$\frac{T_{i,j}^{k+1}-T_{i,j}^{k}}{\Delta\tau}=a\left(\frac{T_{i+1,j}^{k}-2T_{i,j}^{k}+T_{i-1,j}^{k}}{(\Delta x)^2}+\frac{T_{i,j+1}^{k}-2T_{i,j}^{k}+T_{i,j-1}^{k}}{(\Delta y)^2}\right)\tag{4-102}$$

或

$$\begin{aligned}&(\rho c_p)\frac{\Delta x\Delta y}{\Delta\tau}(T_{i,j}^{k+1}-T_{i,j}^{k})\\&=\frac{\lambda}{\Delta x}(T_{i+1,j}^{k}-2T_{i,j}^{k}+T_{i-1,j}^{k})+\frac{\lambda}{\Delta y}(T_{i,j+1}^{k}-2T_{i,j}^{k}+T_{i,j-1}^{k})\end{aligned}\tag{4-103}$$

当空间网格取 $\Delta x=\Delta y$ 时，将式(4-102)按节点温度合并同类项，整理可得

$$T_{i,j}^{k+1}=\frac{a(\Delta\tau)}{(\Delta x)^2}(T_{i+1,j}^{k}+T_{i-1,j}^{k}+T_{i,j+1}^{k}+T_{i,j-1}^{k})+\left(1-4\frac{a(\Delta\tau)}{(\Delta x)^2}\right)T_{i,j}^{k}\tag{4-104}$$

令 $Fo=\frac{a(\Delta\tau)}{(\Delta x)^2}=\frac{\lambda}{\rho c_p}\frac{(\Delta\tau)}{(\Delta x)^2}$，则可写为

$$T_{i,j}^{k+1}=Fo(T_{i+1,j}^{k}+T_{i-1,j}^{k}+T_{i,j+1}^{k}+T_{i,j-1}^{k})+(1-4Fo)T_{i,j}^{k}\tag{4-105}$$

此即为取 $\Delta x=\Delta y$ 时的二维非稳态导热问题内节点的显式差分方程。此式的稳定性条件是 $Fo\leqslant 1/4$。

将式(4-103)写成统一格式

$$a_{\mathrm{P}}T_{\mathrm{P}}^{k+1}=a_{\mathrm{W}}T_{\mathrm{W}}^{k}+a_{\mathrm{E}}T_{\mathrm{E}}^{k}+a_{\mathrm{N}}T_{\mathrm{N}}^{k}+a_{\mathrm{S}}T_{\mathrm{S}}^{k}+(a_{\mathrm{P}}^{0}-a_{\mathrm{W}}-a_{\mathrm{E}}-a_{\mathrm{N}}-a_{\mathrm{S}})T_{\mathrm{P}}^{k}\tag{4-106}$$

式中

$$\begin{cases}a_{\mathrm{E}}=\dfrac{\lambda_{\mathrm{e}}}{(\Delta x)_{\mathrm{e}}},a_{\mathrm{W}}=\dfrac{\lambda_{\mathrm{w}}}{(\Delta x)_{\mathrm{w}}},\ a_{\mathrm{N}}=\dfrac{\lambda_{\mathrm{n}}}{(\Delta y)_{\mathrm{n}}},\ a_{\mathrm{S}}=\dfrac{\lambda_{\mathrm{s}}}{(\Delta y)_{\mathrm{s}}},\ a_{\mathrm{P}}=a_{\mathrm{P}}^{0}\\a_{\mathrm{P}}^{0}=\dfrac{(\rho c_p)_{\mathrm{P}}\Delta x\Delta y}{\Delta\tau},(\Delta x)_{\mathrm{e}}=(\Delta x)_{\mathrm{w}}=\Delta x,(\Delta y)_{\mathrm{n}}=(\Delta y)_{\mathrm{s}}=\Delta y\end{cases}\tag{4-107}$$

用上标“′”表示后一时刻的值，前一时刻的值用上标“0”表示，用“$\sum_{\mathrm{nb}}$”表示邻近节点 E、W、

N 和 S,式(4-106)可表示成更简洁的形式

$$a_{\rm P}T'_{\rm P}=\sum\nolimits_{\rm nb}a_{\rm nb}T^0_{\rm nb}+(a^0_{\rm P}-\sum\nolimits_{\rm nb}a_{\rm nb})T^0_{\rm P} \tag{4-108}$$

式中

$$\begin{cases} a_{\rm E}=\dfrac{\lambda_{\rm e}}{(\Delta x)_{\rm e}},\ a_{\rm W}=\dfrac{\lambda_{\rm w}}{(\Delta x)_{\rm w}},\ a_{\rm N}=\dfrac{\lambda_{\rm n}}{(\Delta y)_{\rm n}},\ a_{\rm S}=\dfrac{\lambda_{\rm s}}{(\Delta y)_{\rm s}},\ a_{\rm P}=a^0_{\rm P} \\ \sum\nolimits_{\rm nb}a_{\rm nb}T^0_{\rm nb}=a_{\rm W}T^0_{\rm W}+a_{\rm E}T^0_{\rm E}+a_{\rm N}T^0_{\rm N}+a_{\rm S}T^0_{\rm S},\ \sum\nolimits_{\rm nb}a_{\rm nb}=a_{\rm W}+a_{\rm E}+a_{\rm N}+a_{\rm S} \\ a^0_{\rm P}=\dfrac{(\rho c_p)_{\rm P}\Delta x\Delta y}{\Delta\tau},(\Delta x)_{\rm e}=(\Delta x)_{\rm w}=\Delta x,(\Delta y)_{\rm n}=(\Delta y)_{\rm s}=\Delta y \end{cases} \tag{4-109}$$

式(4-106)和式(4-108)是二维非稳态导热、无内热源问题均匀网格的显式统一格式。

式(4-105)和式(4-108)中分别略去非稳态项 $T^{k+1}_{i,j}$ 和 T',则可得二维稳态导热问题内节点的显式差分方程。

4.3.2.2 隐式格式

若一阶时间偏导数用一阶向后差商

$$\left.\frac{\partial T}{\partial\tau}\right|_{(i,j,k)}=\frac{T^k_{i,j}-T^{k-1}_{i,j}}{\Delta\tau} \tag{4-110}$$

代替,则得到内节点的隐式差分方程:

$$\frac{T^k_{i,j}-T^{k-1}_{i,j}}{\Delta\tau}=a\left(\frac{T^k_{i+1,j}-2T^k_{i,j}+T^k_{i-1,j}}{(\Delta x)^2}+\frac{T^k_{i,j+1}-2T^k_{i,j}+T^k_{i,j-1}}{(\Delta y)^2}\right) \tag{4-111}$$

同样,引入 Fo 数,上式可整理为

$$(1+4Fo)T^k_{i,j}=Fo(T^k_{i+1,j}+T^k_{i-1,j}+T^k_{i,j+1}+T^k_{i,j-1})+T^{k-1}_{i,j} \tag{4-112}$$

或写成

$$(1+4Fo)T^{k+1}_{i,j}=Fo(T^{k+1}_{i+1,j}+T^{k+1}_{i-1,j}+T^{k+1}_{i,j+1}+T^{k+1}_{i,j-1})+T^k_{i,j} \tag{4-113}$$

此式即为二维非稳态导热问题当取 $\Delta x=\Delta y$ 时的内节点隐式差分方程。

同样,式(4-111)用统一格式表示成

$$a_{\rm P}T'_{\rm P}=\sum\nolimits_{\rm nb}a_{\rm nb}T'_{\rm nb}+a^0_{\rm P}T^0_{\rm P} \tag{4-114}$$

式中

$$\begin{cases} a_{\rm E}=\dfrac{\lambda_{\rm e}}{(\Delta x)_{\rm e}},\ a_{\rm W}=\dfrac{\lambda_{\rm w}}{(\Delta x)_{\rm w}},\ a_{\rm N}=\dfrac{\lambda_{\rm n}}{(\Delta y)_{\rm n}},a_{\rm S}=\dfrac{\lambda_{\rm s}}{(\Delta y)_{\rm s}},\ a_{\rm P}=a^0_{\rm P}+\sum\nolimits_{\rm nb}a_{\rm nb} \\ a^0_{\rm P}=\dfrac{(\rho c_p)_{\rm P}\Delta x\Delta y}{\Delta\tau},(\Delta x)_{\rm e}=(\Delta x)_{\rm w}=\Delta x,(\Delta y)_{\rm n}=(\Delta y)_{\rm s}=\Delta y \end{cases} \tag{4-115}$$

综上所述,对二维非稳态导热问题,内节点差分方程可表示为一般形式:

$$\beta\left[\frac{T^{k+1}_{i+1,j}-2T^{k+1}_{i,j}+T^{k+1}_{i-1,j}}{(\Delta x)^2}+\frac{T^{k+1}_{i,j+1}-2T^{k+1}_{i,j}+T^{k+1}_{i,j-1}}{(\Delta y)^2}\right]+ (1-\beta)\left[\frac{T^k_{i+1,j}-2T^k_{i,j}+T^k_{i-1,j}}{(\Delta x)^2}+\frac{T^k_{i,j+1}-2T^k_{i,j}+T^k_{i,j-1}}{(\Delta y)^2}\right]=\frac{1}{a}\cdot\frac{T^{k+1}_{i,j}-T^k_{i,j}}{\Delta\tau} \tag{4-116}$$

$\beta=0$ 时为显示格式,$\beta=1$ 时为隐式格式,$\beta=1/2$ 时为 10 点格式。

与一维问题相同,二维差分方程也存在稳定性问题,计算时要引起注意。

例 4-8 一长为 400 mm、宽 200 mm 的矩形板。热导率为常数,无内热源。设板的周围各边界上的温度给定,且不随时间变化,在厚度方向的温度变化可略。试求该矩形板内的温度分布。

分析:由题意可知,这是一个第一类边界条件下的二维稳态导热问题,控制方程为

$$\frac{\partial^2 T}{\partial x^2}+\frac{\partial^2 T}{\partial y^2}=0$$

边界条件：$\begin{cases} x=0, T=T_2=100 \\ x=L, T=T_4=860 \\ y=0, T=T_1=100+400x/L \\ y=W, T=T_3=100 \end{cases}$

解：第一步：生成计算网格。

将求解区域（矩形板）的 x 方向 8 等分（$m=8$），y 方向 4 等分（$n=4$），$\Delta x=\Delta y=50$ mm，因各边界温度均已知或可预先求出，故只需计算出内节点的温度即可。

第二步：控制方程离散化，得到节点的差分方程。

内节点的差分格式：$T_{i,j}=(T_{i+1,j}+T_{i-1,j}+T_{i,j-1}+T_{i,j+1})/4(i=1,2,3,\cdots,7;j=1,2,3)$

相应的边界条件为

$$\begin{cases} y=0,\ T_{i,j}=100+400i/m & (x=i\Delta x,\Delta x=L/m)(i=1,2,3,\cdots,7;j=0) \\ y=W, T_{i,j}=100 & i=1,2,3,\cdots,7;j=4 \\ x=0, T_{i,j}=100 & i=0,j=1,2,3 \\ x=L, T_{i,j}=860 & i=8,j=1,2,3 \end{cases}$$

将相应的内节点和边界节点差分方程展开得线性方程组为

$$\begin{cases} T_{1,1}=0.25(T_{2,1}+T_{0,1}+T_{1,0}+T_{1,2})=0.25(T_{2,1}+T_{1,2})+62.5 \\ T_{1,2}=0.25(T_{2,2}+T_{0,2}+T_{1,1}+T_{1,3})=0.25(T_{2,2}+T_{1,1}+T_{1,3})+50 \\ \vdots \\ T_{i,j}=0.25(T_{i+1,j}+T_{i-1,j}+T_{i,j-1}+T_{i,j+1}) \\ \vdots \\ T_{3,6}=0.25(T_{4,6}+T_{2,6}+T_{3,5}+T_{3,7})=0.25(T_{2,6}+T_{3,5}+T_{3,7})+25 \\ T_{3,7}=0.25(T_{4,7}+T_{2,7}+T_{3,6}+T_{3,8})=0.25(T_{2,7}+T_{3,6})+240 \end{cases}$$

写成矩阵形式

$$\begin{bmatrix} -1 & 0.25 & 0 & 0 & 0 & 0 & 0 & 0 & 0.25 & 0 & 0 & 0 & 0 & 0 & 0 & 0 & 0 & 0 & 0 & 0 & 0 \\ 0.2 & -1 & 0.25 & 0 & 0 & 0 & 0 & 0 & 0 & 0.25 & 0 & 0 & 0 & 0 & 0 & 0 & 0 & 0 & 0 & 0 & 0 \\ \vdots & \vdots & \vdots & & & & & & & & & & & & & & & & & & \\ 0 & 0 & 0 & 0 & 0 & 0 & 0 & 0 & 0 & 0 & 0 & 0 & 0.25 & 0 & 0 & 0 & 0 & 0 & 0.25 & -1 & 0.25 \\ 0 & 0 & 0 & 0 & 0 & 0 & 0 & 0 & 0 & 0 & 0 & 0 & 0 & 0.25 & 0 & 0 & 0 & 0 & 0 & 0.25 & -1 \end{bmatrix} \begin{bmatrix} T_{11} \\ T_{12} \\ \vdots \\ T_{3,6} \\ T_{3,7} \end{bmatrix} = \begin{bmatrix} -62.5 \\ -50 \\ \vdots \\ -25 \\ -240 \end{bmatrix}$$

第三步：求解差分方程得到所求的温度场。

这是一个含有 21 个差分方程的线性方程组，可采用高斯-赛德尔迭代法求解。高斯-赛德尔迭代法迭代格式为

$$\begin{cases} T_{1,1}^{(k+1)}=0.25\left(T_{2,1}^{(k)}+T_{1,2}^{(k)}\right)+62.5 \\ T_{1,2}^{(k+1)}=0.25\left(T_{2,2}^{(k)}+T_{1,1}^{(k+1)}+T_{1,3}^{(k)}\right)+50 \\ \vdots \\ T_{i,j}^{(k+1)}=0.25\left(T_{i+1,j}^{(k)}+T_{i-1,j}^{(k+1)}+T_{i,j-1}^{(k+1)}+T_{i,j+1}^{(k+1)}\right) \\ \vdots \\ T_{3,6}=0.25\left(T_{2,6}^{(k+1)}+T_{3,5}^{(k+1)}+T_{3,7}^{(k)}\right)+25 \\ T_{3,7}=0.25\left(T_{2,7}^{(k+1)}+T_{3,6}^{(k+1)}\right)+240 \end{cases}$$

计算时，首先预先设定一个初场，如设定各节点的温度均为$\boldsymbol{T}^{(0)}=100$ ℃。然后代入迭代格式右边，可求得各节点的温度值$\boldsymbol{T}^{(1)}$。再以$\boldsymbol{T}^{(1)}$为第二次迭代的初值$\boldsymbol{T}^{(k)}$，代入迭代格式，又可求得第二次迭代的计算结果$\boldsymbol{T}^{(2)}$。现对每一个节点的温度值求其前后两次迭代所得结果之差值，如果各节点的差值绝对值中的最大者小于精度要求，则最后一次迭代所得的结果即为所求的解，从而得到所求的温度场。如果各节点的差值绝对值中的最大者仍未满足精度要求，则将后一次迭代得到的温度场作为下一次迭代的初场，再代入迭代格式，重新进行新一轮的计算，直到满足精度要求为止即告结束。

本例的计算程序详见附录I。经36次迭代，计算精度达到0.0001 ℃的计算结果如图4-22所示。

距离/mm $y\backslash x$	0	50	100	150	200	250	300	350	400
200		100	100	100	100	100	100	100	
150	100	114.486	130.1505	148.8957	174.5714	215.6815	292.2934	456.2717	860
100	100	127.7934	157.2204	190.861	233.7084	295.8611	397.2205	572.7935	860
50	100	139.4675	180.0768	223.6195	273.5404	336.8339	427.9341	577.6819	860
0		150	200	250	300	350	400	450	

图4-22 例4-8程序运行结果

4.3.3 有限体积法建立节点差分方程

直角坐标系表示的二维非稳态导热的控制方程为：

$$\rho c_p \frac{\partial T}{\partial \tau}=\frac{\partial}{\partial x}\left(\lambda \frac{\partial T}{\partial x}\right)+\frac{\partial}{\partial y}\left(\lambda \frac{\partial T}{\partial y}\right)+S \tag{4-117}$$

求解的空间区域的网格划分如图4-23所示。控制容积温度T的离散值存储在所对应的节点处。热导率λ也存储在节点处。控制容积P的容积为$\Delta V=\Delta x\Delta y\Delta z=\Delta x\Delta y\cdot 1=\Delta x\Delta y$。

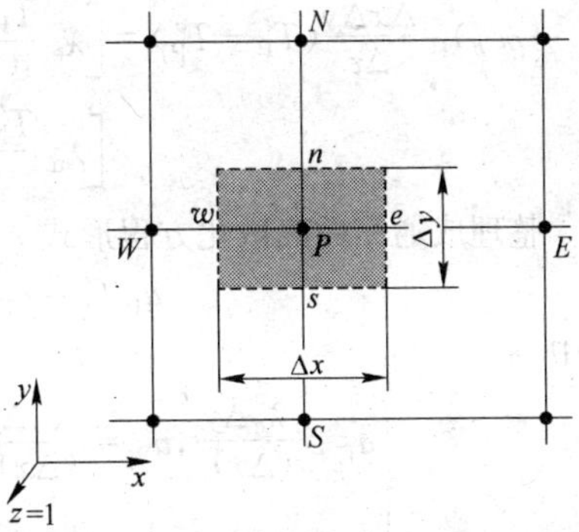

图4-23 二维空间节点和控制容积

在时间τ至$\tau+\Delta\tau$间隔内，对整个控制容积P进行积分：

$$\int_s^n\int_w^e\int_\tau^{\tau+\Delta\tau}\rho c_p\frac{\partial T}{\partial \tau}\mathrm{d}\tau\mathrm{d}x\mathrm{d}y=\int_\tau^{\tau+\Delta\tau}\int_s^n\int_w^e\frac{\partial}{\partial x}\left(\lambda\frac{\partial T}{\partial x}\right)\mathrm{d}x\mathrm{d}y\mathrm{d}\tau+\int_\tau^{\tau+\Delta\tau}\int_s^n\int_w^e\frac{\partial}{\partial y}\left(\lambda\frac{\partial T}{\partial y}\right)\mathrm{d}x\mathrm{d}y\mathrm{d}\tau+\int_\tau^{\tau+\Delta\tau}\int_s^n\int_w^e S\mathrm{d}x\mathrm{d}y\mathrm{d}\tau \tag{4-118}$$

假定非稳态项中温度随空间和时间都是阶梯形变化，非稳态项的积分为

$$\int_s^n\int_w^e\int_\tau^{\tau+\Delta\tau}\rho c_p\frac{\partial T}{\partial \tau}\mathrm{d}\tau\mathrm{d}x\mathrm{d}y=(\rho c_p)_\mathrm{P}(T_\mathrm{P}-T_\mathrm{P}^0)\Delta x\Delta y \tag{4-119}$$

扩散项中温度随空间呈分段线性变化，而随时间则是阶梯形变化，扩散项的积分为

$$\int_\tau^{\tau+\Delta\tau}\int_s^n\int_w^e\frac{\partial}{\partial x}\left(\lambda\frac{\partial T}{\partial x}\right)\mathrm{d}x\mathrm{d}y\mathrm{d}\tau+\int_\tau^{\tau+\Delta\tau}\int_s^n\int_w^e\frac{\partial}{\partial y}\left(\lambda\frac{\partial T}{\partial y}\right)\mathrm{d}x\mathrm{d}y\mathrm{d}\tau$$

$$=\left[\lambda_\mathrm{e}\frac{T_\mathrm{E}-T_\mathrm{P}}{(\Delta x)_\mathrm{e}}-\lambda_\mathrm{w}\frac{T_\mathrm{P}-T_\mathrm{W}}{(\Delta x)_\mathrm{w}}\right]\Delta y\Delta\tau+\left[\lambda_\mathrm{n}\frac{T_\mathrm{N}-T_\mathrm{P}}{(\Delta y)_\mathrm{n}}-\lambda_\mathrm{s}\frac{T_\mathrm{P}-T_\mathrm{S}}{(\Delta y)_\mathrm{s}}\right]\Delta x\Delta\tau \tag{4-120}$$

线性化源项中温度随空间和时间都是阶梯形变化，源项的积分

$$\int_{\tau}^{\tau+\Delta\tau}\int_{s}^{n}\int_{w}^{e} S\mathrm{d}x\mathrm{d}y\mathrm{d}\tau = (S_C + S_P T_P)\Delta x\Delta y\Delta\tau \tag{4-121}$$

采用上述温度分布假设，并引进加权因子 β

$$\begin{aligned}(\rho c_p)_P \frac{\Delta x\Delta y}{\Delta\tau}(T'_P - T^0_P) = &\beta\left\{\left[\lambda_e \frac{T'_E - T'_P}{(\Delta x)_e} - \lambda_w \frac{T'_P - T'_W}{(\Delta x)_w}\right]\Delta y + \right.\\ &\left.\left[\lambda_n \frac{T'_N - T'_P}{(\Delta y)_n} - \lambda_s \frac{T'_P - T'_S}{(\Delta y)_s}\right]\Delta x + (S_C + S_P T'_P)\Delta x\Delta y\right\} + \\ &(1-\beta)\left\{\left[\lambda_e \frac{T^0_E - T^0_P}{(\Delta x)_e} - \lambda_w \frac{T^0_P - T^0_W}{(\Delta x)_w}\right]\Delta y + \right.\\ &\left.\left[\lambda_n \frac{T^0_N - T^0_P}{(\Delta y)_n} - \lambda_s \frac{T^0_P - T^0_S}{(\Delta y)_s}\right]\Delta x + (S_C + S_P T^0_P)\Delta x\Delta y\right\}\end{aligned} \tag{4-122}$$

当取加权因子 $\beta=0$ 时，就得到显式格式的离散化方程

$$\begin{aligned}(\rho c_p)_P \frac{\Delta x\Delta y}{\Delta\tau}(T'_P - T^0_P) = &\left[\lambda_e \frac{T^0_E - T^0_P}{(\Delta x)_e} - \lambda_w \frac{T^0_P - T^0_W}{(\Delta x)_w}\right]\Delta y + \\ &\left[\lambda_n \frac{T^0_N - T^0_P}{(\Delta y)_n} - \lambda_s \frac{T^0_P - T^0_S}{(\Delta y)_s}\right]\Delta x + (S_C + S_P T^0_P)\Delta x\Delta y\end{aligned} \tag{4-123}$$

整理成通用的离散化方程形式

$$a_P T'_P = a_E T^0_E + a_W T^0_W + a_N T^0_N + a_S T^0_S + b \tag{4-124}$$

式中

$$\begin{cases} a_E = \dfrac{\lambda_e \Delta y}{(\Delta x)_e}, a_W = \dfrac{\lambda_w \Delta y}{(\Delta x)_w}, a_N = \dfrac{\lambda_n \Delta x}{(\Delta y)_n}, a_S = \dfrac{\lambda_s \Delta x}{(\Delta y)_s}, a_P = a^0_P, a^0_P = \dfrac{(\rho c_p)_P \Delta x\Delta y}{\Delta\tau} \\ b = S_C\Delta x\Delta y + [a^0_P - (a_E + a_W + a_N + a_S - S_P\Delta x\Delta y)]T^0_P \end{cases} \tag{4-125}$$

当取加权因子 $\beta=1$ 时，就得到全隐格式的离散化方程

$$\begin{aligned}(\rho c_p)_P \frac{\Delta x\Delta y}{\Delta\tau}(T'_P - T^0_P) = &\left[\lambda_e \frac{T'_E - T'_P}{(\Delta x)_e} - \lambda_w \frac{T'_P - T'_W}{(\Delta x)_w}\right]\Delta y + \\ &\left[\lambda_n \frac{T'_N - T'_P}{(\Delta y)_n} - \lambda_s \frac{T'_P - T'_S}{(\Delta y)_s}\right]\Delta x + (S_C + S_P T'_P)\Delta x\Delta y\end{aligned} \tag{4-126}$$

整理成通用的离散化方程形式

$$a_P T'_P = a_E T'_E + a_W T'_W + a_N T'_N + a_S T'_S + b \tag{4-127}$$

式中

$$\begin{cases} a_E = \dfrac{\lambda_e \Delta y}{(\Delta x)_e}, a_W = \dfrac{\lambda_w \Delta y}{(\Delta x)_w}, a_N = \dfrac{\lambda_n \Delta x}{(\Delta y)_n}, a_S = \dfrac{\lambda_s \Delta x}{(\Delta y)_s}, a^0_P = \dfrac{(\rho c_p)_P \Delta x\Delta y}{\Delta\tau} \\ a_P = a_E + a_W + a_N + a_S + a^0_P - S_P\Delta x\Delta y, b = S_C\Delta x\Delta y + a^0_P T^0_P \end{cases} \tag{4-128}$$

当时间步长 $\Delta\tau$ 取为大值(如 $\Delta\tau=1E+30$)时，$a^0_P\to 0$。故通用离散化形式就成为二维稳态导热问题的离散化方程。式中 λ_e、λ_w、λ_n、λ_s 都是交界面的热导率，并按调和平均值计算。

4.3.4 边界条件和附加源项

边界条件由于给出的形式不同，有时边界温度本身就是未知的，同样需要求解。因此还需列出相应的、由边界条件得到的关于边界节点温度的离散化方程。边界节点差分方程也可采用上述几种离散化方法得到。元体平衡法不仅物理概念明确，便于理解，而且简单明了，因此下面介绍用元体平衡法获得离散化方程的方法。它也要按照两种网格划分的方法分别得到类似于一维导热问题边界条件的处理结果。

4.3.4.1 按方法A划分网格

对于边界节点,可用元体平衡法求得。考虑稳态情况,控制容积(i,j)上的能量守恒方程为

$$Q_W+Q_E+Q_N+Q_S+\dot{Q}\Delta V=0 \tag{4-129}$$

式中,$\dot{Q}$为内热源,W/m^3;$\Delta V=(\Delta x)(\Delta y)(\Delta z)\xrightarrow{\Delta z=1;\Delta x=\Delta y}(\Delta x)(\Delta y)$。下面分几种情况分别讨论。

A 位于平直边界上的边界节点

这时边界节点(i,j)代表半个控制容积,其体积为$\frac{1}{2}\Delta x\Delta y\cdot 1=\frac{1}{2}\Delta x\Delta y$,如表4-15所示的平直边界附图。设边界向控制容积传递的热流密度为q_w,其单位为W/m^2。边界节点(i,j)所在的控制容积的能量平衡为

$$\lambda\frac{T_{i-1,j}-T_{i,j}}{\Delta x}\Delta y+\lambda\frac{T_{i,j-1}-T_{i,j}}{\Delta y}\frac{\Delta x}{2}+\lambda\frac{T_{i,j+1}-T_{i,j}}{\Delta y}\frac{\Delta x}{2}+q_w\cdot\Delta y\cdot 1+\dot{Q}\cdot\frac{\Delta x\Delta y}{2}=0 \tag{4-130}$$

设$\Delta x=\Delta y$,整理得:

$$T_{i,j+1}+T_{i,j-1}+2T_{i-1,j}-4T_{i,j}+\frac{2q_w}{\lambda}(\Delta x)+\frac{\dot{Q}}{\lambda}(\Delta x)^2=0 \tag{4-131}$$

当为绝热边界时,式中$q_w=0$,即得表4-15中平直绝热边界节点的离散化方程。

当为对流边界时,式中$q_w=h(T_f-T_{i,j})$,代入式(4-131)并整理即可得表4-15中平直对流边界节点的差分方程。

表4-15 直角坐标系下二维稳态导热问题节点差分方程

节点类型	图示	有限差分方程($\Delta x=\Delta y$)
内节点	Δx, Δy, $(i,j+1)$, $(i-1,j)$, (i,j), $(i+1,j)$, $(i,j-1)$	$4T_{i,j}=T_{i-1,j}+T_{i+1,j}+T_{i,j+1}+T_{i,j-1}+\frac{\dot{Q}}{\lambda}(\Delta x)^2=0$
平直绝热边界节点	Δx, Δy, $(i,j+1)$, 绝热, (i,j), $(i-1,j)$, $(i,j-1)$	$4T_{i,j}=T_{i,j+1}+T_{i,j-1}+2T_{i-1,j}+\frac{\dot{Q}}{\lambda}(\Delta x)^2$
平直对流边界节点	Δx, Δy, $(i,j+1)$, h,T_f, (i,j), $(i-1,j)$, $(i,j-1)$	$2\left(2+\frac{h\Delta x}{\lambda}\right)T_{i,j}=2T_{i-1,j}+T_{i,j+1}+T_{i,j-1}+2\frac{h\Delta x}{\lambda}T_f+\frac{\dot{Q}}{\lambda}(\Delta x)^2$

续表 4-15

节点类型	图 示	有限差分方程($\Delta x=\Delta y$)
凸角对流边界节点	h,T_f $(i-1,j)$ (i,j) $(i,j-1)$ Δy Δx	$2\left(1+\frac{h\Delta x}{\lambda}\right)T_{i,j}=T_{i-1,j}+T_{i,j-1}+2\frac{h\Delta x}{\lambda}T_f+\frac{1}{2}\frac{\dot{Q}}{\lambda}(\Delta x)^2$
凹角对流边界节点	Δx $(i,j+1)$ Δy $(i-1,j)$ (i,j) $(i+1,j)$ h,T_f $(i,j-1)$	$2\left(3+\frac{h\Delta x}{\lambda}\right)T_{i,j}=2T_{i-1,j}+2T_{i,j+1}+T_{i+1,j}+T_{i,j-1}+2\frac{h\Delta x}{\lambda}T_f+\frac{3}{2}\frac{\dot{Q}}{\lambda}(\Delta x)^2$

注：内热源 $\dot{Q}$，W/m^2。

B 位于凸角边界(外部角点)上的边界节点

这时边界节点(i,j)代表四分之一个控制容积，其体积为$\frac{1}{4}\Delta x\Delta y\cdot 1=\frac{1}{4}\Delta x\Delta y$，如表 4-15 所示凸角边界附图。设边界向控制容积传递的热流密度为 q_w。边界节点(i,j)所在的控制容积的能量平衡为

$$\lambda\frac{T_{i-1,j}-T_{i,j}}{\Delta x}\frac{\Delta y}{2}+\lambda\frac{T_{i,j-1}-T_{i,j}}{\Delta y}\frac{\Delta x}{2}+0+0+q_w\left(\frac{\Delta x}{2}+\frac{\Delta y}{2}\right)\times 1+\dot{Q}\frac{\Delta x\Delta y}{4}=0 \quad (4\text{-}132)$$

设 $\Delta x=\Delta y$，整理得：

$$T_{i,j-1}+T_{i-1,j}-2T_{i,j}+\frac{2q_w}{\lambda}(\Delta x)+\frac{1}{2}\frac{Q}{\lambda}(\Delta x)^2=0 \quad (4\text{-}133)$$

C 位于凹角边界(内部角点)上的边界节点

这时边界节点(i,j)代表四分之三个控制容积，如表 4-15 所示的凹角边界附图。设边界向控制容积传递的热流密度为 q_w。边界节点(i,j)所在的控制容积的能量平衡为

$$\lambda\frac{T_{i-1,j}-T_{i,j}}{\Delta x}\Delta y+\lambda\frac{T_{i+1,j}-T_{i,j}}{\Delta x}\frac{\Delta y}{2}+\lambda\frac{T_{i,j-1}-T_{i,j}}{\Delta y}\frac{\Delta x}{2}+$$
$$\lambda\frac{T_{i,j+1}-T_{i,j}}{\Delta y}\Delta x+q_w\left(\frac{\Delta x}{2}+\frac{\Delta y}{2}\right)\times 1+\dot{Q}\frac{3\Delta x\Delta y}{4}=0 \quad (4\text{-}134)$$

设 $\Delta x=\Delta y$，整理得

$$2T_{i-1,j}+T_{i+1,j}+T_{i,j-1}+2T_{i,j+1}-6T_{i,j}+2\frac{q_w}{\lambda}(\Delta x)+\frac{3}{2}\frac{\dot{Q}}{\lambda}(\Delta x)^2=0 \quad (4\text{-}135)$$

得到的边界节点差分方程也有显式格式、隐式格式和十点格式(类似于一维非稳态导热中的六点格式)。用有限差分法导出的常物性物体二维稳态导热问题的内节点和部分边界节点差分方程如表 4-15 所示。导出的二维非稳态导热问题的差分方程列于表 4-16 中。

表 4-16 二维非稳态导热问题节点差分方程(无内热源,$\Delta x=\Delta y$)

节点类型		差 分 方 程	稳定性条件
内节点	显式	$T_{i,j}^{k+1}=Fo\cdot(T_{i+1,j}^{k}+T_{i-1,j}^{k}+T_{i,j+1}^{k}+T_{i,j-1}^{k})+(1-4Fo)T_{i,j}^{k}$	$Fo\leqslant 1/4$
	隐式	$T_{i,j}^{k+1}=[Fo(T_{i+1,j}^{k+1}+T_{i-1,j}^{k+1}+T_{i,j+1}^{k+1}+T_{i,j-1}^{k+1})+T_{i,j}^{k}]/(1+4Fo)$	无条件
平直绝热边界节点	显式	$T_{i,j}^{k+1}=Fo(T_{i,j+1}^{k}+T_{i,j-1}^{k}+2T_{i,j}^{k})+(1-4Fo)T_{i,j}^{k}$	$Fo\leqslant 1/4$
	隐式	$T_{i,j}^{k+1}=[Fo(T_{i,j+1}^{k+1}+T_{i,j-1}^{k+1}+2T_{i-1,j}^{k+1})+T_{i,j}^{k}]/(1+4Fo)$	无条件
平直对流边界节点	显式	$T_{i,j}^{k+1}=Fo(T_{i,j+1}^{k}+T_{i,j-1}^{k}+2T_{i-1,j}^{k})+2Fo\cdot Bi\cdot T_{\mathrm{f}}+(1-2Fo\cdot Bi-4Fo)T_{i,j}^{k}$	$Fo\leqslant 1/(4+2Bi)$
	隐式	$T_{i,j}^{k+1}=[Fo(T_{i,j+1}^{k+1}+T_{i,j-1}^{k+1}+2T_{i-1,j}^{k+1})+2Fo\cdot Bi\cdot T_{\mathrm{f}}+T_{i,j}^{k}]/(1+2Bi+4Fo)$	无条件
平直辐射边界节点	显式	$T_{i,j}^{k+1}=Fo(T_{i,j+1}^{k}+T_{i,j-1}^{k}+2T_{i-1,j}^{k})+(1-2Fo)T_{i,j}^{k}+\frac{2\sigma_0\varepsilon_{\mathrm{s}}}{\rho c_p\Delta x}[(T_{i,j}^{k})^4-T_{\mathrm{f}}^4]$	$Fo\leqslant 1/2$
	隐式	$(1+2Fo)T_{i,j}^{k+1}-\frac{2\sigma_0\varepsilon_{\mathrm{s}}}{\rho c_p\Delta x}(T_{i,j}^{k})^4=Fo(T_{i,j+1}^{k+1}+T_{i,j-1}^{k+1}+2T_{i-1,j}^{k+1})+\frac{2\sigma_0\varepsilon_{\mathrm{s}}}{\rho c_p\Delta x}T_{\mathrm{f}}^4$	无条件

D 边界节点离散化方程的统一形式

对于上述各种情况的边界,也可用更通用的、形如式(4-124)和式(4-127)的离散化形式表示。下面以位于平直边界上的边界节点为例介绍。为方便起见,将边界节点用 B 表示,西、北和南面的值分别用 W、N 和 S 表示,则参考式(4-130),可用更为普遍的形式书写边界节点 B 所在控制容积的能量平衡

$$\lambda_{\mathrm{w}}\frac{T_{\mathrm{W}}-T_{\mathrm{B}}}{(\Delta x)_{\mathrm{w}}}\Delta y+\lambda_{\mathrm{s}}\frac{T_{\mathrm{S}}-T_{\mathrm{B}}}{(\Delta x)_{\mathrm{s}}}\frac{\Delta x}{2}+\lambda_{\mathrm{n}}\frac{T_{\mathrm{N}}-T_{\mathrm{B}}}{(\Delta x)_{\mathrm{n}}}\frac{\Delta x}{2}+q_{\mathrm{w}}\cdot\Delta y\cdot 1+\dot{Q}\cdot\frac{\Delta x\Delta y}{2}=0 \quad (4\text{-}136)$$

当为对流边界时,式中 $q_{\mathrm{w}}=h(T_{\mathrm{f}}-T_{\mathrm{B}})$。同时对源项 $\dot{Q}$ 作线性化处理,设 $\dot{Q}=S_{\mathrm{C}}+S_{\mathrm{P}}T_{\mathrm{P}}$。代入该式

$$\lambda_{\mathrm{w}}\frac{T_{\mathrm{W}}-T_{\mathrm{B}}}{(\Delta x)_{\mathrm{w}}}\Delta y+\lambda_{\mathrm{s}}\frac{T_{\mathrm{S}}-T_{\mathrm{B}}}{(\Delta x)_{\mathrm{s}}}\frac{\Delta x}{2}+\lambda_{\mathrm{n}}\frac{T_{\mathrm{N}}-T_{\mathrm{B}}}{(\Delta x)_{\mathrm{n}}}\frac{\Delta x}{2}+h(T_{\mathrm{f}}-T_{\mathrm{B}})\Delta y+$$
$$(S_{\mathrm{C}}+S_{\mathrm{P}}T_{\mathrm{B}})\frac{\Delta x\Delta y}{2}=0 \quad (4\text{-}137)$$

整理此式,并写成统一形式

$$a_{\mathrm{B}}T_{\mathrm{B}}=a_{\mathrm{W}}T_{\mathrm{W}}+a_{\mathrm{N}}T_{\mathrm{N}}+a_{\mathrm{S}}T_{\mathrm{S}}+b \quad (4\text{-}138)$$

式中

$$\begin{cases}a_{\mathrm{W}}=\dfrac{\lambda_{\mathrm{w}}\Delta y}{(\Delta x)_{\mathrm{w}}},a_{\mathrm{N}}=\dfrac{\lambda_{\mathrm{n}}\Delta x}{2(\Delta y)_{\mathrm{n}}},a_{\mathrm{S}}=\dfrac{\lambda_{\mathrm{s}}\Delta x}{2(\Delta y)_{\mathrm{s}}}\\ a_{\mathrm{B}}=a_{\mathrm{W}}+a_{\mathrm{N}}+a_{\mathrm{S}}+h\Delta y-\dfrac{S_{\mathrm{P}}}{2}\Delta x\Delta y,b=\dfrac{S_{\mathrm{C}}}{2}\Delta x\Delta y+hT_{\mathrm{f}}\Delta y\end{cases} \quad (4\text{-}139)$$

对于非稳态导热问题,则式(4-136)等式右边还需加上一非稳态项,并考虑对流边界情况。

若采用显式格式则有

$$(\rho c_p)_B \frac{\Delta x \Delta y}{2}\frac{T'_B - T_B^0}{\Delta \tau} = \lambda_w \frac{T_W^0 - T_B^0}{(\Delta x)_w}\Delta y + \lambda_s \frac{T_S^0 - T_B^0}{(\Delta x)_s}\frac{\Delta x}{2} + \lambda_n \frac{T_N^0 - T_B^0}{(\Delta x)_n}\frac{\Delta x}{2} + h(T_f - T_B^0)\Delta y + (S_C + S_P T_B^0)\frac{\Delta x \Delta y}{2} \tag{4-140}$$

写成统一形式

$$a_B T_B = a_W T_W + a_N T_N + a_S T_S + b \tag{4-141}$$

式中

$$\begin{cases} a_W = \dfrac{\lambda_w \Delta y}{(\Delta x)_w}, a_N = \dfrac{\lambda_n \Delta x}{2(\Delta y)_n}, a_S = \dfrac{\lambda_s \Delta x}{2(\Delta y)_s}, a_B^0 = \dfrac{(\rho c_p)_B \Delta x \Delta y}{2\Delta \tau}, a_B = a_B^0 \\ b = \dfrac{S_C}{2}\Delta x \Delta y + hT_f \Delta y + \left[a_B^0 - \left(a_W + a_N + a_S + h\Delta y - \dfrac{S_P}{2}\Delta x \Delta y\right)\right]T_B^0 \end{cases} \tag{4-142}$$

式(4-140)改用隐式表示

$$(\rho c_p)_B \frac{\Delta x \Delta y}{2}\frac{T'_B - T_B^0}{\Delta \tau} = \lambda_w \frac{T'_W - T'_B}{(\Delta x)_w}\Delta y + \lambda_s \frac{T'_S - T'_B}{(\Delta x)_s}\frac{\Delta x}{2} + \lambda_n \frac{T'_N - T'_B}{(\Delta x)_n}\frac{\Delta x}{2} + h(T_f - T'_B)\Delta y + (S_C + S_P T'_B)\frac{\Delta x \Delta y}{2} \tag{4-143}$$

写成统一形式

$$a_B T'_B = a_W T'_W + a_N T'_N + a_S T'_S + b \tag{4-144}$$

式中

$$\begin{cases} a_W = \dfrac{\lambda_w \Delta y}{(\Delta x)_w}, a_N = \dfrac{\lambda_n \Delta x}{2(\Delta y)_n}, a_S = \dfrac{\lambda_s \Delta x}{2(\Delta y)_s}, a_B^0 = \dfrac{(\rho c_p)_B \Delta x \Delta y}{2\Delta \tau} \\ a_B = a_W + a_N + a_S + a_B^0 + h\Delta y - \dfrac{S_P}{2}\Delta x \Delta y \\ b = \dfrac{S_C}{2}\Delta x \Delta y + a_B^0 T_B^0 + hT_f \Delta y \end{cases} \tag{4-145}$$

上述讨论中，式中 λ_e、λ_w、λ_n、λ_s 都是交界面的热导率，并按调和平均值计算。当均匀划分网格时，$\Delta x = (\Delta x)$，$\Delta y = (\Delta y)$，$\Delta x = \Delta y$。物性各向同性时，$\lambda_e = \lambda_n = \lambda_s = \lambda$。

4.3.4.2　按方法 B 划分网格

用方法 B 划分网格时，边界节点所在控制容积 B 是附加在边界上的虚拟控制体，其宽度 $\Delta x_B = 0$。这时边界节点 B 和它的邻近节点 I 的关系与一维导热的情况相同。

4.3.4.3　附加源项法处理边界条件

上述处理边界条件的方法有三个缺点。首先，要另外建立边界节点 B 的离散化方程。其次，在第二类或第三类边界条件下，边界节点方程将包含有未知的边界节点温度 T_B。第三，采用迭代法求解温度场时，将由于 T_B 本身就是待求变量而影响收敛速度。

为了避免这些缺点，可采用将边界条件作为附加源项的处理方法。下面按方法 B 来划分网格，并将边界条件计入近边界节点的离散化方程的源项中，略去边界节点 B 的离散化方程与待求变量 T_B，此时需考虑近边界节点的差分方程。

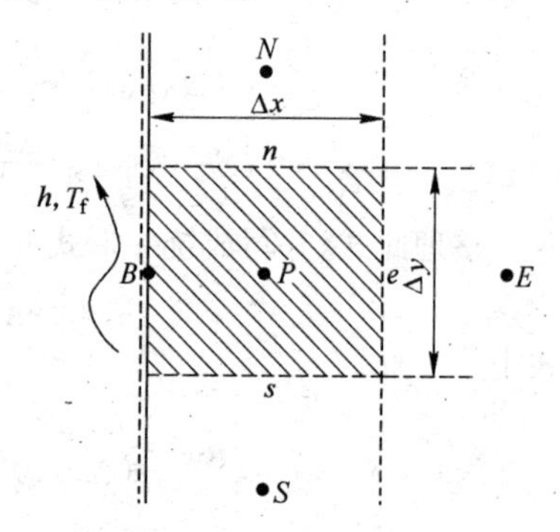

图 4-24　网格划分方法 B 划分网格的边界控制容积

图 4-24 给出了近边界节点 P 和相邻的节点网格。对于

近边界节点 P 所在控制容积，有

$$a_P T_P = a_E T_E + a_B T_B + a_N T_N + a_S T_S + b \tag{4-146}$$

式中，B 为边界节点，并有

$$a_B = \frac{\lambda_B \Delta y}{(\Delta x)_b}, q_B = h_B(T_B - T_P) \tag{4-147}$$

式中，λ_B 为界面热导率；$(\Delta x)_b$ 为节点 B 至 P 间的距离。显然，若式中 T_B 已知，则不必建立关于 T_B 的差分方程。但实际上式中 T_B 是未知的，却又想不单独列出边界节点 B 的差分方程，因此必须设法求出 T_B。

对第二类边界条件，q_B 已知。由于边界节点 B 的厚度为零，因此对边界节点 B 建立热平衡有

$$q_B = \lambda \frac{T_P - T_B}{(\Delta x)_b} \tag{4-148}$$

因此可按

$$T_B = T_P + q_B \frac{(\Delta x)_b}{(\lambda_B)} \tag{4-149}$$

计算 T_B 值。同理，对第三类边界条件，则按

$$T_B = \left[hT_f + \left(\frac{\lambda_B}{(\Delta x)_b}\right)T_P\right] \Big/ \left[h + \frac{\lambda_B}{(\Delta x)_b}\right] \tag{4-150}$$

计算 T_B 值。计算出 T_B 值后，可按式(4-147)求出边界热流值。

下面对近边界节点 P 的离散化方程(4-146)做些变形，以便更好理解附加源项法处理边界条件的含义。给定第一类边界条件时，T_B 为给定值，可以直接用于式(4-146)。给定第二类和第三类边界条件时，由于 T_B 是待求变量，需设法将它消去。

将式(4-146)的等号两端减去 $a_B T_P$ 得

$$(a_P - a_B)T_P = a_E T_E + a_N T_N + a_S T_S + a_B(T_B - T_P) + b \tag{4-151}$$

由导热公式知

$$a_B(T_B - T_P) = \frac{\lambda_B \Delta y}{(\Delta x)_b}(T_B - T_P) = q_B \cdot \Delta y \tag{4-152}$$

第二类边界条件时，q_B 为给定值，将式(4-152)代入式(4-151)，并整理得

$$a'_P T_P = a_E T_E + a_N T_N + a_S T_S + \bar{b} \tag{4-153}$$

式中

$$a'_P = (a_P - a_B) = a_E + 0 + a_N + a_S + a_P^0 - S_P \Delta x \Delta y \tag{4-154}$$

$$\bar{b} = q_B \Delta y + S_C \Delta x \Delta y + a_P^0 T_P^0 = q_B \Delta y + b \tag{4-155}$$

与原有的离散化方程(4-146)相比，差别仅在于取 $a_B = 0$，并保持源项的常数部分，将 $S_C \cdot \Delta x \cdot \Delta y$ 改写为 $(S_C + q_B/\Delta x) \cdot \Delta x \cdot \Delta y$，这相当于在 S_C 上增加了一个附加的源项 $q_B/\Delta x$，并用 a'_P 代替 a_P。

这样处理的结果使得在线性方程组求解中不涉及 T_B 值，并且又能符合控制容积的积分平衡。

当给定第三类边界条件，即给定表面传热系数 h 和流体温度 T_f 时，由热平衡知

$$q_B = h(T_f - T_B) = \frac{\lambda_B(T_B - T_P)}{(\Delta x)_b} \tag{4-156}$$

由右边的等式求出 T_B，再代入可消去 T_B，并得

$$q_B=\frac{(T_f-T_P)}{1/h+(\Delta x)_b/\lambda_B} \tag{4-157}$$

代入式(4-153)，合并同类项，整理得

$$\left(a_P-a_B+\frac{\Delta y}{1/h+(\Delta x)_b/\lambda_B}\right)T_P=a_E T_E+a_N T_N+a_S T_S+$$

$$\left[S_C+\frac{T_f}{\Delta x(1/h+(\Delta x)_b/\lambda_B)}\right]\Delta x\Delta y+a_P^0 T_P^0 \tag{4-158}$$

引用 a''_B表示 T_P 的系数

$$a''_P\equiv a_P-a_B+\frac{\Delta y}{1/a+(\Delta x)_b/\lambda_B} \tag{4-159}$$

引入 $S_{C,ad}$和 $S_{P,ad}$分别表示源项增加的常数部分和梯度部分：

$$S_{C,ad}=\frac{T_f}{\Delta x(1/h+(\Delta x)_b/\lambda_B)};S_{P,ad}=-\frac{T_f}{\Delta x(1/h+(\Delta x)_b/\lambda_B)} \tag{4-160}$$

因此，对于第三类边界条件的情况，附加源项的方法就是将近边界节点的差分方程中 T_P 的系数用 a''_P代替，源项的常数部分用 $S_C+S_{C,ad}$代替，源项的梯度部分用 $S_P+S_{P,ad}$代替。并令 $a_B=0$。

用附加源项的方法来处理边界条件是把由于边界条件形成的边界热流作为近边界节点离散化方程中的附加源项来处理。取进入控制容积 P 的热量为正，离开的热量为负。其优点是用确定的边界条件代替待定的边界节点温度。特别是在迭代法求解中，原来要经过多次迭代才能使边界温度值收敛于真值，并且只有边界节点温度求出后才能得到正确的温度场，现在却可以避开 T_B 值而直接计算温度场，显然其收敛速度要快得多。

在得到全部节点温度值后，再由式(4-152)计算边界节点温度值 T_B，进而由式(4-156)计算出边界热流值 q_B。

其他位置的边界节点的温度值也可以用类似的方法来处理。

4.3.5　不规则形状边界的处理

当所研究的二维或三维导热问题的求解区域可用矩形控制容积布满时，各类边界条件都可按前述方法处理。即使对柱面和极坐标系统中的边界条件也可用类似方法予以考虑。但当边界形状不规则时，则要进行特殊处理。这种情况下，一般都采用方法 A 来划分网格，并用边界控制容积热平衡来建立边界节点的离散化方程。

设边界节点 P 的相邻节点有边界点 A，B，C 和内部节点 E，W，S。因边界点并不恰好位于网格节点上，故必须以最靠近边界的节点为边界节点。如果已知边界温度，则取 T_P 等于边界温度 T_B，就可以方便地把边界条件计入内部节点方程进行计算。较精确的办法是建立 P 控制容积的热平衡。控制容积 P 的界面是由节点 P 与三个相邻节点 E、W、S 和边界点 B 的四根连线的垂直平分线构成。图 4-25 示出了不规则形状边界上的第三类边界条件的情况。

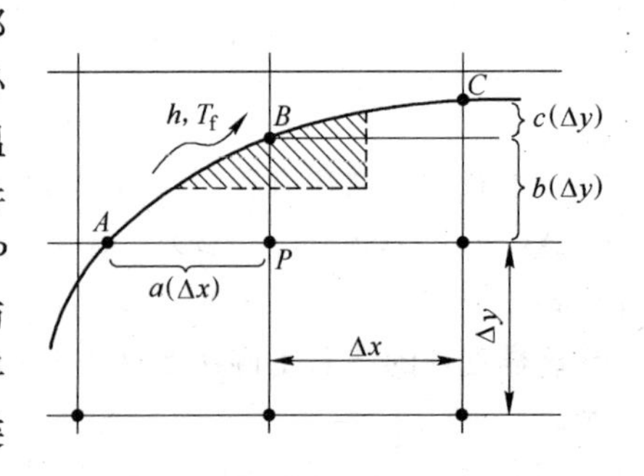

图 4-25　不规则形状边界节点 B

控制容积 B 的热平衡方程如下：

$$Q_C+Q_{AB}+Q_{CB}+Q_{PB}=0 \tag{4-161}$$

若 $\Delta x=\Delta y=l$，P 至 A 的距离为 $a\cdot l$，P 至 B 的距离为 $b\cdot l$，而 B 到 C 的 y 向距离是 $c\cdot l$。

由控制容积 B 的边界长度可算出对流传热量为

$$Q_C=\frac{1}{2}\left(\sqrt{(a\cdot\Delta x)^2+(b\cdot\Delta y)^2}+\sqrt{(\Delta x)^2+(c\cdot\Delta y)^2}\right)\cdot 1\cdot h\cdot(T_f-T_B)$$

$$=\frac{1}{2}\left(\sqrt{a^2+b^2}+\sqrt{1+c^2}\right)\cdot l\cdot h\cdot(T_f-T_B) \tag{4-162}$$

其他邻点对节点 B 的导热量

$$Q_{PB}=\frac{1}{2}(\Delta x+a\cdot\Delta x)\lambda\frac{(T_P-T_B)}{b\cdot\Delta y}=\frac{1+a}{2b}\lambda(T_P-T_B) \tag{4-163}$$

为计算 A 节点导入 B 节点及 C 节点导入 B 节点的热量，近似地取导热面积为 $0.5b\cdot\Delta y=0.5b\cdot\Delta x$，则

$$Q_{AB}=\frac{b\cdot\Delta y}{2}\lambda\frac{T_A-T_B}{\sqrt{(a\cdot\Delta x)^2+(b\cdot\Delta y)^2}}=\frac{b\lambda}{2}\frac{T_A-T_B}{\sqrt{a^2-b^2}} \tag{4-164}$$

同理有

$$Q_{CB}=\frac{b\lambda}{2}\frac{T_C-T_B}{l\sqrt{1+c^2}} \tag{4-165}$$

将上述 4 个 Q 值代入式(4-161)，就可建立如下的节点 B 的离散化方程：

$$\left[\frac{al}{\lambda}\left(\sqrt{a^2+b^2}+\sqrt{1+c^2}\right)+\frac{1+a}{b}+\frac{b}{\sqrt{a^2+b^2}}+\frac{b}{\sqrt{1+c^2}}\right]T_B$$

$$=\frac{al}{\lambda}\left(\sqrt{a^2+b^2}+\sqrt{1+c^2}\right)T_f+\frac{1+a}{b}T_P+\frac{b}{\sqrt{a^2+b^2}}T_A+\frac{b}{\sqrt{1+c^2}}T_C \tag{4-166}$$

在上述推导 Q_{AB} 和 Q_{CB} 的过程中，都用 $bl/2$ 作为导热面积，这是一种近似。因为它们实际上并不等于控制容积的界面面积。

实际上也可以采用三角形边界控制容积与内部矩形控制容积相结合的网格系统进行数值计算。采用各种复杂手段处理不规则形状的边界问题，拓宽了有限差分法的应用范围。但可以看到，不规则形状边界将给有限差分法带来许多困难和麻烦。

4.3.6　二维导热离散化方程组的求解

在一维导热问题的求解中，由于离散化方程组的矩阵表达式中的系数矩阵是三对角阵，所以可以采用非常有效的 TDMA 直接解法。但二维导热问题，系数矩阵将不再是三对角阵，若采用直接解法的高斯-约当消元法则需要较大的计算机内存，而且计算效率也不高，这个缺点在节点数增多时将更加突出。因此当节点数很大，特别是问题具有非线性性质时，往往就不再采用直接法，而用迭代法、高斯-赛德尔迭代法和 SOR 超松弛算法等常用的迭代法。这几种方法本质上都是逐点进行迭代的点迭代法。对二维导热问题，则由于节点数目较多，而点迭代法不能很快地把边界信息传播到区域内部，因此就产生了一种试图充分利用直接消元法和迭代法的优点的块迭代法。这种方法按行或列划分成块，在块内用 TDMA 法，块之间采用高斯-赛德尔法，这就形成一种高效的求解方法。求解二维导热问题的常用块迭代法有逐线迭代法和逐块校正法，如图 4-26所示。

设二维导热的离散化方程为

$$a_P T_P=a_E T_E+a_W T_W+a_N T_N+a_S T_S+b \tag{4-167}$$

采用逐线迭代法时，将每线(行或列)作为一块，线内采用 TDMA 法，线间采用高斯-赛德尔法求解。由图 4-27 可见，如沿 x 坐标逐线迭代时，在第 i 列中的某节点 P 的东西两侧的节点

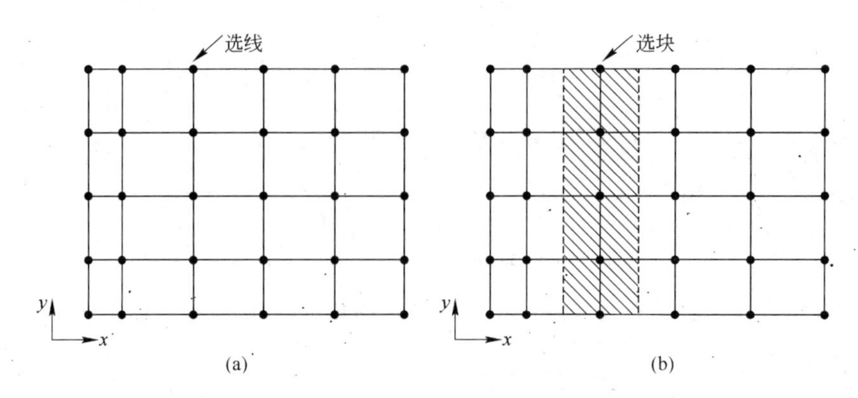

图 4-26　逐线迭代法和逐块校正法示意图
(a) 逐线迭代法；(b) 逐块校正法

T_W、T_B 都取已知的当前值，只有 T_N、T_S 和 T_P 是未知值，这样就和一维导热问题一样，可以采用TDMA 法直接求解线内每个节点的温度，而线的两端点的边界信息将立即传递给线内的所有节点。但由于 T_W、T_B 还只是迭代过程的当前迭代值，所以结果尚不是收敛解。沿 x 方向逐线迭代时，可以选用高斯-赛德尔点迭代法。当扫描是由左至右进行时，T_W 是刚得到的当前迭代值，而 T_B 却是上一次的迭代值。实际上，在采用逐线迭代法时，二维导热离散化方程可改写为

$$a_P T_P^{(k+1)} = a_N T_N^{(k+1)} + a_S T_S^{(k+1)} + (b + a_E T_E^{(k)} + a_W T_W^{(k)}) \tag{4-168}$$

式中，括号内是已知值，可用新的常数项 b' 表示，则该式可改写为

$$a_P T_P^{(k+1)} = a_N T_N^{(k+1)} + a_S T_S^{(k+1)} + b' \tag{4-169}$$

它和一维导热问题的离散化方程(4-23)形式上完全一样，故可以用 TDMA 法求解。

同理在沿 x 方向自东往西逐线迭代后，再自西往东逐线扫描迭代，构成一次来回扫描，然后，可以再沿 y 方向来回扫描迭代。经过反复扫描，直到所有节点温度的新值与老值之差小于精度要求时，便得到了收敛的数值解。逐线迭代法能加快收敛速度的原因，是由于同一条线上的所有节点都能在一次 TDMA 法求解中获得边界信息，而扫描方向两端的边界信息，虽然还要依靠点迭代来传播，但因线数比全部节点数少得多，再加上采用了逐点更新的高斯-赛德尔法，所以计算速度将明显加快。

在两个坐标方向交替进行逐线迭代的方法中，还有 ADI(交替方向隐式格式)方法，它是逐线迭代法与雅可比迭代法的结合。在一次循环迭代中必须分别对 x 方向和对 y 方向做两次雅可比运算，即两次对一个节点变量的迭代要采用两个方向的雅可比法来完成。由于在一个方向采用隐式格式时都把另一个方向相邻节点值作为已知值，因此也能够加快边界信息传播，以提高收敛速率。

由于收敛速度快慢的关键是边界信息的传播速率，因此，在求解狭长条区域的导热问题时，应以长边的扫描为主。同时，扫描的起始线上应该有确定的边界信息，因而绝热或梯度为零的边界不应作为扫描的起始边。为了进一步加快迭代收敛，还可在采用逐线迭代法前先采用逐块校正法。

逐块校正法是一种粗线条的校正手段。它的基本思想是将求解域内的所有内部节点按行或列分成条形块，每次校正就是在算出该块的校正值 $\overline{T}_i$(或 $\overline{T}_j$)后对块内所有节点 $\overline{T}_{ij}$ 进行校正，即

$$T_{ij} = \overline{T}_{ij}^* + \overline{T}_i (\text{或 } \overline{T}_j) \tag{4-170}$$

现讨论校正值的计算。设二维导热离散化方程为

$$a_P T_P = a_E T_E + a_W T_W + a_N T_N + a_S T_S + b \tag{4-171}$$

在尚未得到收敛解之前，任何一块中的所有内部节点都不能满足上式，而会有各自的余数 R_P，即对节点 P 有

$$R_P = a_P T_P - a_E T_E - a_W T_W - a_N T_N - a_S T_S - b \tag{4-172}$$

对该块中所有的内部节点的余数求和并令其等于零，即：

$$\sum R_P = 0 \tag{4-173}$$

假设节点值 T_P 是节点的当前值 T_P^* 和该块的当前校正值 $\overline{T}_P$ 之和，即：

$$T_P = T_P^* + \overline{T}_P \tag{4-174}$$

显然，将式(4-174)代入式(4-172)时，若 $\overline{T}_P$ 是该块的校正值，则式(4-173)将得到满足。由于在一个条形块(列或行)中，所有节点的校正值都相等，即 x 方向逐列的校正值间有 $\overline{T}_P = \overline{T}_N = \overline{T}_S$，$y$ 方向逐行的校正值间有 $\overline{T}_P = \overline{T}_E = \overline{T}_W$。将这些关系一并代入方程后，便可以得到以 x 方向逐列的块校正值为待求变量的代数方程

$$\sum_j (a_P - a_N - a_S)\overline{T}_P = \sum_j a_E \overline{T}_E + \sum_j a_W \overline{T}_W + \sum_j (a_E T_E^* + a_W T_W^* + a_N T_N^* + a_S T_S^* + b - a_P T_P^*) \tag{4-175}$$

同理也可以得到以 y 方向运行的块校正值为待求变量的代数方程：

$$\sum_i (a_P - a_E - a_W)\overline{T}_P = \sum_i a_N \overline{T}_N + \sum_j a_S \overline{T}_S + \sum_i (a_E T_E^* + a_W T_W^* + a_N T_N^* + a_S T_S^* + b - a_P T_P^*) \tag{4-176}$$

因为边界节点的校正值恒为零，故可以用 TDMA 法由式(4-175)和式(4-176)分别求出 x 方向和 y 方向上的块校正量。具体做法是：先在 x 方向上逐列采用 $T_P = T_P^* + \overline{T}_P$ 进行校正，并将经过校正的 T_P 值作为 T_P^* 值，然后再在 y 方向上逐行采用 $T_P = T_P^* + \overline{T}_P$ 进行校正。经过这样两个方向的校正而得到的节点温度新值，便是这一轮逐块校正后的迭代过程当前节点的温度值了。由于对每个方向只要用一次 TDMA 法便可求出各块(行或列)的温度当前校正值，这样就可以方便地对全部内节点进行一次校正。每次校正都能把边界信息引入内部节点，因而逐块校正法是一种费时不多、效率较高的校正方法。但由于每块只有一个共同的校正值，所以不能个别地考虑同一块中导热性质很不相同的节点情况。因此，若遇到在一个条形块中存在着两种导热性质明显不同的材料时，建议将条块再分成两块分别进行校正，这就是双块校正法的主要特点。

例 4-9　如图 4-27 所示的二维受热平板。板厚 1 cm，材料热导率为 1000 W/(m · K)，西侧边界有稳定热流输入，热流强度 $q=500\ \mathrm{kW/m^2}$。东侧和南侧边界绝热，北侧边界保持恒温，$T_N=100$ ℃。求板内温度分布。

解：均匀划分网格，如图 4-28 所示，取 $\Delta x = \Delta y = 0.1$ m，所求问题是一个二维无内热源的稳态导热问题，其控制方程为

$$\frac{\partial}{\partial x}\left(\lambda \frac{\partial T}{\partial x}\right) + \frac{\partial}{\partial y}\left(\lambda \frac{\partial T}{\partial y}\right) = 0$$

采用有限体积法求解。

第一步：划分网格。

采用网格划分方法 B 按图 4-28 划分网格。取 $\Delta x = \Delta y = 0.1$ m。按图中方法进行编号。

第二步：控制方程离散化。

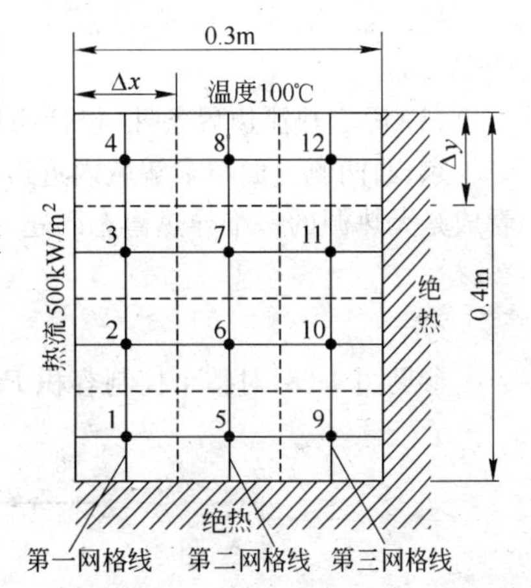

图 4-27　二维受热平板模型

(1) 内节点(节点 6 和 7)的离散化方程。

对于二维无内热源的稳态导热问题，将式(4-128)中取 $\Delta\tau\to\infty$，从而 a_P^0 取为 0。同时，由于没有内热源，因此式中的 $S_C=S_P=0$，则可得其离散化方程

$$a_P T_P=a_E T_E+a_W T_W+a_N T_N+a_S T_S$$

式中

$$a_E=\frac{\lambda_e\Delta y}{(\Delta x)_e};a_W=\frac{\lambda_w\Delta y}{(\Delta x)_w};a_N=\frac{\lambda_n\Delta x}{(\Delta y)_n};a_S=\frac{\lambda_s\Delta x}{(\Delta y)_s};a_P=a_E+a_W+a_N+a_S$$

注意，由于板厚(z 方向)不是单位厚度，因此上述系数中的 Δx 或 Δy 应理解为面积 $A=\Delta x\Delta z$ 或 $A=\Delta y\Delta z$。即上述系数改写为

$$\begin{cases}a_E=\dfrac{\lambda_e A_e}{(\Delta x)_e}=\dfrac{\lambda_e\Delta y\Delta z}{(\Delta x)_e};a_W=\dfrac{\lambda_w A_w}{(\Delta x)_w}=\dfrac{\lambda_w\Delta y\Delta z}{(\Delta x)_w};a_N=\dfrac{\lambda_n A_n}{(\Delta y)_n}=\dfrac{\lambda_n\Delta x\Delta z}{(\Delta y)_n}\\ a_S=\dfrac{\lambda_s A_s}{(\Delta y)_s}=\dfrac{\lambda_s\Delta x\Delta z}{(\Delta y)_s};a_P=a_E+a_W+a_N+a_S\end{cases}$$

式中，$\Delta x=\Delta y$，$A_e=A_w=A_n=A_s=A=\Delta x\Delta z$。代入已知条件：

$$a_E=a_W=a_N=a_S=\frac{\lambda A}{\Delta x}=\frac{\lambda\Delta x\Delta z}{\Delta x}=\lambda\Delta z=1000\times0.01=10$$

$$a_P=a_E+a_W+a_N+a_S=10+10+10+10=40$$

故内节点 6 的离散方程为

$$40T_6=10T_{10}+10T_2+10T_7+10T_5$$

内节点 7 的离散方程为

$$40T_7=10T_{11}+10T_3+10T_8+10T_6$$

(2) 近边界节点的统一离散化方程。

除内节点 6 和 7 外，其他都是近边界节点，将边界热流等其他项作为附加源项来处理，则近边界节点的离散化方程可用下式统一表示：

$$a_P T_P=a_E T_E+a_W T_W+a_N T_N+a_S T_S+b$$

式中

$$\begin{cases}a_E=\dfrac{\lambda_e A_e}{(\Delta x)_e};a_W=\dfrac{\lambda_w A_w}{(\Delta x)_w};a_N=\dfrac{\lambda_n A_n}{(\Delta y)_n};a_S=\dfrac{\lambda_s A_s}{(\Delta y)_s}\\ a_P=a_E+a_W+a_N+a_S-S_P\Delta V_P;b=S_C\Delta V_P\end{cases}$$

将边界条件引入该式，就意味着式中设置离散方程对应边界系数为零，并求出附近的等效源项 S_C、S_P。

(3) 固定热流边界条件(包括绝热条件，此时 $q=0$)对应的等效附加源项 S_C、S_P。

东、西两侧界面与求解域内近边界节点(1～4，9～12 都具有第二类边界条件)之间的传热可看成是无热源的一维导热稳态问题

$$\frac{d}{dx}\left(\lambda\frac{dT}{dx}\right)=0$$

参见图 4-28，对整个控制容积 P 积分：$\int_{\Delta V}\frac{d}{dx}\left(\lambda\frac{dT}{dx}\right)=\left(\lambda A\frac{dT}{dx}\right)_e-\left(\lambda A\frac{dT}{dx}\right)_w=0$

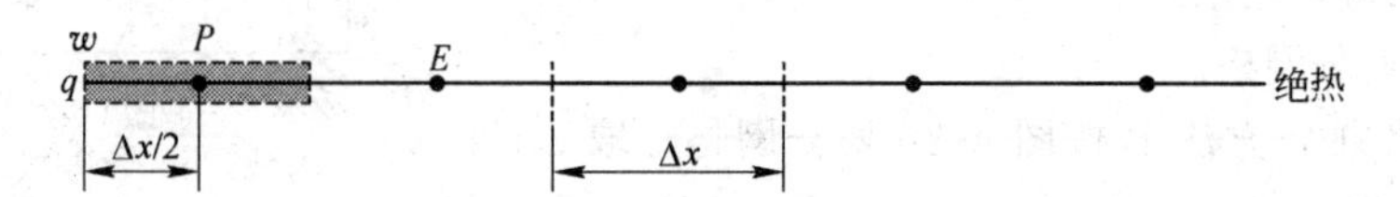

图 4-28　固定热流边界示意图

考虑到给定的边界条件，则有：$\left(\lambda A\dfrac{\mathrm{d}T}{\mathrm{d}x}\right)_{\mathrm{e}}=\lambda_{\mathrm{e}}A_{\mathrm{e}}\dfrac{T_{\mathrm{E}}-T_{\mathrm{P}}}{(\mathrm{d}x)_{\mathrm{e}}}$；$\left(\lambda A\dfrac{\mathrm{d}T}{\mathrm{d}x}\right)_{\mathrm{w}}=q_{\mathrm{w}}A_{\mathrm{w}}$

因此：$\left(\lambda A\dfrac{\mathrm{d}T}{\mathrm{d}x}\right)_{\mathrm{e}}-\left(\lambda A\dfrac{\mathrm{d}T}{\mathrm{d}x}\right)_{\mathrm{w}}=\lambda_{\mathrm{e}}A_{\mathrm{e}}\dfrac{T_{\mathrm{E}}-T_{\mathrm{P}}}{(\mathrm{d}x)_{\mathrm{e}}}-q_{\mathrm{w}}A_{\mathrm{w}}=0$

按节点温度整理得：$\dfrac{\lambda_{\mathrm{e}}A_{\mathrm{e}}}{(\mathrm{d}x)_{\mathrm{e}}}T_{\mathrm{P}}=0\times T_{\mathrm{W}}+\dfrac{\lambda_{\mathrm{e}}A_{\mathrm{e}}}{(\mathrm{d}x)_{\mathrm{e}}}T_{\mathrm{E}}-q_{\mathrm{w}}A_{\mathrm{w}}$

该式表示固定热流边界节点的一个方向导热的离散方程。因此有：

$$a_{\mathrm{P}}T_{\mathrm{P}}=a_{\mathrm{E}}T_{\mathrm{E}}+a_{\mathrm{W}}T_{\mathrm{W}}+b$$

式中，$a_{\mathrm{E}}=\dfrac{\lambda_{\mathrm{e}}A_{\mathrm{e}}}{(\Delta x)_{\mathrm{e}}}$；$a_{\mathrm{W}}=0$；$a_{\mathrm{P}}=a_{\mathrm{E}}+a_{\mathrm{W}}-S_{\mathrm{P}}\Delta V_{\mathrm{P}}$；$b=S_{\mathrm{C}}\Delta V_{\mathrm{P}}$；$S_{\mathrm{C}}=-q_{\mathrm{w}}A_{\mathrm{w}}/\Delta V_{\mathrm{P}}$；$S_{\mathrm{P}}=0$。

因此，固定温度和固定热流边界条件时的附加源项系数列于表 4-17。

表 4-17　固定温度和固定热流边界条件时的附加源项系数

边界条件	固定温度 T	固定热流 q
边界温度的系数	0	0
S_{C}	$[2\lambda/(\Delta^2)]\cdot T$①	$-q/\Delta$
S_{P}	$-2\lambda/(\Delta^2)$	0

① 式中 Δ 表示垂直于边界的边方向的控制容积的长度，A 为控制容积边界条件的边的面积。(Δz)为控制容积 z 方向(厚度)方向的厚度。固定温度时的 S_{C}、S_{P} 可参考例 4-3 和例 4-4。

(4) 近边界节点的离散化方程。

节点 1：为凸角点。西侧边界为固定热流边界，而南侧边界为绝热边界，有：

W：$a_{\mathrm{W}}=0,(S_{\mathrm{P}})_{\mathrm{W}}=0,(S_{\mathrm{C}})_{\mathrm{W}}=-q_{\mathrm{w}}/\Delta x=500\times1000/0.1=5\times10^6$

S：$a_{\mathrm{S}}=0,(S_{\mathrm{P}})_{\mathrm{S}}=0,(S_{\mathrm{C}})_{\mathrm{S}}=0$

所以$b=(S_{\mathrm{C}})_{\mathrm{W}}\Delta V+(S_{\mathrm{C}})_{\mathrm{S}}\Delta V=5\times10^6\times(0.1\times0.1\times0.01)=500$

$S_{\mathrm{P}}=(S_{\mathrm{P}})_{\mathrm{W}}+(S_{\mathrm{P}})_{\mathrm{S}}=0$

代入近边界节点的离散化方程的统一式：

$$\begin{cases}a_{\mathrm{E}}=\dfrac{\lambda_{\mathrm{e}}\Delta y}{(\Delta x)_{\mathrm{e}}}=10;a_{\mathrm{W}}=0;a_{\mathrm{N}}=10;a_{\mathrm{S}}=0;b=500\\ a_{\mathrm{P}}=a_{\mathrm{E}}+a_{\mathrm{W}}+a_{\mathrm{N}}+a_{\mathrm{S}}-S_{\mathrm{P}}\Delta V_{\mathrm{P}}=10+0+10+0-0=20\end{cases}$$

因此节点 1 的离散化方程为

$$20T_1=10T_5+10T_2+500$$

节点 4：也为凸角点。但西侧为固定热流边界，北侧为固定温度边界，有：

W：$a_{\mathrm{W}}=0,(S_{\mathrm{P}})_{\mathrm{W}}=0,(S_{\mathrm{C}})_{\mathrm{W}}=-q_{\mathrm{w}}/\Delta x=500\times1000/0.1=5\times10^6$

N：$a_{\mathrm{N}}=0,(S_{\mathrm{P}})_{\mathrm{N}}=-\dfrac{2\lambda}{(\Delta y)^2}=-\dfrac{2\times1000}{0.1\times0.1}=-2\times10^5,(S_{\mathrm{C}})_{\mathrm{N}}=2\lambda/(\Delta y)^2\cdot T_{\mathrm{N}}$

$=2\times10^5\times100=2\times10^7$

因此

$$b=[(S_{\mathrm{C}})_{\mathrm{W}}+(S_{\mathrm{C}})_{\mathrm{S}}]\Delta V=(5\times10^6+2\times10^7)\times(0.1\times0.1\times0.01)=2500$$

$$S_{\mathrm{P}}\Delta V=[(S_{\mathrm{P}})_{\mathrm{W}}+(S_{\mathrm{P}})_{\mathrm{S}}]\Delta V=-2\times10^5\times(0.1\times0.1\times0.01)=-20$$

代入边界节点的离散化方程统一式得

$$\begin{cases} a_E = \dfrac{\lambda_e \Delta y}{(\Delta x)_e} = 10; a_W = 0; a_N = 0; a_S = \dfrac{\lambda_e \Delta x}{(\Delta y)_s} = 10; b = 2500 \\ a_P = a_E + a_W + a_N + a_S - S_P \Delta V = 10 + 0 + 0 + 10 - (-20) = 40 \end{cases}$$

因此节点 4 的离散化方程为：$40T_4 = 10T_8 + 10T_3 + 2500$

节点 2：为平直边界节点。但西侧为固定热流边界，有：

$W: a_W = 0, (S_P)_W = 0, (S_C)_W = -q_w/\Delta x = 500 \times 1000/0.1 = 5 \times 10^6$

故 $b = (S_C)_W \Delta V = 5 \times 10^6 \times (0.1 \times 0.1 \times 0.01) = 500, S_P \Delta V = (S_P)_W \Delta V = 0$

代入边界节点的离散化方程统一式得：

$$\begin{cases} a_E = \dfrac{\lambda_e \Delta y}{(\Delta x)_e} = 10; a_W = 0; a_N = \dfrac{\lambda_n \Delta x}{(\Delta y)_n} = 10; a_S = \dfrac{\lambda_s \Delta x}{(\Delta y)_s} = 10; b = 500 \\ a_P = a_E + a_W + a_N + a_S - S_P \Delta V = 10 + 0 + 10 + 10 - 0 = 30 \end{cases}$$

因此节点 4 的离散化方程为：$30T_2 = 10T_6 + 10T_1 + 500$

节点 9：为凸角点。但东侧为绝热边界（固定热流 $q=0$），南侧为绝热边界，有：

$E: a_E = 0, (S_P)_E = 0, (S_C)_E = -q_w/\Delta x = 0$

$S: a_S = 0, (S_P)_S = 0, (S_C)_S = -q_w/\Delta x = 0$

所以 $b = (S_C)_E \Delta V + (S_C)_S \Delta V = 0, S_P = (S_P)_W + (S_P)_S = 0$

代入边界节点的离散化方程统一式得：

$$\begin{cases} a_E = 0; a_W = \dfrac{\lambda_e \Delta y}{(\Delta x)_e} = 10; a_N = \dfrac{\lambda_n \Delta x}{(\Delta y)_n} = 10; a_S = 0; b = 0 \\ a_P = a_E + a_W + a_N + a_S - S_P \Delta V_P = 0 + 10 + 10 + 0 - 0 = 20 \end{cases}$$

因此节点 9 的离散化方程为：

$$20T_9 = 10T_5 + 10T_{10}$$

同理可得节点 3、5、8、10、11、12 的离散方程，其中各方程的系数如表 4-18 所示。

表 4-18　所有节点的离散方程系数与源项值

节点号	类型	a_W	a_E	a_S	a_N	a_P	b
1	边界节点	0	10	0	10	20	500
2	边界节点	0	10	10	10	30	500
3	边界节点	0	10	10	10	30	500
4	边界节点	0	10	10	0	40	2500
5	边界节点	10	10	0	10	30	0
6	内节点	10	10	10	10	40	0
7	内节点	10	10	10	10	40	0
8	边界节点	10	10	10	0	50	2000
9	边界节点	10	0	0	10	20	0
10	边界节点	10	0	10	10	30	0
11	边界节点	10	0	10	10	30	0
12	边界节点	10	0	10	0	40	2000

因此离散方程所组成的线性方程组的系数矩阵为:

$$\begin{bmatrix} 20 & -10 & 0 & 0 & -10 & 0 & 0 & 0 & 0 & 0 & 0 & 0 \\ -10 & 30 & -10 & 0 & 0 & -10 & 0 & 0 & 0 & 0 & 0 & 0 \\ 0 & -10 & 30 & -10 & 0 & 0 & -10 & 0 & 0 & 0 & 0 & 0 \\ 0 & 0 & -10 & 40 & 0 & 0 & 0 & -10 & 0 & 0 & 0 & 0 \\ -10 & 0 & 0 & 0 & 30 & -10 & 0 & 0 & -10 & 0 & 0 & 0 \\ 0 & -10 & 0 & 0 & -10 & 40 & -10 & 0 & 0 & -10 & 0 & 0 \\ 0 & 0 & -10 & 0 & 0 & -10 & 40 & -10 & 0 & 0 & -10 & 0 \\ 0 & 0 & 0 & -10 & 0 & 0 & -10 & 50 & 0 & 0 & 0 & -10 \\ 0 & 0 & 0 & 0 & -10 & 0 & 0 & 0 & 20 & -10 & 0 & 0 \\ 0 & 0 & 0 & 0 & 0 & -10 & 0 & 0 & -10 & 30 & -10 & 0 \\ 0 & 0 & 0 & 0 & 0 & 0 & -10 & 0 & 0 & -10 & 30 & -10 \\ 0 & 0 & 0 & 0 & 0 & 0 & 0 & -10 & 0 & 0 & -10 & 40 \end{bmatrix} \begin{bmatrix} T_1 \\ T_2 \\ T_3 \\ T_4 \\ T_5 \\ T_6 \\ T_7 \\ T_8 \\ T_9 \\ T_{10} \\ T_{11} \\ T_{12} \end{bmatrix} = \begin{bmatrix} 500 \\ 500 \\ 500 \\ 2500 \\ 0 \\ 0 \\ 0 \\ 2000 \\ 0 \\ 0 \\ 0 \\ 2000 \end{bmatrix}$$

解方程得各节点的温度值,如表 4-19 所示。

表 4-19 例 4-8 各节点温度的数值解

节点	1	2	3	4	5	6	7	8	9	10	11	12
温度	260.0	242.2	205.6	146.3	222.7	211.1	178.1	129.7	212.1	196.5	166.2	124.0

4.3.7 元体平衡法推导导热离散化方程

在 4.1.2 小节中曾讨论了用元体平衡法推导一维稳态问题的离散化方程。本小节将采用更加通用的元体平衡法来推导导热问题的离散化方程。现首先考虑标量 T 在矩形区域内的二维稳态导热问题。根据式(3-11),标量传输控制方程可写为

$$\nabla \cdot \boldsymbol{J} = S \tag{4-177}$$

或

$$\nabla \cdot (\lambda \nabla T) + S = 0 \tag{4-178}$$

式中,$\boldsymbol{J} = j_x \boldsymbol{i} + j_y \boldsymbol{j}$ 为扩散通量矢量,由傅里叶导热定律给出

$$\boldsymbol{J} = -\lambda \nabla T \tag{4-179}$$

面积矢量用黑体 **A** 表示。在笛卡儿坐标系下,梯度算符为

$$\nabla = \frac{\partial}{\partial x}\boldsymbol{i} + \frac{\partial}{\partial y}\boldsymbol{j} \tag{4-180}$$

因此二维稳态导热问题控制微分方程可写为

$$\frac{\partial}{\partial x}\left(\lambda \frac{\partial T}{\partial x}\right) + \frac{\partial}{\partial y}\left(\lambda \frac{\partial T}{\partial y}\right) + S = 0 \tag{4-181}$$

当 λ 为常数、S 为零时,方程可简化为拉普拉斯方程(Laplace equation)。当 λ 为常数、S 不为零时,就得到泊松方程(Poisson equation)。

首先将求解区域离散化,从而生成计算网格。网格划分采用图 4-29 所示控制容积。控制容积的 T 的离散值存储在对应节点处。热导率 λ 也存储在节点处。面积矢量 $\mathbf{A}_e$、$\mathbf{A}_w$、$\mathbf{A}_n$ 和 $\mathbf{A}_s$ 为界面 E,W,N 和 S 处的值。

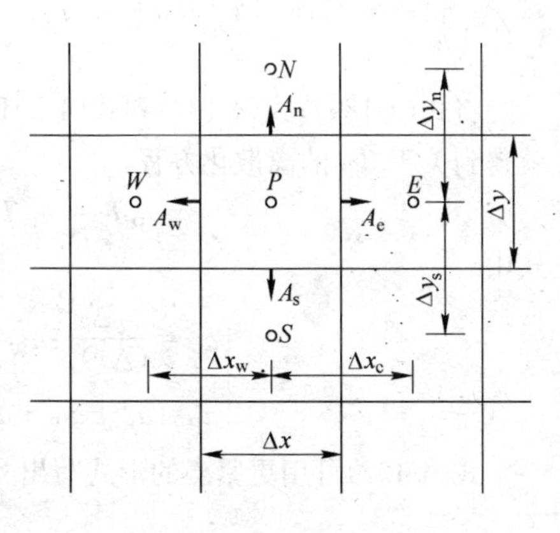

图 4-29 二维控制容积

从单元 P 朝外矢量为正方向。单元 P 的容积为 $\Delta V=\Delta x\cdot\Delta y$。

接着将控制方程离散化。将式(4-177)在整个单元 P 上进行积分

$$\int_{\Delta V}\nabla\cdot\boldsymbol{J}\mathrm{d}V=\int_{\Delta V}S\mathrm{d}V \tag{4-182}$$

或将式(4-178)在整个单元 P 上进行积分

$$\int_{\Delta V}\frac{\partial}{\partial x}\left(\lambda\frac{\partial T}{\partial x}\right)\mathrm{d}V+\int_{\Delta V}\frac{\partial}{\partial y}\left(\lambda\frac{\partial T}{\partial y}\right)\mathrm{d}V+\int_{\Delta V}S\mathrm{d}V=0 \tag{4-183}$$

根据散度定理 $\int_{A}\boldsymbol{J}\cdot\mathrm{d}A=\int_{V}\nabla\cdot\boldsymbol{J}\mathrm{d}V$，式(4-182)得：

$$\int_{A}\boldsymbol{J}\cdot\mathrm{d}\boldsymbol{A}=\int_{\Delta V}S\mathrm{d}V \tag{4-184}$$

左边的积分表示积分是在越过单元的控制容积界面 A 上进行的。现在做一个关于通量矢量 $\boldsymbol{J}$ 的分布假设：设 $\boldsymbol{J}$ 变量在越过单元 P 的每个界面处是线性变化的，因此可以用界面质心上的值表示。还假设源项 S 在整个控制容积上的平均值为 $\overline{S}$。因此

$$(\boldsymbol{J}\cdot\boldsymbol{A})_{\mathrm{e}}+(\boldsymbol{J}\cdot\boldsymbol{A})_{\mathrm{w}}+(\boldsymbol{J}\cdot\boldsymbol{A})_{\mathrm{n}}+(\boldsymbol{J}\cdot\boldsymbol{A})_{\mathrm{s}}=\overline{S}\Delta V \tag{4-185}$$

或写成更紧凑的形式

$$\sum_{f=e,w,n,s}\boldsymbol{J}_{\mathrm{f}}\cdot\boldsymbol{A}_{\mathrm{f}}=\overline{S}\Delta V \tag{4-186}$$

x 方向的面积矢量以从东向西方向，即 x 轴正方向为正，则界面面积 $\boldsymbol{A}_{\mathrm{e}}$ 和 $\boldsymbol{A}_{\mathrm{w}}$ 为

$$\boldsymbol{A}_{\mathrm{e}}=\Delta y\boldsymbol{i};\boldsymbol{A}_{\mathrm{w}}=-\Delta y\boldsymbol{i} \tag{4-187}$$

其他界面面积可类似地写出。参考式(4-179)，则进一步地有

$$\boldsymbol{J}_{\mathrm{e}}\cdot\boldsymbol{A}_{\mathrm{e}}=-\lambda_{\mathrm{e}}\Delta y\left(\frac{\partial T}{\partial x}\right)_{\mathrm{e}};\boldsymbol{J}_{\mathrm{w}}\cdot\boldsymbol{A}_{\mathrm{w}}=\lambda_{\mathrm{w}}\Delta y\left(\frac{\partial T}{\partial x}\right)_{\mathrm{w}} \tag{4-188}$$

其他方向的传输量可类似地写出。

为了完成离散化过程，我们再一次做分布假设。假设温度 T 值在节点之间为线性变化，因此，式(4-188)可写为

$$\boldsymbol{J}_{\mathrm{e}}\cdot\boldsymbol{A}_{\mathrm{e}}=-\lambda_{\mathrm{e}}\Delta y\frac{T_{\mathrm{E}}-T_{\mathrm{P}}}{(\Delta x)_{\mathrm{e}}};\boldsymbol{J}_{\mathrm{w}}\cdot\boldsymbol{A}_{\mathrm{w}}=\lambda_{\mathrm{w}}\Delta y\frac{T_{\mathrm{P}}-T_{\mathrm{W}}}{(\Delta x)_{\mathrm{w}}} \tag{4-189}$$

对其他通量也可写出类似的表达式。

假设源项 S 被线性化为以下形式

$$S=S_{\mathrm{C}}+S_{\mathrm{P}}T \tag{4-190}$$

式中，$S_{\mathrm{P}}\leqslant 0$。将体积平均源项书写为

$$\overline{S}=S_{\mathrm{C}}+S_{\mathrm{P}}T_{\mathrm{P}} \tag{4-191}$$

将式(4-189)，式(4-187)和式(4-191)代入单元 P 的能量平衡方程式(4-185)，并合并同类项，就得到关于 T_{P} 的离散化方程

$$a_{\mathrm{P}}T_{\mathrm{P}}=a_{\mathrm{E}}T_{\mathrm{E}}+a_{\mathrm{W}}T_{\mathrm{W}}+a_{\mathrm{N}}T_{\mathrm{N}}+a_{\mathrm{S}}T_{\mathrm{S}}+b \tag{4-192}$$

式中

$$\begin{cases}a_{\mathrm{E}}=\dfrac{\lambda_{\mathrm{e}}\Delta y}{(\Delta x)_{\mathrm{e}}};a_{\mathrm{W}}=\dfrac{\lambda_{\mathrm{w}}\Delta y}{(\Delta x)_{\mathrm{w}}};a_{\mathrm{N}}=\dfrac{\lambda_{\mathrm{n}}\Delta x}{(\Delta y)_{\mathrm{n}}};a_{\mathrm{S}}=\dfrac{\lambda_{\mathrm{s}}\Delta x}{(\Delta y)_{\mathrm{s}}};\\ a_{\mathrm{P}}=a_{\mathrm{E}}+a_{\mathrm{W}}+a_{\mathrm{N}}+a_{\mathrm{S}}-S_{\mathrm{P}}\Delta x\Delta y;b=S_{\mathrm{C}}\Delta x\Delta y\end{cases} \tag{4-193}$$

式(4-192)可用更紧凑的形式写出

$$a_{\mathrm{P}}T_{\mathrm{P}}=\sum_{\mathrm{nb}}a_{\mathrm{nb}}T_{\mathrm{nb}}+b \tag{4-194}$$

这里，下标 nb 表示邻近单元 E,W,N 和 S。

对于非稳态导热的情况，控制方程为

$$\frac{\partial}{\partial \tau}(\rho c_p T)+\nabla \cdot \boldsymbol{J}=S \tag{4-195}$$

给定初始条件 $T(x,y,0)$。时间是"步进"坐标。由已知的初始条件，取离散时间步长 $\Delta\tau$，就能获得每个离散时间时刻处的 T 的解。在 P 的整个控制容积上对该方程积分，也对它在整个时间步长 $\Delta\tau$ 上，即从 τ 到 $\tau+\Delta\tau$ 进行积分

$$\int_{\Delta\tau}\int_{\Delta V}\frac{\partial}{\partial \tau}(\rho c_p T)\mathrm{d}V\mathrm{d}\tau+\int_{\Delta\tau}\int_{\Delta V}\nabla\cdot\boldsymbol{J}\mathrm{d}V\mathrm{d}\tau=\int_{\Delta\tau}\int_{\Delta V}S\mathrm{d}V\mathrm{d}\tau \tag{4-196}$$

积分得

$$\int_{\Delta V}[(\rho c_p T)'-(\rho c_p T)^0]\mathrm{d}V+\int_{\Delta\tau}\int_{A}\boldsymbol{J}\cdot\mathrm{d}\boldsymbol{A}\mathrm{d}\tau=\int_{\Delta\tau}\int_{\Delta V}S\mathrm{d}V\mathrm{d}\tau \tag{4-197}$$

上标"$'$"和"^{0}"分别为在 $\tau+\Delta\tau$ 和 τ 时刻的值。如果假设

$$\int_{\Delta V}\rho c_p T\mathrm{d}V=(\rho c_p T)_{\mathrm{P}}\Delta V \tag{4-198}$$

则可将非稳态项写为

$$\int_{\Delta V}[(\rho c_p T)'-(\rho c_p T)^0]\mathrm{d}V=\Delta V[(\rho c_p T)'_{\mathrm{P}}-(\rho c_p T)^0_{\mathrm{P}}] \tag{4-199}$$

对于扩散项，假设在界面上的通量为其质心的值，可将扩散项写为

$$\int_{\Delta\tau}\sum_{f=e,w,n,s}\boldsymbol{J}_{\mathrm{f}}\cdot\boldsymbol{A}_{\mathrm{f}}\mathrm{d}\tau \tag{4-200}$$

假设通量值 $\boldsymbol{J}$ 随时间阶梯形变化分布，即在 $\tau+\Delta\tau$ 和 τ 之间的变化用取值从 0 到 1 之间的权重因子 β 以内插值进行计算

$$\int_{\Delta\tau}\boldsymbol{J}\cdot\boldsymbol{A}\mathrm{d}\tau=[\beta\boldsymbol{J}'\cdot\boldsymbol{A}+(1-\beta)\boldsymbol{J}^0\cdot\boldsymbol{A}]\Delta\tau \tag{4-201}$$

设 T 在空间节点之间变化的分布为线性分布，则可写为

$$\boldsymbol{J}'_{\mathrm{e}}\cdot A_{\mathrm{e}}=-\lambda_{\mathrm{e}}\Delta y\frac{T'_{\mathrm{E}}-T'_{\mathrm{P}}}{(\Delta x)_{\mathrm{e}}};\boldsymbol{J}'_{\mathrm{w}}\cdot A_{\mathrm{w}}=\lambda_{\mathrm{w}}\Delta y\frac{T'_{\mathrm{P}}-T'_{\mathrm{W}}}{(\Delta x)_{\mathrm{w}}} \tag{4-202}$$

和

$$\boldsymbol{J}^0_{\mathrm{e}}\cdot A_{\mathrm{e}}=-\lambda_{\mathrm{e}}\Delta y\frac{T^0_{\mathrm{E}}-T^0_{\mathrm{P}}}{(\Delta x)_{\mathrm{e}}};\boldsymbol{J}^0_{\mathrm{w}}\cdot A_{\mathrm{w}}=\lambda_{\mathrm{w}}\Delta y\frac{T^0_{\mathrm{P}}-T^0_{\mathrm{W}}}{(\Delta x)_{\mathrm{w}}} \tag{4-203}$$

考虑源项，将源项 S 线性化为 $S_{\mathrm{C}}+S_{\mathrm{P}}T$，并进一步假设

$$\int_{\Delta V}(S_{\mathrm{C}}+S_{\mathrm{P}}T)\mathrm{d}V=(S_{\mathrm{C}}+S_{\mathrm{P}}T_{\mathrm{P}})\Delta V \tag{4-204}$$

有：

$$\int_{\Delta\tau}\int_{\Delta V}S\mathrm{d}V\mathrm{d}\tau=\int_{\Delta\tau}(S_{\mathrm{C}}+S_{\mathrm{P}}T_{\mathrm{P}})\Delta V\mathrm{d}\tau \tag{4-205}$$

又在 $\tau+\Delta\tau$ 和 τ 之间内插值 S，用一个在 0 和 1 之间的权重因子 β 表示

$$\int_{\Delta\tau}(S_{\mathrm{C}}+S_{\mathrm{P}}T_{\mathrm{P}})\Delta V\mathrm{d}\tau=\beta(S_{\mathrm{C}}+S_{\mathrm{P}}T_{\mathrm{P}})'\Delta V\Delta\tau+(1-\beta)(S_{\mathrm{C}}+S_{\mathrm{P}}T_{\mathrm{P}})^0\Delta V\Delta\tau \tag{4-206}$$

为简便起见，去掉上标"$'$"，并用无上标的值来表示 $\tau+\Delta\tau$ 时刻的值。在 τ 时刻的值与前述方法一样用上标"^{0}"表示。合并同类项，并用时间步长 $\Delta\tau$ 去除，则可获得下列关于 T 的离散化方程

$$a_{\mathrm{P}}T_{\mathrm{P}}=\sum_{\mathrm{nb}}a_{\mathrm{nb}}(\beta T_{\mathrm{nb}}+(1-\beta)T^0_{\mathrm{nb}})+b+(a^0_{\mathrm{P}}-(1-\beta)\sum_{\mathrm{nb}}a_{\mathrm{nb}})T^0_{\mathrm{P}} \tag{4-207}$$

式中

$$
\begin{cases}
a_E=\dfrac{\lambda_e\Delta y}{(\Delta x)_e};a_W=\dfrac{\lambda_w\Delta y}{(\Delta x)_w};a_N=\dfrac{\lambda_n\Delta x}{(\Delta y)_n};a_S=\dfrac{\lambda_s\Delta x}{(\Delta y)_s};a_P^0=\dfrac{(\rho c_p)_P\Delta V}{\Delta\tau} \\
a_P=\beta\sum\limits_{nb}a_{nb}-\beta S_P\Delta V+a_P^0;b=(\beta S_C+(1-\beta)S_C^0+(1-\beta)S_P^0T_P^0)\Delta V
\end{cases}
\tag{4-208}
$$

4.3.7.1　显格式

如果式(4-207)中设 $\beta=0$，就可得显格式(the explicit scheme)。这意味着通量和源项可用前一时间步长的值估算。在这种条件下，可得下列离散化方程

$$
a_PT_P=\sum_{nb}a_{nb}T_{nb}^0+b+(a_P^0-\sum_{nb}a_{nb})T_P^0 \tag{4-209}
$$

式中

$$
\begin{cases}
a_E=\dfrac{\lambda_e\Delta y}{(\Delta x)_e};a_W=\dfrac{\lambda_w\Delta y}{(\Delta x)_w};a_N=\dfrac{\lambda_n\Delta x}{(\Delta y)_n};a_S=\dfrac{\lambda_s\Delta x}{(\Delta y)_s} \\
a_P^0=\dfrac{(\rho c_p)_P\Delta V}{\Delta\tau};a_P=a_P^0;b=(S_C^0+S_P^0T_P^0)\Delta V
\end{cases}
\tag{4-210}
$$

式(4-209)的右端包含了前一时间 τ 的有关值，因此，给定时间 τ 的条件，可估算方程右端全部值，并求得时间 $\tau+\Delta\tau$ 处的 T_P 值。求 T_P 值时，不必解一组线性代数方程。当 $\Delta\tau\to\infty$ 时，可得稳态过程离散化方程。显式格式相当于假设 T_P^0 大于所有时间步长的值。显式格式的截断误差为 $O(\Delta\tau)$。因此，误差随时间步长精度提高呈线性减少。这种类型的格式十分简单易行，经常用于 CFD 实践中。然而，它有致命的缺点，即 $a_P^0<\sum\limits_{nb}a_{nb}$ 时，与 T_P^0 的乘积会变成负值。当 $a_P^0<\sum\limits_{nb}a_{nb}$ 时，以前时刻的 T 值的增加会引起当前时刻 T 值的减少。这种行为对于抛物型偏微分方程是不可能出现的。可用要求 $a_P^0\geqslant\sum\limits_{nb}a_{nb}$ 的办法来避免这种情况。对于均匀网格及常物性一维直到三维的情况，其稳定性条件分别为

$$
\Delta\tau\leqslant\frac{\rho c_p(\Delta x)^2}{2\lambda}(\text{一维}) \tag{4-211a}
$$

$$
\Delta\tau\leqslant\frac{\rho c_p(\Delta x)^2}{4\lambda}(\text{二维}) \tag{4-211b}
$$

和

$$
\Delta\tau\leqslant\frac{\rho c_p(\Delta x)^2}{6\lambda}(\text{三维}) \tag{4-211c}
$$

这一条件有时被称为冯·诺伊曼(von Neumann)稳定性判据。随着所定义的网格越精确，据此选择的时间步长则越小，因此计算时间消耗就越长。

4.3.7.2　全隐格式

在式(4-207)中，取 $\beta=1$ 就得到全隐格式(the fully-implicit scheme)。在这种情况下，得到下列关于 T_P 的离散化方程

$$
a_PT_P=\sum_{nb}a_{nb}T_{nb}+b+a_P^0T_P^0 \tag{4-212}
$$

式中

$$
\begin{cases}
a_E=\dfrac{\lambda_e\Delta y}{(\Delta x)_e};a_W=\dfrac{\lambda_w\Delta y}{(\Delta x)_w};a_N=\dfrac{\lambda_n\Delta x}{(\Delta y)_n};a_S=\dfrac{\lambda_s\Delta x}{(\Delta y)_s}; \\
a_P^0=\dfrac{(\rho c_p)_P\Delta V}{\Delta\tau};a_P=\sum\limits_{nb}a_{nb}-S_P\Delta V+a_P^0;b=S_C\Delta V
\end{cases}
\tag{4-213}
$$

对于无源的情况，$a_P=\sum\limits_{nb}a_{nb}+a_P^0$。由于这一性质，保证了 T_P 值取决于 $\tau+\Delta\tau$ 时其邻近的

空间节点的值和前一时刻的 P 点的值。这与规范化抛物型偏微分方程的性质一致。可认为 T_P^0 是 T_P 的邻近时间节点的值。斯卡巴勒判据也适用。在 $\tau+\Delta\tau$ 时的解要求解一个线性方程组。和显式格式一样，当 $\Delta\tau\to\infty$，又回到稳态扩散问题的离散化方程。亦即，如果遍历步进时间达到稳态，即 $T_P^0=T_P$，就回到控制稳态扩散问题的离散化线性方程组。全隐格式在所有时间步长上都能计算成功，即绝对稳定。因此，对于全隐格式没有时间步长的选择限制。可取一个大的时间步长，但此时并不一定就能得到一个真实的 T_P 值。因此，物理上真实的解，并不意味着是一定精确的。如果时间步长取得太大，采用隐格式同样可能会得到一个似是而非的，甚至是错误的结果。全隐格式的截断误差是 $O(\Delta\tau)$，是一个具有一阶精度的格式。尽管其系数具有良好的性质，但误差随时间步长降低的速率还是相当慢的。

4.3.7.3　克兰克-尼科尔森格式

在式(4-207)中，取 $\beta=0.5$ 就得到克兰克-尼科尔森格式，离散化方程变为

$$a_P T_P=\sum_{nb} a_{nb}(0.5T_{nb}+0.5T_{nb}^0)+b+\left(a_P^0-0.5\sum_{nb} a_{nb}\right)T_P^0 \tag{4-214}$$

式中

$$\begin{cases} a_E=\dfrac{\lambda_e\Delta y}{(\Delta x)_e};a_W=\dfrac{\lambda_w\Delta y}{(\Delta x)_w};a_N=\dfrac{\lambda_n\Delta x}{(\Delta y)_n};a_S=\dfrac{\lambda_s\Delta x}{(\Delta y)_s};a_P^0=\dfrac{(\rho c_p)_P\Delta V}{\Delta\tau} \\ a_P=0.5\sum_{nb} a_{nb}-0.5S_P\Delta V+a_P^0;b=0.5[(S_C+S_C^0)+S_P^0T_P^0]\Delta V \end{cases} \tag{4-215}$$

由式(4-214)可见，当 $a_P^0<0.5\sum_{nb} a_{nb}$，与 T_P^0 的乘积项就变为负值，可能会得到一个物理上不真实的解。事实上，取 β 不为 1 的任何值都有这种性质。克兰克-尼科尔森格式实质上做了一个 T_P 随时间在 τ 和 $\tau+\Delta\tau$ 之间变化时呈线性变化的假设。尽管这会导致对于大时间步长出现的负系数可能性，但该格式具有一个 $O((\Delta\tau)^2)$ 的截断误差。因此，如果有用，解的误差随时间步长精度提高而降低的速率要比其他格式快得多。

4.4　极坐标系下的导热问题

由于式(4-177)被写成矢量形式，也可用于描述其他坐标系中的导热(扩散传输)现象。实际上，迄今为止所做的大多数推导只需做很少的变化就可用于其他坐标系。考虑二维极坐标情况。一个典型的控制容积示于图 4-30。控制容积位于 r-θ 平面，且它是由恒定的 r 和 θ 的表面决定的。网格点 P 位于控制容积内。控制容积的体积为 $\Delta V=r_P\Delta\theta\Delta r$。

假设 $\partial T/\partial x=0$，因此所有的传输都限制在 r-θ 平面内。考虑稳态导热情况，在整个控制容积 P 上对式(4-177)积分，并应用散度定理导出

$$(\boldsymbol{J}\cdot\boldsymbol{A})_e+(\boldsymbol{J}\cdot\boldsymbol{A})_w+(\boldsymbol{J}\cdot\boldsymbol{A})_n+(\boldsymbol{J}\cdot\boldsymbol{A})_s=\overline{S}\Delta V \tag{4-216}$$

面积矢量由下列式子给出

$$\begin{cases} \boldsymbol{A}_e=\Delta r\boldsymbol{e}_{\theta,e},\boldsymbol{A}_w=-\Delta r\boldsymbol{e}_{\theta,w} \\ \boldsymbol{A}_n=r_n\Delta\theta\boldsymbol{e}_r,\boldsymbol{A}_s=-r_s\Delta\theta\boldsymbol{e}_r \end{cases} \tag{4-217}$$

扩散通量 $\boldsymbol{J}$ 由下式给出

$$\boldsymbol{J}=-\lambda\nabla T \tag{4-218}$$

对于极坐标系，梯度算子由下式给出

$$\nabla=\frac{\partial}{\partial r}\boldsymbol{e}_r+\frac{1}{r}\frac{\partial}{\partial\theta}\boldsymbol{e}_\theta \tag{4-219}$$

因此，穿过面积上的通量可由下列式子给出

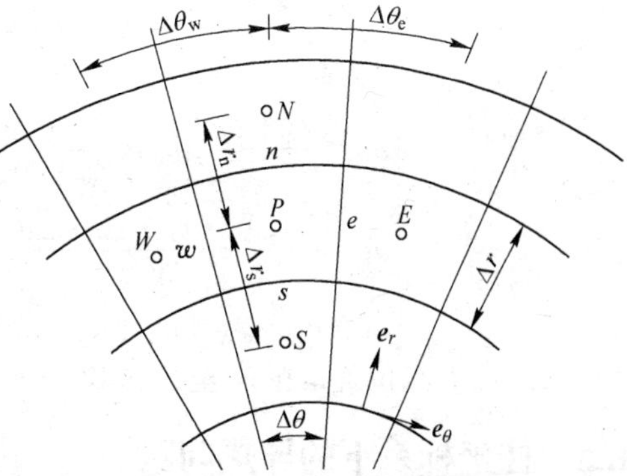

图 4-30　极坐标中的控制容积

$$\begin{cases}\boldsymbol{J}_{\mathrm{e}}\cdot\boldsymbol{A}_{\mathrm{e}}=-\lambda_{\mathrm{e}}\Delta r\dfrac{1}{r_{\mathrm{e}}}\left(\dfrac{\partial T}{\partial\theta}\right)_{\mathrm{e}},\boldsymbol{J}_{\mathrm{w}}\cdot\boldsymbol{A}_{\mathrm{w}}=\lambda_{\mathrm{w}}\Delta r\dfrac{1}{r_{\mathrm{w}}}\left(\dfrac{\partial T}{\partial\theta}\right)_{\mathrm{w}}\\ \boldsymbol{J}_{\mathrm{n}}\cdot\boldsymbol{A}_{\mathrm{n}}=-\lambda_{\mathrm{n}}r_{\mathrm{n}}\Delta\theta\left(\dfrac{\partial T}{\partial r}\right)_{\mathrm{n}},\boldsymbol{J}_{\mathrm{s}}\cdot\boldsymbol{A}_{\mathrm{s}}=\lambda_{\mathrm{s}}r_{\mathrm{s}}\Delta\theta\left(\dfrac{\partial T}{\partial r}\right)_{\mathrm{s}}\end{cases}\tag{4-220}$$

假设 T 值在网格节点间线性变化，因此

$$\begin{cases}\boldsymbol{J}_{\mathrm{e}}\cdot\boldsymbol{A}_{\mathrm{e}}=-\lambda_{\mathrm{e}}\Delta r\dfrac{T_{\mathrm{E}}-T_{\mathrm{P}}}{r_{\mathrm{e}}(\Delta\theta)_{\mathrm{e}}},\boldsymbol{J}_{\mathrm{w}}\cdot\boldsymbol{A}_{\mathrm{w}}=\lambda_{\mathrm{w}}\Delta r\dfrac{T_{\mathrm{P}}-T_{\mathrm{W}}}{r_{\mathrm{w}}(\Delta\theta)_{\mathrm{w}}}\\ \boldsymbol{J}_{\mathrm{n}}\cdot\boldsymbol{A}_{\mathrm{n}}=-\lambda_{\mathrm{n}}r_{\mathrm{n}}\Delta\theta\dfrac{T_{\mathrm{N}}-T_{\mathrm{P}}}{(\Delta r)_{\mathrm{n}}},\boldsymbol{J}_{\mathrm{s}}\cdot\boldsymbol{A}_{\mathrm{s}}=\lambda_{\mathrm{s}}r_{\mathrm{s}}\Delta\theta\dfrac{T_{\mathrm{P}}-T_{\mathrm{S}}}{(\Delta r)_{\mathrm{s}}}\end{cases}\tag{4-221}$$

源项可写为

$$(S_{\mathrm{C}}+S_{\mathrm{P}}T_{\mathrm{P}})\Delta V\tag{4-222}$$

将式(4-221)和式(4-222)代入式(4-216)，合并同类项，可得关于单元 P 的离散化方程：

$$a_{\mathrm{P}}T_{\mathrm{P}}=a_{\mathrm{E}}T_{\mathrm{E}}+a_{\mathrm{W}}T_{\mathrm{W}}+a_{\mathrm{N}}T_{\mathrm{N}}+a_{\mathrm{S}}T_{\mathrm{S}}+b\tag{4-223}$$

式中

$$\begin{cases}a_{\mathrm{E}}=\dfrac{\lambda_{\mathrm{e}}\Delta r}{r_{\mathrm{e}}(\Delta\theta)_{\mathrm{e}}};a_{\mathrm{W}}=\dfrac{\lambda_{\mathrm{w}}\Delta r}{r_{\mathrm{w}}(\Delta\theta)_{\mathrm{w}}};a_{\mathrm{N}}=\dfrac{\lambda_{\mathrm{n}}r_{\mathrm{n}}\Delta\theta}{(\Delta r)_{\mathrm{n}}};a_{\mathrm{S}}=\dfrac{\lambda_{\mathrm{s}}r_{\mathrm{s}}\Delta\theta}{(\Delta r)_{\mathrm{s}}}\\ a_{\mathrm{P}}=a_{\mathrm{E}}+a_{\mathrm{W}}+a_{\mathrm{N}}+a_{\mathrm{S}}-S_{\mathrm{P}}\Delta V;b=S_{\mathrm{C}}\Delta V\end{cases}\tag{4-224}$$

无论控制容积的形状如何，坐标系如何不同，离散化过程的基本过程是相同的，都与控制容积的形状无关。不同坐标系的情况，唯一不同的是面积矢量和梯度算符的生成。后者表现在网格节点间距离的表示本身的不同。极坐标系是一个直交坐标系，即 e_r 和 e_θ 总是互相垂直的。由于控制容积表面是沿坐标方向排列的，因此连接节点(例如 P 和 E)的线和控制容积面(如 e)是垂直的。因此，通量指向面积的法线完全可以按照节点的 T 值来写出，而相邻两个单元是共享单元表面的。当网格是非直交网格时，即连接节点的线不与单元表面垂直时，就会增加一些附加项。

对于非稳态导热的情况，二维极坐标表示的非稳态导热控制微分方程为

$$\rho c_p\frac{\partial T}{\partial\tau}=\frac{1}{r}\frac{\partial}{\partial r}\left(r\lambda\frac{\partial T}{\partial r}\right)+\frac{1}{r}\frac{\partial}{\partial\theta}\left(\frac{\lambda}{r}\frac{\partial T}{\partial\theta}\right)+S\tag{4-225}$$

该式是取 Δx 为单位厚度时得到的非稳态导热控制方程。控制容积 P 的体积为 $r_{\mathrm{P}}\cdot\Delta r\cdot\Delta\theta$。控制容积 P 的通用离散化方程为

$$a_{\mathrm{P}}T_{\mathrm{P}}=a_{\mathrm{E}}T_{\mathrm{E}}+a_{\mathrm{W}}T_{\mathrm{W}}+a_{\mathrm{N}}T_{\mathrm{N}}+a_{\mathrm{S}}T_{\mathrm{S}}+b\tag{4-226}$$

式中

$$\begin{cases}a_{\mathrm{E}}=\dfrac{\lambda_{\mathrm{e}}\cdot\Delta r}{r_{\mathrm{e}}(\Delta\theta)_{\mathrm{e}}},a_{\mathrm{W}}=\dfrac{\lambda_{\mathrm{w}}\cdot\Delta r}{r_{\mathrm{w}}(\Delta\theta)_{\mathrm{w}}},a_{\mathrm{N}}=\dfrac{\lambda_{\mathrm{n}}\cdot r_{\mathrm{n}}\cdot\Delta\theta}{(\Delta r)_{\mathrm{n}}},a_{\mathrm{S}}=\dfrac{\lambda_{\mathrm{s}}\cdot r_{\mathrm{s}}\cdot\Delta\theta}{(\Delta r)_{\mathrm{s}}}\\ a_{\mathrm{P}}^{0}=\dfrac{(\rho c_p)_{\mathrm{P}}\cdot r_{\mathrm{P}}\cdot\Delta r\cdot\Delta\theta}{\Delta\tau},b=S_{\mathrm{C}}\cdot r_{\mathrm{P}}\cdot\Delta r\cdot\Delta\theta+a_{\mathrm{P}}^{0}\cdot T_{\mathrm{P}}^{0}\\ a_{\mathrm{P}}=a_{\mathrm{E}}+a_{\mathrm{W}}+a_{\mathrm{N}}+a_{\mathrm{S}}+a_{\mathrm{P}}^{0}-S_{\mathrm{P}}\cdot r_{\mathrm{P}}\cdot\Delta r\cdot\Delta\theta\end{cases}\tag{4-227}$$

要注意 P 点位置是在 N 至 S 和 W 至 E 的正中央。

4.5 柱坐标系下的导热问题

轴对称导热问题适合于采用二维圆柱坐标表示。在轴对称几何坐标系(axisymmetric

geometries)的情况下，假设一个稳态传导问题的控制方程为

$$\frac{\partial}{\partial x}\left(\lambda\frac{\partial T}{\partial x}\right)+\frac{1}{r}\frac{\partial}{\partial r}\left(r\lambda\frac{\partial T}{\partial r}\right)+S=0 \tag{4-228}$$

该式为取 $\Delta\theta$ 为单位弧度时的二维稳态导热问题的控制方程。一个典型的控制容积示于图 4-31，它位于 r-x 平面内。网格节点 P 位于单元的质心。控制容积的体积是 $\Delta V=r_{\mathrm{P}}\Delta r\Delta x$。面积矢量由下列关系给出

$$\begin{cases}\boldsymbol{A}_{\mathrm{e}}=r_{\mathrm{e}}\Delta r\boldsymbol{i},\boldsymbol{A}_{\mathrm{w}}=-r_{\mathrm{w}}\Delta r\boldsymbol{i}\\ \boldsymbol{A}_{\mathrm{n}}=r_{\mathrm{n}}\Delta x\boldsymbol{e}_r,\boldsymbol{A}_{\mathrm{s}}=-r_{\mathrm{s}}\Delta x\boldsymbol{e}_r\end{cases} \tag{4-229}$$

对于轴对称几何体，梯度算子由下式给出

$$\nabla=\frac{\partial}{\partial r}\boldsymbol{e}_r+\frac{\partial}{\partial x}\boldsymbol{i} \tag{4-230}$$

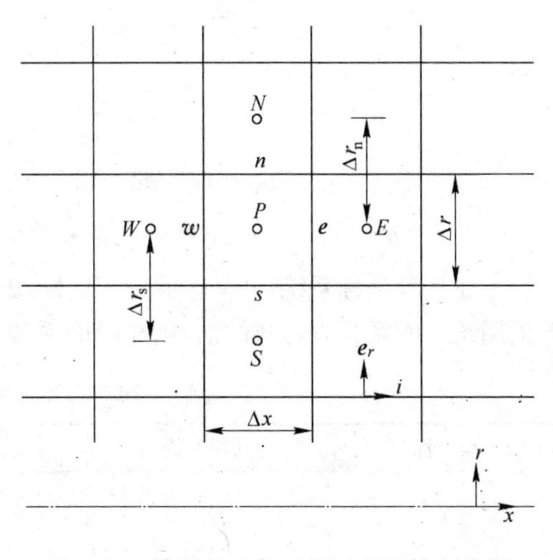

图 4-31 轴对称几何坐标系下的控制容积

因此，穿过控制容积界面上的通量可由下列式子给出

$$\begin{cases}\boldsymbol{J}_{\mathrm{e}}\cdot\boldsymbol{A}_{\mathrm{e}}=-\lambda_{\mathrm{e}}r_{\mathrm{e}}\Delta r\left(\dfrac{\partial T}{\partial x}\right)_{\mathrm{e}},\boldsymbol{J}_{\mathrm{w}}\cdot\boldsymbol{A}_{\mathrm{w}}=\lambda_{\mathrm{w}}r_{\mathrm{w}}\Delta r\left(\dfrac{\partial T}{\partial x}\right)_{\mathrm{w}}\\ \boldsymbol{J}_{\mathrm{n}}\cdot\boldsymbol{A}_{\mathrm{n}}=-\lambda_{\mathrm{n}}r_{\mathrm{n}}\Delta x\left(\dfrac{\partial T}{\partial r}\right)_{\mathrm{n}},\boldsymbol{J}_{\mathrm{s}}\cdot\boldsymbol{A}_{\mathrm{s}}=\lambda_{\mathrm{s}}r_{\mathrm{s}}\Delta x\left(\dfrac{\partial T}{\partial r}\right)_{\mathrm{s}}\end{cases} \tag{4-231}$$

假设 T 值在网格节点间线性变化，因此

$$\begin{cases}\boldsymbol{J}_{\mathrm{e}}\cdot\boldsymbol{A}_{\mathrm{e}}=-\lambda_{\mathrm{e}}r_{\mathrm{e}}\Delta r\dfrac{T_{\mathrm{E}}-T_{\mathrm{P}}}{(\Delta x)_{\mathrm{e}}},\boldsymbol{J}_{\mathrm{w}}\cdot\boldsymbol{A}_{\mathrm{w}}=\lambda_{\mathrm{w}}r_{\mathrm{w}}\Delta r\dfrac{T_{\mathrm{P}}-T_{\mathrm{W}}}{(\Delta x)_{\mathrm{w}}}\\ \boldsymbol{J}_{\mathrm{n}}\cdot\boldsymbol{A}_{\mathrm{n}}=-\lambda_{\mathrm{n}}r_{\mathrm{n}}\Delta x\dfrac{T_{\mathrm{N}}-T_{\mathrm{P}}}{(\Delta r)_{\mathrm{n}}},\boldsymbol{J}_{\mathrm{s}}\cdot\boldsymbol{A}_{\mathrm{s}}=\lambda_{\mathrm{s}}r_{\mathrm{s}}\Delta x\dfrac{T_{\mathrm{P}}-T_{\mathrm{S}}}{(\Delta r)_{\mathrm{s}}}\end{cases} \tag{4-232}$$

源项可写为

$$(S_{\mathrm{C}}+S_{\mathrm{P}}T_{\mathrm{P}})\Delta V \tag{4-233}$$

将式(4-232)和式(4-233)代入式(4-216)，合并同类项，可得关于单元 P 的离散化方程

$$a_{\mathrm{P}}T_{\mathrm{P}}=a_{\mathrm{E}}T_{\mathrm{E}}+a_{\mathrm{W}}T_{\mathrm{W}}+a_{\mathrm{N}}T_{\mathrm{N}}+a_{\mathrm{S}}T_{\mathrm{S}}+b \tag{4-234}$$

式中

$$\begin{cases}a_{\mathrm{E}}=\dfrac{\lambda_{\mathrm{e}}r_{\mathrm{e}}\Delta r}{(\Delta x)_{\mathrm{e}}};a_{\mathrm{W}}=\dfrac{\lambda_{\mathrm{w}}r_{\mathrm{w}}\Delta r}{(\Delta x)_{\mathrm{w}}};a_{\mathrm{N}}=\dfrac{\lambda_{\mathrm{n}}r_{\mathrm{n}}\Delta x}{(\Delta r)_{\mathrm{n}}};a_{\mathrm{S}}=\dfrac{\lambda_{\mathrm{s}}r_{\mathrm{s}}\Delta x}{(\Delta r)_{\mathrm{s}}}\\ a_{\mathrm{P}}=a_{\mathrm{E}}+a_{\mathrm{W}}+a_{\mathrm{N}}+a_{\mathrm{S}}-S_{\mathrm{P}}\Delta V;b=S_{\mathrm{C}}\Delta V\end{cases} \tag{4-235}$$

圆柱坐标系下的二维非稳态导热情况下，控制微分方程为

$$\rho c_p\frac{\partial T}{\partial\tau}=\frac{\partial}{\partial x}\left(\lambda\frac{\partial T}{\partial x}\right)+\frac{1}{r}\frac{\partial}{\partial r}\left(r\lambda\frac{\partial T}{\partial r}\right)+S \tag{4-236}$$

该式为取 $\Delta\theta$ 为单位弧度时的二维非稳态导热问题的控制方程。控制容积的体积为 $r_{\mathrm{P}}\Delta r\Delta x$。同理可导出控制容积 P 的通用离散化方程为

$$a_{\mathrm{P}}T_{\mathrm{P}}=a_{\mathrm{E}}T_{\mathrm{E}}+a_{\mathrm{W}}T_{\mathrm{W}}+a_{\mathrm{N}}T_{\mathrm{N}}+a_{\mathrm{S}}T_{\mathrm{S}}+b \tag{4-237}$$

式中

$$\begin{cases} a_E=\dfrac{\lambda_e \cdot r_P \cdot \Delta r}{(\Delta x)_e}, a_W=\dfrac{\lambda_w \cdot r_P \cdot \Delta r}{(\Delta x)_w}, a_N=\dfrac{\lambda_n \cdot r_n \cdot \Delta x}{(\Delta r)_n}, a_S=\dfrac{\lambda_s \cdot r_s \cdot \Delta x}{(\Delta r)_s} \\ a_P^0=\dfrac{(\rho c_p)_P \cdot r_P \cdot \Delta x \cdot \Delta r}{\Delta \tau} \\ a_P=a_E+a_W+a_N+a_S+a_P^0-S_P \cdot r_P \cdot \Delta x \cdot \Delta r \\ b=S_C \cdot r_P \cdot \Delta x \cdot \Delta r+a_P^0 \cdot T_P^0 \end{cases} \tag{4-238}$$

上述三种坐标系统(x-y 坐标，x-r 坐标，θ-r 坐标)表示的二维导热问题的通用离散化方程，若采用统一的系数表达式的话，则相应的系数表达式如表 4-20 所示。

表 4-20 二维导热离散化方程式的系数

坐 标	通用形式	直角坐标	柱坐标	极坐标
X	X	x	x	θ
Y	Y	y	r	r
R	R	1	r	R
E-W 方向尺度因子	SX	1	1	r
E-W 方向的导热面积	$\dfrac{R \cdot \Delta Y}{SX}$	Δy	$r_P \cdot \Delta r$	Δr
S-N 方向的导热面积	$R \cdot \Delta X$	Δx	$r_P \cdot \Delta x$	$r_P \cdot \Delta\theta$
控制体体积	$R \cdot \Delta X \cdot \Delta Y$	$\Delta x \cdot \Delta y$	$r_P \cdot \Delta r \cdot \Delta x$	$r_P \cdot \Delta r \cdot \Delta\theta$
a_E	$\dfrac{\lambda_e \cdot R \cdot \Delta Y}{SX(\Delta X)_e}$	$\dfrac{\lambda_e \Delta y}{(\Delta x)_e}$	$\dfrac{\lambda_e r_P \Delta r}{(\Delta x)_e}$	$\dfrac{\lambda_e \Delta r}{r_P(\Delta\theta)_e}$
a_W	$\dfrac{\lambda_w \cdot R \cdot \Delta Y}{SX(\Delta X)_w}$	$\dfrac{\lambda_w \Delta y}{(\Delta x)_w}$	$\dfrac{\lambda_w r_P \Delta r}{(\Delta x)_w}$	$\dfrac{\lambda_w \Delta r}{r_P(\Delta\theta)_w}$
a_N	$\dfrac{\lambda_n \cdot R \cdot \Delta X}{(\Delta Y)_n}$	$\dfrac{\lambda_n \Delta x}{(\Delta y)_n}$	$\dfrac{\lambda_n r_n \Delta x}{(\Delta r)_n}$	$\dfrac{\lambda_n r_n \Delta\theta}{(\Delta r)_n}$
a_S	$\dfrac{\lambda_s \cdot R \cdot \Delta X}{(\Delta Y)_s}$	$\dfrac{\lambda_s \Delta x}{(\Delta y)_s}$	$\dfrac{\lambda_s r_s \Delta x}{(\Delta r)_s}$	$\dfrac{\lambda_s r_s \Delta\theta}{(\Delta r)_s}$
a_P^0	$\dfrac{(\rho c_p)_P R\Delta X\Delta Y}{\Delta\tau}$	$\dfrac{(\rho c_p)_P \Delta x\Delta y}{\Delta\tau}$	$\dfrac{(\rho c_p)_P r_P \Delta r\Delta x}{\Delta\tau}$	$\dfrac{(\rho c_p)_P r_P \Delta r\Delta\theta}{\Delta\tau}$
a_P	$\sum_{nb} a_{nb}+a_P^0$ $-S_P R\Delta X\Delta Y$	$\sum_{nb} a_{nb}+a_P^0$ $-S_P \Delta x\Delta y$	$\sum_{nb} a_{nb}+a_P^0$ $-S_P r_P \Delta x\Delta r$	$\sum_{nb} a_{nb}+a_P^0$ $-S_P r_P \Delta r\Delta\theta$
b	$S_C R\Delta X\Delta Y$ $+a_P^0 T_P^0$	$S_C \Delta x\Delta y$ $+a_P^0 T_P^0$	$S_C r_P \Delta x\Delta r$ $+a_P^0 T_P^0$	$S_C r_P \Delta r\Delta\theta$ $+a_P^0 T_P^0$

4.6 三维导热的离散化方程

用直角坐标表示的三维非稳态导热控制微分方程为

$$\rho c_p \frac{\partial T}{\partial \tau}=\frac{\partial}{\partial x}\left(\lambda \frac{\partial T}{\partial x}\right)+\frac{\partial}{\partial y}\left(\lambda \frac{\partial T}{\partial y}\right)+\frac{\partial}{\partial z}\left(\lambda \frac{\partial T}{\partial z}\right)+q_V \tag{4-239}$$

该式在时间间隔 τ 至 $\tau+\Delta\tau$，空间上沿 x 向自 w 至 e，y 向自 s 至 n，z 向自 b 至 t，对控制容积

P进行积分，并整理成通用形式的离散化方程

$$a_P T_P = a_E T_E + a_W T_W + a_N T_N + a_S T_S + a_T T_T + a_B T_B + b \tag{4-240}$$

式中

$$\begin{cases} a_E = \dfrac{\lambda_e \cdot \Delta y \cdot \Delta z}{(\Delta x)_e}, a_W = \dfrac{\lambda_w \cdot \Delta y \cdot \Delta z}{(\Delta x)_w}, a_N = \dfrac{\lambda_n \cdot \Delta z \cdot \Delta x}{(\Delta y)_n}, a_S = \dfrac{\lambda_s \cdot \Delta z \cdot \Delta x}{(\Delta y)_s} \\ a_T = \dfrac{\lambda_t \cdot \Delta x \cdot \Delta y}{(\Delta z)_t}, a_B = \dfrac{\lambda_b \cdot \Delta x \cdot \Delta y}{(\Delta z)_b}, a_P^0 = \dfrac{(\rho c_p)_P \cdot \Delta x \cdot \Delta y \cdot \Delta z}{\Delta \tau} \\ a_P = a_E + a_W + a_N + a_S + a_T + a_B + a_P^0 - S_P \cdot \Delta x \cdot \Delta y \cdot \Delta z \\ b = S_C \cdot \Delta x \cdot \Delta y \cdot \Delta z + a_P^0 \cdot T_P^0 \end{cases} \tag{4-241}$$

控制体是由界面 e,w,n,s,τ,b 组成的六面体，其体积是 $\Delta x \Delta y \Delta z$。

用圆柱坐标表示的三维非稳态导热问题的控制微分方程为

$$\rho c_p \frac{\partial T}{\partial \tau} = \frac{\partial}{\partial x}\left(\lambda \frac{\partial T}{\partial x}\right) + \frac{1}{r}\frac{\partial}{\partial r}\left(r\lambda \frac{\partial T}{\partial r}\right) + \frac{1}{r}\frac{\partial}{\partial \theta}\left(\frac{\lambda}{r}\frac{\partial T}{\partial \theta}\right) + S \tag{4-242}$$

它的离散化方程可改写为

$$a_P T_P = a_E T_E + a_W T_W + a_N T_N + a_S T_S + a_T T_T + a_B T_B + b \tag{4-243}$$

式中

$$\begin{cases} a_E = \dfrac{\lambda_e \cdot \Delta r}{(\Delta \theta)_e r_e}, a_W = \dfrac{\lambda_w \cdot \Delta r}{(\Delta \theta)_w r_w}, a_N = \dfrac{\lambda_n \cdot r_n \cdot \Delta \theta}{(\Delta r)_n}, a_S = \dfrac{\lambda_s \cdot r_s \cdot \Delta \theta}{(\Delta r)_s} \\ a_T = \dfrac{\lambda_t \cdot r_t \cdot \Delta r}{(\Delta x)_t}, a_B = \dfrac{\lambda_b \cdot r_b \cdot \Delta r}{(\Delta x)_b}, a_P^0 = \dfrac{(\rho c_p)_P \cdot r_P \cdot \Delta r \cdot \Delta x \cdot \Delta \theta}{\Delta \tau} \\ a_P = a_E + a_W + a_N + a_S + a_T + a_B + a_P^0 - S_P \cdot r_P \cdot \Delta r \cdot \Delta x \cdot \Delta \theta \\ b = S_C \cdot r_P \cdot \Delta r \cdot \Delta x \cdot \Delta \theta \end{cases} \tag{4-244}$$

控制容积 P 的体积为 $r_P \cdot \Delta r \cdot \Delta x \cdot \Delta \theta$。常见的柱坐标二维导热问题可以看成是上述三维导热问题的具体简化形式。

5 对流与扩散问题的数值方法

前面讨论了导热问题的数值方法，也就是讨论了包含扩散项的扩散型微分方程的数值方法，因此有的书就称为扩散方程的数值方法。至此，已经知道了怎样从含有不稳态项、扩散项及源项的通用微分方程推导出离散化方程(差分方程)。在传输过程通用方程式(3-11)中，对于导热问题，以温度 T 以及热导率 λ 表示的关系，可以很容易地改写成以通用变量 φ 及其广义扩散系数 Γ_φ 表示的关系式。其中唯一被忽略的项是对流项。此外还讨论了求解代数方程的方法。在此就把对流项这一项考虑进去。只要对流项的加入不改变离散化方程的形式，同样的处理方法仍然是适用的。

对流产生于流体的流动，本章的任务就是在已知流场(即速度分量与密度)的情况下，求得 φ 的解，即求由于对流和扩散同时存在时某自变量 φ(如温度或浓度)的解。计算流场部分见本书第 6 章。对流项与扩散项之间具有不可分割的联系，因此需要把这两项处理成一个单位。

应当注意的是，这里的“扩散”一词不只限于表示由浓度梯度引起的一种化学组分的扩散。由通用变量 φ 的梯度引起的扩散流是 $\Gamma\partial\varphi/\partial x_j$，它表示 j 方向上的通量。其意义与特定的 φ 的具体意义有关，这种扩散流可以代表化学组分的扩散流、热流密度以及黏性切应力等。若 φ 为速度，则 Γ 为黏度 η，而 $\Gamma\partial\varphi/\partial x_j$ 为动量通量；若 φ 为温度，则 Γ 为热导率 λ 与 c_p 值之比(λ/c_p)，而 $\Gamma\partial\varphi/\partial x_j$ 则为热量通量。而通用微分方程式(3-11)中包含有一代表扩散的项 $\frac{\partial}{\partial x_j}\left(\Gamma\frac{\partial\varphi}{\partial x_j}\right)$。实际上，该表达式代表着对三个坐标方向的三项之和，而把它们放在一起表示成扩散项是比较方便的。同样，对流项 $\frac{\partial}{\partial x_j}(\rho u_j\varphi)$ 也代表三项之和。

由于已知的流场必须满足连续性方程

$$\frac{\partial\rho}{\partial\tau}+\frac{\partial}{\partial x_j}(\rho u_j)=0 \tag{5-1}$$

而对于不可压缩流体传输方程的一般形式：

$$\frac{\partial}{\partial\tau}(\rho\varphi)+\frac{\partial}{\partial x_j}(\rho u_j\varphi)=\frac{\partial}{\partial x_j}\left(\Gamma\frac{\partial\varphi}{\partial x_j}\right)+S \tag{5-2}$$

应用连续性方程，此式也可改写为

$$\rho\left(\frac{\partial\varphi}{\partial\tau}+u_j\frac{\partial\varphi}{\partial x_j}\right)=\frac{\partial}{\partial x_j}\left(\Gamma\frac{\partial\varphi}{\partial x_j}\right)+S \tag{5-3}$$

由该式可知：对于已知的 ρ、u_j、Γ 以及 S 的分布，任何解 φ 及其变体(φ 加一常量)将同时满足方程(5-3)。在这些情况下，关于系数和的基本原则(差分方程的四个基本准则之准则 4)仍然适用。

从数学角度，对流项不过是一阶导数项，其离散毫无问题。但从物理过程来看，这是最难离散的导数项。这主要与对流作用带有强烈的方向性有关。对流项离散方程的构造是否合适强烈地影响到数值解的准确性、稳定性和经济性。当对流项采用一阶局部截断误差的格式时会出现后面将提及的虚假扩散问题。当对流项采用某种离散格式时，在一定条件下会产生数值解的振荡(不稳定)。20 世纪 90 年代以后出现了高阶局部截断误差的格式，有较好的准确性又不会产生振荡。但由于格式过于复杂，求解得到的代数方程式占用大量内存，而且占用机时长。

5.1 一维稳态对流与扩散

对于只有对流与扩散这两项存在的情况下的无源一维稳态问题，控制方程为

$$\frac{\mathrm{d}}{\mathrm{d}x}(\rho u\varphi)=\frac{\mathrm{d}}{\mathrm{d}x}\left(\Gamma\frac{\mathrm{d}\varphi}{\mathrm{d}x}\right) \tag{5-4}$$

式中，u 代表 φ 在 x 方向的速度。同时，连续方程变为

$$\frac{\mathrm{d}}{\mathrm{d}x}(\rho u)=0 \quad 或 \quad \rho u=\text{const.} \tag{5-5}$$

该式对可压缩流体和不可压缩流体都是成立的。换句话说，单位时间单位面积上流过的质量流量为常数。当流体为不可压缩时，$\rho=\text{const.}$，则有各断面上速度处处相等。

5.1.1 区域离散化

对定解区域离散化，所得节点 P 的网格如图 5-1 所示。

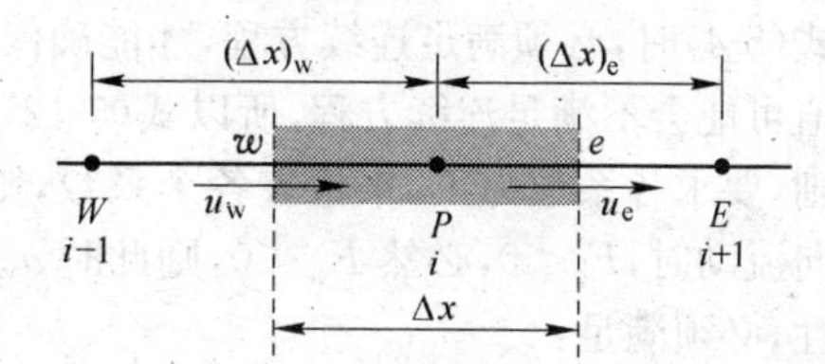

图 5-1 网格的划分

5.1.2 控制方程离散化

对于图 5-1 所示的网格，将控制方程式(5-4)在定解区域上进行积分可得

$$(\rho u\varphi)_{\mathrm{e}}-(\rho u\varphi)_{\mathrm{w}}=\left(\Gamma\frac{\mathrm{d}\varphi}{\mathrm{d}x}\right)_{\mathrm{e}}-\left(\Gamma\frac{\mathrm{d}\varphi}{\mathrm{d}x}\right)_{\mathrm{w}} \tag{5-6}$$

假设相邻节点间是分段线性分布的，对于物理量 φ 的一阶导数用中心差商代替，根据图 5-1，可写为

$$\varphi_{\mathrm{e}}=\frac{1}{2}(\varphi_{\mathrm{E}}+\varphi_{\mathrm{P}});\varphi_{\mathrm{w}}=\frac{1}{2}(\varphi_{\mathrm{P}}+\varphi_{\mathrm{W}}) \tag{5-7}$$

式中，系数 1/2 为内插因子，表示假设界面位于中点。对不同的界面位置则要采用其他的内插因子。把式(5-7)代入式(5-6)，则可得

$$\frac{1}{2}(\rho u)_{\mathrm{e}}(\varphi_{\mathrm{E}}+\varphi_{\mathrm{P}})-\frac{1}{2}(\rho u)_{\mathrm{w}}(\varphi_{\mathrm{P}}+\varphi_{\mathrm{W}})=\frac{\Gamma_{\mathrm{e}}(\varphi_{\mathrm{E}}-\varphi_{\mathrm{P}})}{(\Delta x)_{\mathrm{e}}}-\frac{\Gamma_{\mathrm{w}}(\varphi_{\mathrm{P}}-\varphi_{\mathrm{W}})}{(\Delta x)_{\mathrm{w}}} \tag{5-8}$$

为了把方程写得更紧凑，定义两个新的符号 F 与 D：

$$F\equiv\rho u;D\equiv\frac{\Gamma}{\Delta x} \tag{5-9}$$

式中，F 称为对流(或流动)强度，其物理意义为单位时间单位面积上流过的流体质量，F 越大，流过的质量越多，对流强度越大。F 值可正可负，仅取决于流动的方向。D 称为扩散传导系数(diffusion conductance)，D 值具有与 F 相同的量纲，表示扩散状况，但 D 值永远为正。当 $\Gamma=0$ 时(如理想流体 $\eta=0$)，D 值也为零。这两个变量可组成无量纲的贝克来数 Pe，它是以网格间距定义的无量纲特征数

$$Pe\equiv\frac{F}{D}=\frac{\rho u\cdot\Delta x}{\Gamma} \tag{5-10}$$

式中，Pe 表示流体混合时，对流和扩散对混合的贡献的大小。Pe 与 Re 形式上十分相似，但 Re 仅限于 $\Gamma=\eta$ 时的情况，而 Pe 中 Γ 既可代表黏度，也可代表热导率等，意义比较广泛。Pe 也可表示流体流动状况，与雷诺数相似。如 $Pe=0$，表示没有对流，仅有扩散的传递过程；$Pe=\infty$，表示

扩散作用可忽略不计,仅有流体的流动状态;$Pe=1$,表示对流与扩散的作用相当;当 $Pe\gg1$,表示对流作用远大于扩散作用。在引入以上两个新变量之后,式(5-8)可写成

$$a_P\varphi_P=a_E\varphi_E+a_W\varphi_W \tag{5-11}$$

式中

$$\begin{cases}a_E=D_e-\frac{1}{2}F_e;a_W=D_w+\frac{1}{2}F_w\\a_P=D_e+\frac{1}{2}F_e+D_w-\frac{1}{2}F_w=(a_E+a_W)+(F_e-F_w)\end{cases} \tag{5-12}$$

显然对流项的引入,并没有改变最终的离散化方程形式而只是使系数计算和导热问题有些差别,所以前几章中涉及的离散化方程的求解方法依然适用。

从方程式(5-11)可知:

(1) 连续方程表示$(\rho u)_e-(\rho u)_w=0$,即 $F_e=F_w$,这时 $a_P=a_E+a_W$。所以在用守恒型方程式(5-4)时,必须满足连续方程,才能确保系数之和规则成立。但在迭代求解时,中间过程的迭代值可能会不满足连续方程,所以式(5-12)中 F_e 和 F_w 不可省去。又根据差分格式的四个基本准则,要求各系数为正,来检查各个系数,则当 $F_e>0$ 时,必然 $F_w>0$,a_E 的系数可能变为负;当反向流动时,$F_e<0$,必然 $F_w<0$,则此时 a_w 的系数可能变为负。所以要保证上述差分格式的稳定性,必须满足:

$$D_e-(1/2)F_e\geqslant0$$

(2) 当 $2D_e<F_e$ 时,可能使解不符合物理真实。如取 $D_e=D_w=1$,取 $F_e=F_w=4$,当 $\varphi_E=200$,$\varphi_W=100$ 时,由于节点 P 位于节点 E 和节点 W 之间,可以判断出 φ_P 的值必然取 200 到 100 之间的某个中间值,而用以上数据代入式(5-12),计算得 $4\varphi_P=50$,显然这个值是错误的。又假若令 $\varphi_E=100$,$\varphi_W=200$ 时,即二节点的值对调,仍然会有 $100<\varphi_P<200$ 的判断,而代入式(5-12)经计算得 $\varphi_P=250$,也是错误的。因为,以上假设中 F,D 的值违反了稳定性的要求。这就是历史上,早期在流体流动相关的计算中,有人得出了正确的计算结果,而有人却失败的原因。式(5-12)仅适用于低 Re 的流动状况。

(3) 在式(5-11)中,当$D<|F/2|$时,a_E 或 a_W 将为负值,违反了正系数规则,出现了物理不真实的解。即对于采用差分格式离散时,必须使 $D\geqslant|F/2|$,或$|Pe|\leqslant2$。这就是中心差分方式在处理有对流项时所遇到的困难。当 a_E 系数为负时,同样也违反了斯卡巴勒准则。

(4) 要使$|Pe|\leqslant2$,或者采用很小的空间步长,即网格的节点数很多,而这必然导致计算工作量的显著增加,有时甚至会造成经济上的不可行;或者就只能处理$|Pe|\leqslant2$ 的强对流问题。这就是为什么采用中心差分格式求解一般对流问题失败的关键所在。

(5) 这种方法不能处理 $\Gamma=0$ 的情况,如边界层外的流体流动;理想流体,都会产生问题。当连续方程仍满足的条件下,$F_e=F_w$,而 $D_e=D_w=0$,导致 $a_P=0$,φ_P 无法进行计算。

因此,对一般对流问题特别是有较高 Re 的强迫对流,或较高格拉晓夫数 Gr 的自然对流问题,对流项的离散化必须予以特殊的考虑,才能确保格式对任何贝克来数都能得到物理上真实的解。

5.2 对流项的其他离散格式

对于一些高 Re 的强迫对流或较高 Gr 的自然对流问题,为得到物理上真实的解,需仔细处理对流项的离散格式。下面从其精确解出发,得到其他一些关于对流项的较有效的离散格式。

5.2.1 对流扩散问题的严格解

由于 ρu 为已知值,且设 Γ 等于常数,因此方程式(5-4)可很方便地求出严格解。若求解区域

为 $0\leqslant x\leqslant L$，边界条件为

$$\begin{cases} x=0, \varphi=\varphi_0 \\ x=L, \varphi=\varphi_L \end{cases} \tag{5-13}$$

式(5-4)的严格解为

$$\frac{\varphi-\varphi_0}{\varphi_L-\varphi_0}=\frac{\exp\left(Pe\cdot\dfrac{x}{L}\right)-1}{\exp(Pe)-1} \tag{5-14}$$

式中，Pe 为贝克来数，定义为

$$Pe\equiv\frac{\rho uL}{\Gamma} \tag{5-15}$$

图 5-2 中示出了精确解(5-14)的 φ 和 x 的关系。由图可见，当 $Pe=0$，即纯扩散时，φ-x关系是线性的；对于小 Pe(如 $Pe=1$ 或-1)，变化关系偏离线性不大。因此，在这种情况下，采用中心差分格式。假定节点间 φ 为线性分布，有较高的精度；但随着$|Pe|$值的增大，节点间的 φ 值越来越多地受其上游节点 φ 值的影响；当$|Pe|\gg1$ 或$\rightarrow\infty$，即强对流时，节点间的大部分区域的 φ 值几乎就是上游节点的 φ 值。显然，这时再用线性分布来近似就会使所得离散化方程违反正系数规则，从而导致物理上不真实的解。

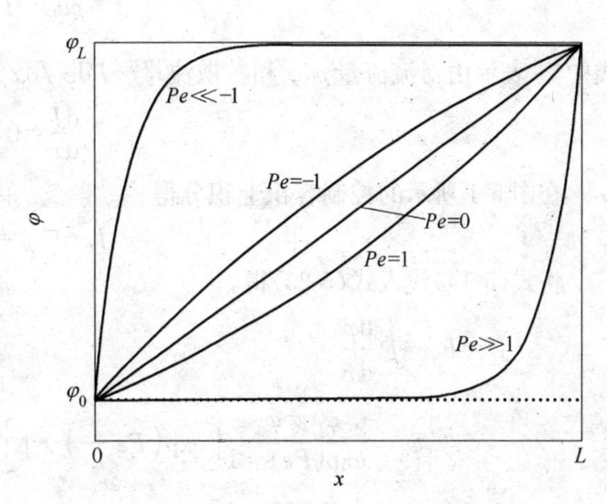

图 5-2　一维对流和扩散的严格解

5.2.2　上风格式

针对中心差分格式的缺陷，考虑到大 Pe 时节点间的大部分区域的 φ 值基本上等于上游节点的 φ 值，因此在对方程(5-4)离散时，扩散项仍采用线性分布离散，即中心差分格式，对流项中的 φ_e 和 φ_w 值均取其上游节点的 φ 值，如

$$\left.\begin{aligned} F_e\geqslant0, \varphi_e=\varphi_P, \varphi_w=\varphi_W \\ F_e<0, \varphi_e=\varphi_E, \varphi_w=\varphi_P \end{aligned}\right\}$$

式中，φ_w 值也类似地给定。这种格式称为上风格式(upwind scheme)，也称为迎风格式或逆风格式。利用算符 max[　]表示取方括号中各项的最大者，可得

$$F_e\varphi_e=\varphi_p\cdot\max[F_e,0]-\varphi_p\cdot\max[-F_e,0] \tag{5-16}$$

和

$$F_w\varphi_w=\varphi_w\cdot\max[F_w,0]-\varphi_p\cdot\max[-F_w,0] \tag{5-17}$$

利用式(5-16)和式(5-17)，可将连续方程式(5-5)化为

$$a_P\varphi_P=a_E\varphi_E+a_W\varphi_W \tag{5-18}$$

式中

$$\begin{cases} a_E=D_e+\max[-F_e,0] \\ a_W=D_w+\max[F_w,0] \\ a_P=a_E+a_W+(F_e-F_w) \end{cases} \tag{5-19}$$

从此式的系数可以看到,这种格式不会产生负系数问题,从而保证了对任何 Pe 都能得到物理上真实的解。但是,它的明显缺点是,无论对小 Pe 还是大 Pe,其计算误差都较大。原因是:当 Pe 较小时,扩散项采用中心差分格式有较高的精度,但此时处理对流项用上游节点的 φ 值来代替 φ_e 和 φ_w,则误差较大。当 Pe 较大时,将对流项中的 φ_e 和 φ_w 值取为它们的上游节点值,有较高的精度,但这种情况下还用中心差分格式离散扩散项将会带来较大误差。因为,如图 5-2 所示,节点间的大部分区域上 $(\mathrm{d}\varphi/\mathrm{d}x)_e$ 和 $(\mathrm{d}\varphi/\mathrm{d}x)_w$ 已基本上等于零,即扩散项为零。

5.2.3 指数格式

根据严格解式(5-14)构造的格式称为指数格式。设

$$J \equiv \rho u \varphi - \Gamma \frac{\mathrm{d}\varphi}{\mathrm{d}x} \tag{5-20}$$

式中,J 表示由对流流量 $\rho u \varphi$ 和扩散流量 $-\Gamma \mathrm{d}\varphi/\mathrm{d}x$ 组成的总流量。因此,方程(5-4)改写为

$$\frac{\mathrm{d}J}{\mathrm{d}x} = 0 \tag{5-21}$$

在图 5-1 所示的控制容积上积分得

$$J_e - J_w = 0 \tag{5-22}$$

将式(5-14)代入式(5-20)得

$$\begin{aligned} J &= F\varphi - \Gamma \frac{\mathrm{d}\varphi}{\mathrm{d}x} \\ &= F\left\{\varphi_0 - \frac{\varphi_L - \varphi_0}{\exp(Pe)-1}\left[\exp\left(Pe\frac{x}{L}\right)-1\right] - \Gamma \frac{Pe}{L}\frac{\varphi_L-\varphi_0}{\exp(Pe)-1}\exp\left(Pe\frac{x}{L}\right)\right\} \\ &= F\left[\varphi_0 + \frac{\varphi_0 - \varphi_L}{\exp(Pe)-1}\right] \end{aligned} \tag{5-23}$$

对节点 W 和 P 之间的控制容积面 w,用 φ_W 和 φ_P 分别替代 φ_0 和 φ_L,并用 h_W 替代 L,由式(5-23)得

$$J_w = F_w\left[\varphi_W + \frac{\varphi_W - \varphi_P}{\exp(Pe)_w - 1}\right] \tag{5-24}$$

同理,对 P 和 E 之间的控制容积面 e 有

$$J_e = F_e\left[\varphi_P + \frac{\varphi_P - \varphi_E}{\exp(Pe)_e - 1}\right] \tag{5-25}$$

将式(5-24)和式(5-25)代入式(5-22),合并同类项,整理后得离散化方程

$$a_P\varphi_P = a_E\varphi_E + a_W\varphi_W \tag{5-26}$$

式中

$$\begin{cases} a_E = \dfrac{F_e}{\exp(Pe)_e - 1} \\ a_W = \dfrac{F_w}{\exp(Pe)_w - 1}\cdot\exp(Pe)_w \\ a_P = a_E + a_W + (F_e - F_w) \end{cases} \tag{5-27}$$

虽然方程(5-26)中的每个系数可以是正值,也可以是负值,但它们总是保持同号,因此仍满足正系数规则。

这些系数的表达式定义了指数格式。当用于一维稳态问题时,此格式确保了对任意 Pe、任

意节点数以及任意控制容积面位置都能得到严格解。但这种严格解只是对一维稳态无源对流和扩散问题才成立。如用这种格式处理一般对流和扩散问题(多维、有源项等),必将失去严格解的含义,而且在大量的系数计算中都要进行指数运算也不经济。所以这种格式应用并不广泛。

5.2.4 混合格式

混合格式(hybrid scheme),也称为分段线性拟合格式,是斯彼尔丁提出的。为了了解这种格式和指数格式的联系,在图 5-3 中画出了指数格式中系数 a_E/D_e 和 Pe 的函数关系。由方程(5-26)得 a_E/D_e 和 Pe 的关系为

$$\frac{a_E}{D_e}=\frac{(Pe)_e}{\exp(Pe)_e-1} \tag{5-28}$$

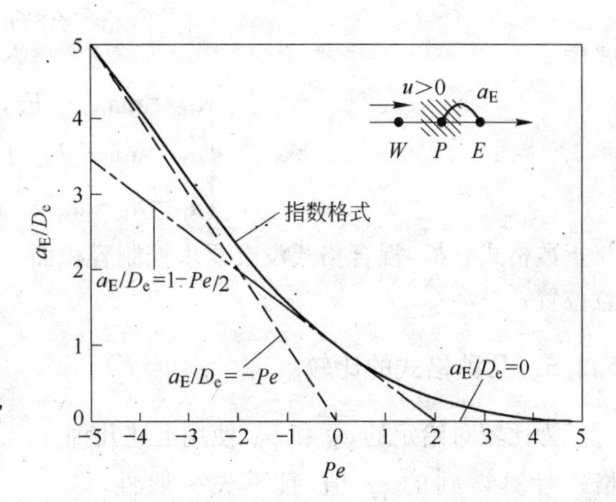

图 5-3 系数 a_E/D_e 随 Pe 的变化

由图 5-3 可见,当$(Pe)_e$为正值时,节点 E 是下游邻近点,它的影响随$(Pe)_e$的增大而减小。$(Pe)_e$为负值时,E 点是上游邻近点,它的影响随$|(Pe)_e|$的增大而增加。由图 5-3 还可得:

$$\begin{cases}(Pe)_e\to\infty, & a_E/D_e\to 0\\ (Pe)_e\to-\infty, & a_E/D_e\to-(Pe)_e\\ (Pe)_e=0, & a_E/D_e=1-(Pe)_e/2\end{cases} \tag{5-29}$$

由式(5-29)表示的三直线,实际上构成了对严格解的包络线,它代表了一种合理的近似。混合格式就是由这三直线组成的,即

$$\begin{cases}(Pe)_e<-2, & a_E/D_e=-(Pe)_e\\ -2\leqslant(Pe)_e\leqslant 2, & a_E/D_e=1-(Pe)_e/2\\ (Pe)_e>2, & a_E/D_e=0\end{cases} \tag{5-30}$$

式(5-30)可写为

$$a_E=D_e\cdot\max[-(Pe)_e,1-(Pe)_e/2,0] \tag{5-31}$$

或

$$a_E=\max[-F_e,D_e-F_e/2,0] \tag{5-32}$$

对式(5-31)或式(5-32)还可以看成是中心差分格式和扩散项取为零的上风格式的混合,因为由式(5-11)给出的中心差分格式,a_E 为

$$a_E=D_e-\frac{F_e}{2} \tag{5-33}$$

扩散项取为零(即 $D_e\doteq 0$)的上风格式,a_E 由式(5-19)给出,即

$$a_E=\max[-F_e,0] \tag{5-34}$$

显然,式(5-32)就是式(5-33)和式(5-34)的综合。因此,当$|Pe|\leqslant 2$,混合格式和中心差分格式完全相同;而当$|Pe|>2$,混合格式简化成无扩散的上风格式,它没有前面所说的上风格式的缺点。

同理可得

$$a_W=D_w\cdot\max[(Pe)_w,1+(Pe)_w/2,0] \tag{5-35}$$

或

$$a_{\mathrm{W}}=\max[F_{\mathrm{w}}, D_{\mathrm{w}}+F_{\mathrm{w}}/2, 0] \tag{5-36}$$

利用混合格式，方程式(5-4)的离散化方程可写为

$$a_{\mathrm{P}}\varphi_{\mathrm{P}}=a_{\mathrm{E}}\varphi_{\mathrm{E}}+a_{\mathrm{W}}\varphi_{\mathrm{W}} \tag{5-37}$$

式中

$$\begin{cases} a_{\mathrm{E}}=\max[-F_{\mathrm{e}}, D_{\mathrm{e}}-F_{\mathrm{e}}/2, 0] \\ a_{\mathrm{W}}=\max[F_{\mathrm{w}}, D_{\mathrm{w}}+F_{\mathrm{w}}/2, 0] \\ a_{\mathrm{P}}=a_{\mathrm{E}}+a_{\mathrm{w}}+(F_{\mathrm{e}}-F_{\mathrm{w}}) \end{cases} \tag{5-38}$$

与指数格式一样，混合格式没有要求控制容积面一定要在两节点的正中间，可以在两节点间的任意位置。

5.2.5　几种格式的比较

为比较对给定的 φ_{E} 和 φ_{W} 使用上述几种格式计算得到的 φ_{P} 值，且不失一般性，取 $\varphi_{\mathrm{E}}=1, \varphi_{\mathrm{W}}=0, h_{\mathrm{e}}=h_{\mathrm{w}}$。显然，$\varphi_{\mathrm{P}}$ 是贝克来数 Pe 的函数，结果如图 5-4 所示。由图可见：

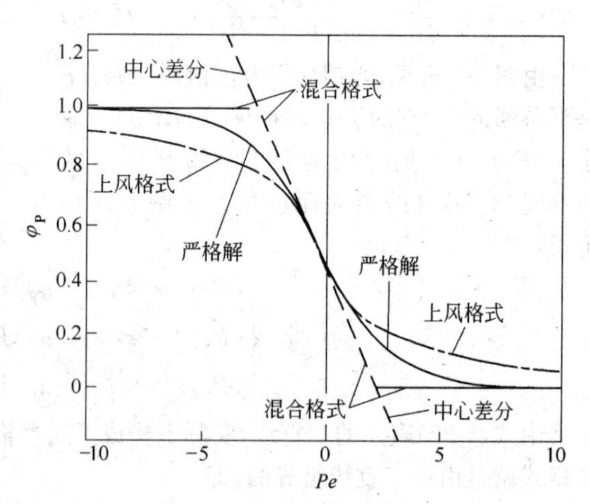

图 5-4　用几种格式计算出的 φ_{P}

(1) 中心差分格式的解，在小 $|Pe|$ 时和严格解很符合，但在 $|Pe|=2$ 的附近，误差明显增大。当 $|Pe|$ 大于 2 后，结果均已超出边界值 0 和 1 所限定的范围，违反了物理上的真实性。

(2) 上风格式对任何 Pe 都能得到物理上真实解，即 φ_{P} 都落在 0 和 1 的范围内，但在整个 Pe 范围内都有显著的误差。这是由于在小 Pe 时，对流项用了上游节点值计算；而在大 Pe 时，扩散项仍用中心差分格式离散所造成的。

(3) 混合格式所得结果在 $|Pe|\leqslant 2$ 时和中心差分格式的相同，$|Pe|>2$ 时比上风格式有很大改进，因为此时将扩散项取成了零，因此和严格解符合得很好。

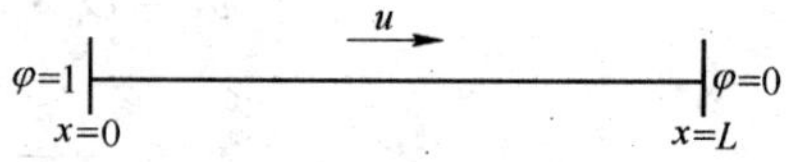

例 5-1　设场变量 φ 经过对流扩散过程从一维区域的 $x=0$ 点传输到 $x=L$ 点，如图 5-5 所示。控制方程为

图 5-5　例 5-1 图示

$$\frac{\mathrm{d}}{\mathrm{d}x}(\rho u\varphi)=\frac{\mathrm{d}}{\mathrm{d}x}\left(\Gamma\frac{\mathrm{d}\varphi}{\mathrm{d}x}\right)$$

流体密度为 $\rho=1.0\ \mathrm{kg/m^3}$，$L=1.0\ \mathrm{m}$，扩散系数 $\Gamma=0.1\ \mathrm{kg/(m\cdot s)}$。求流速分别为 $0.1\ \mathrm{m/s}$ 和 $2.5\ \mathrm{m/s}$ 时，将区域离散成 5 个节点网格时，φ 的分布。

分析：此问题的精确解为

$$\frac{\varphi-\varphi_0}{\varphi_L-\varphi_0}=\frac{\exp(\rho ux/\Gamma)-1}{\exp(\rho uL/\Gamma)-1}$$

可采用中心差商离散化。

解：第一步：求解域离散化。

采用网格划分方法 B，将求解域 5 等分，得到 5 个节点，编号情况如图 5-6 所示。每一个控制容

积长度为 $\Delta x=0.2\ \text{m}$，相应的 $F=\rho u, D=\Gamma/\Delta x, F_e=F_w=F, D_e=D_w=D$ 对所有控制容积成立。

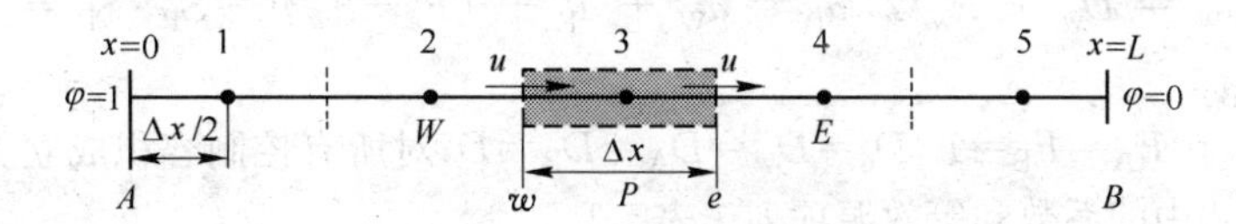

图 5-6 例 5-1 离散网格

第二步：控制方程离散化。

用中心差商离散化。参考式(5-11)，内节点 2～4 的离散化方程可写为

$$a_P\varphi_P=a_E\varphi_E+a_W\varphi_W$$

式中，$a_E=D_e-\frac{1}{2}F_e$；$a_W=D_w+\frac{1}{2}F_w$；$a_P=D_e+\frac{1}{2}F_e+D_w-\frac{1}{2}F_w=(a_E+a_W)+(F_e-F_w)$

对于边界节点 1，对节点 1 所在控制容积积分

$$\int_w^e\frac{\mathrm{d}}{\mathrm{d}x}(\rho u\varphi)\mathrm{d}x=\int_w^e\frac{\mathrm{d}}{\mathrm{d}x}\left(\Gamma\frac{\mathrm{d}\varphi}{\mathrm{d}x}\right)$$

积分得

$$(\rho u\varphi)_e-(\rho u\varphi)_w=\left(\Gamma\frac{\mathrm{d}\varphi}{\mathrm{d}x}\right)_e-\left(\Gamma\frac{\mathrm{d}\varphi}{\mathrm{d}x}\right)_w$$

对于边界节点 1 有

$$\varphi_w=\varphi_A=1;\left(\frac{\mathrm{d}\varphi}{\mathrm{d}x}\right)_w=\frac{\varphi_P-\varphi_A}{\Delta x/2};\varphi_e=\frac{1}{2}(\varphi_E+\varphi_P);\left(\frac{\mathrm{d}\varphi}{\mathrm{d}x}\right)_e=\frac{\varphi_E-\varphi_P}{\Delta x}$$

代入积分结果，得

$$(\rho u)\frac{1}{2}(\varphi_E+\varphi_P)-(\rho u)\times 1=\frac{\varphi_E-\varphi_P}{\Delta x}-\frac{\varphi_P-\varphi_A}{\Delta x/2}$$

根据 F 和 D 的定义，此式可写为

$$\frac{1}{2}F_e(\varphi_E+\varphi_P)-F_A=D_e(\varphi_E-\varphi_P)-2D_A(\varphi_P-\varphi_A)$$

按节点场变量整理同类项得

$$\left[\left(D_e+\frac{F_e}{2}\right)+2D_A\right]\varphi_P=0\times\varphi_W+\left(D_e-\frac{F_e}{2}\right)\varphi_E+(2D_A+F_A)\varphi_A$$

写成统一格式

$$a_P\varphi_P=a_E\varphi_E+a_W\varphi_W+b$$

式中，$a_W=0$，$a_E=D_e-F_e/2$，$a_P=a_W+a_E+(F_e-F_w)-S_P$，$S_P=-(2D_A+F_w)$，$b=(2D_A+F_A)\varphi_A$。

当 $\rho u=$常数时，a_P 中的$(F_e-F_w)=0$。

同理，对于边界节点 5，对节点 5 所在控制容积积分得

$$F_B\varphi_B-\frac{1}{2}F_w(\varphi_W+\varphi_P)=2D_B(\varphi_B-\varphi_P)-D_w(\varphi_P-\varphi_W)$$

按节点场变量整理同类项得

$$\left[\left(D_W-\frac{F_W}{2}\right)+2D_B\right]\varphi_P=0\times\varphi_E+\left(D_W+\frac{F_W}{2}\right)\varphi_W+(2D_B-F_B)\varphi_B$$

写成统一格式

$$a_P\varphi_P = a_E\varphi_E + a_W\varphi_W + b$$

式中，$a_E = 0$，$a_W = D_w + F_w/2$，$a_P = a_W + a_E + (F_e - F_w) - S_P$，$S_P = -(2D_B - F_e)$，$b = (2D_B - F_B)\varphi_B$。

由于 $F_e = F_w = F_A = F_B = F$，$D_e = D_w = D_A = D_B = D$，对所有控制容积成立。将所有节点的离散化方程统一式中的系数和等效源项列于表 5-1。

表 5-1　例 5-1 各节点离散化方程统一式中的系数和等效源项

节　点	a_E	a_W	S_P	b
1	$D-F/2$	0	$-(2D+F)$	$(2D+F)\varphi_A$
2,3,4	$D-F/2$	$D+F/2$	0	0
5	0	$D+F/2$	$-(2D+F)$	$(2D+F)\varphi_B$

(1) 第一种情况：流速为 0.1 m/s 时。此时，$u=0.1$ m/s，$F=\rho u=0.1$ kg/(m^2 · s)，$D=\Gamma/\Delta x=0.1/0.2=0.5$ kg/(m^2 · s)，代入表 5-1 可得各节点离散化方程的系数，如表 5-2 所示。

表 5-2　例 5-1 第一种情况的各节点离散化方程统一式中的系数和等效源项

节点	a_E	a_W	S_P	b	$a_P=a_E+a_W-S_P$
1	0.45	0	−1.1	$1.1\varphi_A$	1.55
2	0.45	0.55	0	0	1.0
3	0.45	0.55	0	0	1.0
4	0.45	0.55	0	0	1.0
5	0	0.55	−0.9	$0.9\varphi_B$	1.45

将 $\varphi_A=1$，$\varphi_B=0$ 代入，并将离散化方程写成矩阵形式

$$\begin{bmatrix} 1.55 & -0.45 & 0 & 0 & 0 \\ 0.55 & 1.0 & -0.45 & 0 & 0 \\ 0 & -0.55 & 1.0 & -0.45 & 0 \\ 0 & 0 & -0.55 & 1.0 & -0.45 \\ 0 & 0 & 0 & -0.55 & 1.45 \end{bmatrix} \begin{bmatrix} \varphi_1 \\ \varphi_2 \\ \varphi_3 \\ \varphi_4 \\ \varphi_5 \end{bmatrix} = \begin{bmatrix} 1.1 \\ 0 \\ 0 \\ 0 \\ 0 \end{bmatrix}$$

解方程得

$$\boldsymbol{\varphi} = [\varphi_1, \varphi_2, \varphi_3, \varphi_4, \varphi_5]^T = [0.9421, 0.8006, 0.6276, 0.4163, 0.1579]^T$$

将已知数据代入精确解表达式，可得

$$\varphi(x) = [2.7183 - \exp(x)]/1.7183$$

图 5-7(a)给出了精确解和数值解结果。

(2) 第二种情况：流速为 2.5 m/s 时。此时，$u=2.5$ m/s，$F=\rho u=2.5$ kg/(m^2 · s)，$D=\Gamma/\Delta x=0.1/0.2=0.5$ kg/(m^2 · s)，代入表 5-2 可得各节点离散化方程的系数，如表 5-3 所示。

表 5-3　例 5-1 第二种情况的各节点离散化方程统一式中的系数和等效源项

节点	a_E	a_W	S_P	b	$a_P=a_E+a_W-S_P$
1	−0.75	0	−3.5	$3.5\varphi_A$	2.75
2	−0.75	1.75	0	0	1.0
3	−0.75	1.75	0	0	1.0
4	−0.75	1.75	0	0	1.0
5	0	1.75	1.5	$-1.5\varphi_B$	0.25

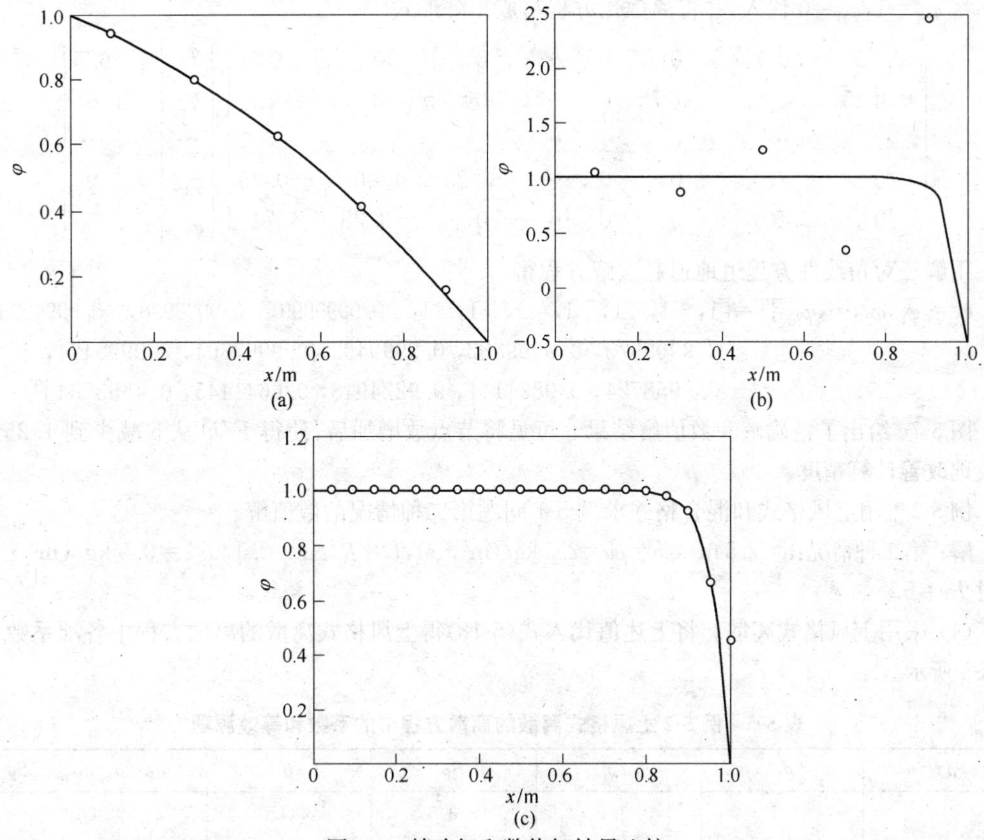

图 5-7 精确解和数值解结果比较

(a) 第一种情况，$u=0.1$ m/s；(b) 第二种情况，5 个节点，$u=2.5$ m/s；(c) 第二种情况，20 个节点，$u=2.5$ m/s

将 $\varphi_A=1,\varphi_B=0$ 代入，并将离散化方程写成矩阵形式

$$\begin{bmatrix} 2.75 & 0.75 & 0 & 0 & 0 \\ -1.75 & 1.0 & 0.75 & 0 & 0 \\ 0 & -1.75 & 1.0 & 0.75 & 0 \\ 0 & 0 & -1.75 & 1.0 & 0.75 \\ 0 & 0 & 0 & -1.75 & 0.25 \end{bmatrix} \begin{bmatrix} \varphi_1 \\ \varphi_2 \\ \varphi_3 \\ \varphi_4 \\ \varphi_5 \end{bmatrix} = \begin{bmatrix} 3.5 \\ 0 \\ 0 \\ 0 \\ 0 \end{bmatrix}$$

解方程得 $\boldsymbol{\varphi}=[\varphi_1,\varphi_2,\varphi_3,\varphi_4,\varphi_5]^{\mathrm{T}}=[1.0356,0.8694,1.2573,0.3521,2.4644]^{\mathrm{T}}$

将已知数据代入精确解表达式，可得

$$\varphi(x)=[1-\exp(2.5x)]/(7.2\times10^{10})$$

图 5-7b 给出了精确解和数值解结果。可见，数值解在精确解周围振荡，必须采用提高计算精度的方法。显然，由导热问题的数值方法可知，最直接的方法就是加密计算网格。现将计算网格增加到 20 个节点，则 $\Delta x=0.05$ m，相应地 $F=\rho u=2.5$ kg/(m² · s)，$D=\Gamma/\Delta x=0.1/0.05=2.0$ kg/(m² · s)，代入表 5-1 可得各节点离散化方程的系数，如表 5-4 所示。

表 5-4 例 5-1 取 20 个节点时第二种情况的各节点离散化方程统一式中的系数和等效源项

节点	a_E	a_W	S_P	b	$a_P=a_E+a_W-S_P$
1	0.75	0	−6.5	$6.5\varphi_A$	7.25
2～19	0.75	3.25	0	0	4.00
20	0	3.25	−1.5	$1.5\varphi_B$	4.74

将 $\varphi_A=1,\varphi_B=0$ 代入，并将离散化方程写成矩阵形式

$$\begin{bmatrix} 7.25 & -0.75 & 0 & 0 & \cdots & 0 & 0 & 0 \\ -3.25 & 4.0 & -0.75 & 0 & \cdots & 0 & 0 & 0 \\ \cdots & \cdots & & & \cdots & & & \\ 0 & 0 & 0 & 0 & \cdots & -3.25 & 4.00 & -0.75 \\ 0 & 0 & 0 & 0 & \cdots & 0 & -3.25 & 4.74 \end{bmatrix} \begin{bmatrix} \varphi_1 \\ \varphi_2 \\ \cdots \\ \varphi_{19} \\ \varphi_{20} \end{bmatrix} = \begin{bmatrix} 6.5 \\ 0 \\ \cdots \\ 0 \\ 0 \end{bmatrix}$$

用解三对角线性方程组地追赶法解方程得

$\boldsymbol{\varphi}=[\varphi_1,\varphi_2,\cdots,\varphi_{20}]^T=[1,\ 1,\ 1,\ 1,\ 1,\ 1,\ 1,\ 0.9999999,\ 0.9999998,\ 0.9999993,$
$0.9999973,\ 0.9999882,\ 0.9999492,\ 0.9997801,\ 0.9990474,$
$0.9958724,\ 0.9821141,\ 0.9224948,\ 0.6641445,\ 0.4553734]^T$

图 5-7c 给出了精确解和数值解结果。可见将节点数增加后，使得 F/D 从 5 减少到 1.25，可有效地改善计算精度。

例 5-2 用上风格式和混合格式求例 5-1 问题第二种情况的数值解。

解： 第二种情况：$u=2.5\ \mathrm{m/s}$，$F=\rho u=2.5\ \mathrm{kg/(m^2 \cdot s)}$，$D=\Gamma/\Delta x=0.1/0.2=0.5\ \mathrm{kg/(m^2 \cdot s)}$，此时 $Pe=5$。

(1) 采用上风格式离散。将上述值代入式(5-18)得上风格式离散的离散方程中各项系数，如表 5-5 所示。

表 5-5 例 5-2 上风格式离散的离散方程中的系数和等效源项

节点	a_E	a_W	S_P	b	$a_P=a_E+a_W-S_P$
1	0.5	0	−3.5	$3.5\varphi_A$	4.0
2	0.5	3.0	0	0	3.5
3	0.5	3.0	0	0	3.5
4	0.5	3.0	0	0	3.5
5	0	3.0	−1.0	$1.0\varphi_B$	4.0

将 $\varphi_A=1,\varphi_B=0$ 代入，并将离散化方程写成矩阵形式

$$\begin{bmatrix} 4.0 & 0.5 & 0 & 0 & 0 \\ -3.0 & 3.5 & 0.5 & 0 & 0 \\ 0 & -3.0 & 3.5 & 0.5 & 0 \\ 0 & 0 & -3.0 & 3.5 & 0.5 \\ 0 & 0 & 0 & -3.0 & 4.0 \end{bmatrix} \begin{bmatrix} \varphi_1 \\ \varphi_2 \\ \varphi_3 \\ \varphi_4 \\ \varphi_5 \end{bmatrix} = \begin{bmatrix} 3.5 \\ 0 \\ 0 \\ 0 \\ 0 \end{bmatrix}$$

解方程得 $\boldsymbol{\varphi}=[\varphi_1,\varphi_2,\varphi_3,\varphi_4,\varphi_5]^T=[0.9998, 0.9987, 0.9921, 0.9524, 0.7143]^T$。图 5-8(a)给出了上风格式离散所得数值解与精确解的比较。可见，中心差分得不到合理的结果，而采用上风格式在有较强的对流传输情况下的可得到较合理的结果。

(2) 采用混合格式离散。由于贝克来数 $Pe>2$，因此混合差分格式计算界面对流流量时采用上风差分，不考虑扩散项的影响。将有关已知值代入式(5-37)可得内节点 2～4 的离散化方程的系数。

对于 1 边界节点，由混合格式近似计算

$$F_e\varphi_P-F_A\varphi_A=0-D_A(\varphi_P-\varphi_A)$$

对于 5 边界节点，有

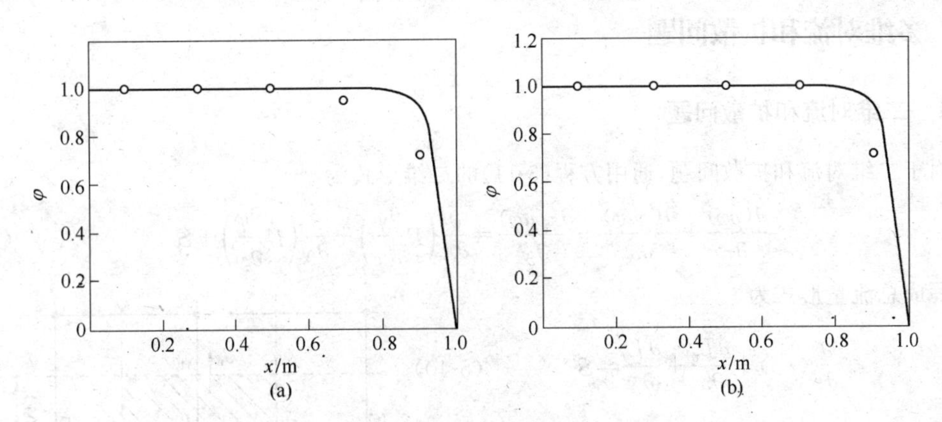

图 5-8 例 5-2 精确解和数值解结果比较

(a) 上风格式；(b) 混合格式

$$F_B\varphi_P - F_w\varphi_W = D_B(\varphi_B - \varphi_P) - 0$$

即只考虑边界的边的扩散流量，对流仍按上风格式计算。由于 $F_A = F_B = F$，$D_A = D_B = 2\Gamma/\Delta x = 2D$，则离散化方程可统一写成如表 5-6 所示的形式。代入已知数据可得表 5-7 所列的混合格式离散的离散方程中各项系数。

表 5-6 例 5-2 混合格式离散的各节点离散化方程统一式中的系数和等效源项

节点	a_E	a_W	S_P	b	$a_P = a_E + a_W - S_P$
1	0	0	$-(2D+F)$	$(2D+F)\varphi_A$	$2D+F$
2,3,4	0	F	0	0	F
5	0	F	$-2D$	$2D\varphi_B$	$2D+F$

表 5-7 例 5-2 混合格式离散的离散方程中的系数和等效源项

节点	a_E	a_W	S_P	b	$a_P = a_E + a_W - S_P$
1	0	0	−3.5	$3.5\varphi_A$	3.5
2	0	2.5	0	0	2.5
3	0	2.5	0	0	2.5
4	0	2.5	0	0	2.5
5	0	2.5	−1.0	$1.0\varphi_B$	3.5

将 $\varphi_A = 1, \varphi_B = 0$ 代入，并将离散化方程写成矩阵形式

$$\begin{bmatrix} 3.5 & 0 & 0 & 0 & 0 \\ -2.5 & 2.5 & 0 & 0 & 0 \\ 0 & -2.5 & 2.5 & 0 & 0 \\ 0 & 0 & -2.5 & 2.5 & 0 \\ 0 & 0 & 0 & -2.5 & 3.5 \end{bmatrix} \begin{bmatrix} \varphi_1 \\ \varphi_2 \\ \varphi_3 \\ \varphi_4 \\ \varphi_5 \end{bmatrix} = \begin{bmatrix} 3.5 \\ 0 \\ 0 \\ 0 \\ 0 \end{bmatrix}$$

解方程得 $\boldsymbol{\varphi} = [\varphi_1, \varphi_2, \varphi_3, \varphi_4, \varphi_5]^T = [1,\ 1,\ 1,\ 1,\ 0.7143]^T$。图 5-8(b)给出了混合格式离散所得数值解与精确解的比较。

5.3　多维对流和扩散问题

5.3.1　二维对流和扩散问题

对于二维对流和扩散问题，通用方程(3-11)的二维形式为

$$\frac{\partial(\rho\varphi)}{\partial\tau}+\frac{\partial(\rho u\varphi)}{\partial x}+\frac{\partial(\rho u\varphi)}{\partial y}=\frac{\partial}{\partial x}\left(\Gamma\frac{\partial\varphi}{\partial x}\right)+\frac{\partial}{\partial y}\left(\Gamma\frac{\partial\varphi}{\partial y}\right)+S \tag{5-39}$$

写成总流量形式为

$$\frac{\partial}{\partial\tau}(\rho\varphi)+\frac{\partial J_x}{\partial x}+\frac{\partial J_y}{\partial y}=S \tag{5-40}$$

式中

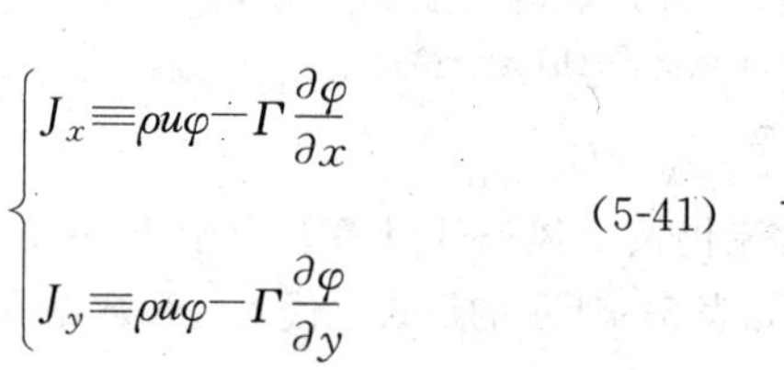

$$\begin{cases} J_x\equiv\rho u\varphi-\Gamma\dfrac{\partial\varphi}{\partial x} \\ J_y\equiv\rho u\varphi-\Gamma\dfrac{\partial\varphi}{\partial y} \end{cases} \tag{5-41}$$

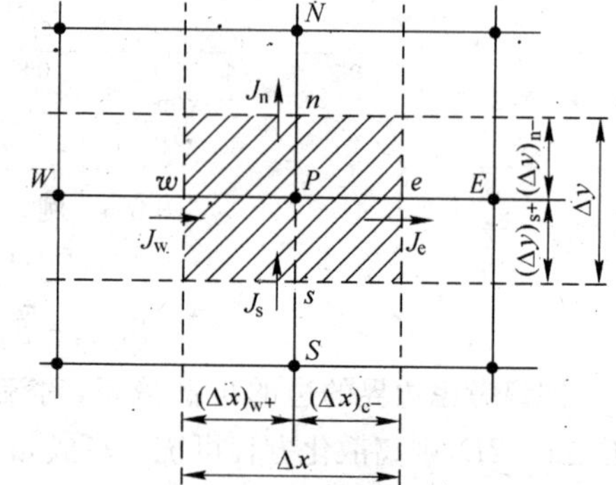

图 5-9　二维问题控制容积

将式(5-39)在图 5-9 所示的控制容积上积分，得

$$\frac{(\rho_P\varphi_P-\rho_P^0\varphi_P^0)\cdot\Delta x\cdot\Delta y}{\Delta\tau}+J_e-J_w+J_n-J_s=(S_C+S_P\varphi_P)\Delta x\Delta y \tag{5-42}$$

式中，源项已作线性化，即 $S=S_C+S_P\varphi_P$；并假定控制容积内的 ρ 和 φ 均可用 P 点的 ρ_P 和 φ_P 表示；J 是各控制容积面上的积分总流量，如：$J_e=\int J\mathrm{d}y$ 等。

对连续方程有

$$\frac{\partial\rho}{\partial\tau}+\frac{\partial(\rho u)}{\partial x}+\frac{\partial(\rho v)}{\partial y}=0 \tag{5-43}$$

也将连续方程在该控制容积上积分，有

$$\frac{(\rho_P-\rho_P^0)\Delta x\Delta y}{\Delta\tau}+F_e-F_w+F_n-F_s=0 \tag{5-44}$$

式中，F 是通过控制容积面上的流量，且假定 e、w、n 和 s 的流量分别代表其各自的 F(对流强度)，即：

$$F_e=(\rho u)_e\Delta y;F_w=(\rho u)_w\Delta y;F_n=(\rho v)_n\Delta x;F_s=(\rho v)_s\Delta x \tag{5-45}$$

式(5-44)两边同时乘以 φ_P，并将式(5-42)去减它，可得

$$(\varphi_P-\varphi_P^0)\frac{\rho_P^0\Delta x\Delta y}{\Delta\tau}+(J_e-F_e\varphi_P)-(J_w-F_w\varphi_P)+(J_n-F_n\varphi_P)-(J_s-F_s\varphi_P)$$
$$=(S_C+S_P\varphi_P)\Delta x\Delta y \tag{5-46}$$

式中，$(J_e-F_e\varphi_P)$等可用不同方式来代入，可得出不同形式的关系式。下面只采用混合格式代入，并注意到有下列关系存在

$$\begin{cases} J_e-F_e\varphi_P=a_E(\varphi_P-\varphi_E) \\ J_w-F_w\varphi_P=a_W(\varphi_W-\varphi_P) \\ J_n-F_n\varphi_P=a_N(\varphi_P-\varphi_N) \\ J_s-F_s\varphi_P=a_S(\varphi_S-\varphi_P) \end{cases} \tag{5-47}$$

由式(5-47)代入式(5-46)，系数仍采用式(5-38)形式表示，经整理后得二维离散方程

$$a_P\varphi_P=a_E\varphi_E+a_W\varphi_W+a_N\varphi_N+a_S\varphi_S+b \tag{5-48}$$

式中

$$\begin{cases}a_E=D_e\cdot\max[0,1-0.5|(Pe)_e|,-Pe]=\max\left[0,D_e-\dfrac{F_e}{2},-F_e\right]\\ a_W=\max\left[0,D_w+\dfrac{F_w}{2},F_w\right],a_N=\max\left[0,D_n-\dfrac{F_n}{2},-F_n\right]\\ a_S=\max\left[0,D_s+\dfrac{F_s}{2},F_s\right],a_P^0=\dfrac{\rho_P^0\Delta x\Delta y}{\Delta\tau},b=S_C\Delta x\Delta y+a_P^0\varphi_P^0\\ a_P=a_E+a_W+a_N+a_S+a_P^0-S_P\Delta x\Delta y\end{cases} \tag{5-49}$$

上标“0”表示时间 τ 的已知值。各对流强度 F 值由式(5-45)定义，而相应的扩散传导系数 D 则由下式定义：

$$D_e=\frac{\Gamma_e\cdot\Delta y}{(\Delta x)_e},D_w=\frac{\Gamma_w\cdot\Delta y}{(\Delta x)_w},D_n=\frac{\Gamma_n\cdot\Delta x}{(\Delta y)_n},D_s=\frac{\Gamma_s\cdot\Delta x}{(\Delta y)_s} \tag{5-50}$$

贝克来数仍定义为：

$$Pe=\frac{F}{D} \tag{5-51}$$

在上述的推导过程中需注意：

(1) 先将动量方程和连续方程分别离散成方程(5-42)和式(5-44)，然后合在一起得到最终的离散化方程，或先将连续方程引入动量方程，再进行离散化的，所得结果应是相同的，且满足邻近系数之和规则。

(2) 当流场确实满足连续方程时，由方程(5-42)和式(5-46)应给出相同的离散化方程。但当流场不满足连续方程时，这两种推导将给出不同的结果。遇到这种情况，建议采用由满足连续方程的式(5-46)导得的离散化方程。因为它满足邻近系数之和的规则。

(3) 离散方程(5-48)是式(5-46)中采用混合格式进行推导得到的，相应的系数由式(5-49)定义。式(5-49)中的相应的系数也可写成更通用的定义式：

$$\begin{cases}a_E=D_eA\{|(Pe)_e|\}+\max[-F_e,0],a_W=D_wA\{|(Pe)_w|\}+\max[F_w,0]\\ a_N=D_nA\{|(Pe)_n|\}+\max[-F_n,0],a_S=D_sA\{|(Pe)_s|\}+\max[F_s,0]\\ a_P^0=\rho_P^0\cdot\Delta x\cdot\Delta y/\Delta\tau,b=S_C\cdot\Delta x\cdot\Delta y+a_P^0\varphi_P^0\\ a_P=a_E+a_W+a_N+a_S+a_P^0-S_P\cdot\Delta x\cdot\Delta y\end{cases} \tag{5-52}$$

式中，$A(|Pe|)$称为贝克来函数，它代表着对流扩散项差分格式的形式。表5-8中给出了采用不同格式时对应的计算格式。

表 5-8 不同格式的函数 $A(|Pe|)$ 值

格 式	$A(\|Pe\|)$ 表达式
中心差分	$1-0.5\|Pe\|$
上风格式	1
混合格式	$\max[0,1-0.5\|Pe\|]$
乘方格式	$\max[0,1-0.1\|Pe\|^5]$
指数格式	$\|Pe\|/\{\exp(\|Pe\|)-1\}$

5.3.2　三维对流和扩散问题

二维问题的推导方法同样适用于三维的情况，这里直接给出三维对流和扩散问题的离散化方程

$$a_P\varphi_P=a_E\varphi_E+a_W\varphi_W+a_N\varphi_N+a_S\varphi_S+a_T\varphi_T+a_B\varphi_B+b \tag{5-53}$$

式中

$$\begin{cases}a_E=D_eA\{|(Pe)_e|\}+\max[-F_e,0],a_W=D_wA\{|(Pe)_w|\}+\max[F_w,0]\\a_N=D_nA\{|(Pe)_n|\}+\max[-F_n,0],a_S=D_sA\{|(Pe)_s|\}+\max[F_s,0]\\a_T=D_tA\{|(Pe)_t|\}+\max[-F_t,0],a_B=D_bA\{|(Pe)_b|\}+\max[F_b,0]\\a_P^0=\rho_P^0\Delta x\Delta y\Delta z/\Delta\tau,b=S_C\Delta x\Delta y\Delta z+a_P^0\varphi_P^0\\a_P=a_E+a_W+a_N+a_S+a_T+a_B+a_P^0-S_P\Delta x\Delta y\Delta z\end{cases} \tag{5-54}$$

流率(对流强度)F 及扩散传导系数 D 分别定义为：

$$\begin{cases}F_e=(\rho u)_e\Delta y\Delta z,D_e=\dfrac{\Gamma_e\Delta y\Delta z}{(\Delta x)_e};F_w=(\rho u)_w\Delta y\Delta z,D_w=\dfrac{\Gamma_w\Delta y\Delta z}{(\Delta x)_w}\\F_n=(\rho v)_n\Delta z\Delta x,D_n=\dfrac{\Gamma_n\Delta z\Delta x}{(\Delta y)_n};F_s=(\rho v)_s\Delta z\Delta x,D_s=\dfrac{\Gamma_s\Delta z\Delta x}{(\Delta y)_s}\\F_t=(\rho w)_t\Delta x\Delta y,D_t=\dfrac{\Gamma_t\Delta x\Delta y}{(\Delta z)_t};F_b=(\rho w)_b\Delta x\Delta y,D_b=\dfrac{\Gamma_b\Delta x\Delta y}{(\Delta z)_b}\end{cases} \tag{5-55}$$

贝克来数仍定义为

$$Pe=F/D \tag{5-56}$$

5.4　虚假扩散

5.4.1　虚假扩散的含义

在处理有流动存在的问题时，常会遇到所谓的虚假扩散(或人工扩散)问题。关于虚假扩散问题的起因是在上风格式和中心差分格式的讨论中引出的。比较这两种格式(式(5-11)和式(5-18))可以发现：上风格式中的系数 a_E 或 a_W 都比中心差分格式相应的系数大$|F|/2$，这相当于上风格式在真实的广义扩散系数 Γ 中增加了一个大小为$|F|/2$ 的虚假的扩散系数。由于中心差分格式可从泰勒级数展开严格地推得，具有二阶精度，而上风格式只有一阶精度，并人为地增加了一个不真实的扩散系数，由此就认为上风格式似乎是不好的。这种说法显然是错误的，因为在处理大贝克来数的对流扩散时，中心差分格式本身就不能给出物理上的真实解，因此不能把它作为一种精确的、标准的参考系统来评价上风格式。如用它作为基准，根据严格解构造的指数格式或其他格式也都带有虚假扩散了，这显然是不能接受的。所以，从这种角度来理解虚假扩散是错误的。

那么，在一般格式中是否包含有某些虚假扩散呢？回答是肯定的。在一般数值格式中确实包含某些虚假扩散。大量的研究表明，有三种情况会产生虚假扩散。第一，离散化时，非稳态项或对流项采用一阶截断误差的格式。为此可采用二阶上风格式(又称为 QUICK (quadratic upstream interpolation for convective kinematics)格式)等高阶离散化格式加以避免。第二，流动方向与网格线呈倾斜交叉状的多维对流-扩散问题，如图 5-10 所示的情况。第三，建立差分格式时没有考虑非常数的源项的影响。现在一般将由这三种原因引起的数值计算误差都归结为虚假扩

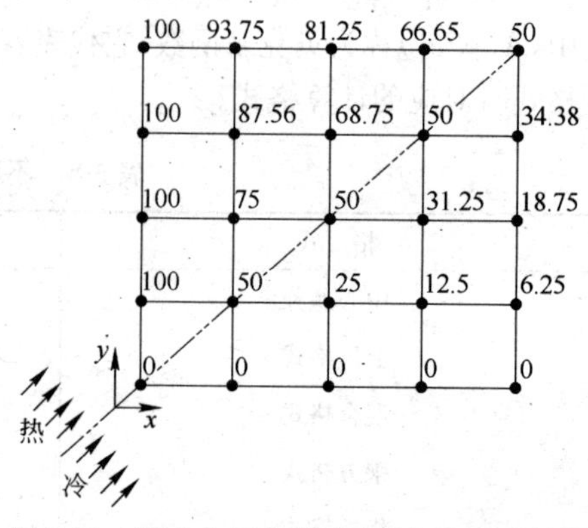

图 5-10　流动和网格线成 45°角的对流扩散

散。就此角度而言，虚假扩散就不应仅仅是一个多维的现象。

5.4.2 QUICK 格式

QUICK 格式是一种对流项的二阶上风格式，是英国 Leonard 于 1979 年提出的用于计算控制容积界面值的二阶插值格式。它利用控制容积界面两侧的紧挨着的邻近节点和位于上风侧的一个远邻近节点，共三个节点的值来进行插值计算，如图 5-11 所示。认为界面 w 处的对流项中的值 φ_w 除受邻近节点 P、W 影响外，还受其上游的远邻近节点 WW 影响。而对于反向流动的情况，则受节点 E 影响。当 $u_w>0$，$u_e>0$ 时，对流项中控制容积西侧界面 w 处的参数值 φ_w 用通过节点 WW、W 和 P 三点的二次拟合曲线计算，而对流项中控制容积东侧界面 e 处的参数值 φ_e 则用通过节点 W、P 和 E 三点的二次拟合曲线计算，当 $u_w<0$，$u_e<0$ 时，对流项中控制容积西侧界面 w 处的参数值 φ_w 用通过节点 W、P 和 E 三点的二次拟合曲线计算，而对流项中控制容积东侧界面 e 处的参数值 φ_e 则用通过节点 P、E 和 EE 三点的二次拟合曲线计算。取二次拟合曲线为

$$\text{当 } u_w\geqslant 0,\ \varphi_w=\varphi_W+\frac{\varphi_P-\varphi_W}{2}-\frac{\varphi_P-2\varphi_W+\varphi_{WW}}{8}=\frac{6}{8}\varphi_W+\frac{3}{8}\varphi_P-\frac{1}{8}\varphi_{WW} \tag{5-57a}$$

$$\text{当 } u_w<0,\ \varphi_w=\varphi_P+\frac{\varphi_W-\varphi_P}{2}-\frac{\varphi_W-2\varphi_P+\varphi_E}{8}=\frac{6}{8}\varphi_P+\frac{3}{8}\varphi_W-\frac{1}{8}\varphi_E \tag{5-57b}$$

图 5-11 二阶上风格式网格

而扩散项中的可采用上述三点构造的拟合曲线在界面处的斜率计算，也可采用中心差商格式计算。

下面以一维稳态对流扩散问题为例说明 QUICK 格式离散方法的应用。对于一维对流扩散问题控制容积积分式(5-6)

$$(\rho u\varphi)_e-(\rho u\varphi)_w=\left(\Gamma\frac{d\varphi}{dx}\right)_e-\left(\Gamma\frac{d\varphi}{dx}\right)_w \tag{5-58}$$

当 $u_w\geqslant 0$，$u_e\geqslant 0$ 时，式中的对流项采用 QUICK 格式计算，有

$$(\rho u\varphi)_e-(\rho u\varphi)_w=F_e\left(\frac{6}{8}\varphi_P+\frac{3}{8}\varphi_E-\frac{1}{8}\varphi_W\right)A_e-F_w\left(\frac{6}{8}\varphi_W+\frac{3}{8}\varphi_P-\frac{1}{8}\varphi_{WW}\right)A_w \tag{5-59}$$

而式(5-58)中的扩散项则采用二阶中心差商计算，有

$$\begin{aligned}&\left(\Gamma\frac{d\varphi}{dx}\right)_e-\left(\Gamma\frac{d\varphi}{dx}\right)_w\\&=\Gamma_eA_e\frac{\varphi_E-\varphi_P}{(\Delta x)_e}-\Gamma_wA_w\frac{\varphi_P-\varphi_W}{(\Delta x)_w}\\&=D_e(\varphi_E-\varphi_P)A_e-D_w(\varphi_P-\varphi_W)A_w\end{aligned} \tag{5-60}$$

当 $A_e=A_w$（或 $A_e=A_w=1$）时，将式(5-59)和式(5-60)代入式(5-58)，合并同类项，并按节点场变量整理可得

$$\begin{aligned}&\left(D_w-\frac{3}{8}F_w+D_e+\frac{6}{8}F_e\right)\varphi_P\\&=\left(D_w+\frac{6}{8}F_w+\frac{1}{8}F_e\right)\varphi_W+\left(D_e-\frac{3}{8}F_e\right)\varphi_E-\frac{1}{8}F_w\varphi_{WW}\end{aligned} \tag{5-61}$$

写成统一格式有

$$a_P\varphi_P=a_E\varphi_E+a_W\varphi_W+a_{WW}\varphi_{WW} \tag{5-62}$$

式中

$$\begin{cases}a_W=D_w+\dfrac{6}{8}F_w+\dfrac{1}{8}F_e,a_E=D_e-\dfrac{3}{8}F_e,a_{WW}=-\dfrac{1}{8}F_w\\ a_P=a_W+a_E+a_{WW}+(F_e-F_w)\end{cases} \tag{5-63}$$

[illegible]0，$u_e<0$时，流过e和w界面的对流流量分别为

$$\varphi_e=\frac{6}{8}\varphi_E+\frac{3}{8}\varphi_P-\frac{1}{8}\varphi_{EE};\varphi_w=\frac{6}{8}\varphi_P+\frac{3}{8}\varphi_W-\frac{1}{8}\varphi_E \tag{5-64}$$

同理可得离散化方程为

$$a_P\varphi_P=a_E\varphi_E+a_W\varphi_W+a_{EE}\varphi_{EE} \tag{5-65}$$

式中

$$\begin{cases}a_W=D_w+\dfrac{3}{8}F_w,a_E=D_e-\dfrac{6}{8}F_e-\dfrac{1}{8}F_w,a_{EE}=\dfrac{1}{8}F_e\\ a_P=a_W+a_E+a_{EE}+(F_e-F_w)\end{cases} \tag{5-66}$$

上述两种流动方向的计算格式可统一地写成QUICK格式的一维对流扩散问题离散方程

$$a_P\varphi_P=a_E\varphi_E+a_W\varphi_W+a_{EE}\varphi_{EE}+a_{WW}\varphi_{WW} \tag{5-67}$$

式中

$$\begin{cases}a_W=D_w+\dfrac{6}{8}\alpha_wF_w+\dfrac{1}{8}\alpha_eF_e+\dfrac{3}{8}(1-\alpha_w)F_w\\ a_E=D_e-\dfrac{3}{8}\alpha_eF_e-\dfrac{6}{8}(1-\alpha_e)F_e-\dfrac{1}{8}(1-\alpha_w)F_w\\ a_{WW}=-\dfrac{1}{8}\alpha_wF_w,a_{EE}=\dfrac{1}{8}(1-\alpha_e)F_e\\ a_P=a_W+a_E+a_{WW}+a_{EE}+(F_e-F_w)\end{cases} \tag{5-68}$$

式中，当$F_w>0$时，$\alpha_w=1$；当$F_e>0$时，$\alpha_e=1$；当$F_w<0$时，$\alpha_w=0$；当$F_e<0$时，$\alpha_e=0$。

例 5-3　利用QUICK格式计算例5-1中当$u=0.2$ m/s时的一维对流扩散问题。

解：当$u=0.2$ m/s时，$F=\rho u=F_e=F_w=1.0\times0.2=0.2$ kg/(m² · s)，$D=\Gamma/\Delta x=D_e=D_w=0.1/0.2=0.5$ kg/(m² · s)，$(Pe)_e=(Pe)_w=\rho u\Delta x/\Gamma=0.4$。内节点3、节点4的离散方程可用式(5-67)列出，边界节点1、节点2及节点5需特别处理（除节点1、5外，节点2的离散方程的系数计算也需用到边界条件）。

节点1处，控制容积西侧界面φ_w值由边界值φ_A给出，即$\varphi_w=\varphi_A$。但计算控制容积东侧界面值φ_e要用到西侧节点值φ_W，而此边界控制容积没有西侧节点，因此无法计算东侧界面值。为此采用线性外插办法，在距离外边界$\Delta x/2$，补充一个外部镜像点O，如图5-12所示。

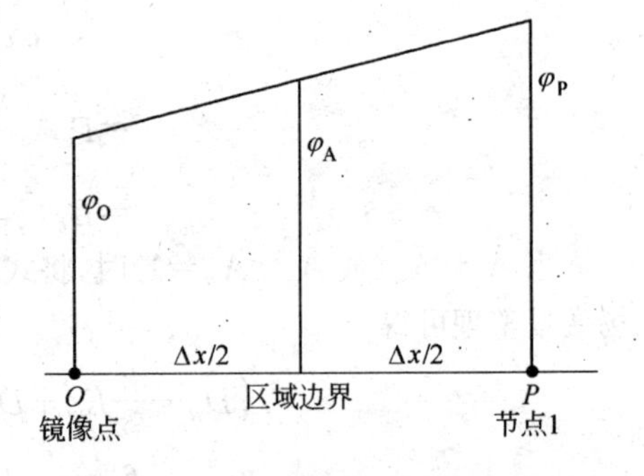

图 5-12　边界外插构造镜像点

外插计算的φ_O满足

$$\varphi_O+\varphi_P=2\varphi_A\quad 或\quad \varphi_O=2\varphi_A-\varphi_P$$

将求得的φ_O作为计算边界控制容积东侧界面值φ_e所用的西侧节点值，有

$$\varphi_e=\frac{6}{8}\varphi_P+\frac{3}{8}\varphi_E-\frac{1}{8}\varphi_O=\frac{7}{8}\varphi_P+\frac{3}{8}\varphi_E-\frac{2}{8}\varphi_A$$

节点P、E和镜像节点O构造的拟合曲线在边界处

的斜率为

$$\frac{1}{3\Delta x}(9\varphi_P - 8\varphi_A - \varphi_E)$$

因此控制容积西侧界面的扩散流量为

$$\Gamma\frac{d\varphi}{dx}\bigg|_A = \frac{D_A}{3}(9\varphi_P - 8\varphi_A - \varphi_E)$$

从而节点 1 的离散方程为

$$F_e\left(\frac{7}{8}\varphi_P + \frac{3}{8}\varphi_E - \frac{2}{8}\varphi_A\right) - F_A\varphi_A = D_e(\varphi_E - \varphi_P) - \frac{D_A}{3}(9\varphi_P - 8\varphi_A - \varphi_E)$$

节点 5 所在的控制容积东侧界面 φ 值已知，$\varphi_e = \varphi_B$。通过东侧界面的扩散流量，参考上述西侧的扩散流量，可写为

$$\Gamma\frac{d\varphi}{dx}\bigg|_B = \frac{D_B}{3}(8\varphi_B - 9\varphi_P + \varphi_W)$$

因此节点 5 的离散方程为

$$F_B\varphi_B - F_w\left(\frac{6}{8}\varphi_W + \frac{3}{8}\varphi_P - \frac{1}{8}\varphi_{WW}\right)$$
$$= \frac{D_B}{3}(8\varphi_B - 9\varphi_P + \varphi_W) - D_w(\varphi_P - \varphi_W)$$

由于节点 1 控制容积东侧界面对流量采用了特殊公式计算，因此节点 2 控制容积西侧界面对流量也必须采用同样的特殊公式计算，以保证流动计算的守恒性。因此节点 2 的离散方程为

$$F_e\left(\frac{6}{8}\varphi_P + \frac{3}{8}\varphi_E - \frac{2}{8}\varphi_W\right) - F_w\left(\frac{7}{8}\varphi_W + \frac{3}{8}\varphi_P - \frac{2}{8}\varphi_A\right)$$
$$= D_e(\varphi_E - \varphi_P) - D_w(\varphi_P - \varphi_W)$$

将节点 1、5 和 2 的离散方程写成统一格式

$$a_P\varphi_P = a_E\varphi_E + a_W\varphi_W + a_{EE}\varphi_{EE} + a_{WW}\varphi_{WW} + S_C$$

式中各节点的系数计算式如表 5-9 所示。

表 5-9 例 5-3 中节点 1、2 和 5 的离散方程中的系数

节 点	1	2	5
a_W	0	$D_w + \frac{7}{8}F_w + \frac{1}{8}F_e$	$D_w + \frac{1}{3}D_B + \frac{6}{8}F_w$
a_E	$D_e + \frac{1}{3}D_A - \frac{3}{8}F_e$	$D_e - \frac{3}{8}F_e$	0
a_{WW}	0	0	$-\frac{1}{8}F_w$
S_C	$\left(\frac{8}{3}D_A + \frac{2}{8}F_e + F_A\right)\varphi_A$	$-\frac{1}{4}F_w\varphi_A$	$\left(\frac{8}{3}D_e - F_B\right)\varphi_B$
S_P	$-\left(\frac{8}{3}D_A + \frac{2}{8}F_e + F_A\right)\varphi$	$\frac{1}{4}F_w$	$-\left(\frac{8}{3}D_e - F_B\right)$
a_P	$a_W + a_E + a_{WW} + (F_e - F_w) - S_P$		

将已知条件代入可得离散方程各系数值，如表 5-10 所示。

表 5-10　例 5-3 中各节点离散方程中系数的值

节　点	1	2	3	4	5
a_W	0	0.7	0.675	0.675	0.817
a_E	0.592	0.425	0.425	0.425	0
a_{WW}	0	0	−0.025	−0.025	−0.025
S_C	$1.583\varphi_A$	$-0.05\varphi_A$	0	0	$1.133\varphi_B$
S_P	−1.583	0.05	0	0	−1.133
a_P	2.175	1.075	1.075	1.075	1.925

将代数方程组写成矩阵形式为

$$\begin{bmatrix} 2.175 & -0.592 & 0 & 0 & 0 \\ -0.7 & 1.075 & -0.425 & 0 & 0 \\ 0.025 & -0.675 & 1.075 & -0.425 & 0 \\ 0 & 0.025 & -0.675 & 1.075 & -0.425 \\ 0 & 0 & 0.025 & -0.817 & 1.925 \end{bmatrix} \begin{bmatrix} \varphi_1 \\ \varphi_2 \\ \varphi_3 \\ \varphi_4 \\ \varphi_5 \end{bmatrix} = \begin{bmatrix} 1.583 \\ -0.05 \\ 0 \\ 0 \\ 0 \end{bmatrix}$$

解得

$$\boldsymbol{\varphi}=[\varphi_1,\varphi_2,\varphi_3,\varphi_4,\varphi_5]^T=[0.9648,0.8707,0.7309,0.5226,0.2123]^T$$

图 5-13 给出了计算值与精确值的比较。

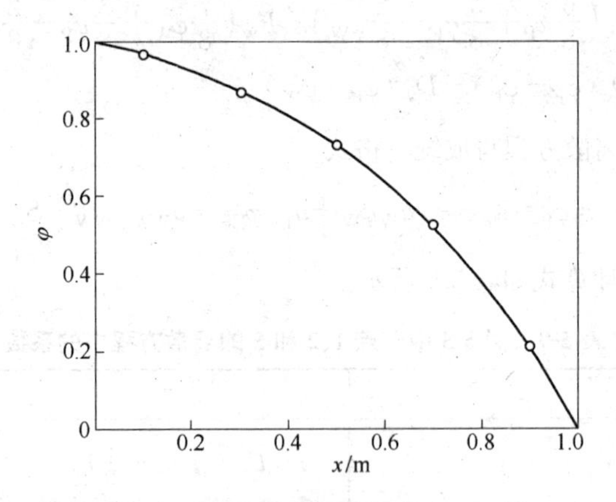

图 5-13　例 5-3 计算值与精确解的比较

6 流场计算简介

至此,传输方程的各项都已述及到了,已没有什么困难。但在第5章中,是把流场作为已知条件来进行处理的。如果计算的变量本身就是速度场,此时传输方程代表纳维-斯托克斯方程,由于该方程的特殊性,仍有一些特别的困难需要克服。这些困难主要有:①要求出速度场,首先要知道压力场,因为压力差是流体流动的自然推动力。但压力场通常是未知的。同时,没有一个显式的控制方程去求解压力场,它只能以压力梯度在动量方程中出现,并作为源项加以处理。②动量方程中的对流项包含非线性量,如动量方程中的对流项。

对于第二个问题,可采用迭代法加以解决,从一个预设的速度场开始,通过迭代求解动量方程从而得到速度分量的收敛解。

而对于第一个问题,如果压力场已知,就可根据动量方程生成速度分量的离散化方程。但压力场往往本身也是一个待求的未知量,考虑用连续方程作为导出压力修正量的公式,由此间接地计算出压力场。为此,似乎可通过求解由动量方程与连续方程所推得的关于各速度分量和压力的整个离散方程组得到。此法虽然可行,但需要大量的内存及时间,求解如此庞大而复杂的方程组,只有小规模问题才可能,对于冶金过程中所遇到的问题,往往很难办到。

为解决因压力所带来的流场计算的困难,有人提出了从控制方程中直接消去压力的方法,称为非原始变量法。其中最著名的是处理二维问题的流函数-涡量法。此时压力梯度项被消去,也就避开了压力场的计算问题,且在某些边界上,可较容易地给定边界条件,但也存在一些明显的弱点。如壁面上的涡量值很难给定、计算量及存储空间都很大,对于三维问题,自变量为6个,复杂性大大增加,甚至可能超过直接求解关于速度和压力的方程组的情况。因此,目前工程中应用不普遍,而使用最广泛的是求解流场的原始变量法中的分量式解法。其中又以1972年由Patankar和Spalding提出的SIMPLE算法及其改进算法使用最为广泛。本书主要介绍交错网格的原始变量法以及基于交错网格技术的SIMPLE算法。

6.1 交错网格的原始变量法

6.1.1 交错网格的提出

首先还是沿用前面一直采用的网格划分方法及有限体积法来处理二维流场的计算问题。设二维问题的控制方程为

$$\frac{\partial \rho}{\partial \tau}+\frac{\partial (\rho u)}{\partial x}+\frac{\partial (\rho v)}{\partial y}=0 \tag{6-1}$$

$$\frac{\partial u}{\partial \tau}+\frac{\partial (uu)}{\partial x}+\frac{\partial (vu)}{\partial y}=-\frac{1}{\rho}\frac{\partial p}{\partial x}+\nu\left(\frac{\partial^2 u}{\partial x^2}+\frac{\partial^2 u}{\partial y^2}\right) \tag{6-2}$$

$$\frac{\partial v}{\partial \tau}+\frac{\partial (uv)}{\partial x}+\frac{\partial (vv)}{\partial y}=-\frac{1}{\rho}\frac{\partial p}{\partial y}+\nu\left(\frac{\partial^2 v}{\partial x^2}+\frac{\partial^2 v}{\partial y^2}\right) \tag{6-3}$$

在对x方向动量方程式(6-2)离散化时,均匀划分网格,压力梯度项在控制容积界面处的值

采用中心差商代替，并假定压力为分段线性分布，则

$$\frac{\partial p}{\partial x}=\frac{p_{\mathrm{e}}-p_{\mathrm{w}}}{\Delta x}=\frac{\dfrac{p_{\mathrm{E}}+p_{\mathrm{P}}}{2}-\dfrac{p_{\mathrm{P}}+p_{\mathrm{W}}}{2}}{\Delta x}=\frac{p_{\mathrm{E}}-p_{\mathrm{W}}}{2(\Delta x)} \tag{6-4}$$

即出现控制容积在 x 方向的压力差与控制容积 P 的压力 p_{P} 无关的现象。同样，控制容积在 y 方向的压力差将取决于$(p_{\mathrm{N}}-p_{\mathrm{S}})$，也与控制容积压力 p_{P} 无关。即压力场的影响被忽略掉了。这显然不符合物理上的真实性。这种不正常的情况必定造成压力分布的不合理性。

当速度分量假定为分段线性分布时，考虑最简单的稳态问题，在连续方程的离散化中也会出现

$$\frac{u_{\mathrm{e}}-u_{\mathrm{w}}}{\Delta x}-\frac{v_{\mathrm{n}}-v_{\mathrm{s}}}{\Delta y}=0 \tag{6-5}$$

从而

$$\frac{1}{\Delta x}\left(\frac{u_{\mathrm{E}}+u_{\mathrm{P}}}{2}-\frac{u_{\mathrm{P}}+u_{\mathrm{W}}}{2}\right)+\frac{1}{\Delta y}\left(\frac{v_{\mathrm{N}}+v_{\mathrm{P}}}{2}-\frac{v_{\mathrm{P}}+v_{\mathrm{S}}}{2}\right)=0 \tag{6-6}$$

当 $\Delta x=\Delta y$ 时，有：

$$(u_{\mathrm{E}}-u_{\mathrm{W}})-(v_{\mathrm{N}}-v_{\mathrm{S}})=0 \tag{6-7}$$

即在离散化的连续方程中，控制容积 P 的节点方程中不含有节点 P 的速度。如果是一维问题，则只要求 P 节点的左右两节点的速度相等，而不管节点 P 的速度是多大。这显然是不合理的，由此将导致不真实的锯齿形速度场。

为了解决动量方程中压力分布和连续性方程中速度分布的不合理性，Harlow和 Welch 于 1965 年提出了交错网格，它能有效地解决这两个由一阶微商离散化导致的物理上的不真实性。所谓交错网格（staggered grid）就是将标量（如压力 p、温度 T 和密度 ρ 等）值存储在正常网格的控制容积（称为主控制容积或标量控制容积）的质心上，而将速度的各分量值分别存储在与正常网格错开半个网格步长的另一套网格系统的控制容积的质心上。图 6-1 给出了交错网格中变量的定义位置。

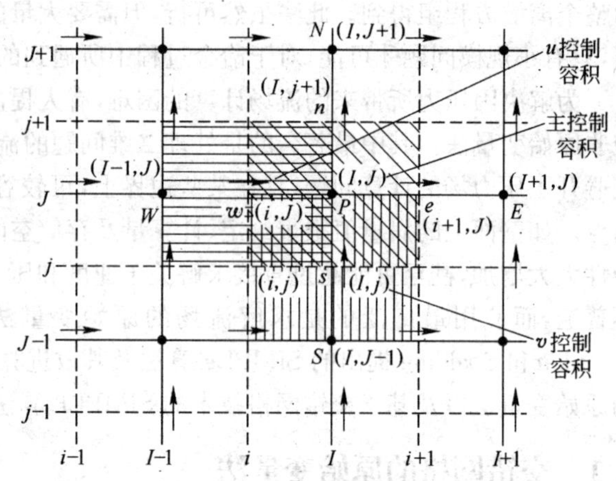

图 6-1　ρ、u、v 控制容积相对位置及向后错位交错网格

由图 6-1 可见，对于二维问题，交错网格系统有三套网格系统，其中 x 和 y 方向的速度分量分别有各自一套网格系统，该网格系统的控制容积的质心处存储各速度分量值。还有一套正常的网格系统，其中的控制容积质心处存储标量（压力、温度、密度等物性参数等）。因此，所有速度分量都不再定义在正常网格的节点处，而是定义在控制容积的交界面处，也就是与正常的网格错开了半个控制容积的位置。其他的变量（包括压力变量在内）则仍然定义在控制容积的节点位置。因此，速度分量的位置和控制容积的节点位置错开了。

对于二维问题的三套网格各自的节点编号及其相互间的关系比较复杂。图 6-1 采用的是向后错位，即 u 网格和 v 网格都相对于主控制容积的网格在各自的方向上向后（即向 x 方向和 y 方向的反方向）错位了半个步长。u 速度 $u_{i,J}$ 的 i 位置到标量节点(I,J)的距离是$-\frac{1}{2}x_u$；同样，v

速度$v_{I,j}$的j位置到标量节点(I,J)的距离是$-\frac{1}{2}y_v$。按图6-1中的网格节点编号系统，小写的$(i-1)$、i、$(i+1)$…表示x方向u分量网格的节点位置，小写的$(j-1)$、j、$(j+1)$…表示y方向v分量网格的节点位置，而大写的$(I-1)$、I、$(I+1)$…表示主控制容积网格x方向的节点，大写的$(J-1)$、J、$(J+1)$…来表示主控制容积网格y方向的节点。这样，小写的i序号和大写的J序号组合，就可表示u网格的节点位置，如$u_{i,J}$。而大写的I序号和小写的j序号组合，就可表示v网格的节点位置，如$v_{I,j}$。两个序号均为大写的I序号和J序号，则就可表示主控制容积网格的节点，如$P_{I,J}$。主控制容积网格节点用来存储标量参数(如压力、温度和密度等)的值，又称为标量节点，用实心小圆点表示，是主控制容积的质心。用实线表示原始(主控制容积网格)的计算网格线，用虚线表示主控制容积的界面。两个速度分量u和v的值存储在标量控制体积的e、w界面和s、n界面上，这些位置是标量控制容积界面线与网格线的交点，分别称为u速度节点和v速度节点，简称速度节点，用一个小写字母和一大写字母的组合来表示。而包围速度节点的矩形区域分别是u控制容积和v控制容积。

需要注意的是，以标量(如压力、温度和密度等)为因变量的传输方程的离散过程及离散结果与对流扩散问题相同，因此表示统一的离散化方程中，关于P、W、w、E、e、N、n、S、s等的定义也相同。但在交错网格中的u和v两个动量方程的离散过程，积分用的控制容积不再是原来的主控制容积，而是各自的控制容积，同时压力梯度项要从源项中分离出来。此时，获得的统一的离散化方程中，关于P、W、w、E、e、N、n、S、s等的定义要根据u和v各自的具体网格系统来确定。在不同的网格系统中P、W、w、E、e、N、n、S、s等所表示的节点坐标也就不同。

u和v网格系统的也可以采用向前错位方法确定。即u网格和v网格都相对于主控制容积的网格在各自的方向上向前(即沿着x方向和y方向)错位半个步长。其效果是一样的。图6-2所示即为采用向前错位的交错网格系统。图中，小黑圆点表示原始网格系统(主控制容积网格)中的节点位置，实线为原始网格系统中的网格线，编号用大写字母I和J标示，交点处为节点的位置。虚线表示原始网格系统中控制容积的界面线，编号用小写字母i和j标示。

按速度分量错开的原则划分的网络称为交错网格，它已在SIMPLE等方法中得到广泛的应用。

采用交错网格的优点，是可以直接用速度分量计算控制容积交界面上的质量流量，因而离散化的连续性方程将包含控制容积交界面上速度分量值之差，这显然是合理的。由于相邻(而不是P节点两侧的)交界面的速度差在起作用，因此不会出现物理上不真实的速度场。同时，压力差将是控制容积交界面上的速度分量的驱动力，这就排除了前面所说的那种压力场出现的可能性。因而，采用交错网格解决了全部变量都定义在同一节点上的常规网格所造成的不含计算节点处的参数值的物理不真实的困难。但从网格划分的原则来看，把不同的变量定义在不同的位置上，它将给计算机程序的编制增加一些麻烦。

下面讨论用交错网格的有限体积法来求解流动问题。在压力场已知的情况下，动量方程就成为对流和扩散方程。

6.1.2 动量方程的离散化

动量方程中把源项中的压力梯度项单独分离出来，可写成

$$\frac{\partial(\rho\varphi_i)}{\partial\tau}+\frac{\partial}{\partial x_j}(\rho u_j\varphi_i)=\frac{\partial}{\partial x_j}\left(\eta\frac{\partial\varphi_i}{\partial x_j}\right)-\frac{\partial P}{\partial x_i}+\dot{S}_\varphi \tag{6-8}$$

写成分量形式：

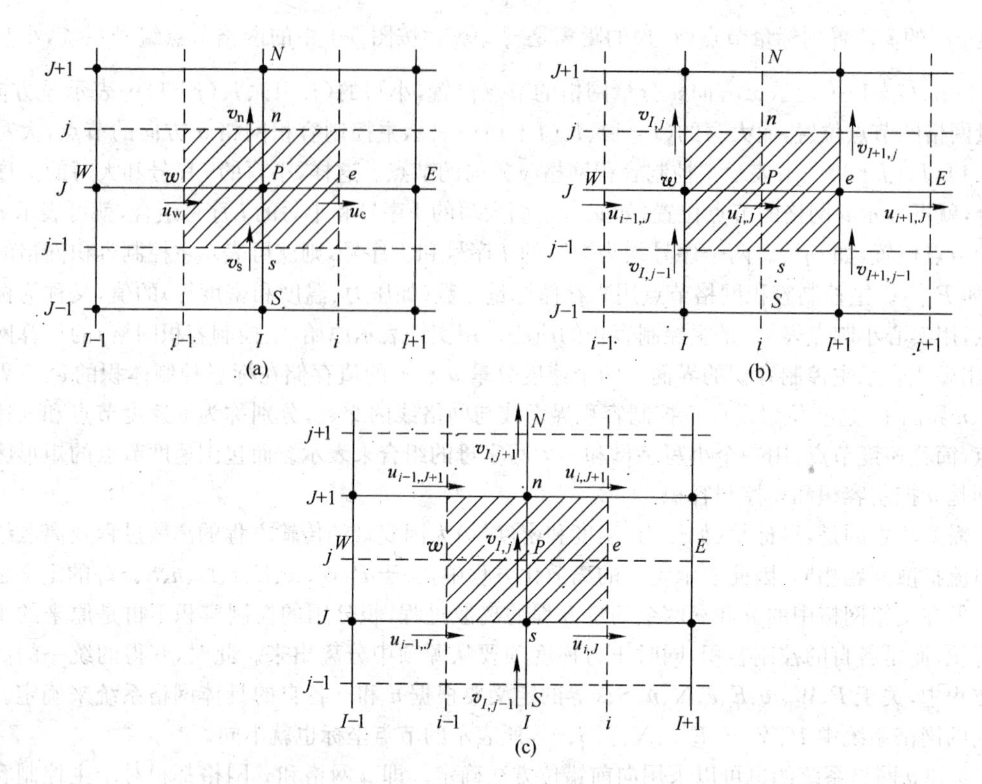

图 6-2　向前错位的交错网格中的主控制容积及速度分量控制容积

(a) 主控制容积；(b) u 控制容积；(c) v 控制容积

x 方向

$$\frac{\partial(\rho u)}{\partial \tau}+\frac{\partial}{\partial x}(\rho uu)+\frac{\partial}{\partial y}(\rho vu)=\frac{\partial}{\partial x}\left(\eta\frac{\partial u}{\partial x}\right)+\frac{\partial}{\partial y}\left(\eta\frac{\partial u}{\partial y}\right)-\frac{\partial P}{\partial x}+S_u \tag{6-9a}$$

y 方向

$$\frac{\partial(\rho v)}{\partial \tau}+\frac{\partial}{\partial x}(\rho uv)+\frac{\partial}{\partial y}(\rho vv)=\frac{\partial}{\partial x}\left(\eta\frac{\partial v}{\partial x}\right)+\frac{\partial}{\partial y}\left(\eta\frac{\partial v}{\partial y}\right)-\frac{\partial P}{\partial y}+S_v \tag{6-9b}$$

连续方程

$$\frac{\partial \rho}{\partial \tau}+\frac{\partial}{\partial x}(\rho u)+\frac{\partial}{\partial y}(\rho v)=0 \tag{6-10}$$

图 6-2 示出了 x 和 y 方向速度分量 u 和 v 的控制容积及主控制容积。由图 6-2 可见：u 是定义在主节点控制容积的交界面上的，u 的控制容积与主节点的控制容积在 x 方向错开。u_e 位于主节点 P 和 E 间的控制交界面上，显然 u_e 将受到压力差(p_P-p_N)的作用。交错网格中，在对动量方程的离散时，一般变量的离散化过程和结果与前述的对流扩散方程的离散没有什么区别。但也有一些特殊之处：①积分用的控制容积不是主控制容积，而是 u 和 v 各自的控制容积。②压力梯度项从源项中分量出来。对 u_e 的控制容积，假设 u_e 的控制容积东西界面上压力是各自均匀的，分别为 p_E 和 p_P，压力梯度的积分为

$$\int_s^n\int_P^E\left(-\frac{\partial p}{\partial x}\right)\mathrm{d}x\mathrm{d}y=-\int_s^n\left(p\,\Big|_P^E\right)\mathrm{d}y=(p_P-p_E)\Delta y \tag{6-11}$$

在新的网格编号系统(图 6-2(b))情况下，x 方向的动量方程中关于速度 u 在其控制容积的

节点位置(i,J)处(主控制容积的东侧界面处)的离散化方程可写为

$$a_{i,J}u_{i,J}=\sum_{\rm nb}a_{\rm nb}u_{\rm nb}-\frac{p_{I+1,J}-p_{I,J}}{\Delta x_u}\Delta V_u+\overline{S}\Delta V_u \tag{6-12}$$

或

$$a_{i,J}u_{i,J}=\sum_{\rm nb}a_{\rm nb}u_{\rm nb}+(p_{I,J}-p_{I+1,J})A_{i,J}+b_{i,J} \tag{6-13}$$

式中,ΔV_u 为 u 控制容积的体积;$A_{i,J}$ 为 u 控制容积东侧的界面面积,$A_{i,J}=\Delta y$。其中的系数由下式确定

$$\begin{cases}a_{\rm E}=D_{\rm e}A\{|(Pe)_{\rm e}|\}+\max[-F_{\rm e},0]\\a_{\rm W}=D_{\rm w}A\{|(Pe)_{\rm w}|\}+\max[F_{\rm w},0]\\a_{\rm N}=D_{\rm n}A\{|(Pe)_{\rm n}|\}+\max[-F_{\rm n},0]\\a_{\rm S}=D_{\rm s}A\{|(Pe)_{\rm s}|\}+\max[F_{\rm s},0]\\a_{i,J}=\sum_{\rm nb}a_{\rm nb}+\Delta F+a_{i,J}^0-S_{u\rm P}\Delta V_u\\a_{i,J}^0=\rho_{i,J}^0\Delta V_u/\Delta\tau,b_{i,J}=\overline{S}\Delta V_u+a_{i,J}^0u_{i,J}^0\end{cases} \tag{6-14}$$

函数 $A(|Pe|)$由表 5-8 确定。

对于稳态问题,离散方程仍保持式(6-13)形式,但方程中的系数 $a_{i,J}$ 和源项中不包含与 $a_{i,J}^0$ 相关的项。

由式(6-13)可见,压力梯度项的计算结果采用 u 控制容积边界面节点上的压力值计算。而原网格系统下离散方程中对应的邻近节点 E、W、N 和 S 的各项在新的网格编号系统中包含在 $\sum_{\rm nb}a_{\rm nb}u_{\rm nb}$ 中,此时的邻近节点分别对应着节点$(i+1,J)$、$(i-1,J)$、$(i,J+1)$和$(i,J-1)$,如图 6-2(b)所示。即

$$\begin{aligned}\sum_{\rm nb}a_{\rm nb}u_{\rm nb}&=a_{i+1,J}u_{i+1,J}+a_{i-1,J}u_{i-1,J}+a_{i,J+1}u_{i,J+1}+a_{i,J-1}u_{i,J-1}\\&=a_{\rm E}u_{\rm E}+a_{\rm W}u_{\rm W}+a_{\rm N}u_{\rm N}+a_{\rm S}u_{\rm S}\end{aligned} \tag{6-15}$$

式中,系数 $a_{i,J}$ 和 $a_{\rm nb}$ 的计算与对流扩散问题离散时相同,可采用任意一种差分格式(上风格式、混合格式或 QUICK 格式等)计算。而各种差分格式计算系数时,都采用控制容积边界处的单位面积对流量 $F(=\rho u)$和单位面积扩散量 $D(=\Gamma/\Delta x)$的组合计算。

需要注意的是,所有标量值(压力、温度、密度、扩散系数等)都是存储在主控制容积的质心上的,网格中只有下标均为大写的节点处的标量值才是已知的。因此,凡涉及计算在非主控制容积节点位置的标量值时,都要用节点值进行插值计算,如在 u 控制容积网格图 6-2(b)中

$$F_{i,J}=\rho_{i,J}u_{i,J}=\left(\frac{\rho_{I+1,J}+\rho_{I,J}}{2}\right)u_{i,J} \tag{6-16}$$

$$F_{I,j}=\rho_{I,j}u_{I,j}=\left(\frac{\rho_{I,J+1}+\rho_{I,J}}{2}\right)v_{I,j} \tag{6-17}$$

而对于 $D_{\rm n}$ 和 $D_{\rm s}$ 值的计算,由于点(i,j)和$(i,j+1)$在 x 方向的两侧均无主控制容积的节点,还必须利用周围节点的值进行两次线性插值计算。如

$$\begin{aligned}D_{\rm s}=D_{i,j-1}&=\frac{\Gamma_{i,j-1}}{y_J-y_{J-1}}=\frac{(\Gamma_{I,j-1}+\Gamma_{I+1,j-1})/2}{y_J-y_{J-1}}\\&=\frac{(\Gamma_{I,J}+\Gamma_{I,J-1})/2+(\Gamma_{I+1,J}+\Gamma_{I+1,J-1})/2}{2(y_J-x_{J-1})}\\&=\frac{\Gamma_{I,J}+\Gamma_{I+1,J}+\Gamma_{I,J-1}+\Gamma_{I+1,J-1}}{4(y_J-x_{J-1})}\end{aligned} \tag{6-18}$$

因此，x 方向动量方程的离散方程(6-13)在新的网格编号系统下(图 6-2(b))，在采用均匀网格系统时，u 控制容积 w、e、n 和 s 各表面的 F 值与 D 值的计算公式为

$$F_{\mathrm{w}}=F_{I,J}=(\rho u)_{I,J}=\frac{F_{i,J}+F_{i-1,J}}{2}$$

$$=\frac{1}{2}\left[\left(\frac{\rho_{I+1,J}+\rho_{I,J}}{2}\right)u_{i,J}+\left(\frac{\rho_{I,J}+\rho_{I-1,J}}{2}\right)u_{i-1,J}\right] \tag{6-19a}$$

$$F_{\mathrm{e}}=F_{I+1,J}=(\rho u)_{I+1,J}=\frac{F_{i+1,J}+F_{i,J}}{2}$$

$$=\frac{1}{2}\left[\left(\frac{\rho_{I+2,J}+\rho_{I+1,J}}{2}\right)u_{i+1,J}+\left(\frac{\rho_{I+1,J}+\rho_{I,J}}{2}\right)u_{i,J}\right] \tag{6-19b}$$

$$F_{\mathrm{s}}=F_{i,j-1}=(\rho u)_{i,j-1}=\frac{F_{I+1,j-1}+F_{I,j-1}}{2}$$

$$=\frac{1}{2}\left[\left(\frac{\rho_{I+1,J}+\rho_{I+1,J-1}}{2}\right)v_{I+1,j-1}+\left(\frac{\rho_{I-1,J}+\rho_{I-2,J}}{2}\right)v_{I,j-1}\right] \tag{6-19c}$$

$$F_{\mathrm{n}}=F_{i,j}=(\rho u)_{i,j}=\frac{F_{I+1,j}+F_{I,j}}{2}$$

$$=\frac{1}{2}\left[\left(\frac{\rho_{I+1,J+1}+\rho_{I+1,J}}{2}\right)v_{I+1,j}+\left(\frac{\rho_{I+1,J}+\rho_{I+1,J-1}}{2}\right)v_{I+1,j-1}\right] \tag{6-19d}$$

$$D_{\mathrm{w}}=D_{I,J}=\frac{\Gamma_{I,J}}{x_i-x_{i-1}} \tag{6-19e}$$

$$D_{\mathrm{e}}=D_{I+1,J}=\frac{\Gamma_{I+1,J}}{x_{i+1}-x_i} \tag{6-19f}$$

$$D_{\mathrm{s}}=D_{i,j-1}=\frac{\Gamma_{I,J}+\Gamma_{I+1,J}+\Gamma_{I,J-1}+\Gamma_{I+1,J-1}}{4(y_J-y_{J-1})} \tag{6-19g}$$

$$D_{\mathrm{n}}=D_{i,j}=\frac{\Gamma_{I,J+1}+\Gamma_{I+1,J+1}+\Gamma_{I,J}+\Gamma_{I+1,J}}{4(y_{J+1}-y_J)} \tag{6-19h}$$

注意：在计算各 F 项时，所用到的 u 和 v 的速度分量认为是"已知"的，它们是上一层的迭代结果或预先假设的初始值(预设初值)。需要与离散化方程中的 u 和 v 区别开，在离散化方程中的速度分量是"未知"的，是本次迭代所要求解的。

上面讨论了 x 方向动量方程的离散化方法，对于 y 方向动量方程也可采用同样的方法进行离散。y 方向动量方程，关于速度 v 在控制容积节点位置(I,j)处(见图 6-2(c)，位于主控制容积的南侧界面处)的离散化方程为

$$a_{I,j}u_{I,j}=\sum\nolimits_{\mathrm{nb}}a_{\mathrm{nb}}u_{\mathrm{nb}}+(p_{I,J}-p_{I,J+1})A_{I,j}+b_{I,j} \tag{6-20}$$

同样，式中 $A_{I,j}$ 为主控制容积南侧边界界面处的面积，$A_{I,j}=\Delta x$。各界面处速度的系数 $a_{I,j}$ 和 a_{nb} 由 v 控制容积边界上单位面积的对流量 F 和单位面积扩散量 D 的组合。在新的网格编号系统下(图 6-2(c))，在采用均匀网格系统时，v 控制容积 w、e、n 和 s 各表面的 F 值与 D 值的计算公式为

$$F_{\mathrm{w}}=F_{i-1,j}=(\rho u)_{i-1,j}=\frac{F_{i-1,J}+F_{i-1,J-1}}{2}$$

$$=\frac{1}{2}\left[\left(\frac{\rho_{I-1,J}+\rho_{I,J}}{2}\right)u_{i-1,J}+\left(\frac{\rho_{I-1,J+1}+\rho_{I,J+1}}{2}\right)u_{i-1,J+1}\right] \tag{6-21a}$$

$$F_{\mathrm{e}}=F_{i,j}=(\rho u)_{i,j}=\frac{F_{i,J+1}+F_{i,J}}{2}$$

$$=\frac{1}{2}\left[\left(\frac{\rho_{I,J+1}+\rho_{I+1,J}}{2}\right)u_{i,J+1}+\left(\frac{\rho_{I,J}+\rho_{I+1,J}}{2}\right)u_{i,J}\right] \tag{6-21b}$$

$$F_{\mathrm{s}}=F_{I,J}=(\rho u)_{I,J}=\frac{F_{I,j}+F_{I,j-1}}{2}$$

$$=\frac{1}{2}\left[\left(\frac{\rho_{I,J+1}+\rho_{I,J}}{2}\right)v_{I,j}+\left(\frac{\rho_{I,J}+\rho_{I,J-2}}{2}\right)v_{I,j-1}\right] \tag{6-21c}$$

$$F_{\mathrm{n}}=F_{I,J+1}=(\rho u)_{I,J+1}=\frac{F_{I,j+1}+F_{I,j}}{2}$$

$$=\frac{1}{2}\left[\left(\frac{\rho_{I,J+2}+\rho_{I,J+1}}{2}\right)v_{I,j+1}+\left(\frac{\rho_{I,J+1}+\rho_{I,J}}{2}\right)v_{I,j}\right] \tag{6-21d}$$

$$D_{\mathrm{w}}=D_{i-1,j}=\frac{\Gamma_{I+1,J+1}+\Gamma_{I,J+1}+\Gamma_{I-1,J}+\Gamma_{I,J}}{4(x_{I}-x_{I-1})} \tag{6-21e}$$

$$D_{\mathrm{e}}=D_{i,j}=\frac{\Gamma_{I,J+1}+\Gamma_{I+1,J+1}+\Gamma_{I,J}+\Gamma_{I+1,J}}{4(x_{I+1}-x_{I})} \tag{6-21f}$$

$$D_{\mathrm{s}}=D_{I,J}=\frac{\Gamma_{I,J}}{(y_{j}-y_{j-1})} \tag{6-21g}$$

$$D_{\mathrm{n}}=D_{I,J+1}=\frac{\Gamma_{I,J+1}}{(y_{j+1}-y_{j})} \tag{6-21h}$$

同样要注意：在计算各 F 项时，所用到的 u 和 v 的速度分量认为是“已知”的，它们是上一层的迭代结果。需要与离散化方程中的 u 和 v 区别开，在离散化方程中的速度分量是“未知”的，是本次迭代所要求解的。

式(6-13)和式(6-20)在压力场已知的情况下都是对流扩散型方程，和式(5-48)有相同的离散化形式。式中的系数可由式(5-52)和式(5-50)定义，并可按表 5-8 确定通用函数 $A(|Pe|)$。

对三维问题也可写出 z 方向的速度分量 w 的类似离散化方程。

6.1.3 连续方程的离散

在新的网格编号系统情况下，连续方程式(6-10)是在主控制容积网格中积分离散的，因此这与对流扩散方程的离散没有什么区别。对于稳态问题，离散后的方程为

$$\frac{\rho_{\mathrm{P}}-\rho_{\mathrm{P}}^{0}}{\Delta\tau}\Delta x\Delta y+[(\rho uA)_{i,J}-(\rho uA)_{i-1,J}]+[(\rho vA)_{I,j}-(\rho uA)_{I,j-1}]=0 \tag{6-22}$$

由式(6-13)和式(6-20)可知，若压力场给定，则由 u 和 v 控制容积的离散方程式(6-13)和式(6-20)即可求出速度场。如果压力场是正确的，则所得到的速度场将满足连续方程。但在一般情况下，压力场往往也是未知的，而假设的压力场又不可能是精确的，因此按对流扩散方程解出的速度场，必定不能精确地满足连续性方程。因此需设法计算压力场。

6.2 SIMPLE 算法

SIMPLE 算法全名为求解压力耦合方程组的半隐式方法(semi-implicit method for pressure linked equations)，是目前工程应用最广泛的一种流场计算方法，它是压力修正的方法。它不是直接去求解压力场，而是不断地通过修正计算结果进行反复迭代，最后求出收敛解的方法。其基本思想是：给定一个预先假设一个压力场及速度场，或是上一次迭代得到的压力场及速度场，分

别代入式(6-13)和式(6-20)得到相应的 u 和 v 的速度场,显然所得的速度场不一定满足连续方程,因此必须对给定的压力场和速度场进行修正。修正的原则是与修正后的压力场相应的速度场要满足连续方程。因此,用连续性方程来校正压力场,就可用校正后的压力场作为改进值,将由式(6-13)和式(6-20)两个方程求得的速度场不断地进行修正,直到所得的解(u,v,p)同时满足动量方程和连续方程为止。现在问题的关键在于如何求得(u,v,p)的修正量。

6.2.1 速度修正方程

为便于理解起见,考虑一个直角坐标下的二维层流稳态问题。设初始速度场(可根据初始条件获得,如果没有也可假设)为 u^* 和 v^*,假设一初始预设的压力场 p^*,代入式(6-13)和式(6-20)两个动量离散方程可得到初始速度场 u^* 和 v^*,即

$$a_{i,J}u_{i,J}^*=\sum_{\mathrm{nb}}a_{\mathrm{nb}}u_{\mathrm{nb}}^*+(p_{I,J}^*-p_{I+1,J}^*)A_{i,J}+b_{i,J} \tag{6-23}$$

$$a_{I,j}u_{I,j}^*=\sum_{\mathrm{nb}}a_{\mathrm{nb}}u_{\mathrm{nb}}^*+(p_{I,J}^*-p_{I,J+1}^*)A_{I,j}+b_{I,j} \tag{6-24}$$

注意式(6-23)和式(6-24)右边的 p^*、u^* 和 v^* 是已知的预设值或前一次迭代得到的值,而左边的 p^*、u^* 和 v^* 是经式(6-23)和式(6-24)迭代计算后得到的新的迭代值。这样求得的速度场显然一般不能满足连续方程,因此需要对压力和速度进行修正。设压力和速度的修正量分别为 p'、u'和 v',则

$$p=p^*+p' \tag{6-25}$$

$$u=u^*+u' \tag{6-26}$$

$$v=v^*+v' \tag{6-27}$$

如何求得修正量 p'、u'和 v'? 将修正后的压力场 p 及速度场 u 和 v 代入式(6-13)和式(6-20)中的 u 和 v 控制容积的离散方程应能得到正确的速度场

$$a_{i,J}u_{i,J}=\sum_{\mathrm{nb}}a_{\mathrm{nb}}u_{\mathrm{nb}}+(p_{I,J}-p_{I+1,J})A_{i,J}+b_{i,J} \tag{6-28}$$

$$a_{I,j}u_{I,j}=\sum_{\mathrm{nb}}a_{\mathrm{nb}}u_{\mathrm{nb}}+(p_{I,J}-p_{I,J+1})A_{I,j}+b_{I,j} \tag{6-29}$$

因此将能够得到正确速度场的式(6-28)和式(6-29)分别减去由预设的初场计算的式(6-23)和式(6-24)得

$$a_{i,J}(u_{i,J}-u_{i,J}^*)=\sum_{\mathrm{nb}}a_{\mathrm{nb}}(u_{\mathrm{nb}}-u_{\mathrm{nb}}^*)+[(p_{I,J}-p_{I,J}^*)-(p_{I+1,J}-p_{I+1,J}^*)]A_{i,J} \tag{6-30}$$

$$a_{I,j}(u_{I,j}-u_{I,j}^*)=\sum_{\mathrm{nb}}a_{\mathrm{nb}}(u_{\mathrm{nb}}-u_{\mathrm{nb}}^*)+[(p_{I,J}-p_{I,J}^*)-(p_{I,J+1}-p_{I,J+1}^*)]A_{I,j} \tag{6-31}$$

根据修正量的概念,由式(6-25)~式(6-27),则式(6-30)和式(6-31)可用修正量来表达

$$a_{i,J}u_{i,J}'=\sum_{\mathrm{nb}}a_{\mathrm{nb}}u_{\mathrm{nb}}'+(p_{I,J}'-p_{I+1,J}')A_{i,J} \tag{6-32}$$

$$a_{I,j}u_{I,j}'=\sum_{\mathrm{nb}}a_{\mathrm{nb}}u_{\mathrm{nb}}'+(p_{I,J}'-p_{I,J+1}')A_{I,j} \tag{6-33}$$

由上式可见,由压力修正量 p'根据式(6-30)和式(6-31)可得速度修正量 u'和 v'。同时可见,任一点上的速度修正量由同一方向上的相邻节点间的压力差(右边第 2 项)和邻近节点速度修正量之和(右边第 1 项)两部分组成。右边第 2 项,即相邻节点间的压力差才是产生速度修正量的直接动力,是主要的。第 1 项可看成是四周压力的修正量对所讨论位置上速度修正的间接影响,是次要的。因此,SIMPLE 算法为便于计算,将式(6-32)和式(6-33)中的第一项忽略,从而得到 SIMPLE 算法的速度修正量的计算式

$$u_{i,J}'=(p_{I,J}'-p_{I+1,J}')A_{i,J}/a_{i,J} \tag{6-34}$$

$$u_{I,j}'=(p_{I,J}'-p_{I,J+1}')A_{I,j}/a_{I,j} \tag{6-35}$$

将式(6-34)和式(6-35)分别代入式(6-26)和式(6-27)即可得速度场的速度修正式:

东面(e 界面)
$$u_{i,J}=u_{i,J}^*+(p_{I,J}'-p_{I+1,J}')A_{i,J}/a_{i,J} \tag{6-36}$$

北面(n界面) $v_{I,j}=v_{I,j}^{*}+(p'_{I,J}-p'_{I,J+1})A_{I,j}/a_{I,j}$ (6-37)

式(6-36)和式(6-37)分别给出了主控制容积网格中(图6-2a)P控制容积东侧和北侧界面(e和n)上的速度。同样可写出西侧和南侧界面(w和s)上速度场的速度修正式:

西面(w界面) $u_{i-1,J}=u_{i-1,J}^{*}+(p'_{I-1,J}-p'_{I,J})A_{i-1,J}/a_{i-1,J}$ (6-38)

南面(s界面) $v_{I,j-1}=v_{I,j-1}^{*}+(p'_{I,J-1}-p'_{I,J})A_{I,j-1}/a_{I,j-1}$ (6-39)

由式(6-36)~式(6-39)可知,如果已知压力修正值p',则可对预设的速度场(u^*和v^*)做出相应的速度修正,从而得到正确的速度场(u和v)。用d来表示对应的各界面处的面积A及其速度的系数比值,如$d_w=A_w/a_w$。式(6-36)~式(6-39)还可按照导热问题及对流扩散问题的方法,按照主控制容积网格编号系统统一写成

$$u_e=u_e^{*}+(p'_P-p'_E)A_e/a_e=u_e^{*}+d_e(p'_P-p'_E) \tag{6-40}$$

$$u_w=u_w^{*}+d_w(p'_W-p'_P) \tag{6-41}$$

$$u_s=u_s^{*}+d_s(p'_S-p'_P) \tag{6-42}$$

$$u_n=u_n^{*}+d_n(p'_P-p'_N) \tag{6-43}$$

6.2.2 压力修正方程

至此已得出了动量方程的离散方程及速度的改进值,但还不知压力修正方程。这可由连续方程导出。对于连续方程式(6-10),它是在主控制容积网格(图6-2(a))中积分离散的,连续方程的离散方程为式(6-22)。为了得到压力修正方程,现将式(6-36)~式(6-39)代入连续方程的离散方程式(6-22),有

$$\begin{aligned}&\frac{\rho_{I,J}-\rho_{I,J}^{0}}{\Delta\tau}\Delta x\Delta y+\rho_{i,J}A_{i,J}\{u_{i,J}^{*}+(p'_{I,J}-p'_{I+1,J})A_{i,J}/a_{i,J}\}-\\&\rho_{i-1,J}A_{i-1,J}\{u_{i-1,J}^{*}+(p'_{I-1,J}-p'_{I,J})A_{i-1,J}/a_{i-1,J}\}+\\&\rho_{I,j}A_{I,j}\{v_{I,j}^{*}+(p'_{I,J}-p'_{I,J+1})A_{I,j}/a_{I,j}\}-\\&\rho_{I,j-1}A_{I,j-1}\{v_{I,j-1}^{*}+(p'_{I,J-1}-p'_{I,J})A_{I,j-1}/a_{I,j-1}\}=0\end{aligned} \tag{6-44}$$

按压力修正量合并同类项,整理得

$$\begin{aligned}&\left(\rho_{i,J}\frac{A_{i,J}^{2}}{a_{i,J}}+\rho_{i-1,J}\frac{A_{i-1,J}^{2}}{a_{i-1,J}}+\rho_{I,j}A_{I,j}\frac{A_{I,j}^{2}}{a_{I,j}}+\rho_{I,j-1}\frac{A_{I,j-1}^{2}}{a_{I,j-1}}\right)p'_{I,J}\\&=\rho_{i,J}\frac{A_{i,J}^{2}}{a_{i,J}}p'_{I+1,J}+\rho_{i-1,J}\frac{A_{i-1,J}^{2}}{a_{i-1,J}}p'_{I-1,J}+\rho_{I,j}A_{I,j}\frac{A_{I,j}^{2}}{a_{I,j}}p'_{I,J+1}+\rho_{I,j-1}\frac{A_{I,j-1}^{2}}{a_{I,j-1}}p'_{I,J-1}+\\&\left(\frac{\rho_{I,J}^{0}-\rho_{I,J}}{\Delta\tau}\Delta x\Delta y+\rho_{i-1,J}A_{i-1,J}u_{i-1,J}^{*}-\rho_{i,J}A_{i,J}u_{i,J}^{*}+\rho_{I,j-1}A_{I,j-1}v_{I,j-1}^{*}-\rho_{I,j}A_{I,j}v_{I,j}^{*}\right)\end{aligned} \tag{6-45}$$

写成统一格式

$$\begin{aligned}a_{I,J}p'_{I,J}&=a_{I+1,J}p'_{I+1,J}+a_{I-1,J}p'_{I-1,J}+a_{I,J+1}p'_{I,J+1}+a_{I,J-1}p'_{I,J-1}+b'\\&=\sum a_{nb}p'_{nb}+b'\end{aligned} \tag{6-46}$$

式中

$$\begin{cases}a_{I+1,J}=\rho_{i,J}A_{i,J}^{2}/a_{i,J},\ a_{I-1,J}=\rho_{i-1,J}A_{i-1,J}^{2}/a_{i-1,J},\ a_{I,J+1}=\rho_{I,j}A_{I,j}A_{I,j}^{2}/a_{I,j}\\a_{I,J-1}=\rho_{I,j-1}A_{I,j-1}^{2}/a_{I,j-1},a_{I,J}=a_{I+1,J}+a_{I-1,J}+a_{I,J+1}+a_{I,J-1}\\b'=\dfrac{\rho_{I,J}^{0}-\rho_{I,J}}{\Delta\tau}\Delta x\Delta y+\rho_{i-1,J}A_{i-1,J}u_{i-1,J}^{*}-\rho_{i,J}A_{i,J}u_{i,J}^{*}+\\\quad\rho_{I,j-1}A_{I,j-1}v_{I,j-1}^{*}-\rho_{I,j}A_{I,j}v_{I,j}^{*}\end{cases} \tag{6-47}$$

式(6-46)为连续方程的离散化方程，即压力修正值 p' 的离散化方程。方程中的源项 b' 是由于不正确的速度场(u^* 和 v^*)所导致的“连续性”不平衡量。因此，通过多次修正后，最终 b' 应逐渐趋于零。由式(6-46)可得空间所有位置的压力修正值 p'。式(6-46)和式(6-47)也可按照主控制容积网格编号系统统一写成

$$a_P p'_P = a_E p'_E + a_W p'_W + a_N p'_N + a_S p'_S + b' = \sum a_{nb} p'_{nb} + b' \tag{6-48}$$

式中

$$\begin{cases} a_E = \rho_e d_e \Delta y, a_W = \rho_w d_w \Delta y, a_S = \rho_s d_s \Delta x, a_N = \rho_n d_n \Delta x, a_P = a_E + a_W + a_S + a_N \\ b' = \dfrac{\rho_P^0 - \rho_P}{\Delta \tau} \Delta x \Delta y + (\rho_w u_w^* - \rho_e u_e^*) \Delta y + (\rho_s v_s^* - \rho_n v_n^*) \Delta x \end{cases} \tag{6-49}$$

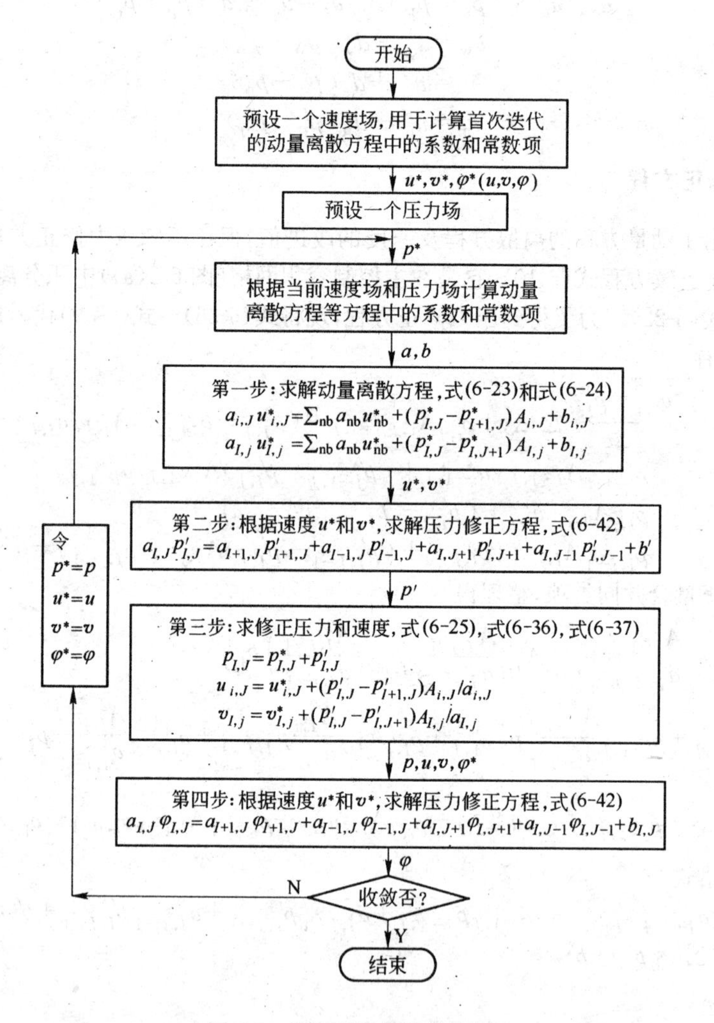

图 6-3　SIMPLE 算法流程图

需注意的是，式(6-47)和式(6-49)中的密度值是标量控制容积(主控制容积)界面上的值，因此，与式(6-19)和式(6-21)一样，需要根据邻近节点上的密度通过插值得到。但无论采用何种插值方法，对于交界面所属的两个控制容积，必须采用同样的密度值。

为了求解式(6-46)，还必须对压力修正值的边界条件做出说明。实际上，压力修正方程是动

量方程和连续方程导出的，不是基本方程，故其边界条件也与动量方程的边界条件有关。在一般的流场计算中，动量方程的边界条件通常有两类：

(1) 已知边界上的压力值(速度未知)，即第一类边界条件；

(2) 已知沿边界法向的速度分量。

若已知边界压力值 $\overline{p}$，可在该段边界上令 $p^*=\overline{p}$，则该段边界上的压力值 p' 为零。若已知边界的法向速度，在设计网格时，最好令控制容积的界面与边界相一致，即采用网格划分方法B来划分求解区域，这样控制容积界面上的速度就为已知。

6.2.3 SIMPLE算法的计算步骤

根据假设的或前次迭代计算得到的速度场，通过求解压力修正方程式(6-46)或式(6-48)可得压力修正值，再由式(6-25)和式(6-36)～式(6-39)或式(6-40)～式(6-43)可得压力和速度的解，从而可进行下一层次的迭代计算。图6-3给出了SIMPLE算法的计算流场图。SIMPLE算法目前已被广泛应用于流动及传热问题的数值模拟。

例6-1 在图6-4所示的情形中，已知：$p_W=60$，$p_S=40$，$u_e=20$，$v_n=7$。又给定 $u_w=0.7(p_W-p_P)$，$v_s=0.6(p_S-p_P)$。以上各量的单位都是协调的。试采用SIMPLE算法确定 p_P，u_w 和 v_s 的值。

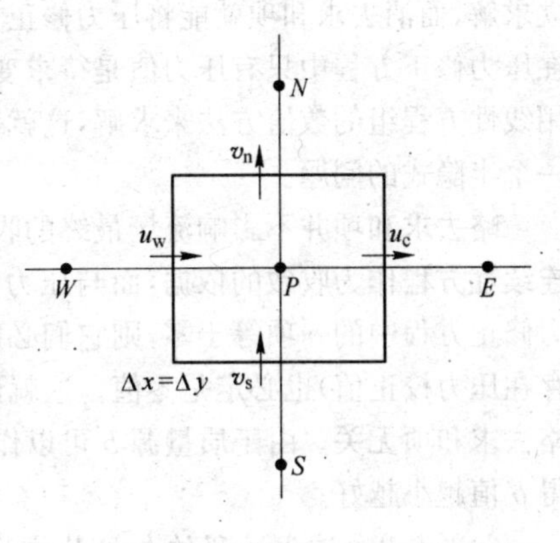

图6-4 例6-1所使用的计算节点图

解：根据SIMPLE算法的计算步骤，首先假设 $p_P=20$。

第一步：求解离散化动量方程。

由于题意已给定了 u_w 和 v_s 的计算式(即 u 和 v 动量方程离散形式在该控制容积上的具体表达式)，因此可用所给的计算式直接求得 u_w^* 和 v_w^*

$$u_w^*=0.7(p_W-p_P)=0.7(60-20)=28$$

$$v_s^*=0.6(p_S-p_P)=0.6(40-20)=12$$

第二步：求解压力修正方程。

可按照前述压力修正方程的推导方法通过连续方程推出。但根据式(6-38)、式(6-39)和式(6-43)均需计算各界面上的 A/a 比值。因此先计算该比值。

根据SIMPLE算法，将式(6-38)和式(6-39)分别与题意给定的 u_w 和 v_s 的计算式比较可得 $d_w=A_w/a_w=0.7$；$d_s=A_s/a_s=0.6$。由于 p_W 和 p_S 均已知，为定值，因此 $p'_W=0$，$p'_S=0$。故由式(6-38)和式(6-39)得：

西面(w 界面)速度 $u_w=u_w^*+d_w(p'_W-p'_P)=28-0.7(0-p'_P)=28-0.7p'_P$

南面(s 界面)速度 $v_s=v_s^*+d_s(p'_S-p'_P)=12-0.6p'_P$

将两式代入连续方程的离散方程(6-22)

$$[(\rho uA)_e-(\rho uA)_w]+[(\rho uA)_n-(\rho uA)_s]=0$$

可得到关于 p'_P 的方程(压力修正方程)

$$[20-(28-0.7p'_P)]+[7-(12-0.6p'_P)]=0$$

故得 $p'_P=10$。

第三步：求修正速度场。

将所得 p'_P 代入所得的 p_P、u_w 和 u_s 的计算式，可得

$$p_P = p_P^* + p'_P = 20 + 10 = 30$$
$$u_w = 28 - 0.7p'_P = 28 - 0.7 \times 10 = 21$$
$$v_s = 12 - 0.6p'_P = 12 - 0.6 \times 10 = 6$$

此时连续方程业已满足，而且给定的动量离散方程都是线性的，因此上述值即为所求的解。

实际求解动量方程时，方程离散形式中各系数往往均与流速有关，是非线性的。因此在获得本层次的连续方程的速度场后还要用新得到的速度去更新动量方程的系数，并重新求解动量方程，直到所求得的速度场同时满足质量守恒和动量守恒为止。

6.2.4　关于SIMPLE算法的讨论

6.2.4.1　SIMPLE算法的特点

SIMPLE算法的特点是略去式(6-32)和式(6-33)及后面的速度校正方程和压力修正方程中的求和项$\sum a_{nb}u'_{nb}$和$\sum a_{nb}v'_{nb}$，得到的速度分量校正值与压力校正值之间的关系比较简单，否则将得到速度分量校正公式的隐式格式，而使问题大大复杂化，即将全部的压力场和速度场直接联立求解，而消去求和项就能将压力修正方程作为一般的变量φ的传导型方程处理。具体做法是在压力修正方程中只有压力值是待求变量。这种拟线性化的处理使非线性方程组的求解可以采用线性方程组的数值方法来求解，这就等于将一个完全隐式的问题，通过略去求和项而简化成为一个半隐式的问题。

略去求和项并不影响流场最终的收敛解，因为只根据压力场和速度场是否满足动量方程和连续性方程作为收敛的依据，而与压力修正方程的具体形式无关。请注意：如果u^*、v^*能使压力修正方程中的b'项等于零，则它们必定是问题的收敛解。这时，压力校正值p'(由于边界上不存在压力校正值)也必定是零值。这就证明得到的压力和速度分量都是正确解，而和过程中是否略去求和项无关。由于质量源b'可以作为流场是否收敛的判据，因此在迭代求解中总是尽量使得b'值越小越好。

6.2.4.2　迭代过程的欠松弛方法

压力修正方程只是求解速度场的一个中间方程，它对流场的收敛解没有直接的影响。但是，迭代过程的收敛速率与压力修正方程的形式有关，有时可能导致迭代过程发散。为此，可在迭代过程中适当采取欠松弛方法，即

$$\frac{a_e}{\omega}u_e^* = \sum a_{nb}u_{nb}^* + b + (1-\omega)\frac{a_e}{\omega}u_e \tag{6-50}$$

$$\frac{a_n}{\omega}v_n^* = \sum a_{nb}v_{nb}^* + b + (1-\omega)\frac{a_n}{\omega}v_n \tag{6-51}$$

式中，速度分量u_e、v_n为已知的当前值；ω为松弛因子，在动量方程中一般取为0.5。

在校正压力时，一般都不用全部的压力校正值p'，而是取

$$p = p^* + \omega_P p' \tag{6-52}$$

式中，ω_P可取0.8，由此式校正过的压力值p可作为下一轮迭代的初始试探值p^*。松弛因子的最佳值与具体问题有关，根据经验常取$\omega=0.5$，$\omega_P=0.8$。

在校正速度时，一定不要采取欠松弛。理由是得到的速度校正值较好，因此用下式计算速度分量，即：

$$\begin{cases} u = u^* + u' \\ v = v^* + v' \end{cases} \tag{6-53}$$

压力修正方程(6-48)是传导型方程，属椭圆型方程，它是双通道的，只有在超声速流动时，才

显示出下游压力不影响上游状态的单通道性质。这时，应使用可压缩形式的压力修正方程。

6.2.4.3 压力修正方程的边界条件

动量方程是一个控制方程，可以应用一般的边界条件处理方法。但压力修正方程不是一个基本的控制方程，对它的边界条件的处理需作某些说明。

通常，在边界上出现两种边界条件，即给定边界上的压力或给定边界上的法向速度。给定边界上的压力时，如假定压力场 p^* 在边界上的值为已知，则边界上的压力校正值恒为零。它类似于导热问题中给定温度值的边界条件。给定边界上的法向速度时，当采用网格划分方法 B 划分网格时，边界面将与控制容积交界面重合。边界控制容积的压力修正方程中，穿过边界面的质量流量应直接用 u_e 计算，因而不再需要压力校正值 p'_E，所以系数 a_E 等于零。实质上，它表示对 p'_E 对 p'_P 没有影响。

由于压力修正方程中 $a_P=\sum a_{nb}$，这就使压力校正值 p' 和 $p'+c$（c 为任意常数）都能满足压力修正方程。但由于方程中只有压力差或压力的相对值才有意义，所以无论是压力的绝对值还是压力校正值的绝对值都不重要。由于压力校正值不是唯一的，因此只有采用迭代法求解才能得到收敛解，而用直接解将会出现奇异矩阵，这时只要在任意一个控制容积上给定某个 p' 值，就可以求解压力修正方程。

在许多问题中，压力的绝对值要比压力差大得多，在计算如（p_P-p_S）的压力差时就会因大数相减而出现过大的舍入误差。由于方程中只出现压力差的影响，所以可以采取过余压力的做法，即在适当的节点处取 $p=0$，并以该点的压力值作为参考值，以此点为基准来计算相对于它的其他各点的过余压力。同样，在迭代过程中，每次求解压力修正方程前，都把所有节点的压力校正值取为零，这样可以防止得到太大的压力校正值。当然，如果边界上给出了压力值，则不可能出现压力值大小的不确定性。

6.2.5 SIMPLE 算法的改进

SIMPLE 算法得到了广泛的应用，在应用中，人们先后又提出了多种修正方案。下面介绍 SIMPLER 算法和 SIMPLEC 算法两种改进方法。

6.2.5.1 SIMPLER 算法

SIMPLER 算法是 SIMPLE 算法的修正，SIMPLER 算法的主要特点是为了克服由于在压力修正方程中人为地略去求和项而导致过分的压力。虽然可以用欠松弛法来防止迭代过程的发散，但因此造成压力修正方程在校正压力方面的效果并不理想。从实际应用上说，往往是速度场早已基本收敛，而压力场的收敛却十分缓慢。此外为了确定动量方程的系数，一开始就假定了一个速度场，同时又独立地假定了一个压力分布，两者之间一般不协调，从而影响了迭代收敛速度。实际上不必在初始时刻单独假设一个压力场，因为与假定的速度场相协调的压力场是可以通过动量方程求出的。于是，Patanker 便提出：p' 只用来修正速度，压力场的改进则寻找别的方法。SIMPLER 算法采用压力方程来代替压力修正方程。当速度场收敛时，就直接用压力方程计算出正确的压力场。

具体做法是定义一个假速度（或称准速度）

主控制容积网格中得东面 e 界面：

$$\hat{u}_{i,J}=\frac{\sum a_{nb}u_{ab}+b_{i,J}}{a_{i,J}} \tag{6-54}$$

或

$$\hat{u}_e=\frac{\sum a_{nb}u_{ab}+b_e}{a_e} \tag{6-55}$$

主控制容积网格北面 n 界面：

$$\hat{u}_{I,j}=\frac{\sum a_{nb}u_{ab}+b_{I,j}}{a_{I,j}} \tag{6-56}$$

或

$$\hat{u}_{n}=\frac{\sum a_{nb}u_{ab}+b_{n}}{a_{n}} \tag{6-57}$$

将上述假速度代入动量方程式(6-23)和式(6-24)得

$$u_{i,J}=\hat{u}_{i,J}+\frac{A_{i,J}}{a_{i,J}}(p_{I,J}-p_{I+1,J})=\hat{u}_{i,J}+d_{i,J}(p_{I,J}-p_{I+1,J}) \tag{6-58}$$

或

$$u_{e}=\hat{u}_{e}+d_{e}(p_{P}-p_{E}) \tag{6-59}$$

同理，有：

$$u_{I,j}=\hat{u}_{I,j}+\frac{A_{I,j}}{a_{I,j}}(p_{I,J}-p_{I,J+1})=\hat{u}_{I,j}+d_{I,j}(p_{I,J}-p_{I,J+1}) \tag{6-60}$$

或

$$v_{n}=\hat{v}_{n}+d_{n}(p_{P}-p_{N}) \tag{6-61}$$

式(6-58)～式(6-61)与动量方程式(6-23)和式(6-24)的形式相类似，不同之处是用$\hat{u}_{i,J}$(或$\hat{u}_{e}$)和$\hat{u}_{I,j}$(或$\hat{v}_{n}$)代替了 $u_{i,J}^{*}$和 $v_{I,j}^{*}$，用 $p_{I+1,J}$(或 p_{E})、$p_{I+1,J}$(或 p_{P})和 $p_{I,J+1}$(或 p_{N})代替了 p'_{E}、p'_{P}和 p'_{N}。在推导上述方程时并没有略去任何项，因此它是严格的。同理可写出用假速度表示的西面和南面的速度方程

$$u_{i-1,J}=\hat{u}_{i-1,J}+d_{i-1,J}(p_{I-1,J}-p_{I,J}) \tag{6-62}$$

或

$$u_{w}=\hat{u}_{w}+d_{w}(p_{W}-p_{P}) \tag{6-63}$$

$$u_{I,j-1}=\hat{u}_{I,j-1}+d_{I,j-1}(p_{I,J-1}-p_{I,J}) \tag{6-64}$$

或

$$v_{s}=\hat{v}_{s}+d_{s}(p_{S}-p_{P}) \tag{6-65}$$

将上述相应的各式代入连续方程的离散化方程(6-22)，参考式(6-46)，经整理后可得压力方程

$$\begin{aligned}a_{I,J}p_{I,J}&=a_{I+1,J}p_{I+1,J}+a_{I-1,J}p_{I-1,J}+a_{I,J+1}p_{I,J+1}+a_{I,J-1}p_{I,J-1}+b_{I,J}\\&=\sum a_{nb}p_{nb}+b_{I,J}\end{aligned} \tag{6-66}$$

或写成

$$a_{P}p_{P}=a_{E}p_{E}+a_{W}p_{W}+a_{N}p_{N}+a_{S}p_{S}+b \tag{6-67}$$

式中，$a_{I,J}$、$a_{I+1,J}$、$a_{I-1,J}$、$a_{I,J+1}$、$a_{I,J-1}$表达式同式(6-47)；a_{P}、a_{E}、a_{W}、a_{N} 的表达式同式(6-49)，质量源 $b_{I,J}$的表达式为

$$b_{I,J}=\frac{\rho_{I,J}^{0}-\rho_{I,J}}{\Delta\tau}\Delta x\Delta y+(\rho\hat{u}A)_{i-1,J}-(\rho\hat{u}A)_{i,J}+(\rho\hat{u}A)_{I,j-1}-(\rho\hat{u}A)_{I,j} \tag{6-68}$$

质量源 b 的表达式为

$$b=\frac{(\rho_{P}^{0}-\rho_{P})\Delta x\Delta y}{\Delta\tau}+[(\rho\hat{u})_{w}-(\rho\hat{u})_{e}]\Delta y+[(\rho\hat{v})_{s}-(\rho\hat{v})_{n}]\Delta x \tag{6-69}$$

压力方程(6-66)和式(6-67)中的变量是压力，质量源 b 项中用的是假速度$\hat{u}_{e}$ 和$\hat{v}_{n}$。压力方程(6-66)和(6-67)与压力修正方程(6-46)和(6-48)的形式相同，但它在整个推导过程中并没有略

去任何项。因此,若用正确的速度场来计算假速度,然后代入压力方程便可以得到正确的压力场。这样,在速度场收敛时,压力场也就随之收敛。

SIMPLER 算法是由压力方程求得压力场和由压力修正方程进行速度校正。具体步骤如下:

(1) 假设试探的速度场 u、v。

(2) 计算动量方程的系数值和假速度$\hat{u}_e$ 和$\hat{v}_n$。

(3) 计算压力方程的系数值,并求解压力方程得到压力场。

(4) 把求得的压力场的 p 作为 p^*,用 p^* 由动量方程(6-23)、(6-24),计算 u^*、v^*。

(5) 将 u^*、v^* 代入压力修正方程(6-46)或(6-48),并解得压力校正值 p'。

(6) 把压力校正值 p'代入速度校正式(6-36)~式(6-39)或式(6-40)~式(6-43),便可得经校正后的速度值 u 和 v。

(7) 如果其他待求变量也影响流场的话,则应求解这些变量的离散化方程组(如自然对流问题,则应求解离散化能量方程组)。

(8) 若压力场和速度场尚未收敛,则转步骤(1)至步骤(7),重复计算,直到收敛为止。

SIMPLER 算法的特点有:

(1) 在推导方程的过程中没有略去任何项。

(2) 压力场由压力方程求解得到,不需进行压力校正。

(3) 当速度场收敛时,便可直接由压力方程得到收敛的压力场,收敛速度明显加快。

(4) 压力方程边界条件的处理与压力修正方程的类似。当确定边界上法向速度 u_e 时,则压力方程中的 $a_E=0$,b 项中用 u_e 代替$\hat{u}_e$,也就不再出现 p_E 的影响(以上是指边界控制容积的压力方程)。

(5) 与 SIMPLE 算法相比,SIMPLER 算法在每轮迭代中有较多的计算量,但这将由于总迭代次数的减少而得到补偿。

6.2.5.2 *SIMPLEC 算法*

SIMPLEC 算法是协调的 SIMPLE 算法,这种方法的目的是改进由略去求和项而造成的不良影响,而又要避免过多地增加计算量。下面以东面的控制容积界面为例来说明 SIMPLEC 算法的原理。

式(6-32)速度校正方程为

$$a_{i,J}u'_{i,J}=\sum_{nb}a_{nb}u'_{nb}+(p'_{I,J}-p'_{I+1,J})A_{i,J}$$

或写成

$$a_e u'_e=\sum a_{nb}u'_{nb}+(p'_P-p'_E)A_e \tag{6-70}$$

SIMPLEC 算法是先在等号的两端都减去$\sum a_{nb}u'_e$,有

$$(a_e-\sum a_{nb})u'_e=\sum a_{nb}(u'_{nb}-u'_e)+(p'_P-p'_E)A_e \tag{6-71}$$

显然,速度修正量 u'_e与其他邻近节点的修正量 u'_{nb}一般具有相同的数量级,因此可略去右端的求和项以简化速度校正式,这种忽略的影响显然要比 SIMPLE 算法完全不计求和项$\sum_{nb}a_{nb}u'_{nb}$要小得多,因而有

$$u_e=u_e^*+d_e(p'_P-p'_E) \tag{6-72}$$

式中

$$d_e=\frac{A_e}{a_e-\sum a_{nb}} \tag{6-73}$$

式(6-72)与式(6-36)的差别仅在于用式(6-73)的 $d_e=A_e/(a_e-\sum a_{nb})$代替原先的 $d_e=A_e/a_e$。

这种改进的优点在于 u'_e和其邻近节点的速度校正值 u'_{nb}相近。因此略去它们之差的求和项

能使方程保持较好的计算精度。同时,由于不再存在因为略去求和项而引起压力的过度校正,所以在压力修正方程的计算中不必再采用欠松弛法,即在式(6-52)中 $\omega_{P}=1$。

具体计算步骤仍和 SIMPLE 算法一样。已有一些算例表明,这样改进的结果将能明显地加快收敛速度,特别是压力场的收敛速率。

6.3 湍流流动与换热的数值模拟

湍流是一种高度复杂的三维非稳态、带旋转的不规则流动。在湍流中流体的各种物理参数,如速度、压力、温度等都随时间与空间发生随机的变化。由于湍流本身的复杂性,至今仍有一些基本问题尚未解决。湍流也是冶金过程中常见的一种流动现象。关于湍流运动与换热的数值计算是目前计算流体力学与计算传热学中困难最大,也是研究最活跃的领域之一。本书仅从工程应用角度对不可压缩流体的湍流流动与换热问题的常用数值模拟方法做些简介。

湍流的数值方法大致可分为三类:

(1) 直接模拟方法。直接用三维非稳态纳维-斯托克斯方程对湍流直接进行数值计算的方法。但由于直接方法对计算机内存及计算速度要求非常高,无法用于工程计算。

(2) 大涡模拟方法。此法旨在用非稳态纳维-斯托克斯方程直接模拟大尺度涡,但不能用来模拟小尺度涡。将小尺度涡对大涡的影响通过近似的模型来考虑。此法对计算机内存及速度要求仍较高,但在工作站甚至 PC 机上都可进行一定的研究,近年来日趋广泛。

(3) 雷诺(Reynolds)时均方程模拟法。它将非稳态纳维-斯托克斯方程对时间做平均计算。由于所得出的关于时均物理量的控制方程中包含了脉动量乘积的时均值等未知量,因此所得的方程的个数小于未知量的个数,而且不可能依靠进一步的时均处理来使控制方程组封闭。要使方程组封闭,必须作出假设,即建立模型。这种模型将未知的更高阶的时间平均值表示成较低阶的、计算中可以确定的量的函数。这是目前工程湍流计算中常用的方法。按照对雷诺应力所做的假设或处理方式的不同,雷诺时均方程模拟法又可分为雷诺应力模型方法和涡黏模型方法(或称为湍流黏性系数法)。

雷诺应力模型方法是直接建立表示雷诺应力的模型方程,然后联立时均连续方程、时均动量方程(雷诺方程)、标量的时均传输方程和所建立的雷诺应力方程。

涡黏模型方法不直接处理雷诺应力项,而是引入湍动黏度或称为涡黏系数,然后将湍流应力表示成湍流动黏度的函数。整个计算的关键在于确定这种湍流动黏度 η_t。根据确定湍流动黏度 η_t 微分方程的个数不同,又可分为零方程模型、一方程模型(单方程模拟)和双方程模型。目前双方程模型在工程中应用最为广泛。其中最基本的双方程模型是 k-ε 模型及其改进模型。它分别引入关于湍动能 k 和耗散率 ε 的方程。

6.3.1 湍流流动的数学描述

直角坐标系下,速度矢量 $\boldsymbol{u}$ 在 x、y 和 z 方向的分量分别为 u、v 和 w,非稳态湍流控制方程为

$$\frac{\partial \rho}{\partial \tau}+\operatorname{div}(\rho \boldsymbol{u})=0 \tag{6-74}$$

$$\frac{\partial(\rho u)}{\partial \tau}+\operatorname{div}(\rho u \boldsymbol{u})=-\frac{\partial p}{\partial x}+\operatorname{div}(\eta \operatorname{grad} u)+S_u \tag{6-75a}$$

$$\frac{\partial(\rho v)}{\partial \tau}+\operatorname{div}(\rho v \boldsymbol{u})=-\frac{\partial p}{\partial y}+\operatorname{div}(\eta \operatorname{grad} v)+S_v \tag{6-75b}$$

$$\frac{\partial(\rho w)}{\partial\tau}+\text{div}(\rho w\boldsymbol{u})=-\frac{\partial p}{\partial z}+\text{div}(\eta\,\text{grad}w)+S_w \tag{6-75c}$$

或写成张量形式

$$\frac{\partial\rho}{\partial\tau}+\frac{\partial}{\partial x_i}(\rho u_i)=0 \tag{6-76}$$

$$\frac{\partial}{\partial\tau}(\rho u_i)+\frac{\partial}{\partial x_j}(u_iu_j)=-\frac{\partial p}{\partial x_j}+\frac{\partial}{\partial x_j}\left(\eta\frac{\partial u_i}{\partial x_j}\right)+S \tag{6-77}$$

式中，$i=1$、2、3，分别代表 x,y,z 三个坐标方向。

工程中，一般采用平均的方法来描述和求解湍流问题。而获得平均值的方法可以有时间平均法、空间平均法和概率统计平均等。工程上常采用时间平均法，简称为时均值方法。此时，湍流场中的瞬时物理量被表示成时均值上叠加一个小的脉动值。因此，瞬时速度可用一个时均速度 $\boldsymbol{u}$ 与脉动速度 $\boldsymbol{u}'$ 之和来表示，压力也同样地进行处理，即

$$u=\bar{u}+u';\ v=\bar{v}+v';\ w=\bar{w}+w';\ p=\bar{p}+p' \tag{6-78}$$

其中时均速度和时均压力定义为

$$\bar{u}=\frac{1}{\Delta\tau}\int_\tau^{\tau+\Delta\tau}u\,\mathrm{d}\tau,\ \bar{p}=\frac{1}{\Delta\tau}\int_\tau^{\tau+\Delta\tau}p\,\mathrm{d}\tau \tag{6-79}$$

且有

$$\begin{cases}\overline{\overline{A}}=\overline{A};\overline{A'}=0;\overline{\overline{A}+A'}=0;\overline{\overline{A}\,\overline{B}}=\overline{A}\,\overline{B};\overline{\overline{A}B}=\overline{A}\,\overline{B};\overline{AB}=\overline{A}\,\overline{B}+\overline{A'B'}\\ \overline{\overline{A}B'}=0;\overline{\dfrac{\partial A}{\partial x_i}}=\dfrac{\partial\overline{A}}{\partial x_i};\overline{\dfrac{\partial A}{\partial\tau}}=\dfrac{\partial\overline{A}}{\partial\tau};\overline{\dfrac{\partial^2A}{\partial x_i^2}}=\dfrac{\partial^2\overline{A}}{\partial x_i^2};\overline{\dfrac{\partial A'}{\partial x_i}}=0;\overline{\dfrac{\partial^2A'}{\partial x_i^2}}=0\end{cases} \tag{6-80}$$

将式(6-78)代入连续方程(6-76)和动量方程(6-77)，同时在方程的两边取时均值，考虑到运算法则式(6-80)，得到不可压缩流体的湍流时均流动的控制方程为

时均连续性方程：

$$\text{div}(\bar{u})=0 \tag{6-81}$$

时均动量方程：

$$\frac{\partial\bar{u}}{\partial\tau}+\text{div}(\bar{u}\boldsymbol{u})=-\frac{1}{\rho}\frac{\partial\bar{p}}{\partial x}+\nu\text{div}(\text{grad}\bar{u})+\left(-\frac{\partial\overline{u'^2}}{\partial x}-\frac{\partial\overline{u'v'}}{\partial y}-\frac{\partial\overline{u'w'}}{\partial z}\right) \tag{6-82a}$$

$$\frac{\partial\bar{v}}{\partial\tau}+\text{div}(\bar{v}\boldsymbol{u})=-\frac{1}{\rho}\frac{\partial\bar{p}}{\partial y}+\nu\text{div}(\text{grad}\bar{v})+\left(-\frac{\partial\overline{u'v'}}{\partial x}-\frac{\partial\overline{v'^2}}{\partial y}-\frac{\partial\overline{v'w'}}{\partial z}\right) \tag{6-82b}$$

$$\frac{\partial\bar{w}}{\partial\tau}+\text{div}(\bar{w}\boldsymbol{u})=-\frac{1}{\rho}\frac{\partial\bar{p}}{\partial z}+\nu\text{div}(\text{grad}\bar{w})+\left(-\frac{\partial\overline{u'w'}}{\partial x}-\frac{\partial\overline{v'w'}}{\partial y}-\frac{\partial\overline{w'^2}}{\partial z}\right) \tag{6-82c}$$

对于其他变量的传输方程可作类似处理得

$$\frac{\partial\bar{\varphi}}{\partial\tau}+\text{div}(\bar{\varphi}\,\boldsymbol{u})=\text{div}(\Gamma\text{grad}\bar{\varphi})+\left(-\frac{\partial\overline{u'\varphi'}}{\partial x}-\frac{\partial\overline{v'\varphi'}}{\partial y}-\frac{\partial\overline{w'\varphi'}}{\partial z}\right)+S \tag{6-83}$$

上述推导是针对流体密度为常数的不可压缩流体的情形。实际流动中，密度可能是变化的，但细微的密度变化不会对流动造成明显的影响，在此忽略密度脉动的影响，但考虑平均密度的变化，因此可写出可压湍流平均流动的控制方程为

连续方程：

$$\frac{\partial\rho}{\partial\tau}+\text{div}(\rho\bar{u})=0 \tag{6-84}$$

动量方程：

$$\frac{\partial(\rho\bar{u})}{\partial\tau}+\mathrm{div}(\rho\bar{u}\,\boldsymbol{u})$$

$$=-\frac{\partial\bar{p}}{\partial x}+\mathrm{div}(\eta\mathrm{grad}\bar{u})+\left[-\frac{\partial(\rho\overline{u'^2})}{\partial x}-\frac{\partial(\rho\overline{u'v'})}{\partial y}-\frac{\partial(\rho\overline{u'w'})}{\partial z}\right]+S_\mathrm{u} \tag{6-85a}$$

$$\frac{\partial(\rho\bar{v})}{\partial\tau}+\mathrm{div}(\rho\bar{v}\boldsymbol{u})$$

$$=-\frac{\partial\bar{p}}{\partial y}+\mathrm{div}(\eta\mathrm{grad}\bar{v})+\left[-\frac{\partial(\rho\overline{u'v'})}{\partial x}-\frac{\partial(\rho\overline{v'^2})}{\partial y}-\frac{\partial(\rho\overline{v'w'})}{\partial z}\right]+S_\mathrm{v} \tag{6-85b}$$

$$\frac{\partial(\rho\bar{w})}{\partial\tau}+\mathrm{div}(\overline{\rho w\boldsymbol{u}})$$

$$=-\frac{\partial\bar{p}}{\partial z}+\mathrm{div}(\eta\mathrm{grad}\bar{w})+\left[-\frac{\partial(\rho\overline{u'w'})}{\partial x}-\frac{\partial(\rho\overline{v'w'})}{\partial y}-\frac{\partial(\rho\overline{w'^2})}{\partial z}\right]+S_\mathrm{w} \tag{6-85c}$$

其他变量的传输方程：

$$\frac{\partial(\rho\bar{\varphi})}{\partial\tau}+\mathrm{div}(\rho\bar{\varphi}\boldsymbol{u})=\mathrm{div}(\Gamma\mathrm{grad}\bar{\varphi})+\left[-\frac{\partial(\rho\overline{u'\varphi'})}{\partial x}-\frac{\partial(\rho\overline{v'\varphi'})}{\partial y}-\frac{\partial(\rho\overline{w'\varphi'})}{\partial z}\right]+S \tag{6-86}$$

将式(6-84)～式(6-86)用张量中的指标符号表示，写成

$$\frac{\partial\rho}{\partial\tau}+\frac{\partial(\rho\bar{u}_i)}{\partial x_i}=0 \tag{6-87}$$

$$\frac{\partial(\rho\bar{u}_i)}{\partial\tau}+\frac{\partial(\rho\bar{u}_i\bar{u}_j)}{\partial x_j}=-\frac{\partial\bar{p}}{\partial x_i}+\frac{\partial}{\partial x_j}\left(\eta\frac{\partial\bar{u}_i}{\partial x_j}-\rho\overline{u_i'u_j'}\right)+\bar{S}_i \tag{6-88}$$

$$\frac{\partial(\rho\bar{\varphi})}{\partial\tau}+\frac{\partial(\rho\bar{u}_j\bar{\varphi})}{\partial x_j}=\frac{\partial}{\partial x_j}\left[\Gamma\frac{\partial\bar{\varphi}}{\partial x_j}-\rho\overline{u_j'\varphi'}\right]+S \tag{6-89}$$

由上式可见，时均流动方程中多出了与$-\rho\overline{u_i'u_j'}$有关的项，定义为雷诺应力，即

$$\tau_{t,ij}=-\rho\overline{u_i'u_j'}=\eta_\mathrm{t}\left(\frac{\partial\bar{u}_i}{\partial x_j}+\frac{\partial\bar{u}_j}{\partial x_i}\right)-\frac{2}{3}\left(\rho k+\eta_\mathrm{t}\frac{\partial\bar{u}_i}{\partial x_i}\right)\Delta_{ij} \tag{6-90}$$

式中，$\tau_{t,ij}$实际上对应于6个不同的雷诺应力项，即3个正应力和3个切应力；$\bar{u}$为主流方向时均速度；η_t为湍动黏度，为空间坐标的函数，受流体状态控制，它不是物性参数，要注意与表示流体物性参数的动力黏度η区别开；Δ_{ij}为一种运算符号，当$i=j$时，$\Delta_{ij}=1$，当$i\neq j$时，$\Delta_{ij}=0$；k为湍动能：

$$k=\overline{u_i'u_i'}/2=(\overline{u'^2}+\overline{v'^2}+\overline{w'^2})/2 \tag{6-91}$$

联立上述式(6-87)～式(6-89)共有5个方程(其中动量方程(6-88)有三个方程)。而现在新增加了6个应力，再加上原来的5个时均未知量($\bar{u}_x$、$\bar{u}_y$、$\bar{u}_z$、$\bar{p}$和$\bar{\varphi}$)共有11个未知数。现只有5个方程，因此方程组不封闭，必须增加新的湍流方程(模型)才能使方程组封闭。

6.3.2　湍流模型

引入雷诺应力后，湍流流动计算的关键就转化为如何确定湍动黏度η_t。所谓湍流模型就是将η_t与湍流时均参数联系起来的关系式。下面主要介绍零方程模型、单方程模型和双方程模型。

6.3.2.1　零方程模型

零方程模型意指不使用微分方程，而是直接用代数关系将湍动黏度与时均值联系起来的模型。它只用湍流时均连续方程(6-87)和时均动量方程(6-88)组成方程组，将方程组中的雷诺应力用平均速度场的局部速度梯度表示。其中最著名的模型方案是普朗特提出的混合长度模型

$$\eta_t=\rho l_m^2\left|\frac{d\bar{u}}{dy}\right| \tag{6-92}$$

式中，$\bar{u}$ 为主流的时均速度；y 为与主流方向垂直的坐标；l_m 为混合长度，要通过实验确定。该模型可用于处理比较简单的流动，如二维边界层流动，平直通道内的流动。对于冶金反应器内比较复杂的流动，没有一个合适的混合长度公式。因此，实际工程应用很少。

6.3.2.2 单方程模型

为克服零方程模型中 η_t 只与几何位置及时均速度场有关，而与湍流的特性参数无关的缺陷，在湍流时均连续方程(6-87)和时均动量方程(6-88)基础上再建立一个湍流动能 k 的传输方程，而 η_t 表示成 k 的函数，从而使方程组封闭。此时，湍动能 k 的传输方程为

$$\underset{\text{非稳态项}}{\frac{\partial(\rho k)}{\partial\tau}}+\underset{\text{对流项}}{\frac{\partial(\rho k\bar{u}_i)}{\partial x_i}}=\underset{\text{扩散项}}{\frac{\partial}{\partial x_j}\left[\left(\eta+\frac{\eta_t}{\sigma_k}\right)\frac{\partial k}{\partial x_j}\right]}+\underset{\text{产生项}}{\eta_t\left(\frac{\partial\bar{u}_i}{\partial x_j}+\frac{\partial\bar{u}_j}{\partial x_i}\right)\frac{\partial\bar{u}_i}{\partial x_j}}-\underset{\text{耗散项}}{\rho C_D\frac{k^{3/2}}{l}} \tag{6-93}$$

科尔莫戈罗夫-普朗特提出了单方程模型，形式如下：

$$\eta_t=\rho C_\eta k^{1/2}l \tag{6-94}$$

式中，σ_k、C_D，C_η 为经验常数，一般 $\sigma_k=1$，$C_\eta=0.009$，$C_D=0.08\sim0.38$；l 为湍流脉动的长度比尺，依据经验公式或实验测定。

单方程模型考虑了湍动的对流传输和扩散传输，因此比零方程模型更合理。如何确定长度比尺 l 是问题的关键，但至今仍不易解决。因此单方程模型很难推广应用。

6.3.2.3 双方程模型

单方程模型考虑了对流和扩散作用对 k 分布的影响，以 k 和 l 表示的湍动黏度消除了混合长度模型的弱点。但在复杂的流动中给出 l 的表达式很困难，用代数式给出 l 的方法又无法考虑对流和扩散的影响，因此出现了双方程模型。该模型将影响湍动黏度的两个特征量 k 和 l 分别建立各自的传输微分方程，是在关于湍动能 k 的方程的基础上，再引入一个关于湍动耗散率 ε 的方程，因此又称为 k-ε 方程模型(standard k-ε model)，该模型于 1972 年由 Launder 和 Spalding 提出。在模型中，表示湍动耗散率的 ε 定义为

$$\varepsilon=\frac{\eta}{\rho}\overline{\left(\frac{\partial u_i'}{\partial x_k}\right)\left(\frac{\partial u_i'}{\partial x_k}\right)} \tag{6-95}$$

湍动黏度 η_t 可表示成 k 和 ε 的函数

$$\eta_t=\rho C_\eta\frac{k^2}{\varepsilon} \tag{6-96}$$

式中，C_η 为经验常数。

在标准 k-ε 方程模型中，k 和 ε 是两个基本未知量，相应的传输方程为

$$\frac{\partial(\rho k)}{\partial\tau}+\frac{\partial(\rho k\bar{u}_i)}{\partial x_i}=\frac{\partial}{\partial x_j}\left[\left(\eta+\frac{\eta_t}{\sigma_k}\right)\frac{\partial k}{\partial x_j}\right]+G_k+G_b-\rho\varepsilon-Y_M+S_k \tag{6-97}$$

$$\frac{\partial(\rho\varepsilon)}{\partial\tau}+\frac{\partial(\rho\varepsilon\bar{u}_i)}{\partial x_i}=\frac{\partial}{\partial x_j}\left[\left(\eta+\frac{\eta_t}{\sigma_\varepsilon}\right)\frac{\partial\varepsilon}{\partial x_j}\right]+C_{1\varepsilon}\frac{\varepsilon}{k}(G_k+C_{3\varepsilon}G_b)-C_{2\varepsilon}\rho\frac{\varepsilon^2}{k}+S_\varepsilon \tag{6-98}$$

式中，G_k 是由于平均速度梯度引起的湍动能 k 的产生项；G_b 是由于浮力引起的湍动能 k 的产生项；Y_M 为可压缩流体中的脉动扩张引起的湍动能 k 损失的部分；$C_{1\varepsilon}$、$C_{2\varepsilon}$ 和 $C_{3\varepsilon}$ 为经验常数，实验结果表明，可取 $C_{1\varepsilon}=1.44$；$C_{2\varepsilon}=1.92$；$C_\eta=0.09$；对于可压缩流体的流动计算中与浮力有关的系数，当主流方向与重力方向平行时可取 $C_{3\varepsilon}=1$，当主流方向与重力方向垂直时可取 $C_{3\varepsilon}=0$；σ_k 和 σ_ε 分别为与湍动能 k 和耗散率 ε 对应的普朗特数，可取 $\sigma_k=1.0$，$\sigma_\varepsilon=1.3$；S_k 和 S_ε 是用户定义的源项。

G_k 是由于平均速度梯度引起的湍动能 k 的产生项，由下式计算

$$G_k=\eta_t\left(\frac{\partial \bar{u}_i}{\partial x_j}+\frac{\partial \bar{u}_j}{\partial x_i}\right)\frac{\partial \bar{u}_i}{\partial x_j} \tag{6-99}$$

式中，G_b 是由于浮力引起的湍动能 k 的产生项，对于不可压缩流体，$G_b=0$；对于可压缩流体有：

$$G_b=\beta g_i\frac{\eta_t}{Pr_t}\frac{\partial T}{\partial x_i} \tag{6-100}$$

式中，Pr_t 是湍动普朗特数，在该模型中可取 $Pr_t=0.85$；g_i 是重力加速度在第 i 方向的分量；β 是热胀系数，可由可压缩流体的状态方程求出

$$\beta=-\frac{1}{\rho}\frac{\partial \rho}{\partial T} \tag{6-101}$$

Y_M 是可压缩湍流中脉动扩张引起的湍动能 k 损失的部分，对于不可压缩流体，$Y_M=0$；对于可压缩流体，

$$Y_M=2\rho\varepsilon Ma_t^2 \tag{6-102}$$

式中，Ma_t 是湍动马赫数，$Ma_t=\sqrt{k/a^2}$；a 是声速，$a=\sqrt{\gamma RT}$。

因此，当流体为不可压缩流体，不考虑用户自定义的源项时，$G_b=0$，$Y_M=0$，$S_k=0$，$S_\varepsilon=0$。此时 k-ε 方程模型变为

$$\frac{\partial(\rho k)}{\partial \tau}+\frac{\partial(\rho k\bar{u}_i)}{\partial x_i}=\frac{\partial}{\partial x_j}\left[\left(\eta+\frac{\eta_t}{\sigma_k}\right)\frac{\partial k}{\partial x_j}\right]+G_k-\rho\varepsilon \tag{6-103}$$

$$\frac{\partial(\rho\varepsilon)}{\partial \tau}+\frac{\partial(\rho\varepsilon\bar{u}_i)}{\partial x_i}=\frac{\partial}{\partial x_j}\left[\left(\eta+\frac{\eta_t}{\sigma_\varepsilon}\right)\frac{\partial \varepsilon}{\partial x_j}\right]+C_{1\varepsilon}\frac{\varepsilon}{k}G_k-C_{2\varepsilon}\rho\frac{\varepsilon^2}{k} \tag{6-104}$$

这两式中的 G_k，按式(6-99)计算，可写为

$$G_k=\eta_t\left\{2\left[\left(\frac{\partial u}{\partial x}\right)^2+\left(\frac{\partial v}{\partial y}\right)^2+\left(\frac{\partial w}{\partial z}\right)^2\right]+\left(\frac{\partial u}{\partial y}+\frac{\partial v}{\partial x}\right)^2+\left(\frac{\partial u}{\partial z}+\frac{\partial w}{\partial x}\right)^2+\left(\frac{\partial v}{\partial z}+\frac{\partial w}{\partial y}\right)^2\right\} \tag{6-105}$$

采用标准 k-ε 方程模型求解流动及换热问题时，控制方程包括连续方程、动量方程、能量方程、k 方程、ε 方程及式(6-105)。若不考虑热交换的单纯流场计算问题，则不需要包括动量方程。若考虑传质或有化学变化的情况，则应再加上组分方程。这些方程都可用统一形式表示为

$$\frac{\partial(\rho\varphi)}{\partial \tau}+\frac{\partial(\rho u\varphi)}{\partial x}+\frac{\partial(\rho v\varphi)}{\partial y}+\frac{\partial(\rho w\varphi)}{\partial z}=\frac{\partial}{\partial x}\left(\Gamma\frac{\partial \varphi}{\partial x}\right)+\frac{\partial}{\partial y}\left(\Gamma\frac{\partial \varphi}{\partial y}\right)+\frac{\partial}{\partial z}\left(\Gamma\frac{\partial \varphi}{\partial z}\right)+S \tag{6-106}$$

用散度符号表示为

$$\frac{\partial(\rho\varphi)}{\partial \tau}+\mathrm{div}(\rho\boldsymbol{u}\varphi)=\mathrm{div}(\Gamma\mathrm{grad}\varphi)+S \tag{6-107}$$

表 6-1 给出了三维直角坐标下，统一式(6-106)和式(6-107)在不同方程类型时，各参数的具体形式。

表 6-1　与式(6-106)和式(6-107)对应的 k-ε 模型的控制方程

方　程	φ	扩散系数 Γ	源项 S
连续方程	1	0	0
x-动量	u	$\eta_{eff}=\eta+\eta_t$	$-\frac{\partial p}{\partial x}+\frac{\partial}{\partial x}\left(\eta_{eff}\frac{\partial u}{\partial x}\right)+\frac{\partial}{\partial y}\left(\eta_{eff}\frac{\partial v}{\partial x}\right)+\frac{\partial}{\partial z}\left(\eta_{eff}\frac{\partial w}{\partial x}\right)+S_u$
y-动量	v	$\eta_{eff}=\eta+\eta_t$	$-\frac{\partial p}{\partial y}+\frac{\partial}{\partial x}\left(\eta_{eff}\frac{\partial u}{\partial y}\right)+\frac{\partial}{\partial y}\left(\eta_{eff}\frac{\partial v}{\partial y}\right)+\frac{\partial}{\partial z}\left(\eta_{eff}\frac{\partial w}{\partial y}\right)+S_v$
z-动量	w	$\eta_{eff}=\eta+\eta_t$	$-\frac{\partial p}{\partial z}+\frac{\partial}{\partial x}\left(\eta_{eff}\frac{\partial u}{\partial z}\right)+\frac{\partial}{\partial y}\left(\eta_{eff}\frac{\partial v}{\partial z}\right)+\frac{\partial}{\partial z}\left(\eta_{eff}\frac{\partial w}{\partial z}\right)+S_w$
湍动能	k	$\eta_{eff}=\eta+\eta_t/\sigma_k$	$G_k+\rho\varepsilon$
耗散率	ε	$\eta_{eff}=\eta+\eta_t/\sigma_\varepsilon$	$\frac{\varepsilon}{k}(C_{1\varepsilon}G_k-C_{2\varepsilon}\rho\varepsilon)$
能　量	T	$\frac{\eta}{Pr}+\frac{\eta_t}{\sigma_T}$	S 按实际情况而定

6.3.3　标准 k-ε 方程的解法及其适用性

目前，已有各种商用的计算流体力学软件，这些软件中大多数都是采用式(6-106)和式(6-107)的统一形式编写程序的。按这两式所编制的程序通用性强，可适用于各种变量，但对于不同的变量，其系数、源项及初值和初始条件是不同的。因此应特别注意不同变量的源项在离散化及求解过程中的特殊问题及边界条件问题。

对于标准的 k-ε 方程模型，在应用时应注意以下问题：

(1) 模型中的有关系数，其值应根据特定条件实验确定。但上述所给出的值不同的文献大致一致，对于能量方程中的系数 σ_T 值，有文献推荐取为 0.9～1.0。

(2) 上述 k-ε 方程模型是针对湍流充分发展的湍流流动建立的，即适用于高 Re 的湍流计算。当 Re 较低时用上述模型计算，需采用特殊的处理方式。如在近壁面区内的流动，湍流发展不充分，其脉动影响可能不如分子黏性的影响大。而在更贴近壁面的底层内，流动可能处于层流状态。此时，可采取壁面函数法或采用低 Re 的 k-ε 方程模型。

(3) 标准 k-ε 方程模型比上述的其他两个模型有了很大的改进，因此在实际工程问题中应用最为广泛，也最为成功。但对于强旋流、弯曲壁面流动或弯曲流线流动时会产生一定的失真。因为在弯曲流线下，湍流是各项异性的，而标准 k-ε 方程模型假设 η_t 是各向同性的标量。

因此为了弥补标准 k-ε 方程模型的缺陷，近些年来出现了标准 k-ε 方程模型的修正方案。读者可参看其他专著及文献。

附　　录

附录 A　线性方程组数值方法计算程序

A1　高斯-赛德尔迭代法和逐次超松弛迭代(SOR)法

'线性方程组的高斯-赛德尔迭代法和逐次超松弛迭代(SOR)法

'为将计算值随时存入文件，引入文件系统。在"工程\引用"对话框中选中"Microsoft Scripting Runtime"部件。

'图片框属性设 Picture1.AutoRedraw = true

```
Option Explicit
Option Base 1
Private A() As Single, B() As Single, X() As Single, Y0() As Single
Public S As Single, EPS As Single, OM As Single, ERma x As Single, ID As Single, Temp As Single
Public N As Integer, K As Integer, M As Integer, KM As Integer, I As Integer, J As Integer
Dim Fso As New FileSystemObject, FilesName As Variant, Solver As String, Mset As Integer

'高斯-赛德尔迭代法计算子过程
Public Sub GS(ByRef A() As Single, ByRef B() As Single, ByVal KM As Integer, ByVal N As Integer,_
ByRef X() As Single)
    Dim K As Integer
    ERmax = EPS *  100: ID = 0
    Picture1.Print "以下采用高斯-赛德尔迭代法进行求解:"
    Print #1, "以下采用高斯-赛德尔迭代法进行求解:"
    Print #1, "______________________________________________"
    Do While ERmax >  EPS And ID <  KM
        ID = ID + 1
        ERmax = 0      '每次迭代重新比较
        For I = 1 To N
            Temp = X(I): S = B(I)
            For J = 1 To N
                If J < > I Then
                    S = S - A(I, J) * X(J)
                End If
            Next J
            X(I) = S / A(I, I)
            If Abs(X(I) - Temp) >  ERmax Then
                ERmax = Abs(Temp - X(I))
            End If
```

```
            Next I
            Print #1, ID;
            For J = 1 To N
                Print #1, Tab(10*J); Format(X(J), "0.0000");
            Next J
            Print #1, Tab(10*J + 1); Format(ERmax, "0.0000");
            Print #1,
        Loop
        Print #1, "______________________________________________"
        Print #1, Tab(10); " 采用高斯-赛德尔迭代法所得的解为："
        For I = 1 To N
            Picture1.Print Tab(10 * I); X(I);
            Print #1, Tab(10 * I); Format(X(I), "0.0000");
        Next I
        Print #1,
        Print #1, Tab(10); "迭代次数为："; ID
        Print #1, "______________________________________________"
        Picture1.Print Tab(10); "迭代次数为："; ID
End Sub

'逐次超松弛迭代法计算子过程
Public Sub SOR(ByRef A() As Single, ByRef B() As Single, ByVal KM As Integer, ByVal N As Integer,_
ByRef X() As Single)
    Dim K As Integer
    OM = InputBox("请输入松弛因子，OM")
    ERmax = EPS * 100: ID = 0
    Picture1.Print " 以下采用逐次超松弛迭代法 SOR 法进行求解："
    Print #1, " 以下采用逐次超松弛迭代法 SOR 法进行求解："
    Print #1, "______________________________________________"
    Do While ERmax > EPS And ID < KM
        ID = ID + 1
        ERmax = 0       ' 每次迭代重新比较
        For I = 1 To N
            Temp = X(I): S = B(I)
            For J = 1 To N
                If J < > I Then
                    S = S - A(I, J) * X(J)
                End If
            Next J
            S = S / A(I, I)
            X(I) = X(I) + OM * (S - X(I))
            If Abs(X(I) - Temp) > ERmax Then
                ERmax = Abs(Temp - X(I))
            End If
        Next I
```

```
            Print #1, ID;
            For J = 1 To N
                Print #1, Tab(10 * J); Format(X(J), "0.0000");
            Next J
            Print #1, Tab(10 * J + 1); Format(ERmax, "0.0000");
            Print #1,
        Loop

        Print #1, "_______________________________________________"
        Print #1, Tab(10); "采用 SOR 法所得的解为:"
        For I = 1 To N
            Picture1.Print Tab(10 * I); X(I);
            Print #1, Tab(10 * I); Format(X(I), "0.0000");
        Next I
        Picture1.Print
        Picture1.Print Tab(10); "松弛因子 OM = "; OM, "迭代次数为:"; ID
        Print #1,
        Print #1, Tab(10); "松弛因子 OM = "; OM, "迭代次数为:"; ID
        Print #1, "_______________________________________________"
    End Sub

    Private Sub Command1_Click()
        Dim I As Integer, J As Integer, K As Integer
        Picture1.Cls
        N = InputBox("输入方程的个数,例 4-3,n = 5")          '输入方程的个数
        ReDim Preserve A(N, N), B(N), X(N), Y0(N) As Single
        Open Solver For Append As #1 Len = Len(Mset)        '打开文件
        MsgBox ("下面输入线性方程组 AX = B 的系数矩阵 A 和常数向量 B。注意:必须写成AX = B_
格式。")
        Picture1.Print "所求方程组为"; N; "阶线性方程组"        '窗体显示内容
        Picture1.Print
        Picture1.Print "线性方程组 AX = B 的系数矩阵 A 为:"
        Print #1, "所求方程组为"; N; "阶线性方程组"            '写文件内容
        Print #1,
        Print #1, "线性方程组 AX = B 的系数矩阵 A 为.:"
    '输入线性方程组系数矩阵 A
        For I = 1 To N
            For J = 1 To N
                A(I, J) = InputBox("请输入线性方程组 AX = B 的第" + Str(I) + "个方程第"_
                    + Str(J) + "个未知数的系数")
                Picture1.Print Tab(10 * J); A(I, J);
                Print #1, Tab(10 * J); A(I, J);
            Next J
            Picture1.Print
            Print #1,
```

```
        Next I
        Picture1.Print
        Picture1.Print "线性方程组 AX = B 的常数项矩阵 B 为:"
        Print #1,
        Print #1, "线性方程组 AX = B 的常数项矩阵 B 为:"
    '输入线性方程组常数向量
        For I = 1 To N
            B(I) = InputBox("请输入第" + Str(I) + "个方程的常数项")
            Picture1.Print Tab(10 * I); B(I);
            Print #1, Tab(10 * I); B(I);
        Next I
        Picture1.Print
        Picture1.Print
        Print #1,
        Print #1,
    '输入迭代法计算精度和最大迭代次数
        EPS = InputBox("请输入最大允许误差(计算精度要求),EPS,例 4-3,EPS=0.00001")
        Picture1.Print "最大允许误差(计算精度要求)EPS="; EPS
        Print #1, "最大允许误差(计算精度要求)EPS="; EPS

        KM = InputBox("请输入最大迭代次数,KM,KM=60")
        Picture1.Print "预设最大迭代次数 kM="; KM
        Picture1.Print
        Print #1, "预设最大迭代次数 kM="; KM
        Print #1,

        Picture1.Print "迭代次数 k";
        Print #1, "迭代次数 k";

        For I = 1 To N
            Picture1.Print Tab(10 * I); "X(" & Str$(I) & ")";
            Print #1, Tab(10 * I); "X(" & Str$(I) & ")";
        Next I

        Picture1.Print
        Picture1.Print "预设初值"
        Picture1.Print 0;
        Print #1, Tab(10 * I); "最大差值"
        Print #1, "____________________________________________"
        Print #1, "预设初值"
        Print #1, 0;
    '输入预设的初值
        For I = 1 To N
            X(I) = InputBox("请输入预设初值" + "X(" + Str(I) + ") =,例 4-3,可输入 0")
            Y0(I) = X(I)        'Y0()用于 SOR 法初值
```

```
        Picture1.Print Tab(10 * I); X(I);
        Print #1, Tab(10 * I); X(I);
    Next I
    Picture1.Print
    Print #1,

    Call GS(A(), B(), KM, N, X())          '调用高斯-赛德尔迭代法计算子过程
    Call SOR(A(), B(), KM, N, Y0())        '调用逐次超松弛迭代法计算子过程

    Close #1                               '关闭文件
End Sub
Private Sub Command2_Click()
  End                  '结束
End Sub

Private Sub Command3_Click()
    Dim Retval As String
    Retval = Shell("Notepad.EXE" & "   " & Solver, 1)     '打开 Solver.txt 文件查看计算结果
End Sub

Private Sub Form_Load()
'窗体“全屏”、居中
    Width = Screen.Width
    Height = Screen.Height
    Left = (Screen.Width - Width) / 2
    Top = (Screen.Height - Height) / 2
'定义图片框大小
    Picture1.FontSize = 10
    Picture1.Top = Form1.Top + 250
    Picture1.Width = Form1.Width * 0.97
    Picture1.Height = Form1.Height * 0.92
'创建文件 Solver.txt
    ChDrive App.Path               '切换到当前程序所在驱动器
    ChDir App.Path                 '切换到当前程序所在文件夹
    If Fso.FolderExists(App.Path & "\Test") = False Then '查看是否存在"Test"文件夹
        Fso.CreateFolder (App.Path & "\Test")          '不存在"Test"文件夹,则创建之
    End If
    Solver = App.Path & "\TEST\" & "Solver.txt"        '定义"Test"文件夹下“Solver.txt”文件的整个
                                                       路径
    Mset = 100
End Sub
```

A2 解三对角线性方程组的追赶(TDMA)法

```
'解线性三对角方程组的追赶法
'为将计算值随时存入文件,引入文件系统。在"工程\引用"对话框中选中"Microsoft Scripting Runtime"_
```

部件。

```
'图片框属性设 Picture1.AutoRedraw = true

Option Explicit
Option Base1
Private P() As Single, Q() As Single, D() As Single, B() As Single, C() As Single, X() As Single, E() As Single
Private I As Integer, L As Single, LL As Single, N As Single
Dim Fso As New FileSystemObject, FilesName As Variant, Solver As String, Mset As Integer

Private Sub TDMA(B() As Single, E() As Single, D() As Single, C() As Single)
    P(1) = D(1): Q(1) = B(1)
    For I = 1 To N - 1
        L = E(I + 1) / P(I)
        P(I + 1) = D(I + 1) - L * C(I)
        Q(I + 1) = (B(I + 1) - L * Q(I))
    Next I
    X(N) = Q(N) / P(N)
    For I = N - 1 To 1 Step - 1
        X(I) = (Q(I) - C(I) * X(I + 1)) / P(I)
    Next I
End Sub
Private Sub Command1_Click()
    Open Solver For Append As #1 Len = Len(Mset)

    MsgBox ("本程序只适用于线性方程组的系数矩阵组成为三对角矩阵的情况")
    N = InputBox("请输入方程组的个数 N:例 4 - 3,N = 5")
    ReDim Preserve P(N) As Single, Q(N) As Single, D(N) As Single, B(N) As Single, C(N) As Single
    ReDim Preserve X(N) As Single, E(N) As Single
    For I = 2 To N
        E(I) = InputBox("请输入三对角矩阵中的主对角线下方,第(" & Str$(I) & ")行的元素:例 4 - 3, - 1")
    Next I
    For I = 1 To N
        D(I) = InputBox("请输入三对角矩阵中的主对角线上的第(" & Str$(I) & ")行的元素:例 4 - 3,为
_3,2,2,2,3")
    Next I
    For I = 1 To N - 1
        C(I) = InputBox("请输入三对角矩阵中的主对角线上方,第(" & Str$(I) & ")行的元素:例 4 - 3, - 1")
    Next I
    For I = 1 To N
        B(I) = InputBox("请输入方程组的系数矩阵第(" & Str$(I) & ")行的元素:例 4 - 3,为 200,0,0,0,1000")
    Next I
    Picture1.Print "所求线性方程组的三对角系数矩阵为:"
    Print #1, "所求线性方程组的三对角系数矩阵为:"
    For I = 1 To N
        Select Case I
```

```
            Case 1
                Picture1.Print Tab(10 * I); D(I); Tab(10 * (I + 1)); C(I);
                Print #1, Tab(10 * I); D(I); Tab(10 * (I + 1)); C(I);
            Case N
                Picture1.Print Tab(10 * (I - 1)); E(I); Tab(10 * I); D(I);
                Print #1, Tab(10 * (I - 1)); E(I); Tab(10 * I); D(I);
            Case I
                Picture1.Print Tab(10 * (I - 1)); E(I); Tab(10 * I); D(I); Tab(10 * (I + 1)); C(I);
                Print #1, Tab(10 * (I - 1)); E(I); Tab(10 * I); D(I); Tab(10 * (I + 1)); C(I);
        End Select
        Picture1.Print
        Print #1,
    Next I
    Picture1.Print "所求线性方程组的常数项矩阵为:"
    Print #1, "所求线性方程组的常数项矩阵为:"
    For I = 1 To N
        Picture1.Print Tab(10); B(I)
        Print #1, Tab(10); B(I)
    Next I
    Call TDMA(B(), E(), D(), C())
    Picture1.Print
    Picture1.Print "所求线性方程组的解为:"
    Print #1,
    Print #1, "所求线性方程组的解为:"
    For I = 1 To N
        Picture1.Print Tab(10); "X(" & Str$(I) & ") = "; X(I)
        Print #1, Tab(10); "X(" & Str$(I) & ") = "; X(I)
    Next I
    Close #1
End Sub
```

附录 B　牛顿迭代法求非线性方程的根

求解非线性方程：$\lg w_{[Si]} + 0.11 w_{[Si]} - 0.394 = 0$

——程序包括：扫描有根区间、二分法求粗值、牛顿迭代法求较精确的值三个部分

```
Option Explicit
Option Base 1
Private a As Single, a 0 As Single, b0 As Single, s As Single, e As Single, f0 As Single, f1 As Single, x As Single,_

    x 0 As Single, x1 As Single, x2 As Single, fx1 As Single, fx2 As Single, fx As Single, dfx As Single

Private Sub Command1_Click()
        Dim i As Integer
        a0 = InputBox("请输入要扫描的求根区间的下限:")
        b0 = InputBox("请输入要扫描的求根区间的上限:")
        s = InputBox("请输入要扫描的步长,取值需小于求根区间的下限 a0")
```

```
    e = InputBox("请输入要求根的误差限,取值需小于步长 s:")
    i = 0
    f 0 = Log( a0 - s) / Log(10) + 0.11 * ( a0 - s) - 0.394
    For a = a0 To b0 Step s
        f1 = Log(a) / Log(10) + 0.11 * a - 0.394
        If f0 * f1 < 0 Then
            i = i + 1
            Picture1.Print "方程在区间[";a - s; ","; a; "]上有实根"
            x1 = a - s
            x2 = a
'用二分法解粗值
            Do
                x = (x1 + x2) / 2
                fx1 = Log(x1) / Log(10) + 0.11 * x1 - 0.394
                fx2 = Log(x) / Log(10) + 0.11 * x - 0.394
                If fx1 * fx2 > = 0 Then
                    x1 = x
                Else
                    x2 = x
                End If
            Loop Until Abs((x1 + x2) / 2 - x) <= e
            Picture1 .Print "用二分法解得方程在区间[";a - s ;",";a ;"]上的实根是:"; x
            x0 = x
'用牛顿迭代法解精确值
            Do
                x = x0
                fx = Log(x) / Log(10) + 0.11 * x - 0.394
                dfx = 1 / (x * Log(10)) + 0.11
                x0 = x - (fx / dfx)
           Loop While Abs(x - x0) >e / 100
           Picture1.Print "用牛顿迭代法解得方程在区间[";a - s ;",";a ;"]上的实根是:"; x
        End If
        f0 = f1
    Next a
    If i = 0 Then
        Picture1.Print "方程在区间[";a - s; ","; a; "]上没有实根"
    Else
        Picture1.Print "方程在区间[";a0; ","; b0; "]上至少有一个实根"
    End If
End Sub
```

附录C 解非线性方程组的牛顿-拉弗森迭代法

'解非线性方程组的牛顿 - 拉弗森迭代法,其中解线性方程组的子程序采用列选主元高斯消元法求解

'为把计算值随时存入文件,引入文件系统。在"工程\引用"对话框中选中"Microsoft Scripting Runtime"_部件。

```
'图片框属性设 Picture1.AutoRedraw = trueOption Explicit

Option Explicit
Private EQN_Number As Integer, EPS As Single, ID As Integer
Private DXM As Double, IDM As Double
Private X() As Double, DX() As Double, A() As Double, B() As Double
Private A_max As Double, K As Integer, Temp As Double, Temp_L As Integer
Dim Fso As New FileSystemObject, FilesName As Variant, Solver As String, Mset As Integer

' 主程序
Private Sub Command1_Click()
    Dim I As Integer
    Picture1.Cls
    EQN_Number = InputBox("输入方程个数,3")
    EPS = InputBox("输入计算精度,0.00001")
    ID = InputBox("输入最大迭代次数,100")
    ReDim Preserve X(EQN_Number) As Double, DX(EQN_Number) As Double,_
      A(EQN_Number, EQN_Number) As Double, B(EQN_Number) As Double
    Open Solver For Append As #1 Len = Len(Mset)          '把结果写入文件
    For I = 1 To EQN_Number
        X(I) = InputBox("输入迭代初值,分别为 2,10,5")
    Next I
    Call Newtonl_Raphson(EQN_Number, X(), EPS, ID)
    Picture1.Print "______________________________________"
    Picture1.Print "方程组的解为:"
    Print #1, "______________________________________"
    Print #1, "方程组的解为:"
    For I = 1 To EQN_Number
        Picture1.Print Tab(10); "X(" & Str(I) & ") = "; Format(X(I), "0.00000000000000E-00")
        Print #1, Tab(10); "X(" & Str(I) & ") = "; Format(X(I), "0.00000000000000E-00")
    Next I
    Picture1.Print "迭代次数,Iterative_Number = "; ID, "计算精度要求,EPS = "; Format(EPS, "0.00E-00")
    Print #1, "迭代次数:Iterative_Number = "; ID, "计算精度要求:EPS = "; Format(EPS, "0.00E-00")
    Close #1
End Sub

' Newtonl-Raphson 法计算子程序
Private Sub Newtonl_Raphson(EQN_Number As Integer, X() As Double, EPS As Single, ID As Integer)
    Dim I As Integer
    DXM = 100 * EPS: IDM = ID: ID = 0
    Picture1.Print Tab(5); "迭代次数"; Tab(22); "迭代值 X(I)"
    Picture1.Print "______________________________________"
    Print #1, Tab(5); "迭代次数"; Tab(20); "迭代值 X(I)"
    Print #1, "______________________________________"
    Do
```

```
        Picture1.Print Tab(5); ID;
        Print #1, Tab(5); ID;
        For I = 1 To EQN_Number
            Picture1.Print Tab(22 * I); Format(X(I), "0.0000000000000E - 00");
            Print #1, Tab(22 * I); Format(X(I), "0.0000000000000E - 00");
        Next I
        Picture1.Print
        Print #1,
        Call Jacobi_Matrix(EQN_Number, X(), A(), B())
        Call XYF(A(), B(), EQN_Number, DX())
        DXM = Abs(DX(1))
        For I = 1 To EQN_Number
            X(I) = X(I) + DX(I)
            If DXM < Abs(DX(I)) Then DXM = Abs(DX(I))
        Next I
        ID = ID + 1
    Loop Until DXM < EPS Or ID >= IDM
End Sub

'构造 Jacobi 矩阵
Private Sub Jacobi_Matrix(EQN_Number As Integer, X() As Double, A() As Double, B() As Double)
    A(1, 1) = Sqr(X(1)) / 2: A(1, 2) = X(3): A(1, 3) = X(2)        '第一个非线性方程分别对 x、y、z 的偏导数
    A(2, 1) = 2 * X(1): A(2, 2) = 2 * X(2): A(2, 3) = 2 * X(3) '第二个非线性方程分别对 x、y、z 的偏导数
    A(3, 1) = (X(2)) / (3 * (X(1) * X(1))) ^ (1 / 3): A(3, 2) = (X(1) / (3 * (X(2) * X(2)))) ^ (1 / 3)
    A(3, 3) = Sqr(X(3)) / 2                                       '第三个非线性方程分别对 x、y、z 的偏导数

    '方程一 f1(x,y,z)的值的负值,f1(x,y,z)=sqr(x) + yz - 33 = 0
    B(1) = -(Sqr(X(1)) + X(2) * X(3) - 33)
    '方程二 f2(x,y,z)的值的负值,f2(x,y,z)=x^2 + y^2 + z^2 - 81 = 0
    B(2) = -(X(1) * X(1) + X(2) * X(2) + X(3) * X(3) - 81)
    '方程三 f3(x,y,z)的值的负值,f3(x,y,z)=(xy)^(1/3) + sqr(z) - 4 = 0
    B(3) = -((X(1) * X(2)) ^ (1 / 3) + Sqr(X(3)) - 4)
End Sub

'消元子程序
Private Sub XYF(A() As Double, B() As Double, EQN_Number As Integer, X() As Double)
    Dim I As Integer, J As Integer
    ReDim Preserve A(EQN_Number, EQN_Number) As Double
    For K = 1 To EQN_Number - 1
        Call XLZY(A(), B(), K, EQN_Number)            ' 列选组元
        For I = K + 1 To EQN_Number
            For J = K + 1 To EQN_Number
                A(I, J) = A(I, J) - A(K, J) * A(I, K) / A(K, K)
            Next J
            B(I) = B(I) - B(K) * A(I, K) / A(K, K)
```

```
        Next I
    Next K
    X(EQN_Number) = B(EQN_Number) / A(EQN_Number, EQN_Number)
    For K = EQN_Number - 1 To 1 Step - 1
        A_max = 0
        For I = EQN_Number To K + 1 Step - 1
            A_max = A_max + A(K, I) * X(I)
        Next I
        X(K) = (B(K) - A_max) / A(K, K)
    Next K
End Sub

'列选组元子程序
Private Sub XLZY(A() As Double, B() As Double, K As Integer, EQN_Number As Integer)
    Dim I As Integer, J As Integer
    A_max = Abs(A(K, K)): Temp_L = K
    For I = K + 1 To EQN_Number
        If A_max < Abs(A(I, K)) Then A_max = Abs(A(I, K)): Temp_L = I
    Next I
    If Temp_L < > K Then
        For J = K To EQN_Number
            Temp = A(K, J)
            A(K, J) = A(Temp_L, J)
            A(Temp_L, J) = Temp
        Next J
        Temp = B(K)
        B(K) = B(Temp_L)
        B(Temp_L) = Temp
    Else
        If A_max = 0 Then
            Picture1.Print "无确定解"
            Exit Sub
        End If
    End If
End Sub
```

附录 D 数值积分——用定步长辛普森(Simpson)求积公式计算积分

```
'用定步长辛普森(Simpson)求积公式计算积分:Pai = 1/(1 + x* x)在(0,1)间的积分
Private A As Single, B As Single, D As Single, S As Single, X1 As Single, X2 As Single
Private ROOT As String, TEST_STR As String, MSet As Integer,
Dim Fso As New FileSystemObject, FilesName As Variant

Private Function Simpson(ByVal x As Single)
    Simpson = 1 /(1 + x * x)
End Function
```

```
Private Sub Command1_Click()
    A = 0: B = 1: D = 1 / 100
    S = Simpson(A) + Simpson(B)
    X1 = D: X2 = D + X1
    For I = 1 To 49
        S = S + 4 * Simpson( X 1) + 2 * Simpson( X 2)
        X1 = X2 + D
        X2 = X1 + D
    Next I
    S = S + 4 * Simpson( X 1)
    S = S * D / 3
    Picture1.Print "PI = "; S * 4
    Open ROOT For Append As #1 Len = Len(MSet)
    Print #1, "PI = "; S * 4
    Close #1
End Sub
```

附录 E　线性回归分析程序

E1　一元线性回归分析程序

```
Option Explicit
Private X() As Single, Y() As Single, YY() As Single, M As Integer
Private XS As Single, YS As Single, XYS As Single, XXS As Single, D As Single, A0 As Single,_
    A1 As Single, YA As Single, S1 As Single, S2 As Single, RR As Single

Private Sub LEASQ()
    Dim i As Integer
    XS = 0: XYS = 0: XXS = 0: YS = 0
    For i = 1 To M
        XS = XS + X(i)
        XXS = XXS + X(i) * X(i)
        YS = YS + Y(i)
        XYS = XYS + X(i) * Y(i)
    Next i
    D = XS * XS - M * XXS
    A0 = (XS * XYS - YS * XXS) / D
    A1 = (XS * YS - M * XYS) / D
    YA = YS / M
    S1 = 0: S2 = 0
    For i = 1 To M
        YY(i) = A0 + A1 * X(i)
        S1 = S1 + (Y(i) - YY(i)) * (Y(i) - YY(i))
        S2 = S2 + (Y(i) - YA) * (Y(i) - YA)
    Next i
    RR = 1 - S1 / S2
```

```
End Sub

Private Sub Command1_Click()
    Dim i As Integer
    M = InputBox("请输入要进行直线拟合的数据组数,M = ")
    ReDim Preserve X(M) As Single, Y(M) As Single, YY(M) As Single
    For i = 1 To M
        X(i) = InputBox("请输入第" & Str$(i) & "组数据的自变量,X("_
            & Str$(i) & "):")
        Y(i) = InputBox("请输入第" & Str$(i) & "组数据的对应的函数值,Y("_
            & Str$(i) & "):")
    Next i
    Picture1.Print "要进行直线拟合的数据序列为:"
    Picture1.Print "X(i) = ";
    For i = 1 To M
        Picture1.Print Tab(8 * i); X(i);
    Next i
    Picture1.Print
    Picture1.Print "Y(i) = ";
    For i = 1 To M
        Picture1.Print Tab(8 * i); Y(i);
    Next i
    Picture1.Print
    Call LEASQ
    Picture1.Print "拟合的直线方程为:"
    Picture1.Print " y="; A0; " + "; A1; "x"
    Picture1.Print "线性相关系数为:r = "; RR
    Picture1.Print "残差平方和为:q = "; S1
End Sub
```

E2　多元线性回归(VB 调用 Matlab 程序)

```
'为达到 VB 与 Matlab 进行联合编程目的,需要引用 Matlab 自动化服务器
'方法:工程\引用\选中 Matlab Automation Server Type Libiary
'将 MATLAB 实例对象定义为公共变量

Option Explicit
Public ObjMATLAB As Object
Public strYX As String, n As Integer
'定义一个实现计算或绘图的过程
Private Sub ComputeorPlot(CorP As Boolean)
    Dim intNum As Integer
    Dim intLevel As Integer
    Dim x(1 To 100) As Double
    Dim y(1 To 100) As Double
    Dim strModel As String
```

```
    Dim i As Integer
    Dim strcommand As String

    intNum = Val(Text1.Text)
    intLevel = Val(Text5.Text)
    Open App.Path + "/datX" For Output As 1
        Print #1, Form1.Text2
    Close 1
    Open App.Path + "/datY" For Output As 1
        Print #1, Form1.Text3
    Close 1
    Open App.Path + "/datX" For Input As 1
        For i = 1 To intNum
            Input #1, x(i)
        Next i
    Close 1
    Open App.Path + "/datY" For Input As 1
        For i = 1 To intNum
            Input #1, y(i)
        Next i
    Close 1
'定义在Matlab中要执行的命令
'构造Matlab需运行的命令式M-文件,x0 = [1 2 3 4 5 6 7 8]
    strcommand = "n = " & Str(intLevel) & ";x0 = ["
    For i = 1 To intNum
        strcommand = strcommand & Str(x(i)) & " "
    Next i
    '构造Matlab需运行的命令式M-文件,y0 = [12 24 43 57 70 91 110 120]
strcommand = strcommand & "];y0 = ["
    For i = 1 To intNum
        strcommand = strcommand & Str(y(i)) & " "
    Next i
    strcommand = strcommand & "];"
    If CorP Then
        '构造Matlab需运行的命令式M-文件,[y,n] = Polyfit(x,y,n)
        strcommand = strcommand & "yx = Polyfit(x0,y0,n);,"
        strcommand = strcommand & "yx0 = yx;,"              '保存yx0用作作图用
        strcommand = strcommand & "yx = poly2sym(yx);,"  '将拟合多项式用符号多项式表示
        '将拟合的符号多项式用6位精度的数值表达式表示
        strcommand = strcommand & "sym x;y = vpa(yx,6),"
    '将计算的结果(如在Matlab命令窗口中显示的那样)作为字符串返回,并赋值给Text4.text
        Text4 = ObjMATLAB.Execute(strcommand)
    Else
        strcommand = strcommand & "x1 = [1:0.001:8];,"        '求对应于x1的拟合曲线的函数值以便画图
        strcommand = strcommand & "y1 = polyval(yx0,x1);,"
```

```
        strcommand = strcommand & "clf,"
        strcommand = strcommand & "plot(x0,y0,'o',x1,y1,'-r'),"       '画实验点和拟合曲线
        strcommand = strcommand & "xlabel('x'),ylabel('y'),"          '写 x、y 坐标标题
        strcommand = strcommand & "text(4.5,polyval(yx0,4.5),' \leftarrow y= f(x)'),"  '写拟合曲线标注
        strcommand = strcommand & "legend('实验值','拟合曲线'),"          '写图例
        ObjMATLAB.Execute (strcommand)
    End If
End Sub
'进行多项式拟合
Private Sub Command1_click()
    Dim bolCorP As Boolean
    bolCorP = True
    Call ComputeorPlot(bolCorP)
End Sub
'绘图
Private Sub Command2_click()
    Dim bolCorP As Boolean
    bolCorP = False
    Call ComputeorPlot(bolCorP)
End Sub
'退出
Private Sub Command3_Click()
    Set ObjMATLAB = Nothing
    Unload Form1
End Sub
Private Sub Form_Initialize()
    Set ObjMATLAB = CreateObject("Matlab.application")     '创建 Matlab 的实例
    ObjMATLAB.Visible = 0                                   'Matlab 服务器不显示
End Sub
```

E3　多元线性回归

```
' 直线拟合——多元线性回归——用线性回归法确定准则方程的系数和指数。
' 线性回归法确定无量纲准则关系式：Y = a0* (X1^a1)* (X2^a2)* (X3^a3)中的系数 a0 和指数 a1,a2,a3。
' 取得 N 组实验数据：[X1(t),X2(t),X3(t),Y(t)]     t = 1,2,3,...,N
' 由于该关系是非线性的，为使用线性回归方法应先线性化
' 两边取对数：lgY=lga0+a1*lgX1+a2*lgX2+a3*lgX3<=>Y~=A0~+A1*X1~+A2*X2~+A3*X3~

Option Explicit
Private X() As Single, F() As Single, Y() As Single, ER() As Single, S() As Integer, T() As Single, A() As Single
Private G() As Single, H() As Single, U() As Single , XS As Single, YS As Single, XYS As Single, XXS As Single
Private D As Single, A0 As Single, A1 As Single, A2 As Single, A3 As Single, YA As Single, S1 As Single
Private S2 As Single, SS As Single, RR As Single, ST As Single, PP As Single, M As Integer, N As Integer

Private Sub LG()
Dim i As Integer
```

```
For i = 1 To N
    G(i) = Log(G(i) / Log(10))
    H(i) = Log(H(i) / Log(10))
    U(i) = Log(U(i) / Log(10))
    Y(i) = Log(Y(i) / Log(10))
    F(i) = 0
    ER(i) = 0
Next i
End Sub

Private Sub Command1_Click()
    Dim i As Integer, j As Integer, k As Integer
    N = InputBox("请输入要进行直线拟合的数据组数,N = ")
    M = InputBox("请输入进行线性回归时多项式的项数 M,不应多于四项,M = ")
    ReDim Preserve X(N) As Single, Y(N) As Single, F(N) As Single, ER(N) As Single, T(2 * N) As Single_,
    'A(N, 2* N) As Single, G(N) As Single, H(N) As Single, U(N) As Single
    For i = 1 To N
        G(i) = InputBox("请输入第" & Str$(i) & "组数据的第一个自变量,G(" & Str$(i) & "):")
        H(i) = InputBox("请输入第" & Str$(i) & "组数据的第二个自变量,H(" & Str$(i) & "):")
        U(i) = InputBox("请输入第" & Str$(i) & "组数据的第三个自变量,U(" & Str$(i) & "):")
        Y(i) = InputBox("请输入第" & Str$(i) & "组数据的对应的函数值,Y(" & Str$(i) & "):")
    Next i
    Picture1.Print "要进行直线拟合的数据序列为:"
    Picture1.Print "X(i) = ";
    For i = 1 To N
        Picture1.Print Tab(8 * i); G(i);
    Next i
    Picture1.Print
    Picture1.Print "H(i) = ";
    For i = 1 To N
        Picture1.Print Tab(8 * i); H(i);
    Next i
    Picture1.Print
    Picture1.Print "U(i) = ";
    For i = 1 To N
        Picture1.Print Tab(8 * i); U(i);
    Next i
    Picture1.Print
    Picture1.Print "Y(i) = ";
    For i = 1 To N
        Picture1.Print Tab(8 * i); Y(i);
    Next i
    Picture1.Print
    Call LG
    For i = 1 To 2 * M
```

```
        T(i) = 0
    Next i
    For i = 1 To M
        For j = 1 To M
            A(i, j) = 0
        Next j
    Next i
    For i = 1 To N
        A(1, 1) = A(1, 1) = 1
        A(1, 2) = A(1, 2) + G(i)
        A(1, 3) = A(1, 3) + H(i)
        A(1, 4) = A(1, 4) + U(i)
        A(2, 4) = A(2, 4) + U(i) * G(i)
        A(4, 2) = A(1, 4)
        A(4, 2) = A(2, 4)
        A(2, 1) = A(1, 2)
        A(3, 1) = A(1, 3)
        A(2, 2) = A(2, 2) + G(i) * G(i)
        A(3, 4) = A(3, 4) + U(i) * H(i)
        A(4, 3) = A(3, 4)
        A(2, 3) = A(2, 3) + H(i) * G(i)
        A(3, 2) = A(2, 3)
        A(3, 3) = A(3, 3) + H(i) * H(i)
        A(4, 4) = A(4, 4) + U(i) * U(i)
        T(1) = T(1) + Y(i)
        T(2) = T(2) + Y(i) * G(i)
        T(3) = T(3) + Y(i) * H(i)
        T(4) = T(4) + Y(i) * U(i)
    Next i
    For i = 1 To M
        A(i, M + 1) = T(i)
    Next i
    k = 1
    Do
    For i = k + 1 To M
        A(i, k) = A(i, k) / A(k, k)
    Next i
    For i = k + 1 To M
        For j = k + 1 To M + 1
            A(i, j) = A(i, j) - A(i, k) * A(k, j)
        Next j
    Next i
    If k = (M - 1) Then
        A(M, M + 1) = A(M, M + 1) / A(M, M)
    End If
```

```
        k = k + 1
        Loop Until k = M
        k = M - 1
        ST = 0
        For j = k + 1 To M
            ST = ST + A(i, j) * A(j, M - 1)
        Next j
        A(k, M + 1) = (A(k, M + 1) - ST) / A(k, k)
        k = k - 1
        If k = 1 Then GoTo 3
        For i = 1 To N
            F(i) = A(1, M + 1) + A(2, M + 1) * G(i) + A(3, 1 + M) * H(i) + A(4, 1 + M) * U(i)
            ER(i) = (Exp(F(i)) - Exp(Y(i))) / Exp(Y(i)) * 100
            A1 = Exp(F(i))
            A2 = Exp(Y(i))
            Debug.Print "A1 = "; A1, "A2 = "; A2, "ER(" & Str$(i) & ") = "; ER(i)
        Next i
            SS = 0
            For i = 1 To N
              SS = SS + Abs(ER(i))
                PP = SS / N
                Debug.Print "PP = "; PP
                A3 = Exp(A(1, M + 1))
                Debug.Print "A3 = "; A3
            Next i
        Picture1.Print "拟合的直线方程为："
        Picture1.Print " y="; A0; " + "; A1; "x"
        Picture1.Print "线性相关系数为：r = "; RR
        Picture1.Print "残差平方和为：q = "; S1
End Sub
```

附录 F　四阶龙格-库塔法求解常微分方程程序

```
'用自调步长的四阶 R - K 方法求解常微分方程 dy/dt = y - 2t/y, t = 0 y = 1
'为把计算值随时存入文件，引入文件系统。在"工程\引用"对话框中选中"Microsoft Scripting Runtime"
'图片框属性设 Picture1.AutoRedraw = trueOption Explicit
Option Base 1
Private h As Single, th As Single, t0 As Single, t As Single, t1 As Single, y0 As Single, y As Single, y1 As Single
Private yh As Single, yh1 As Single, a As Single, b As Single, e As Single, z As Single, k As Single, k1 As Single
Private k2 As Single, k3 As Single, k4 As Single, i As Integer, m As Integer, n As Integer
Dim Fso As New FileSystemObject, FilesName As Variant, Solver As String, Mset As Integer
Private Function fun(t, y)          '原常微分方程
    fun = y - 2 * t / y
End Function
Private Sub fx(t, y, k)             '求 R - K 迭代格式中的 k 值
    k = fun(t, y)
```

```
End Sub

Private Sub rk(t0, y0, y1)          '构造 R-K 迭代格式
    t1 = t0
    y1 = y0
    Call fx(t0, y0, k)
    k1 = k
    t0 = t1 + h / 2
    y0 = y1 + h * k1 / 2              'k2
    Call fx(t0, y0, k)
    k2 = k
    y0 = y1 + h * k2 / 2              'k3
    Call fx(t0, y0, k)
    k3 = k
    t0 = t1 + h
    y0 = y1 + h * k3                  'k4
    Call fx(t0, y0, k)
    k4 = k
    y1 = y1 + h * (k1 + 2 * k2 + 2 * k3 + k4) / 6
    t0 = t1 + h
End Sub

Private Sub Command1_Click()
a = InputBox("请输入所要计算的求解区间的下限:a = ")
b = InputBox("请输入所要计算的求解区间的上限:b = ", b = 1)
t0 = InputBox("请输入所求常微分方程的初始条件:t0 = ")
y0 = InputBox("请输入所求常微分方程的初始条件:y0 = ")
e = InputBox("请输入所要求的误差限:e = ")
h = InputBox("请输入所要求的预设的步长")
th = 1: m = 1: n = 0                  '在此:a = t0 = 0,b = th = 1
Picture1.Print
Picture1.Print
Picture1.Print "用四阶 R-K 方法所得解:"
Picture1.Print Tab(1); " 时间";
Picture1.Print Tab(28); "步长";
Picture1.Print Tab(50); "精确解";
Picture1.Print Tab(68); "R-K 法高误差阶的解";
Picture1.Print Tab(90); "R-K 方法所得解";
Picture1.Print
Picture1.Print
Printer.Print
Printer.Print "用四阶 R-K 方法所得解:"
Open Solver For Append As #1 Len = Len(Mset)          '把结果写入文件
Print #1, Chr(13) & Chr(10) & "用 R-K 方法所得解:" & Chr(13) & Chr(10)
Print #1, Tab(5); " 时间";
```

```
Print #1, Tab(25); "步长";
Print #1, Tab(40); "精确解";
Print #1, Tab(50); "R - K 法高误差阶的解";
Print #1, Tab(65); "R - K 方法所得解" & Chr(13) & Chr(10)
Close #1
Do Until t >= th
    t = t0
    y = y0
    Do                              'Abs((yh - y1)> e 时
        t0 = t
        y0 = y
        Call rk(t0, y0, y1)         '从 t(i)跨 1 步到 t(i + 1)求 y(i + 1)——求 y(h)
        yh = y1
        h = h / 2                   '步长减半
        t0 = t
        y0 = y
        For i = 1 To 2              '从 t(i)跨 2 步到 t(i + 1)求 y(i + 1)——y(h/2)
            Call rk(t0, y0, y1)
            y0 = y1
        Next i
        b = Abs((yh - y1) / (2 ^ 4 - 1))
        Loop Until b <  e
        yh1 = (2 ^ 4 *  y1 - yh )/ (2 ^ 4 - 1)
        Do                          'Abs((yh - y1)< e 时
            t0 = t
            y0 = y
            Call rk(t0, y0, y1)     '从 t(i)跨 1 步到 t(i + 1)求 y(i + 1)——求 y(h)
            yh = y1
            h = h * 2               '步长加倍
            t0 = t
            y0 = y
            For i = 1 To 2
                Call rk(t0, y0, y1) '从 t(i)跨 2 步到 t(i + 1)求 y(i + 1)——求 y(h/2)
                y0 = y1
            Next i
            b = Abs((yh - y1) / (2 ^ 4 - 1))
        Loop Until b >= e
    h = h / 2
    t0 = t
    y0 = y
    Call rk(t0, y0, y1)
    y0 = y1
    z = Sqr(1 + 2 * t0)             '精确解
    If t >= m * (1 - 0) / 10 - 0.001 And t <= m *  (1 - 0) / 10 + 0.001 Then
        Picture1.Print Tab(1); "t = "; t;
```

```
            Picture1.Print Tab(28); "h = "; h;
            Picture1.Print Tab(40); "y(i) = "; z;
            Picture1.Print Tab(68); "y = "; yh1;
            Picture1.Print Tab(90); "yi = "; y0
            Printer.Print
            Printer.Print Tab(1); "t = "; t;
            Printer.Print Tab(28); "h = "; h;
            Printer.Print Tab(40); "y(i) = "; z;
            Printer.Print Tab(68); "y = "; yh1;
            Printer.Print Tab(90); "yi = "; y0
            Open Solver For Append As #1 Len = Len(Mset)
            Print #1, Tab(5); "t = "; t;
            Print #1, Tab(25); "h = "; h;
            Print #1, Tab(40); "y(i) = "; z;
            Print #1, Tab(60); "y = "; yh1;
            Print #1, Tab(80); "yi = "; y0
            Close #1
            m = m + 1                    '记下打印输出的点数
        End If
        n = n + 1                        '记下循环次数
        h = h * 2                        '向前跨一步,求下一点的值
    Loop
    Picture1.Print "N = "; n             '结果在图片框中显示
    Printer.Print                        '结果从打印机打印
    Printer.Print "N = "; n
    Open Solver For Append As #1 Len = Len(Mset)        '把结果写入文件
    Print #1, "________________________________________________________"
    Print #1, "迭代次数 N = "; n
    Close #1
    End Sub

Private Sub Form_Load()
    Width = Screen.Width
    Height = Screen.Height
    Left = (Screen.Width - Width) / 2
    Top = (Screen.Height - Height) / 2
    Picture1.FontSize = 10
    Picture1.Width = Form1.Width * 0.97
    Picture1.Height = Form1.Height * 0.94
    Text1.Width = Form1.Width * 0.97
    Text1.Height = Form1.Height * 0.94
        ChDrive App.Path            '切换到当前驱动器
        ChDir App.Path              '切换到当前文件夹
        If Fso.FolderExists(App.Path & "\Test") = False Then    '如果\Test 文件夹不存在,则创建它
            Fso.CreateFolder (App.Path & "\Test")
```

```
    End If
  Solver = App.Path & "\TEST\" & "Solver.txt"      '在 Test 文件夹下新建文件 Solver.txt
    Mset = 100
    Open Solver For Append As #1 Len = Len(Mset)      '在文件中写入
    Print #1, Chr(13) & Chr(10) & Chr(13) & Chr(10) & "用自调步长的四阶 R - K 法求解_
                常微分方程 dy/dt = y - 2t/y, τ = 0 y = 1"
    Print #1, "________________________________________"
    Close #1
End Sub
```

附录 G　一维非稳态导热问题显式和隐式方法计算程序

```
'例 4 - 5 显式方法计算程序,例 4 - 6 隐式方法计算程序
'为把计算值随时存入文件,引入文件系统。在"工程\引用"对话框中选中"Microsoft Scripting Runtime"
Option Base 0
Private DT As Single, N As Integer, M As Integer, IR As Integer, F As Single
Private AW() As Single, AP() As Single, AE() As Single, b() As Single, L() As Single, T() As Single, P() As Single
Private Q() As Single, TDMA_a() As Single, TDMA_b() As Single, TDMA_c() As Single, TDMA_d() As Single
Private TDMA_T() As Single, AW_() As Single, AE_() As Single, T_XS() As Single, T1() As Single
Private ID As Integer, DX As Single, AT As Integer, RhoCp As Single, Lambda As Single
Private Sc As Single, Sp As Single, Method As Integer, LL As Single, TT As Single
Private X As Single, A As Single, Sum_i As Single, Lambda_i As Single, Y As Single
Private Temp As String, Solve As String, TEST_STR As String, MSet As Integer
Dim Fso As New FileSystemObject, FilesName As Variant, Solver As String

' 求线性方程组的 TDMA 法子过程
Private Sub TDMA(TDMA_a() As Single, TDMA_b() As Single, TDMA_c() As Single, TDMA_d() As Single,_
TDMA_T() As Single)        '线性方程组格式:a(i)*T(i - 1) + b(i)*T(i) + c(i)*T(i +1) = d(i)
    P(0) = - TDMA_c(0) / TDMA_b(0)
    Q(0) = TDMA_d(0) / TDMA_b(0)
    For I = 1 To N - 1        'n 等分,对方法 B,包括左右两个边界面上的点 0 和 n +1 共 n +2 个节点。
        F = TDMA_b(I) + TDMA_a(I) * P(I - 1)
        Q(I) = (TDMA_d(I) - TDMA_a(I) * Q(I - 1)) / F
        P(I) = - TDMA_c(I) / F
    Next I
    For I = N - 1 To 0 Step - 1
        TDMA_T(I) = Q(I) + P(I) * TDMA_T(I + 1)
    Next I
End Sub

'隐式方法
Private Sub Discrete_EQ_YS(T() As Single, AW() As Single, AP() As Single, AE() As Single, b() As Single)
' 构造隐式离散化方程
    Sc = 0: Sp = 0
    '内节点差分方程 apTp = aeTe + awTw + b 中的 AW、AE、- AP、- b
    For I = 2 To N - 2
```

```
        AW(I) = Lambda / DX: AE(I) = Lambda / DX: AP0 = RhoCp * DX / DT
        AP(I) = AW(I) + AE(I) + AP0 - Sp * DX: b(I) = Sc * DX + AP0 * T(I)
    Next I
    '左边界节点差分方程 apTp = aeTe + awTw + b 中的 AW、AE、- AP、- b
    AW(0) = 0: AE(0) = 1: AP(0) = 1: b(0) = 0
    '左近边界节点差分方程 apTp = aeTe + awTw + b 中的 AW、AE、- AP、- b
    AW(1) = 0: AE(1) = Lambda / DX: AP(1) = AE(1) + AW(1) + AP0 - Sp * DX: b(1) = Sc * DX + AP0 * T
_(1)
    Sc = (2 * Lambda / DX / DX) * T(N): Sp = -2 * Lambda / DX / DX        ' Sc 和 Sp
    '右近边界节点差分方程 apTp = aeTe + awTw + b 中的 AW、AE、- AP、- b
    AW(N - 1) = Lambda / DX: AE(N - 1) = 0: AP(N - 1) = AE(N - 1) + AW(N - 1) + AP0 - Sp * DX
    b(N - 1) = Sc * DX + AP0 * T(N - 1)
    '右边界节点差分方程 apTp = aeTe + awTw + b 中的 AW、AE、- AP、- b
    AW(N) = Lambda / DX: AE(N) = 0:: AP(N) = AE(N) + AW(N) + AP0 - Sp * DX
    b(N) = Sc * DX + AP0 * T(N)
End Sub

'显式方法
Private Sub Discrete_EQ_XS(T() As Single, AW() As Single, AP() As Single, AE() As Single, b() As Single)
'构造显式离散化方程
    ReDim T1(N) As Single
    Sc = 0: Sp = 0
     '内节点差分方程 apTp = aeTe + awTw + b 中的 AW、AE、- AP、- b
    For I = 2 To N - 2
        AW(I) = Lambda / DX: AE(I) = Lambda / DX: AP(I) = RhoCp * DX / DT
        b(I) = Sc * DX + (AP(I) - AE(I) - AW(I) + Sp * DX) * T(I)
    Next I
    '左边界节点差分方程 apTp = aeTe + awTw + b 中的 AW、AE、- AP、- b
    AW(0) = 0: AE(0) = 1: AP(0) = 1: b(0) = 0
    '左近边界节点差分方程 apTp = aeTe + awTw + b 中的 AW、AE、- AP、- b
    AW(1) = 0: AE(1) = Lambda / DX: AP(1) = RhoCp * DX / DT
    b(1) = Sc * DX + (AP(1) - AE(1) - AW(1) + Sp * DX) * T(1)
    Sc = (2 * Lambda / DX / DX) * T(N): Sp = -2 * Lambda / DX / DX        ' Sc 和 Sp
    '右近边界节点差分方程 apTp = aeTe + awTw + b 中的 AW、AE、- AP、- b
    AW(N - 1) = Lambda / DX: AE(N - 1) = 0: AP(N - 1) = RhoCp * DX / DT
    b(N - 1) = Sc * DX + (AP(N - 1) - AE(N - 1) - AW(N - 1) + Sp * DX) * T(N - 1)
    '右边界节点差分方程 apTp = aeTe + awTw + b 中的 AW、AE、- AP、- b
    AW(N) = Lambda / DX: AE(N) = 0: AP(N) = RhoCp * DX / DT
    b(N) = Sc * DX + (AP(N) - AE(N) - AW(N) + Sp * DX) * T(N)
    For I = 1 To N - 1
        T1(I) = (AW(I) * T(I - 1) + AE(I) * T(I + 1) + b(I)) / AP(I)
    Next I
    T1(0) = (AE(0) * T(1) + b(0)) / AP(0)
    T1(N) = 0
    For I = 0 To N
```

```
        T(I) = T1(I)
    Next I
End Sub
' 主程序
Private Sub Command1_Click()
    Dim I As Integer
    Picture1.Cls
    Call Pic_Draw
    LL = InputBox(("输入物体(求解区域)长度,例 4-5 和例 4-6   LL, = 2cm"), "输入求解区域")
    TT = InputBox("请输入求解的总时间,例 4-5 和例 4-6  TT = 400 秒", "输入求解的总时间")
    N = InputBox("请输入空间等分数,例 4-5 和例 4-6 N = 5 等分", "请输入空间等分数")
    Open Solver For Append As #1 Len = Len(MSet)
    DX = LL / 100 / N              '空间步长,dx,m, n 等分,加上两端界面点,共 n +2 个节点
    Print #1, "本次计算采用网格划分方法 B,空间区域" & Str$(N) & "等分,加上两端界面点,共" _
        & Str$(N + 2) & "个节点,编号从左到右,从 0 到" & Str$(N + 1)
    N = N + 1                       'n 等分,加上两端界面点,共 n + 2 个节点,从 0 开始编号,到 N + 1
    Lambda = InputBox("请输入热导率,λ, W/(mK),例 4-5 和例 4-6   Lambda = 10", "输入热导率")
    RhoCp = InputBox("请输入 ρc, J/(m^3* K),例 4-5 和例 4-6   RhoCp = 1e7", "输入 ρc")
    Sc = InputBox("请输入源项“S = Sc + SpTp”中的常数项 Sc,例 4-5 和例 4-6   Sc = 0", "输入源项")
    Sp = InputBox("请输入源项“S = Sc + SpTp”中的线性项系数 Sp,例 4-5 和例 4-6   Sp = 0", "输入源项")
    ReDim Preserve AW(N) As Single, AP(N) As Single, AE(N) As Single, b(N) As Single
    ReDim Preserve L(N) As Single, T(N) As Single, P(N) As Single, Q(N) As Single
    ReDim Preserve TDMA_a(N) As Single, TDMA_b(N) As Single, TDMA_c(N) As Single
    ReDim Preserve TDMA_d(N) As Single, TDMA_T(N) As Single
    ReDim Preserve AW_(N) As Single, AE_(N) As Single, T_XS(N) As Single
    '划分空间网格,网格编号
    Print #1,
    Print #1, "DX = "; DX; "m,", "热导率,λ = "; Lambda; "W / (mK),", "ρc = "; RhoCp; "J/(m^3* K),_
        ", "源项“S = Sc + SpTp”中的常数项 Sc = "; Sc; ",", "线性项系数 Sp = "; Sp
    Print #1,

    '用网格划分方法 B 划分网格,从左到右,从 0 开始编号,存节点 0 和节点 1 的坐标
    L(0) = 0: L(1) = 0.5 * DX
    For I = 2 To N - 1              '共有(等分数 + 2)个节点
        L(I) = L(I - 1) + DX        '存节点坐标,节点 2~N,
    Next I
    L(N) = L(N - 1) + 0.5 * DX      '存节点 N 坐标
    IR = 0: AT = 0
    Print #1, Tab(0); "步数"; Tab(10); "时刻/s";
    Print #1, Tab(15); "空间坐标/m";
    For I = 0 To N
        Print #1, Tab(15 * (I + 2)); "X(" + Str(I) + ")";     ; L(I);
    Next I
    For I = 0 To N
        Print #1, Tab(15 * (I + 2)); Format(L(I), "0.000000");
```

```
Next I
Print #1,
Print #1, Tab(0); IR; Tab(10); AT;

DT = InputBox("输入时间步长,DT" + Chr(13) & Chr(10) + "如果采用显式方法求解则时间步长不得_
    大于" + Str(DX * DX * RhoCp / 2 / Lambda) + ", = 2 秒", "输入时间步长")
ID = InputBox("请输入瞬态迭代次数，= 200 次", "输入瞬态迭代次数")

For I = 0 To N
    T(I) = InputBox("输入初始温度分布" & "T(" & Str(I) & ") = ，例 4-5 和例 4-6  为 200 ℃")
    T_XS(I) = T(I)
    Print #1, Tab(15 * (I + 2)); T(I);
Next I
T(N) = 0: T_XS(N) = 0          '此题右端点温度突然从 200 ℃降到 0 ℃，因此始终为 0 ℃
Do While IR < = ID
    IR = IR + 1
    AT = AT + DT
    Print #1, Tab(0); IR; Tab(8); AT,

    '隐式方法求解
    Call Discrete_EQ_YS(T(), AW(), AP(), AE(), b())
    For I = 0 To N
        AW_(I) = - AW(I): AE_(I) = - AE(I)
    Next I
    Call TDMA(AW_(), AP(), AE_(), b(), T())
    Print #1, Tab(22); "隐式法解";
    For I = 0 To N
        Print #1, Tab(15 * (I + 2)); Format(T(I), "0.000000");
        If AT = 40 Or AT = 80 Or AT = 120 Or AT = 160 Then
            '在图片框打出 40、80、120、160 秒时的计算结果点
            Picture1.Circle (L(I) * 50000, 4 * T(I)), 5, vbBlue  'RGB(0, 0, 255) ', red
        End If
    Next I

    '显式方法求解
    Call Discrete_EQ_XS(T_XS(), AW(), AP(), AE(), b())
    Print #1,: Print #1, Tab(22); "显式法解";
    For I = 0 To N
        Print #1, Tab(15 * (I + 2)); Format(T_XS(I), "0.000000");
        If AT = 40 Or AT = 80 Or AT = 120 Or AT = 160 Then
            '在图片框打出 40、80、120、160 秒时的计算结果点
            Picture1.Circle (L(I) * 50000, 4 * T_XS(I)), 5, vbRed  'RGB(0, 0, 255) ', red
        End If
    Next I
    Print #1,: Print #1,
```

```
        If AT = 40 Or AT = 80 Or AT = 120 Or AT = 160 Then
            Call Ans_Save      '画精确解曲线
        End If
    Loop
    Close #1
End Sub

'精确解计算及画线
Private Sub Ans_Save()
    For X = 0 To LL / 100 Step LL / 1000 / 100
        A = Lambda / RhoCp
        Sum_i = 0
        For I = 1 To 10000
            Lambda_i = (2 * I - 1) * 3.14159 / 2 / (LL / 100)
            Sum_i = Sum_i + ((-1) ^ (I + 1) / (2 * I - 1)) * Exp(-A * Lambda_i * Lambda_i * AT) * _
                    Cos(Lambda_i * X)
        Next I
        '在图片框打出40、80、120、160秒时精确解
        Picture1.PSet (X * 50000, 4 * Sum_i * 4 * 200 / 3.14159), vbRed ', RGB(0, 0, 255)
    Next X
    Picture1.CurrentX = L(1) * 50000 + 50: Picture1.CurrentY = 4 * T(1) + 20: Picture1.Print "τ = "; Str(AT); "s"
    Picture1.Circle (L(4) * 50000 + 10, 4 * 220), 5, vbRed
    Picture1.CurrentX = L(4) * 50000 + 20: Picture1.Print "显式方法" ': Picture1.CurrentY = 4 * 220 + 10
    Picture1.Circle (L(4) * 50000 + 10, 4 * 220 - 40), 5, vbBlue
    Picture1.CurrentX = L(4) * 50000 + 20: Picture1.Print "隐式方法" ': Picture1.CurrentY = 4 * 220- 40
    Picture1.CurrentX = L(4) * 50000: Picture1.CurrentY = 4 * 200: Picture1.ForeColor = vbRed
    Picture1.Print "—"
    Picture1.CurrentX = L(4) * 50000 + 30: Picture1.CurrentY = 4 * 200: Picture1.ForeColor = vbBlack
    Picture1.Print "精确解"
    Picture1.CurrentX = L(4) * 50000 + 10: Picture1.CurrentY = 4 * 200 - 40: Picture1.Print "Δτ = 2s"
End Sub

Private Sub Pic_Draw()
'画坐标轴
    Picture1.Cls
    Picture1.ForeColor = &H0
    Picture1.Scale (-200, 1120)-(1120, -200)                       '定义坐标系
    Picture1.Line (0, 0)-(1000, 0): Picture1.Line (0, 1000)-(1000, 1000)        '画横坐标轴
    Picture1.Line (0, 0)-(0, 1000): Picture1.Line (1000, 0)-(1000, 1000)        '画纵坐标轴

    Picture1.CurrentX = 550: Picture1.CurrentY = -40: Picture1.Print "距离/m"        '写X坐标
    Picture1.CurrentX = -180: Picture1.CurrentY = 700: Picture1.Print "温度/℃"       '写Y坐标

    For I = 0 To 1000 Step 100                     ' 在X轴上标记坐标刻度(时间轴)
```

```
            If I <>  0 Then
            '画 X 坐标刻度线
                Picture1.CurrentX = I: Picture1.CurrentY = 20: Picture1.Line - (I, 0): Picture1.Line - (I, 1000)
                Picture1.CurrentX = I - 5: Picture1.CurrentY = -5: Picture1.Print I / 50000  '写 X 坐标刻度值
            Else
                Picture1.CurrentX = 0: Picture1.CurrentY = -5: Picture1.Print 0      '写 X 坐标原点刻度值
            End If
        Next I
        For I = 0 To 1000 Step 100                    在 Y 轴上标记坐标刻度(成分轴)
            Picture1.CurrentX = -100: Picture1.CurrentY = I + 20: Picture1.Print I / 4     '写 Y 坐标刻度值
            '画 Y 坐标刻度线
            Picture1.CurrentX = 2: Picture1.CurrentY = I: Picture1.Line - (0, I): Picture1.Line - (1000, I)
        Next I
    End Sub

    Private Sub Form_Load()
         Width = Screen.Width
         Height = Screen.Height
        Left = (Screen.Width - Width) / 2
        Top = (Screen.Height - Height) / 2
        Picture1.FontSize = 10
        Picture1.Width = 0.92 * Form1.Width
        Picture1.Height = 0.92 * Form1.Height
        ChDrive App.Path
        ChDir App.Path
        If Fso.FolderExists(App.Path & "\Test") = False Then
            Fso.CreateFolder (App.Path & "\Test")
        End If
        Solver = App.Path & "\TEST\" & "Solver.txt"
        MSet = 100
        Open Solver For Append As #1 Len = Len(MSet)
            Print #1, Chr(13) & Chr(10) & "一维非稳态导热问题,采用显式和隐式格式的方法求解"
            Print #1, "____________________________________________________________"
        Close #1
    End Sub
```

附录 H 例 4-7 一维非稳态导热问题计算程序

'为把计算值随时存入文件,引入文件系统。在"工程\引用"对话框中选中"Microsoft Scripting Runtime"部件。

```
'例 4-7 计算程序
Private DT As Single, N As Integer, M As Integer
Private A() As Single, B() As Single, C() As Single, D() As Single, L() As Single, T() As Single, P() As Single
Private Q() As Single, ID As Integer, X As Single, AT As Integer, IR As Integer, TE As Single, F As Single
Private Temp As String, Solve As String, TEST_STR As String, MSet As Integer
Dim Fso As New FileSystemObject, FilesName As Variant, Solver As String
```

```
' TDMA 子过程
Private Sub TDMA()
    P(1) = - C(1) / B(1)
    Q(1) = D(1) / B(1)
    For I = 2 To N - 1
        F = B(I) + A(I) * P(I - 1)
        Q(I) = (D(I) - A(I) * Q(I - 1)) / F
        P(I) = - C(I) / F
    Next I
    For I = N - 1 To 1 Step - 1
        T(I) = Q(I) + P(I) * T(I + 1)
    Next I
End Sub
' 主程序
Private Sub Command1_Click()
    Dim I As Integer
    N = InputBox("请输入节点的总数, = 10")
    ID = InputBox("请输入瞬态迭代次数，= 5")
    M = InputBox("输入无量纲数,(αL2/ λyb)0.5, = 1")
    DT = InputBox("输入无量纲时间步长,fe, = 1")
    Open Solver For Append As #1 Len = Len(MSet)
    ReDim Preserve A(N) As Single, B(N) As Single, C(N) As Single, D(N) As Single
    ReDim Preserve L(N) As Single, T(N) As Single, P(N) As Single, Q(N) As Single
    X = 1 / (N - 2)
    L(1) = 0: L(2) = 0.5 * X
    For I = 3 To N - 1
        L(I) = L(I - 1) + X
    Next I
    L(N) = L(N - 1) + 0.5 * X
    IR = 0: AT = 0
    For I = 1 To N
        T(I) = 1
    Next I
    Do While IR < = ID
        IR = IR + 1
        AT = AT + DT: TE = 1 / DT
        '构造内节点差分方程
        For I = 2 To N - 1
            A(I) = 1: C(I) = 1: B(I) = - (2 + M * M * X * X + TE)
            D(I) = - TE * T(I)
        Next I
        C(1) = 2: B(1) = - (2 + M * M * X * X)        '构造边界节点 1 差分方程
        A(2) = 2: B(2) = B(2) - 1: B(N - 1) = B(2)    '构造近边界节点 2 差分方程
        C(N - 1) = 2                                  '构造近边界节点 n - 1 差分方程
        B(N) = 1: D(N) = 1                            '构造边界节点 n 差分方程
```

```
            Call TDMA
            Picture1.Print "IR = "; IR;
            Picture1.Print Tab(15); " X*"; Tab(30); " T*"
            Print #1, "IR = "; IR;
            Print #1, Tab(15); " X*"; Tab(30); " T*"
            For I = 1 To N
                If I <>10 Then
                    Picture1.Print "X("; I; ") = ";
                    Picture1.Print Tab(15); L(I);
                    Picture1.Print Tab(30); T(I)

                    Print #1, "X("; I; ") = ";
                    Print #1, Tab(15); L(I);
                    Print #1, Tab(30); T(I)
                Else
                    Picture1.Print "X("; I; ") = ";
                    Picture1.Print Tab(15); L(I);
                    Picture1.Print Tab(30); T(I)
                    Picture1.Print

                    Print #1, "X("; I; ") = ";
                    Print #1, Tab(15); L(I);
                    Print #1, Tab(30); T(I)
                    Print #1,
                End If
            Next I
        Loop
        Close #1
    End Sub
```

附录 I 二维稳态导热问题计算程序

```
    '二维稳态热传导问题的边值问题:例 4-8 计算程序
    Option Explicit
    Option Base 0
    Private M As Integer, N As Integer, I As Integer, J As Integer
    Private NMI As Single, EPS As Single, TI As Single, TD As Single
    Private T() As Single, TE() As Single, TN() As Single, v() As Single, ec() As Single, g() As Single
    Private TS As String
    Private Function FNFX0(T() As Single, TE() As Single, TN() As Single)        '置 x 方向各内界点的边界值
        TE(I, 0) = T(0, 1) + 400 * (I / M)
        TE(I, N) = T(0, 2)
        TN(I, 0) = TE(I, 0)
        TN(I, N) = TE(I, N)
    End Function
    Private Function FNFY0(T() As Single, TE() As Single, TN() As Single)
```

```
    TE(0, J) = T(0, 3)                                   '置 y 方向各内界点的边界值
    TE(M, J) = T(0, 4)
    TN(0, J) = TE(0, J)
    TN(M, J) = TE(M, J)
End Function
Private Function fnfij(TE() As Single, TN() As Single)     '求各内节点的(k +1)次迭代值
    TN(I, J) = 0.25 * (TE(I + 1, J) + TE(I - 1, J) + TE(I, J + 1) + TE(I, J - 1))  '内节点的差分方程
End Function
Private Sub Command1_Click()
    Dim K As Integer, U As Integer, p As Integer        'U 为不满足允许误差的节点数
    Dim msg(4) As String
    M = InputBox("请输入计算的等分数(x 方向):8")
    N = InputBox("请输入计算的等分数(y 方向):4")
    NMI = InputBox("请输入计算的最大迭代次数:60")
    EPS = InputBox("请输入计算的允许误差:0.00001")
    TI = InputBox("请输入各节点给定的假设的初始温度:100")
    Picture1.Cls
    ReDim Preserve T(M, M) As Single, TE(M, N) As Single, TN(M, N) As Single
    msg(1) = "y = 0 边的温度,T1=100": msg(2) = "y = W 边的温度,T2=100"
    msg(3) = "x = 0 边的第一个温度,T3=100": msg(4) = "x = L 边的温度,T4=860"
    For I = 1 To 4
        T(0, I) = InputBox("请输入给定的边界:" & msg(I))
    Next I
    For I = 1 To M - 1                 'x 方向内节点(M - 1)个
        Call FNFX0(T(), TE(), TN())
    Next I
    For J = 1 To N - 1                 'y 方向内节点(N - 1)个
        Call FNFY0(T(), TE(), TN())
    Next J
    For I = 1 To M - 1
        For J = 1 To N - 1
            TE(I, J) = TI                  '预设各节点给定的初始温度
            'TE(i, j) = InputBox("请输入各节点给定的假设的初始温度:")
        Next J
    Next I
    K = 0
    Do
        TD = 0
        For J = 1 To N - 1
            For I = 1 To M - 1
                Call fnfij(TE(), TN())
                If TD < Abs(TN(I, J) - TE(I, J)) Then
                    TD = Abs(TN(I, J) - TE(I, J))
                End If
                TE(I, J) = TN(I, J)
```

```
            Next I
        Next J
        K = K + 1
        If K = 60 Then
            Picture1.Print K = 60
        End If
    Loop Until TD <= EPS Or K > NMI

    Picture1.Print "x 方向等分数,M = "; M; Tab(50); "y 方向等分数,N = "; N
    Picture1.Print "各节点的预设初始温度,TI = "; TI; Tab(50); "实际迭代次数,K = "; K
    Picture1.Print "允许计算误差,EPS = "; EPS; Tab(50); "实际计算最大误差,TD = "; TD
    Picture1.Print
    Picture1.Print "各节点的温度分布为:"
    Picture1.Print
    Picture1.Print Tab(0); "距离 y\x mm";
    For I = 0 To M
        Picture1.Print Tab(15 + 10 * I); I * 50;
    Next I
    Picture1.Print
    Picture1.Print
    For p = N To 0 Step -1
        Picture1.Print Tab(0); p * 50;
        For I = 0 To M
            If (p = 0 And (I = 0 Or I = M)) Or (p = N And (I = 0 Or I = M)) Then
            Else
                Picture1.Print Tab(15 + 10 * I); TN(I, p);
            End If
        Next I
        Picture1.Print
    Next p
End Sub
```

附录 J 计算铁液中组元活度的通用程序

```
Option Explicit
Option Base 1
Private ElementNumber As Integer, Number As Integer, GivenNumber As Integer
Private mam As Single, temp As Single, temp1 As Single
Private cl As String, msgg1 As String, msgg2 As String, msgg3 As String, _
    msgg4 As String, msgg5 As String, msgg6 As String, msgg As String,_
    msgss As String
Private MetalConcentration() As Single, MetalConcentrationInt() As Single,_
    eij() As Single, ma() As Single, mc() As Single, fi() As Single,_
    ElementActivity() As Single
Private msg() As String, msgs() As String, msgk() As String, msg1() As String
```

```
Private Sub MetalActivity(MetalConcentration() As Single, fi() As Single,_
        ElementActivity() As Single)        '计算铁液中元素的活度系数和活度
    Picture1.Print
    Picture1.Print Tab(1);              "铁液中元素的活度系数和活度"
    Picture1.Print Tab(1);              "项目";
    For GivenNumber = 1 To ElementNumber
        Picture1.Print Tab(14 + (GivenNumber - 1) * 20); msg1(GivenNumber);
                        '打印所要计算的铁液中元素
    Next GivenNumber
    Picture1.Print Tab(1); msgg5;
    For GivenNumber = 1 To ElementNumber
        For Number = 1 To ElementNumber
            ma(Number) = eij(GivenNumber, Number) * _
                    MetalConcentration(Number)
            mam = mam + ma(Number)        '求 eij* Mconcetration 的各项和
        Next Number
        fi(GivenNumber) = 10 ^ (mam)
        Picture1.Print Tab(9 + (GivenNumber - 1) * 20); fi(GivenNumber);
    Next GivenNumber
    Picture1.Print
    Picture1.Print Tab(1); msgg4;
    For GivenNumber = 1 To ElementNumber
        ElementActivity(GivenNumber) = fi(GivenNumber) * _
            MetalConcentration(GivenNumber)      '求铁液中元素的活度
        Picture1.Print Tab(9 + (GivenNumber - 1) * 20); _
            ElementActivity(GivenNumber);
    Next GivenNumber
    Picture1.Print
End Sub

Private Sub Command1_Click()
    MsgBox ("下面计算铁液中各组分的活度,按确定或回车")
    MsgBox ("请输入铁液中元素的质量分数,按确定或回车开始")
    ReDim MetalConcentration(10) As Single, msg(10) As String, msg1(10) As String,_
        mc(10) As Single
    cl = Chr$(13) + Chr$(10)
    msgg = "请输入铁液中所需计算的元素的质量分数:"
    msgg 6 = "的质量分数为:"
    msg(1) = "碳": msg(2) = "锰": msg(3) = "硅": msg(4) = "铬": msg(5) = "磷"
    msg(6) = "硫": msg(7) = "氧": msg(8) = "氮": msg(9) = "镍": msg(10) = "铜"
    Picture1.Print "计算铁液中各组分的活度和活度系数:"
    Picture1.Print
    Picture1.Print "铁液中各元素的质量分数为:"
    For Number = 1 To 10
        Picture1.Print Tab(3 + (Number - 1) * 10); msg(Number);
```

```
    Next Number
    Picture1.Print
    For Number = 1 To 10
        mc(Number) = InputBox(msgg + cl + msg(Number) + msgg6)
                            '铁液中所需计算的元素的质量分数
        Picture1.Print Tab(3 + (Number - 1) * 10); mc(Number);
        If mc(Number) = 0 Then

        Else
            ElementNumber = ElementNumber + 1
            msg1(ElementNumber) = msg(Number)
            MetalConcentration(ElementNumber) = mc(Number)
        End If
    Next Number
    Picture1.Print
      ReDim Preserve eij(ElementNumber, ElementNumber), fi(ElementNumber),_
        ElementActivity(ElementNumber), _
        msg1(ElementNumber), ma(ElementNumber)
    MsgBox ("请输入铁液中元素的活度相互作用系数 eij,按确定或回车开始")
    msgg1 = "请输入铁液中"
    msgg2 = "对"
    msgg3 = "的活度相互作用系数:"
    msgg4 = "活度"
    msgg5 = "活度系数"
    Picture1.Print "铁液中元素的活度相互作用系数 eij"
    Picture1.Print Tab(1); "i\j";
    For Number = 1 To ElementNumber
        Picture1.Print Tab(12 + (Number - 1) * 12); msg1(Number);
    Next Number
    For GivenNumber = 1 To ElementNumber
        Picture1.Print Tab(1); msg1(GivenNumber);
        For Number = 1 To ElementNumber
                eij(GivenNumber, Number) = InputBox(msgg1 + msg1(Number) + _
                  msgg2 + msg1(GivenNumber) + msgg3)
            Picture1.Print Tab(9 + (Number - 1)* 12); eij(GivenNumber, Number);
        Next Number
    Next GivenNumber
    Call MetalActivity(MetalConcentration(), fi(), ElementActivity())
End Sub
```

附录 K　用完全离子溶液热力学模型计算渣中 FeO 的活度程序

考虑含 CaO - MnO - MgO - FeO - SiO_2 - P_2O_5 - Cr_2O_3 - Al_2O_3 - Fe_2O_3 的九元渣

```
Option Explicit
Option Base 1
Private a As Single, b As Single, c As Single, d As Single, e As Single, f As Single, g As Single, h As Single
```

```
Private msg() As String, msgk() As String, emw() As Single
Private mc() As Single
Private number As Integer
Private msgg As String, c1 As String, o As String, msgg1 As String, msgg2 As String, msgg3 As String

Private Sub Command1_Click()
    MsgBox ("下面计算渣中氧化亚铁的活度,按确定或回车")
    ReDim msg(9) As String, emw(9) As Single, mc(9) As Single, msgk(9) As String
    c1 = Chr$(13) + Chr$(10)
    msgg = "请输入渣中所需计算组分的质量分数:"
    msgg1 = "的质量分数为:"
    msg(1) = "CaO": msg(2) = "MnO": msg(3) = "MgO": msg(4) = "FeO"
    msg(5) = "SiO2": msg(6) = "P2O5": msg(7) = "Cr2O3"
    msg(8) = "Al2O3": msg(9) = "Fe2O3"
    Picture1.Print "组分:";
    For number = 1 To 9
        Picture1.Print Tab(3 + number * 10); msg(number);
    Next number
    Picture1.Print
    Picture1.Print "质量分数:";
    For number = 1 To 9
        emw(number) = InputBox(msgg & c1 & msg(number) & msgg1)
        Picture1.Print Tab(3 + number * 10); emw(number);
    Next number
    Picture1.Print
    Picture1.Print "相对分子质量:";
      msgk(1) = "56": msgk(2) = "71": msgk(3) = "40": msgk(4) = "72": msgk(5) = "60"
      msgk(6) = "142": msgk(7) = "152": msgk(8) = "102": msgk(9) = "160"
    For number = 1 To 9
        Picture1.Print Tab(3 + number * 10); msgk(number);
    Next number
    Picture1.Print
    Picture1.Print "摩尔数:";
    For number = 1 To 9
        mc(number) = emw(number) / msgk(number)    '计算各氧化物的摩尔数
        Picture1.Print Tab(3 + number * 10); mc(number);
    Next number
    Picture1.Print
    a = mc(1) + mc(2) + mc(3) + mc(4)                                              '计算阳离子的摩尔数
    b = mc(1) + mc(2) + mc(3) + mc(4) - 2 * mc(5) - 3 * mc(6) - mc(7) - mc(8) - mc(9) '计算氧阴离子的摩尔数
    c = b + mc(5) + 2 * mc(6) + 2 * mc(7) + 2 * mc(8) + 2 * mc(9)                  '计算阴离子的总摩尔数
    d = mc(4) / a                    '计算铁阳离子的摩尔分数
    e = b / c                        '计算氧阴离子的摩尔分数
    f = e * d                        '计算 FeO 的活度
    '计算校正的 FeO 的活度系数
```

```
    g = 10 ^ (1.53 * (mc(5) / c + 2 * mc(6) / c + 2 * mc(7) / c + 2 * mc(8) / c + 2 * mc(9) / c) - 0.17)

    h = f * g                                   '计算校正的 FeO 的活度
    Picture1.Print "阳离子总摩尔数:"; a; ";"; ".";
    Picture1.Print "Fe2 + 摩尔分数"; d; ";"
    Picture1.Print
    Picture1.Print "阴离子总摩尔数:"; c; ";"; ".";
    Picture1.Print "O2 - 摩尔分数"; b; ";"
    Picture1.Print
    Picture1.Print "FeO 活度 :";
    Picture1.Print "aFeO = "; f
    Picture1.Print "修正值:"; "aFeO = "; h
End Sub
```

附录 L VB 的几个实用程序

L1 窗体、图片框居中显示及写文件操作程序

下列程序段在加载窗体时进行设置窗体和图片框大小、窗体和图片框居中显示，及检查程序当前文件夹和文件是否存在，并进行相应操作，将计算值随时存入文件(写文件操作)程序等操作。

为把计算值随时存入文件，引入文件系统。在"工程\引用"对话框中选中"Microsoft Scripting_Runtime"

```
Private Temp As String, ROOT As String, TEST_STR As String, MSet As Integer
Dim Fso As New FileSystemObject, FilesName As Variant
Private Sub Form_Load()
    Width = Screen.Width          '取屏幕宽为窗体宽
    Height = Screen.Height        '取屏幕高为窗体高

    ' 窗体居中
    Left = (Screen.Width - Width) / 2         '或 Left = 0
    Top = (Screen.Height - Height) / 2        '或 Top = 0
    Picture1.FontSize = 10
    Picture1.Top = Form1.Top + 500                '窗体上边界下方 500 处
    Picture1.Width = Form1.Width * 0.97           '取 Picture1 宽为窗体宽的 97%
    Picture1.Height = Form1.Height * 0.92         '取 Picture1 高为窗体高的 92%

    ChDrive App.Path         '切换到当前驱动器
    ChDir App.Path           '切换到当前文件夹
    If Fso.FolderExists(App.Path & "\Test") = False Then
        Fso.CreateFolder (App.Path & "\Test")
    End If
    ROOT = App.Path & "\TEST\" & "solve.txt"
    '如果 Solver.txt 不存在,在 Test 文件夹下新建文件 Solver.txt,并将数据写入文件
    MSet = 100
    Open ROOT For Append As #1 Len = Len(MSet)
    TEST_STR = "正弦函数值为"
    Print #1, Chr(13) & Chr(10) & Chr(13) & Chr(10) & TEST_STR     '在文件 Solver.txt 中写入 TEST_STR
```

```
    Print #1, "-----------------------------------"
    For i = 0 To 360 Step 10
            Print #1, "Sin(" & Str(i) & ") = "; Sin(i)          '在文件 Solver.txt 中写入 Sin(i)的值
    Next i
    Close #1
End Sub

Private Sub Command2_Click()
    '用记事本程序打开当前文件夹下的 test 文件夹下的 solve.txt 文件进行查看
    Temp = Shell(syspath & "notepad.exe  " & App.Path & "\test\solve.txt", vbNormalFocus)
End Sub
```

L2 画坐标轴及作函数曲线图

```
Private Sub Command1_Click()
    PI = 3.14159
    Cls
    Form1.Scale (-20, 1100)-(160, -100)                    '定义坐标系
    Line (0, 0)-(150, 0): Line (0, 1000)-(150, 1000)       '画横坐标轴
    Line (0, 0)-(0, 1000): Line (150, 0)-(150, 1000)       '画纵坐标轴
    CurrentX = 0: CurrentY = 0: Print 0
    CurrentX = 145: CurrentY = -50: Print "X"              '写 X 坐标
    CurrentX = -15: CurrentY = 950: Print "Y"              '写 Y 坐标
For i = 0 To 150 Step 10                                   '在 X 轴上标记坐标刻度
        If i <> 0 Then
            CurrentX = i: CurrentY = 20: Line -(i, 0)      '画 X 坐标刻度线
            CurrentX = i - 5: CurrentY = -5: Print i       '写 X 坐标刻度值
        Else
            CurrentX = -3: CurrentY = -5: Print 0          '写 X 坐标原点刻度值
        End If
Next i
For i = 0 To 1000 Step 100                                 '在 Y 轴上标记坐标刻度
        If i <> 0 Then
            CurrentX = -12: CurrentY = i + 20: Print i     '写 Y 坐标刻度值
            CurrentX = 2: CurrentY = i: Line -(0, i)       '画 Y 坐标刻度线
        End If
Next i
For i = 1 To 150
    Line (0, 500)-(150, 500)
    PSet (i, 500 + 500 * Sin(10 * (i - 1) * PI / 720)), &H0              '画函数点
    Circle (i, 1000 * Sin(10 * (i - 1) * PI / 180)), 0.5, &HFF00FF       '画半径为 0.5 的函数点
Next i
End Sub
```

L3 坐标不从零开始的画图程序

```
Dim Step_Pix_dct As Integer, Weight_Ax As Integer, Step_Pix_Tmpt As Integer, Step_Pix_Temper As Integer
```

```
Private Sub Command1_Click()
'画坐标系
    Picture1.Cls
    Step_Pix_dct = 500: Weight_Ax = 90: Step_Pix_Tmpt = 1: Step_Pix_Temper = 1400
    Picture1.Scale (-18, 1150)-(Weight_Ax + 25, -250)          '定义坐标系
    Picture1.ForeColor = &H0&: Picture1.DrawWidth = 2
    Picture1.Line (0, 0)-(Weight_Ax, 0): Picture1.Line (0, 1000)-(Weight_Ax, 1000)     '画横坐标轴,横框线
    Picture1.Line (0, 0)-(0, 1000): Picture1.Line (Weight_Ax, 0)-(Weight_Ax, 1000)

'画纵坐标轴,竖框线
    For i = 0 To Weight_Ax Step 10          '在 X 轴上标记坐标刻度(时间轴)
        Picture1.DrawStyle = 2: Picture1.DrawWidth = 1: Picture1.ForeColor = &H80000013
        Picture1.CurrentX = i - Weight_Ax / 18: Picture1.CurrentY = -50: Picture1.ForeColor = &H0&
        Picture1.Print i                    '写 X 坐标刻度值
    Next i
    For i = 0 To 1000 Step 100              ' 在 Y 轴上标记坐标刻度(成分轴)
        Picture1.DrawStyle = 2: Picture1.DrawWidth = 1: Picture1.ForeColor = &H80000013
            Picture1.CurrentX = -14: Picture1.CurrentY = i + 40: Picture1.ForeColor = &H0&
            Picture1.Print i / Step_Pix_dct                 '写 Y 坐标刻度值
            Picture1.CurrentX = Weight_Ax: Picture1.CurrentY = i + 40: Picture1.ForeColor = &H0&
            Picture1.Print Step_Pix_Temper + i / Step_Pix_Tmpt      '写温度坐标刻度值
    Next i
    Picture1.CurrentX = 40: Picture1.CurrentY = -140: Picture1.Print "时间/min"     ' 写 X 轴标题
    '写 Y 轴标题
    Picture1.CurrentX = -18
    Picture1.CurrentY = 1100
    Picture1.Print "d[%i]/dt/([%i]/min)"
    Picture1.CurrentX = Weight_Ax
    Picture1.CurrentY = 1100
    Picture1.Print " 温度,T/K"
    '画温度随时间变化曲线
    i = 0: H = 0.1
    For i = 0 To 90 Step H
        temperature = 1450 + i * 10 * H
        Picture1.PSet (i + H, (temperature - Step_Pix_Temper) * Step_Pix_Tmpt), &HFF00FF
        DCDT = 1.5 + 0.1 / (i + H * 10) - i * H / 10
        Picture1.PSet (i + H, DCDT * Step_Pix_dct), vbBlue
    Next i
End Sub
```

参考文献

1 肖兴国,谢蕴国. 冶金反应工程学基础. 北京:冶金工业出版社,1997
2 姜启源. 数学模型(第 2 版). 北京:高等教育出版社,2003
3 董臻圃. 数学建模方法与实践. 北京:国防工业出版社,2006
4 张玉柱,艾立群. 钢铁冶金过程的数学解析与模拟. 北京:冶金工业出版社,1997
5 英徐根,张国政. 计算物理化学. 北京:科学出版社,2001
6 车荫昌. 冶金热力学. 沈阳:东北工学院出版社,1990
7 (苏)斯捷潘诺夫 H Φ 等. 物理化学中的线性代数方法. 王正刚译. 北京:科学出版社,1982
8 梁连科,车荫昌等. 冶金热力学与动力学. 沈阳:东北工学院出版社,1990
9 李文超. 冶金与材料物理化学. 北京:冶金工业出版社,2001
10 黄希祜. 钢铁冶金原理(第 3 版). 北京:冶金工业出版社, 2002
11 川合保治. 特殊鋼精煉の基礎. 见:日本鉄鋼協會. 特殊精煉技術の最新の進歩,1981,39~65
12 Robertson D G C et al. Ironmaking and Steelmaking, 1984,11(1):41~55
13 Ohguchi S, et al. Ironmaking and Steelmaking, 1984,11(4):202~213
14 胡英等. 物理化学(第 4 版). 北京:高等教育出版社,1999
15 陶文铨. 数值传热学(第 2 版). 西安:西安交通大学出版社,2001
16 郭宽良,孔祥谦,陈善年. 计算传热学. 合肥:中国科技大学出版社,1988
17 李人宪. 有限体积法基础. 北京:国防工业出版社,2005
18 Murthy J Y, Mathur S R. Numerical Methods in Heat, Mass, and Momentum Transfer. Draft Notes, Purdue University, 1998
19 贺友多. 传输过程的数值方法. 北京:冶金工业出版社,1991
20 杨世铭,陶文铨. 传热学(第 4 版). 北京:高等教育出版社,2006
21 王福军. 计算流体动力学分析——CFD 软件原理与应用. 北京:清华大学出版社,2004
22 帕坦卡 S V. 传热与流体流动的数值计算. 张政译. 北京:科学出版社,1984
23 陈汉平. 计算流体力学. 北京:水利电力出版社,1995
24 萧泽强,朱苗勇. 冶金过程数值模拟分析技术的应用. 北京:冶金工业出版社,2006
25 张先棹. 冶金传输原理. 北京:冶金工业出版社,1988
26 沈颐身,李保卫,吴懋林. 冶金传输原理基础. 北京:冶金工业出版社,2000

冶金工业出版社部分图书推荐

书　　名	作　者	定价(元)
楔横轧零件成形技术与模拟仿真	胡正寰　等著	48.00
冶金过程数值模拟分析技术的应用	萧泽强　编著	65.00
材料成形计算机模拟	辛启斌　编著	17.00
冶金熔体结构和性质的计算机模拟计算	谢　刚　编著	20.00
工程流体力学(第3版)(国规教材)	谢振华　等编	25.00
物理化学(第3版)(国规教材)	王淑兰　主编	35.00
热工测量仪表(国规教材)	张　华　等编	38.00
热工实验原理和技术(本科教材)	邢桂菊　等编	25.00
相图分析及应用(本科教材)	陈树江　等编	20.00
自动检测和过程控制(第3版)(本科教材)	刘元扬　主编	36.00
钢铁冶金原理(第3版)(本科教材)	黄希祜　编	40.00
钢铁冶金原理习题解答(本科教材)	黄希祜　编	30.00
有色冶金概论(第2版)(本科教材)	华一新　主编	30.00
炼焦学(第3版)(本科教材)	姚昭章　主编	39.00
现代冶金学——钢铁冶金卷(本科教材)	朱苗勇　主编	36.00
炼钢工艺学(本科教材)	高泽平　编	39.00
冶金热工基础(本科教材)	朱光俊　主编	36.00
炼铁设备及车间设计(第2版)(国规教材)	万　新　主编	29.00
炼钢设备及车间设计(第2版)(国规教材)	王令福　主编	25.00
物理化学(高职高专规划教材)	邓基芹　主编	28.00
烧结矿与球团矿生产(高职高专规划教材)	王悦祥　主编	29.00
冶金生产概论(高职高专规划教材)	王庆义　主编	28.00
冶炼基础知识(职业技术学院教材)	马　青　主编	36.00
铁合金生产(职业技术学院教材)	刘　卫　主编	26.00
炼钢原理及工艺(职业技术学院教材)	刘根来　主编	40.00
转炉炼钢实训(职业技术学院教材)	冯　捷　主编	35.00
冶金过程检测与控制(职业技术学院教材)	郭爱民　主编	20.00
冶金通用机械与冶炼设备(职业技术学院教材)	王庆春　主编	45.00
炼焦化学产品回收技术(职业技能培训教材)	何建平　等编	59.00
铁矿粉烧结生产(职业技能培训教材)	贾　艳　主编	23.00
高炉炼铁基础知识(职业技能培训教材)	贾　艳　主编	32.00
高炉喷煤技术(职业技能培训教材)	金艳娟　主编	19.00
高炉炉前操作技术(职业技能培训教材)	胡　先　主编	25.00
高炉热风炉操作技术(职业技能培训教材)	胡　先　主编	25.00
炼钢基础知识(职业技能培训教材)	冯　捷　主编	39.00
转炉炼钢生产(职业技能培训教材)	冯　捷　主编	58.00
连续铸钢生产(职业技能培训教材)	冯　捷　主编	45.00
[illegible]计算	那树人　著	38.00